普通高等教育"十二五"规划教材
普通高等教育电路设计系列规划教材

模拟电子电路基础

胡飞跃 主编

刘圆圆 游 彬 顾梅园 编著

电子工业出版社
Publishing House of Electronics Industry
北京·BEIJING

内 容 简 介

本书根据教育部对电子信息类专业模拟电子电路的基本要求编写而成。全书共 13 章，主要内容包括：模拟电子电路导论，理想运算放大器及其线性应用，晶体二极管及其基本应用，场效应管，双极型晶体管，通用型集成运放结构及其单元电路，功率放大器，放大器的频率响应，负反馈放大器及其稳定性分析，特殊运放的应用，有源滤波器及基本电流模电路，波形产生电路及其应用，直流稳压电路和集成稳压器。本书配套多媒体电子课件和习题答案。

本书可作为高等学校电子信息类专业相关课程的教材，也可供相关行业领域工程技术人员和科技工作者参考。

未经许可，不得以任何方式复制或抄袭本书之部分或全部内容。

版权所有，侵权必究。

图书在版编目（CIP）数据

模拟电子电路基础 / 胡飞跃主编；刘圆圆，游彬，顾梅园编著. —北京：电子工业出版社，2013.9
普通高等教育电路设计系列规划教材
ISBN 978-7-121-20321-3

Ⅰ.①模…　Ⅱ.①胡…　②刘…　③游…　④顾…　Ⅲ.①模拟电路—高等学校—教材　Ⅳ.①TN710

中国版本图书馆 CIP 数据核字（2013）第 094937 号

策划编辑：王羽佳
责任编辑：王羽佳　　　文字编辑：王晓庆
印　　刷：北京捷迅佳彩印刷有限公司
装　　订：北京捷迅佳彩印刷有限公司
出版发行：电子工业出版社
　　　　　北京市海淀区万寿路 173 信箱　邮编　100036
开　　本：787×1092　1/16　印张：15.75　字数：455 千字
版　　次：2013 年 9 月第 1 版
印　　次：2023 年 6 月第 12 次印刷
定　　价：35.00 元

凡所购买电子工业出版社图书有缺损问题，请向购买书店调换。若书店售缺，请与本社发行部联系，联系及邮购电话：（010）88254888。
质量投诉请发邮件至 zlts@phei.com.cn，盗版侵权举报请发邮件至 dbqq@phei.com.cn。
服务热线：（010）88258888。

前　言

电子技术是 20 世纪发展最为迅速的领域之一，和现代信息社会密切相关。模拟电子技术是其中一个重要的分支。

根据教育部对电子信息类专业模拟电子电路的基本要求，结合自身的教学经验，在本书的编写过程中，选材方面注重基础性和先进性相结合，理论知识和工程应用相结合，内容由浅入深，简明扼要。对于工程性应用章节删除了一些烦琐的理论推导，比较适合 48~64 学时课程教学，全书力求概念清楚、论述严密、易学易懂。

本书系统介绍了模拟电子电路的基本知识、基本理论、常用集成器件及应用，内容包括：模拟电子电路导论，理想运算放大器及其线性应用，晶体二极管及其基本应用，场效应管，双极型晶体管，通用型集成运放结构及其单元电路，功率放大器，放大器的频率响应，负反馈放大器及其稳定性分析，特殊运放的应用，有源滤波器及基本电流模电路，波形产生电路及其应用，直流稳压电路和集成稳压器等，根据教学学时安排可以自由选择。限于篇幅的原因，关于电子技术仿真软件的相关知识不在此介绍。

教学中，可以根据教学对象和学时等具体情况对书中的内容进行删减和组合，也可以进行适当扩展。为适应教学模式、教学方法和教学手段的改革，本书配套多媒体电子课件和习题答案，请登录华信教育资源网（http://www.hxedu.com.cn）注册下载。

本书是杭州电子科技大学电子信息工程国家特色专业建设的成果之一，也是浙江省重点教材资助项目，汇集了杭州电子科技大学模拟电子电路课程组全体教师的智慧。胡飞跃编写了第 8、10、11 和 13 章，并负责全书的统编工作，刘圆圆编写了第 1、2、3 和 6 章，游彬编写了第 4、5 章，顾梅园编写了第 7、9、12 章及附录。

虽已在教学工作中辛勤耕耘了数十年，但由于编者水平有限，书中仍可能存在许多不足之处，恳请同行专家和读者批评指正。

最后，衷心感谢为本书付出辛勤劳动的同行和支持本书出版的编辑。

作　者
于杭州电子科技大学

符 号 说 明

本书采用目前国际上流行的与集成电路设计相衔接的电路符号，与目前国内流行的电路符号有所区别，特说明如下。

1. 电流与电压表示方法（以漏极电流和栅源电压为例）：

大写字母、大写下标表示直流量，如 I_D、V_{GS}；

小写字母、小写下标表示交流量，如 i_d、v_{gs}；

小写字母、大写下标表示总的瞬时量，如 i_D、v_{GS}；

在时域分析中，大写字母、小写下标表示交流有效值，如 I_d、V_{gs}；

在频域分析中，大写字母、小写下标表示相量，如 I_d、V_{gs}。

2. 本书采用国际通用的标准电路符号：

    直流偏置电压

    电池、直流电压源

    电压源

    电流源

    受控电压源

    受控电流源

目 录

第1章　模拟电子电路导论 ……………… 1
1.1　信号与电子系统 …………………… 1
 1.1.1　信号 …………………………… 1
 1.1.2　信号频谱 ……………………… 1
 1.1.3　模拟信号和数字信号 ………… 1
 1.1.4　电子系统 ……………………… 2
1.2　放大器基本概念及模型 …………… 2
 1.2.1　放大器的符号 ………………… 3
 1.2.2　放大器的主要参数 …………… 3
1.3　放大器的频率响应 ………………… 5
第1章习题 ………………………………… 7

第2章　理想运算放大器及其线性应用 … 8
2.1　集成运放理想模型与分析方法 …… 9
2.2　集成运放线性基本运算电路 ……… 9
 2.2.1　反相组态 ……………………… 9
 2.2.2　同相组态 ……………………… 10
2.3　运放的其他应用电路 ……………… 11
 2.3.1　求和电路 ……………………… 11
 2.3.2　求差电路 ……………………… 12
 2.3.3　仪用运算放大器 ……………… 13
 2.3.4　积分电路和微分电路 ………… 14
2.4　非理想运放的工作性能 …………… 15
 2.4.1　增益与带宽 …………………… 15
 2.4.2　运放的大信号参数 …………… 16
 2.4.3　运放的直流参数 ……………… 16
第2章习题 ………………………………… 17

第3章　晶体二极管及其基本应用 ……… 20
3.1　半导体基础知识 …………………… 20
 3.1.1　本征半导体 …………………… 20
 3.1.2　载流子的运动方式及形成的电流 … 21
 3.1.3　杂质半导体 …………………… 21
3.2　PN 结及其特性 …………………… 23
 3.2.1　PN 结的形成 ………………… 23
 3.2.2　PN 结的基本特性 …………… 24
 3.2.3　PN 结的反向击穿现象 ……… 25

 3.2.4　PN 结的电容特性 …………… 25
3.3　晶体二极管 ………………………… 26
 3.3.1　PN 结的伏安特性 …………… 26
 3.3.2　二极管的主要参数 …………… 27
3.4　晶体二极管应用电路及其分析方法 … 27
 3.4.1　常规二极管的建模 …………… 27
 3.4.2　图解分析法 …………………… 30
 3.4.3　齐纳二极管的建模 …………… 31
 3.4.4　二极管应用电路分析 ………… 32
3.5　特殊晶体二极管 …………………… 35
第3章习题 ………………………………… 36

第4章　场效应管 ………………………… 39
4.1　MOSFET 结构及工作原理 ……… 39
 4.1.1　N 沟道 EMOSFET 器件结构 … 39
 4.1.2　N 沟道 EMOS 场效应管的工作原理 … 40
 4.1.3　N 沟道 EMOS 场效应管特性 … 44
 4.1.4　P 沟道增强型 MOSFET 特性 … 47
 4.1.5　耗尽型 MOSFET ……………… 48
 4.1.6　互补 MOS 或 CMOS ………… 50
 4.1.7　衬底效应 ……………………… 50
4.2　结型场效应管 ……………………… 50
 4.2.1　结型场效应管的结构 ………… 50
 4.2.2　工作原理 ……………………… 51
 4.2.3　特性曲线与特征方程 ………… 52
4.3　场效应管电路直流偏置 …………… 54
 4.3.1　工作点 ………………………… 54
 4.3.2　各种常用偏置电路 …………… 55
 4.3.3　直流分析与信号分析分离 …… 56
 4.3.4　场效应管直流电路分析 ……… 57
4.4　场效应管放大电路分析 …………… 57
 4.4.1　场效应管小信号模型 ………… 58
 4.4.2　放大电路的性能指标 ………… 60
 4.4.3　放大器的3种组态 …………… 60
 4.4.4　共源放大器 …………………… 60

4.4.5 接源极电阻的共源放大器 …… 62	6.4 组合放大单元电路 …… 105
4.4.6 共栅放大器 …… 63	6.4.1 多级放大器的耦合方式及对信号传输的影响 …… 105
4.4.7 共漏放大器或源极跟随器 …… 64	6.4.2 Cascode 放大器 …… 106
4.4.8 3 种组态放大器的比较 …… 65	6.4.3 常用的组合单元电路 …… 106
第 4 章习题 …… 65	6.5 有源负载放大电路 …… 107

第 5 章 双极型晶体管 …… 70

5.1 晶体三极管的器件结构及工作原理 …… 70
  5.1.1 器件结构 …… 70
  5.1.2 放大模式下 NPN 晶体三极管的工作原理 …… 71
  5.1.3 晶体三极管的电路符号及特性曲线 …… 73
5.2 晶体三极管的直流偏置 …… 76
  5.2.1 晶体三极管常用偏置电路 …… 76
  5.2.2 直流分析与交流分析分离 …… 77
  5.2.3 晶体三极管直流电路分析 …… 78
5.3 晶体三极管放大电路分析 …… 79
  5.3.1 晶体三极管小信号模型 …… 79
  5.3.2 共射放大器 …… 81
  5.3.3 接发射极电阻的共发射极放大器 …… 82
  5.3.4 共基放大器 …… 84
  5.3.5 共集电极放大器或射极跟随器 …… 85
  5.3.6 3 种组态放大器的比较 …… 86
第 5 章习题 …… 86

第 6 章 通用型集成运放结构及其单元电路 …… 91

6.1 集成运算放大电路简介 …… 91
6.2 电流源电路及其应用 …… 91
  6.2.1 MOS 镜像电流源电路及比例电流源电路 …… 92
  6.2.2 BJT 镜像电流源电路及比例电流源电路 …… 92
  6.2.3 电流导向电路 …… 93
6.3 差分放大单元电路 …… 94
  6.3.1 MOS 差分放大器的典型电路及其性能分析 …… 95
  6.3.2 BJT 差分放大器的典型电路及其性能分析 …… 99
  6.3.3 差分放大器的差模传输特性 …… 102
  6.3.4 差分放大器的非理想参数 …… 104

6.5.1 有源负载 CS 和 CE 放大器 …… 107
6.5.2 有源负载 MOS 差分放大器 …… 108
6.5.3 有源负载 BJT 差分放大器 …… 110
6.6 经典通用型运放μA741 内部电路分析 …… 112
6.7 集成运放的技术参数和性能特点及集成运放的使用 …… 113
第 6 章习题 …… 114

第 7 章 功率放大器 …… 119

7.1 功率放大器的特点及类型 …… 119
  7.1.1 功率放大器的特点 …… 119
  7.1.2 功放输出级的分类 …… 120
7.2 A 类输出级 …… 120
  7.2.1 电路结构和传输特性 …… 120
  7.2.2 输出功率及转换效率 …… 121
  7.2.3 其他组态的功率放大器 …… 122
7.3 B 类输出级 …… 123
  7.3.1 电路结构和工作原理 …… 123
  7.3.2 传输特性 …… 124
  7.3.3 输出功率及转换效率 …… 124
  7.3.4 采用复合管的 B 类输出级 …… 126
7.4 AB 类输出级 …… 127
  7.4.1 电路结构和工作原理 …… 127
  7.4.2 常见的几种 AB 类输出级偏置方式 …… 127
7.5 功率放大器输出级的设计 …… 128
  7.5.1 输出级工作方式的选择 …… 128
  7.5.2 BJT 功率管和 MOS 功率管的比较 …… 129
  7.5.3 功率管的选择 …… 131
  7.5.4 功率管的散热和二次击穿问题 …… 132
7.6 集成功率放大器 …… 133
  7.6.1 集成功率放大器内部的电路结构 …… 133
  7.6.2 具有固定增益的集成功率

		放大器 LM380 134
	7.6.3	大功率集成功率放大器 TDA2040 135
第 7 章习题 136
第 8 章	**放大器的频率响应** 138
8.1	晶体管高频参数和高频等效电路 138
	8.1.1	BJT 内部电容与高频模型 138
	8.1.2	MOSFET 内部电容与高频模型 ... 140
8.2	单级放大器的频率响应 140
	8.2.1	频率响应概论 140
	8.2.2	MOSFET 放大电路频率响应 144
	8.2.3	BJT 共射放大电路的频率响应分析 147
8.3	多级放大器和宽带放大器的频率响应 150
	8.3.1	多级放大电路的高频响应 150
	8.3.2	多级放大电路的低频响应 151
第 8 章习题 151
第 9 章	**负反馈放大器及其稳定性分析** 154
9.1	反馈的基本概念和判断方法 154
	9.1.1	反馈的基本概念 154
	9.1.2	负反馈放大器的 4 种基本组态 156
	9.1.3	反馈的判断 157
9.2	负反馈对放大电路性能的影响 159
	9.2.1	稳定静态工作点 159
	9.2.2	降低增益灵敏度 160
	9.2.3	减小非线性失真 160
	9.2.4	扩展放大器的带宽 161
	9.2.5	降低噪声 162
	9.2.6	对放大器的输入输出电阻的影响 162
9.3	深度负反馈放大器的分析与近似计算 163
	9.3.1	深度负反馈的实质 163
	9.3.2	深度负反馈条件下的近似计算 ... 164
	9.3.3	负反馈放大器的设计 169
9.4	负反馈放大器的稳定性分析 169
	9.4.1	负反馈放大电路产生自激振荡的条件 169

	9.4.2	反馈对放大器极点的影响 170
	9.4.3	负反馈放大电路的稳定性分析 ... 170
	9.4.4	频率补偿 172
	9.4.5	其他形式的反馈在放大器中的应用 175
第 9 章习题 177
第 10 章	**特殊运放的应用** 181
10.1	特殊运放芯片简介 181
	10.1.1	高精度运放 OP177 181
	10.1.2	高速宽带集成运放 LT1226 182
	10.1.3	CMOS 集成运放 CF7613 183
10.2	集成运放性能参数对运算误差的影响 185
	10.2.1	A_{vd}、R_{id} 为有限值引起闭环增益的误差 185
	10.2.2	共模抑制比 CMRR 为有限值引起的闭环增益的误差 186
	10.2.3	输入失调参数 I_{IB}、V_{IO} 及 I_{IO} 引起输出电压的误差 187
	10.2.4	运放的开环带宽对闭环增益的影响 188
第 10 章习题 188
第 11 章	**有源滤波器及基本电流模电路** 192
11.1	有源滤波器 192
	11.1.1	一阶滤波器 192
	11.1.2	二阶滤波器 192
11.2	电流模电路基础 194
	11.2.1	电流模电路的基本概念 194
	11.2.2	跨导线性回路原理 194
	11.2.3	TL 回路构成的电流放大电路 ... 195
第 11 章习题 197
第 12 章	**波形产生电路及其应用** 200
12.1	正弦波振荡器 200
	12.1.1	电路组成 200
	12.1.2	正弦波振荡器的振荡条件 200
	12.1.3	文氏电桥振荡器 201
	12.1.4	带稳幅环节的文氏电桥振荡器 202
	12.1.5	RC 移相式振荡器 203
	12.1.6	LC 振荡器 203
	12.1.7	石英晶体振荡器 206

12.2 非正弦波振荡器 ················· 207
   12.2.1 集成电压比较器 ············ 208
   12.2.2 矩形波振荡器 ·············· 214
   12.2.3 锯齿波振荡器 ·············· 216
   12.2.4 由 555 定时器构成的多谐振荡器 ························ 217
12.3 集成函数信号发生器 ············ 219
   12.3.1 工作原理 ·················· 219
   12.3.2 典型应用 ·················· 220
第 12 章习题 ························ 223

第 13 章 直流稳压电路和集成稳压器 ························ 226

13.1 直流稳压电源概述 ·············· 226
   13.1.1 直流稳压电源主要指标 ······ 226
   13.1.2 单相整流电路 ·············· 227
13.2 电源滤波电路和串联型线性稳压电源 ··························· 228
   13.2.1 电源滤波电路 ·············· 228
   13.2.2 串联型线性稳压电源及应用 ······· 229
13.3 开关型稳压器 ··················· 230
   13.3.1 开关串联稳压电路 ·········· 230
   13.3.2 开关集成稳压器及应用 ······ 231
第 13 章习题 ························ 232

附录 A 本书常用的符号表 ············ 236
附录 B 半导体集成工艺简介 ·········· 237
附录 C 电路网络定理 ················ 239
  C.1 基尔霍夫定律 ··················· 239
  C.2 戴维南定理和诺顿定理 ·········· 239
  C.3 单时间常数网络 ················· 240
     C.3.1 STC 网络的分类 ············ 240
     C.3.2 STC 网络中时间常数的求解 ······ 241
     C.3.3 STC 网络的频率响应 ········ 242

参考文献 ··························· 244

第1章 模拟电子电路导论

1.1 信号与电子系统

1.1.1 信号

信号包含很多关于物理世界的事情和行为的信息,是信息传输的载体。人类的自然环境中存在着各种各样的信息。例如,气候变化时包含的温度、气压、风速等信息;播音员播音时话筒将声信号转换为电信号,就会产生描述播音员声音特征的信息,如频率、频带宽度等。任意一种自然现象都包含大量的能够描述该现象的信息参数,这些信息通过一定的传感器可以转换为电信号,电信号的处理由电子系统来完成。

为了从一系列的信号中抽取所需要的信息,观测后要预先确定一些处理信号的方法,来分析该信号的特征。信号可以用两种不同的形式出现——时域信号和频域信号。针对这两种信号,目前都有专门的理论和实验手段进行分析和处理。

1.1.2 信号频谱

对时域信号最有用的一种描述方式是它的频谱,可以通过傅里叶变换来完成。如图 1.1 所示的一个任意电信号,它相对的频谱如图 1.2 所示。

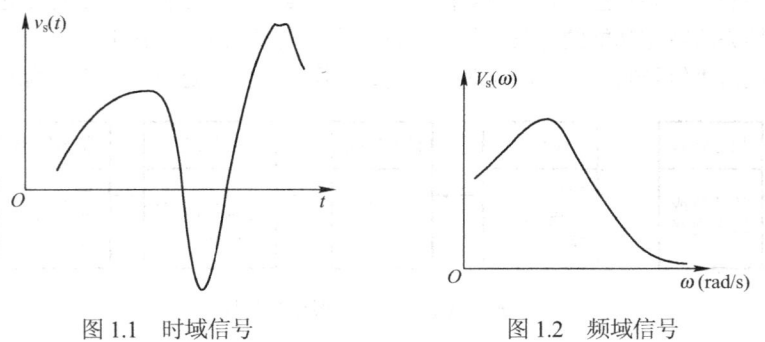

图 1.1 时域信号　　　　图 1.2 频域信号

也就是说,一个信号既可以用随时间变化的波形来描述,也可以用它的频谱来表示。

1.1.3 模拟信号和数字信号

和自然界中广泛存在的实际信号类似,图 1.1 所示的信号为模拟信号,它在幅度上和时间上都是连续的函数。

现代电子系统处理信号时,在很多场合都采用数字的处理方法。这样就需要一种处理方式,将模拟信号变换为数字信号,然后再进行处理。

所谓数字信号,是在时间上和幅度上都是离散的一种信号,便于用数字来描述。将模拟信号转换为数字信号,需要经过采样和量化编码两个环节。图 1.3 所示为采样后时间离散的信号,该信号再经过量化编码得到如图 1.4 所示的数字信号（用 8 位二进制数表示）。

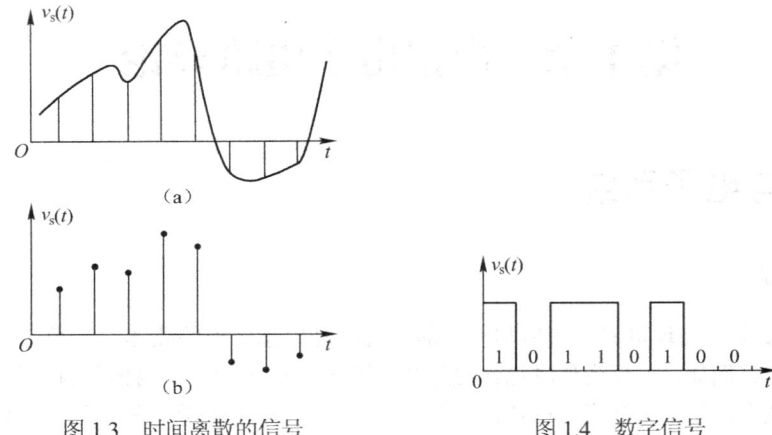

图 1.3　时间离散的信号　　　　　图 1.4　数字信号

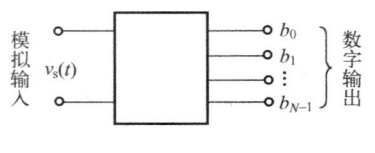

图 1.5　A/D 转换器

目前有专用的电子电路来完成上述任务，称为 A/D 转换器，如图 1.5 所示。对数字信号的处理可以借助计算机软件辅助完成。

总之，尽管目前信号的数字处理技术非常普遍，但还是存在只能用模拟电路才能实现的信号处理方式。因此，许多电子系统既包括模拟部分，也包括数字部分，且学科前沿部分多处在两种信号混合的电路设计上。作为一个优秀的电子工程师，必须对模拟电路和数字电路的设计都要擅长。

1.1.4　电子系统

"电子系统"有很多种描述定义，一般来说，将多个具有一定功能的单元模块电路相互连接，组成规模较大、能够完成特定功能的电路整体，可以称为"电子系统"。图 1.6 所示为电子系统的一般结构框图，主要包括"信号输入"、"预处理"、"模数转换"、"信号处理"、"信号输出"等基本部分。

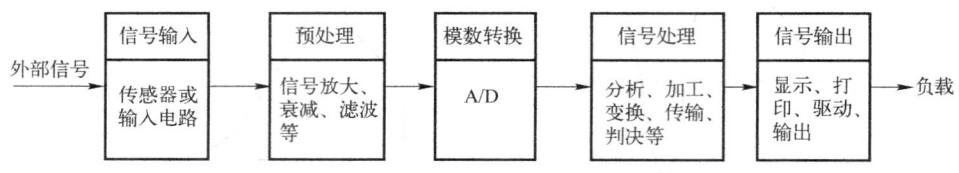

图 1.6　电子系统的一般结构框图

由于从外界采集的信号往往非常微弱，而且伴随着噪声及其他干扰，因此预处理是电子系统中的重要环节。预处理主要是解决信号的放大、衰减、滤波等，即通常所说的"信号调理器"，经预处理后的信号，在幅度和其他方面都比较适合做进一步的分析或数字化处理。这一部分的信号仍多为模拟信号。在这个环节中，放大器是重要的组成部分。

放大器是模拟信号处理中最重要、最基本的单元。放大电路不仅具有独立实现信号不失真放大的功能，而且也是其他模拟电路，如振荡器、滤波器、稳压器、调制解调器的基础和基本组成部分。

1.2　放大器基本概念及模型

在电子系统中，由于采集信号的换能器（或传感器）输出的信号往往比较微弱，范围基本在毫伏或微伏级，不利于进行可靠的后续处理，因而需要将这样的信号进行幅度放大，但不改变信号的其他特性,即输出波形和输入波形除了幅度外都是一模一样的,任何波形上的变化都认为是失真。能够实现这样功能的电路称为放大器。一个处理电压信号的放大器可以用式(1.1)来描述:

$$v_o = A v_i \tag{1.1}$$

式中,A 表示放大器的放大能力,称为放大器的增益;v_i 和 v_o 分别是输入信号和输出信号。

1.2.1 放大器的符号

放大器是一个双口网络,一端是信号输入口,另一端是信号输出口,常用符号如图 1.7(a)所示,一个电压输入、电压输出的放大器的实际连接电路如图1.7(b)所示。

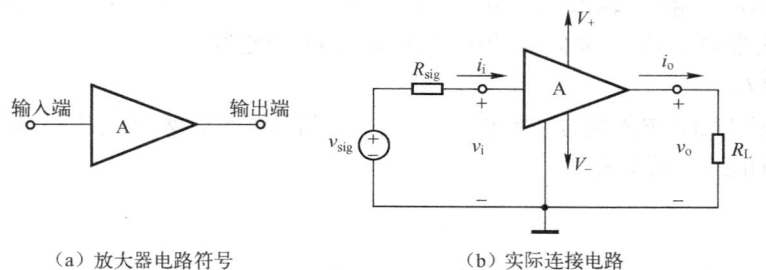

(a)放大器电路符号 (b)实际连接电路

图 1.7 放大器电路符号及实际连接电路

放大器本质上是一种换能器,因此工作时需要有电源提供能量,图 1.7(b)中的 V_+ 和 V_- 代表了供电的直流电源,供电方式有双电源供电和单电源供电两种形式。放大器的输入端和输出端之间存在一个公用端子,这个公用端子作为一个参考点,称为地或者零电位。图中 v_{sig} 为信号源,R_{sig} 为信号源内阻,R_L 为电路的负载,v_i 为电路的输入电压,i_i 为电路的输入电流,v_o 为负载上的输出电压,i_o 为电路的输出电流。

放大器最重要的参数就是增益,增益的定义式为

$$增益 = \frac{输出量}{输入量}$$

则电压增益为

$$A_v = \frac{v_o}{v_i} \quad \text{V/V} \tag{1.2}$$

电流增益为

$$A_i = \frac{i_o}{i_i} \quad \text{A/A} \tag{1.3}$$

功率增益为

$$A_p = \frac{P_L}{P_i} = \frac{v_o i_o}{v_i i_i} = A_v A_i \quad \text{W/W} \tag{1.4}$$

为了拓宽坐标轴的显示范围,电子工程师经常使用对数来表示放大器的增益,即

电压增益的分贝表示 = $20\lg|A_v|$ dB

电流增益的分贝表示 = $20\lg|A_i|$ dB

功率增益的分贝表示 = $10\lg|A_p|$ dB

因此在增益计算分析时,要注意两种表示方法的换算。

1.2.2 放大器的主要参数

放大器的主要参数是衡量放大器性能优劣的标准,并决定了放大器的使用范围。

1. 增益

增益是描述放大器放大能力的重要参数。实际上根据放大器端口的输入量与输出量的不同,增益有 4 种定义:

电压增益 $A_v = \dfrac{v_o}{v_i}$，相应的放大器称为电压放大器；

电流增益 $A_i = \dfrac{i_o}{i_i}$，相应的放大器称为电流放大器；

互阻增益 $A_r = \dfrac{v_o}{i_i}$，相应的放大器称为互阻放大器；

互导增益 $A_g = \dfrac{i_o}{v_i}$，相应的放大器称为互导放大器。

也就是说，放大器根据输入、输出量的不同，可以分为 4 类基本放大器。每一类对信号源要求不同，对负载输出的信号要求也不同，实际应用中可以根据需要进行选取。

2. 输入电阻 R_i

输入电阻是放大器在输入端的等效电阻，同时作为信号源的负载，它表明了放大器从信号源有效吸取信号大小的能力。其定义为

$$R_i = \dfrac{v_i}{i_i} \tag{1.5}$$

如图 1.8（a）所示，计算出 v_i 与由 v_i 引起的输入电流 i_i 的比值，即可得到 R_i。

引入源电压增益的定义，即

$$A_{vs} = \dfrac{v_o}{v_{sig}} \tag{1.6}$$

又因为

$$v_i = \dfrac{R_i}{R_i + R_{sig}} v_{sig} \tag{1.7}$$

故

$$A_{vs} = \dfrac{v_i}{v_{sig}} \dfrac{v_o}{v_i} = \dfrac{R_i}{R_i + R_{sig}} A_v \tag{1.8}$$

式中，R_{sig} 为信号源内阻，v_{sig} 为信号源电压。

可见只有当 $R_i \gg R_{sig}$ 时，$v_i \approx v_{sig}$，$A_v \approx A_{vs}$，此时，信号源内阻几乎不损失信号，信号源信号几乎全被放大器吸取。

3. 输出电阻 R_o

输出电阻是放大器在输出端的等效电阻，同时作为放大器的内阻，它的大小决定了放大器带负载的能力。其定义为

$$R_o = \dfrac{v_t}{i_t}\bigg|_{\substack{v_{sig}=0 \\ R_L \to \infty}} \tag{1.9}$$

图 1.8（b）所示为输出电阻的测试方法，在输出端加一测试电压 v_t，由其引起的电流为 i_t，通过计算两者的比值即可得到输出电阻。

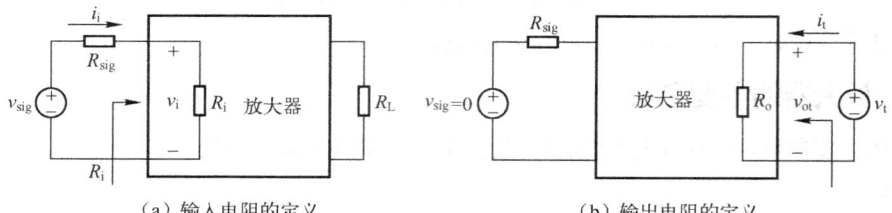

(a) 输入电阻的定义　　　　　　　　　　　(b) 输出电阻的定义

图 1.8　输入、输出电阻测试方法

引入开路电压增益,即

$$A_{vo} = \frac{v_{ot}}{v_i}\bigg|_{R_L \to \infty} \tag{1.10}$$

式中,v_{ot} 为负载开路时的输出电压。

又因为

$$v_o = \frac{R_L}{R_L + R_o} v_{ot} \tag{1.11}$$

故

$$A_v = \frac{v_o}{v_i} = \frac{v_o}{v_{ot}} \cdot \frac{v_{ot}}{v_i} = \frac{R_L}{R_L + R_o} A_{vo} \tag{1.12}$$

可见只有当 $R_o \ll R_L$ 时,$v_o \approx v_{ot}$,$A_v \approx A_{vo}$,此时放大器几乎将处理后的信号无损地送到负载上输出。

表 1.1 所示为 4 类基本放大器及其模型。

表 1.1　4 类基本放大器及其模型

类　型	电　路　模　型	增　益　参　数	理　想　特　性
电压放大器		开路电压增益 $A_{vo} = \dfrac{v_o}{v_i}\bigg|_{i_o=0}$ (V/V)	$R_i \to \infty$ $R_o \to 0$
电流放大器		短路电流增益 $A_{is} = \dfrac{i_o}{i_i}\bigg|_{v_o=0}$ (A/A)	$R_i \to 0$ $R_o \to \infty$
互导放大器		短路互导增益 $G_m = \dfrac{i_o}{v_i}\bigg|_{v_o=0}$ (A/V)	$R_i \to \infty$ $R_o \to \infty$
互阻放大器		开路互阻增益 $R_m = \dfrac{v_o}{i_i}\bigg|_{i_o=0}$ (V/A)	$R_i \to 0$ $R_o \to 0$

1.3　放大器的频率响应

在实际电路中,除电阻外,还存在许多电抗元件,如电路的分布电容、杂散电容、器件的极间电容和分布电感等。不同电抗元件对频率呈现不同的阻抗特性，这必然会导致放大器的增益也是频率的函数，即增益为一个"复数"：

$$A(j\omega) = \frac{V_o(j\omega)}{V_i(j\omega)} = |A(\omega)| e^{j\varphi_A(\omega)} \tag{1.13}$$

其中，$|A(\omega)|$ 和角频率 ω 的关系曲线称为"幅频特性"，相移 $\varphi_A(\omega)$ 和角频率 ω 的关系曲线称为"相频特性"。一般工程上习惯用分贝（dB）来表示增益函数的幅度，因此得到 $20\lg|A(\omega)|$ 与频率的关系曲线。

图 1.9 所示为某放大器的幅频特性示意图，图中，$f = \omega/2\pi$，单位为 Hz。可以看到放大器的幅频特性在一定宽度的频率范围之内，增益几乎是固定不变的，这个频率范围称为"中频区"，而当频率很高或很低时，增益会逐渐减小，分别称为"高频区"和"低频区"。若中频增益为 A_0，则随着频率的升高或降低，增益会下降，当增益下降到 $A_0/\sqrt{2}$ 时，对应的频率分别为上限截止频率 f_H 和下限截止频率 f_L。

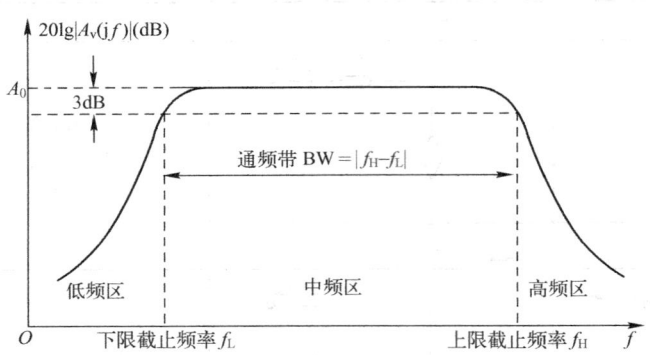

图 1.9 放大器的幅频特性

工程上更习惯采用另外一种定义方式。若增益采用分贝（dB）来表示，则

$$20\lg\left|\frac{A_0}{\sqrt{2}}\right| = 20\lg|A_0| - 20\lg\sqrt{2} = 20\lg|A_0|(\text{dB}) - 3\text{dB} \tag{1.14}$$

即由中频增益下降 3dB 对应的频率分别为上限截止频率 f_H 和下限截止频率 f_L。

定义放大器的通频带（也称为带宽 BW（BandWidth））为

$$\text{BW} = |f_H - f_L| \tag{1.15}$$

要计算放大器的频率响应，必须分析所有电抗元件的等效电路模型。一个电感 L 的电抗或阻抗是 $j\omega L$，而一个电容 C 的电抗或阻抗是 $1/j\omega C$，等效的电纳或导纳是 $j\omega C$。因此在频域分析中我们处理的是阻抗或导纳，分析的结果是放大器的增益函数 $A(j\omega)$

$$A(j\omega) = \frac{V_o(j\omega)}{V_i(j\omega)} \tag{1.16}$$

在对一个电路进行分析以确定它的频率响应时，可以通过使用复数频率变量 s 来简化运算，即一个电感 L 的阻抗是 sL，电容 C 的阻抗是 $1/sC$。用阻抗代替相应的电抗元件并进行标准的电路分析，就可以得到如下的传输函数 $A(s)$：

$$A(s) = \frac{V_o(s)}{V_i(s)} \tag{1.17}$$

然后，用 $j\omega$ 代替 s 就可以得到用物理频率表示的传输函数 $A(j\omega)$。

第1章习题

1.1 某放大器用 ±3V 的电源供电。当输入为峰值为 0.2V 的正弦波时，可获得峰值为 1.0mA 的电流，并在 100Ω 负载上产生峰值为 2.2V 的正弦波。每个电源的平均电流为 20mA。求用分贝表示的电压增益、电流增益和功率增益。

1.2 某电压放大器的输入电阻为 10kΩ，输出电阻为 200Ω，增益为 1000V/V。它被连接在内阻为 100kΩ、开路电压为 10mV 的信号源和负载 100Ω 之间，则：
（1）输出电压为多少？
（2）从源到负载的电压增益为多少？
（3）从放大器输入端到负载的电压增益为多少？

1.3 某电流放大器有 $R_i = 1kΩ$，$R_o = 10kΩ$，$A_{is} = 100A/A$，它被连接在电阻为 100kΩ 的 100mV 信号源和 1kΩ 负载之间。整个放大电路的电流增益、电压增益和功率增益分别为多少？

1.4 某互导放大器的 $R_i = 2kΩ$，$G_m = 40mA/V$，$R_o = 20kΩ$，它由电阻为 2kΩ 的电压源激励，并接有 1kΩ 的电阻负载，求实际得到的电压增益。

1.5 某互阻放大器由内阻为 R_{sig} 的电流信号源 i_{sig} 激励，输出端接 R_L 的负载电阻。证明下式给出的总增益：$\dfrac{v_o}{i_{sig}} = R_m \dfrac{R_{sig}}{R_{sig}+R_i} \dfrac{R_L}{R_L+R_o}$。

1.6 如图题 1.1 所示，推导 $V_o(s)/V_i(s)$ 的表达式，说明类型（高通还是低通）。当 $R_{sig} = 20kΩ$，$R_i = 80kΩ$，$C_i = 5pF$ 时，求 3dB 频率。

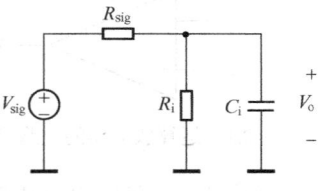

图题 1.1

1.7 某一电压放大器的幅频特性如图题 1.2 所示，求：（1）中频增益；（2）上限截止频率；（3）下限截止频率。

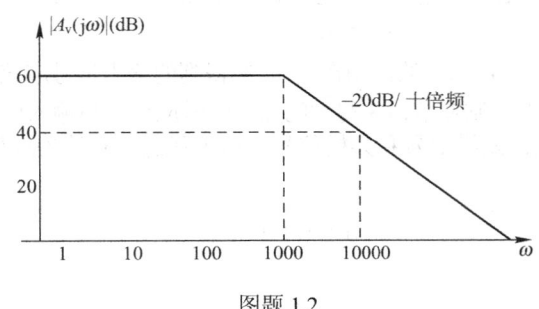

图题 1.2

第 2 章 理想运算放大器及其线性应用

在放大器中有一类非常重要的单元电路——运算放大器（简称运放），它是模拟集成电路中应用极为广泛的一种器件。这类器件可以对电信号进行线性运算，一般具有高增益、高输入阻抗和低输出阻抗等特性，同时还能实现信号产生、滤波等多项处理功能。由于它具有多功能性，我们几乎可以用运算放大器做任何事情。本章暂不讨论运算放大器内部电路结构，而是将其视为一个模块化的单元电路来进行介绍，首先讨论理想运放模型以及它的端口特性，然后介绍其典型应用，并给出相应的电路分析方法。这些应用和方法可以直接用于实际的电路设计与分析中。

运算放大器的电路符号如图 2.1 所示。图 2.2 所示为运算放大器的一般等效电路模型，在后面的电路分析中会多次应用该模型。

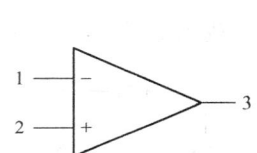

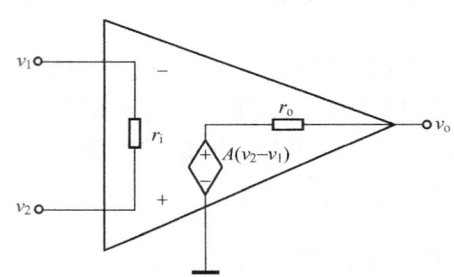

图 2.1 运算放大器的电路符号　　　　图 2.2 电压型运算放大器的一般等效电路模型

从信号输入、输出的角度看，运算放大器最基本的端口有 3 个：两个输入端口和一个输出端口，其中，端口 1 称为反相输入端，用"−"号标注；端口 2 称为同相输入端，用"+"号标注；端口 3 为输出端。理想运放的输入信号与输出信号之间满足关系式（2.1），其中 A 为放大器开环增益。

$$v_\text{o} = A(v_+ - v_-) \tag{2.1}$$

待处理信号如果是从端口 1 送入的，则在端口 3 得到的输出信号应该会与输入信号反相；待处理信号如果是从端口 2 送入的，则在端口 3 得到的输出信号应该会与输入信号保持同相。

首先介绍两个新的概念：差模信号和共模信号。对于任意一对待处理信号 v_1 和 v_2，其差模信号的定义为

$$v_\text{id} = v_2 - v_1 \tag{2.2}$$

其共模信号的定义为

$$v_\text{icm} = \frac{v_1 + v_2}{2} \tag{2.3}$$

在此定义的基础上，任意一对待处理信号都可以表示成其差模信号与共模信号的代数和形式

$$v_1 = v_\text{icm} - \frac{v_\text{id}}{2} \tag{2.4}$$

$$v_2 = v_\text{icm} + \frac{v_\text{id}}{2} \tag{2.5}$$

也就是说，对于一个理想运算放大器，其基本功能是放大两个输入端口上输入信号的差值（即差模部分），而完全抑制输入信号的共模分量。因此，理想运算放大器本质上是差分放大器。

2.1 集成运放理想模型与分析方法

现在流行的集成运放芯片种类繁多，应用领域也很广，但几乎所有集成运放的基本特性是相似的，这就为提出一个通用的电路模型以方便电路设计提供了可能。这种模型称为理想运算放大器。

理想运算放大器的特点：
（1）无限大开环增益；
（2）无限大共模抑制比或零共模增益；
（3）无限大输入阻抗；
（4）零输出阻抗；
（5）无限大带宽；
（6）零失调和零漂移。

理想运算放大器的等效电路模型如图 2.3 所示。

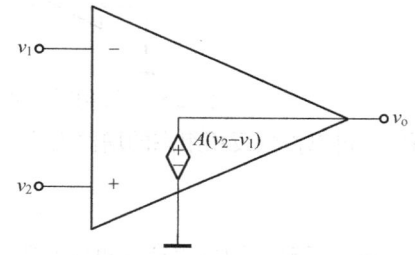

图 2.3　理想运算放大器的等效电路模型

2.2 集成运放线性基本运算电路

运算放大器要能进行线性运算，首先要保证工作在线性工作区。一般电压型运放的传输特性如图 2.4 所示。

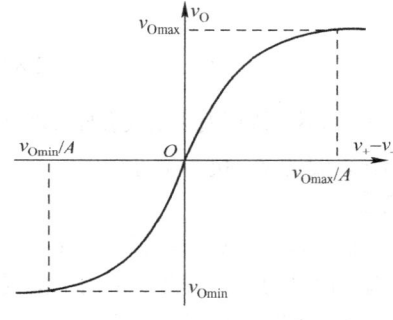

图 2.4　电压型运放的传输特性

由图 2.4 可知，当输入信号差值在(v_{Omin}/A, v_{Omax}/A)范围内时，可认为运放工作在线性工作区，此时输入信号差值和输出信号之间满足式（2.1）；当输入信号差值在(v_{Omin}/A, v_{Omax}/A)范围外时，运放工作在非线性区，式（2.1）不再成立，这时根据差值的符号性质，运放输出 v_{Omax} 或 v_{Omin}。

根据上述情况，可用式（2.6）来描述。

若 $v_{Omin}/A < v_+ - v_- < v_{Omax}/A$，则 $v_O = A(v_+ - v_-)$；
若 $v_+ - v_- > v_{Omax}/A$，则 $v_O = v_{Omax}$；　　　　(2.6)
若 $v_+ - v_- < v_{Omin}/A$，则 $v_O = v_{Omin}$。

当理想运放工作在线性区时，可以得到两个很有趣的结论："虚短"和"虚断"。

$v_+ - v_- = \dfrac{v_O}{A}$，因为 $A \to \infty$，且 v_O 为有限值，故 $v_+ \approx v_-$，称为"虚短"；

又因为输入电阻 $R_i \to \infty$，故 $i_+ \approx i_- = 0$，称为"虚断"。

2.2.1 反相组态

反相组态电路如图 2.5 所示，这里采用了将在第 9 章详细阐述的负反馈技术。信号通过电阻 R_1 送入运放的反相输入端，同时这个端口上还并接着从输出端回馈回来的信号。

该电路结构属于典型的负反馈结构，因此作为电路中的核心放大器件，运放一定工作在线性工作区，因此虚短和虚断同时成立。

1. 反相组态的增益

因为 $v_+ = v_- = 0$，所以反相输入端口也被称为"虚地点"，且图 2.6 所示的两个电流 i_1 和 i_2 的关系为 $i_1 = i_2$，因此可以得到下面的方程：

$$\frac{v_\mathrm{i}}{R_1} = \frac{0 - v_\mathrm{o}}{R_2}$$

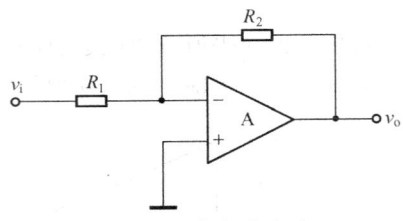

图 2.5 反相组态电路

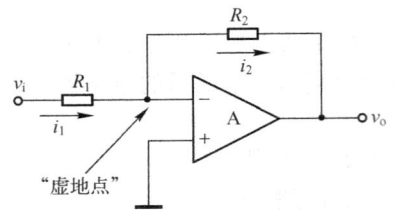

图 2.6 反相组态电路分析

所以，可以得到反相组态的增益表达式为

$$A_\mathrm{v} = \frac{v_\mathrm{o}}{v_\mathrm{i}} = -\frac{R_2}{R_1} \tag{2.7}$$

可以看到，增益表达式里面是带负号的，说明输入、输出信号之间相位相反，因此这类电路叫做反相组态电路。另外，严格意义上，放大器的增益应该是任意大小的，可以大于 1，可以等于 1，也可以小于 1。增益小于 1 的放大器叫做衰减器，反相组态电路可以实现信号的衰减。

从增益表达式也可以看出，由于负反馈的作用，反相组态的增益几乎与运放的开环增益无关，只与外接电阻比值有关，这就大大减少了电路设计时选择何种运放的麻烦。

2. 反相组态的输入电阻

根据输入电阻的定义式，可以推导反相组态的输入电阻

$$R_\mathrm{i} = \frac{v_\mathrm{i}}{i_\mathrm{i}} = \frac{v_\mathrm{i}}{i_1} = R_1 \tag{2.8}$$

可以看到，反相组态的输入阻抗主要受到 R_1 电阻取值的影响，一般都不会特别大（太大会导致增益下降），因此反相组态不满足理想电压放大器条件，在跟前级级联的时候，要考虑阻抗匹配问题。

3. 反相组态的输出电阻

根据输出电阻的定义，我们可以将电路做如下改动：

由图 2.7 可得，因为输入信号为零，因此运放内部的受控源也为零，则从输出端口看进去的输出电阻为

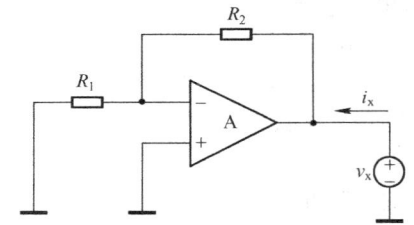

图 2.7 反相组态电路求输出电阻

$$R_\mathrm{o} = \frac{r_\mathrm{o}}{1 + \dfrac{A(R_1 // r_\mathrm{i})}{R_2 + (R_1 // r_\mathrm{i})}} // (R_1 // r_\mathrm{i} + R_2) \tag{2.9}$$

运用理想运放模型，$r_\mathrm{i} \to \infty$，$r_\mathrm{o} \to 0$，故有 $R_\mathrm{o} \to 0$。

2.2.2 同相组态

同相组态基本电路如图 2.8 所示，这里采用了将在第 9 章详细阐述的负反馈技术。信号送入运放的同相输入端，同时反相输入端口上还并接着从输出端回馈回来的信号。

该电路结构也属于典型的负反馈结构，因此作为电路中的核心放大器件，运放一定工作在线性工作区，因此虚短和虚断同时成立。

1. 同相组态的增益

因为 $v_+ = v_- = v_\mathrm{i}$，图 2.9 所示的两个电流 i_1 和 i_2 的关系为 $i_1 = i_2$，因此可以得到下面的方程

$$\frac{0 - v_\mathrm{i}}{R_1} = \frac{v_\mathrm{i} - v_\mathrm{o}}{R_2}$$

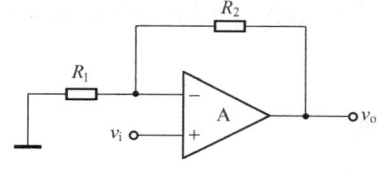
图 2.8 同相组态电路

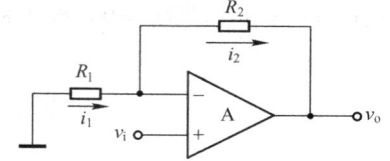
图 2.9 同相组态电路分析

所以，可以得到同相组态的增益表达式为

$$A_v = \frac{v_o}{v_i} = 1 + \frac{R_2}{R_1} \tag{2.10}$$

可以看到，增益表达式里面是不带负号的，说明输入、输出信号之间相位相同，因此这类电路叫做同相组态电路。另外，该组态放大器最小增益也应该为 1，因此无法实现衰减器的设计应用。

从增益表达式也可以看出，由于负反馈的作用，同相组态的增益几乎与运放的开环增益无关，只与外接电阻比值有关，这就大大减少了电路设计时选择何种运放的麻烦。

2. 同相组态的输入电阻

因为运放的输入端口出现虚断，根据输入电阻的定义式，可以推导同相组态的输入电阻

$$R_i = \frac{v_i}{i_i} \to \infty \tag{2.11}$$

可以看到，同相组态满足理想电压放大器条件，在跟前级级联的时候，不需要考虑阻抗匹配问题。

3. 同相组态的输出电阻

根据输出电阻的定义，同样可以得到如图 2.7 所示的电路，因此从输出端口看进去的输出电阻为

$$R_o = \frac{r_o}{1 + \dfrac{A(R_1 /\!/ r_i)}{R_2 + (R_1 /\!/ r_i)}} /\!/ (R_1 /\!/ r_i + R_2)$$

运用理想运放模型，$r_i \to \infty$，$r_o \to 0$，故有 $R_o \to 0$。

相比较而言，这两种基本组态中，同相组态电路更适合做中间放大级，当然由于其理想的输入输出特性，放在系统输入级和输出级都是很合适的。

4. 电压跟随器

在实际应用中，如果前级电路为高阻抗信号源，后级电路为低阻抗负载，那么在级联时就需要进行阻抗匹配，常用的一种电路模块叫做跟随器。当输入、输出信号都为电压信号时，该类模块就叫做电压跟随器，它的设计基本要求包括：$A_v \to 1$，$R_i \to \infty$，$R_o \to 0$。

图 2.10 所示为运放用做电压跟随器的示例。这类电路可以用在整体电路的输入部分、中间部分和输出部分，实现阻抗变换。

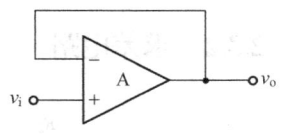
图 2.10 电压跟随器

2.3 运放的其他应用电路

反相组态和同相组态是运放线性应用的基本电路，将两者结合起来，可以得到多种信号运算电路，下面介绍几种典型应用电路。

2.3.1 求和电路

多路信号处理是工程中经常遇到的情况，运放能很好地解决多路信号共同作用的问题。图 2.11 所示为三路信号输入的反相求和电路。

利用虚短 $v_+ = v_- = 0$，虚断 $i_- = 0$，根据 KCL 定律，对反相输入端节点可写出方程 $i_1 + i_2 + i_3 = i_4$，即

$$\frac{v_{i1}}{R_1} + \frac{v_{i2}}{R_2} + \frac{v_{i3}}{R_3} = -\frac{v_o}{R_4}$$

故

$$v_o = -\frac{R_4}{R_1} v_{i1} - \frac{R_4}{R_2} v_{i2} - \frac{R_4}{R_3} v_{i3} \tag{2.12}$$

由式（2.12）可知，该电路可以实现三路信号的加权加法处理。若 $R_1 = R_2 = R_3 = R_4$，则 $v_o = -(v_{i1} + v_{i2} + v_{i3})$，那么如果在图 2.11 后再接一级反相放大电路，就可以实现常规的加法运算。同时，通过分析该电路结构可以发现，这种电路结构可以扩展到多个输入电压相加。

当然求和电路也可以利用同相放大电路来实现，具体电路如图 2.12 所示，这里可以利用叠加原理，对 v_o 与几个输入信号之间的关系进行快速推导。

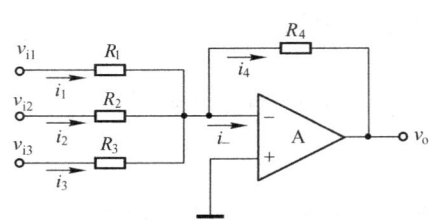

图 2.11 反相求和电路

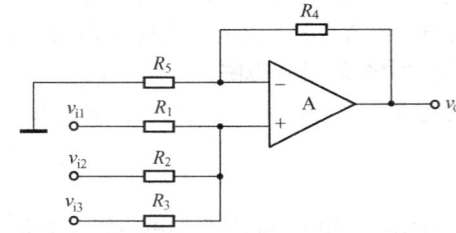

图 2.12 同相求和电路

令 $v_{i2} = v_{i3} = 0$，则 $v_{o1} = \left(1 + \frac{R_4}{R_5}\right) \frac{R_2 // R_3}{R_1 + R_2 // R_3} v_{i1}$；

令 $v_{i1} = v_{i3} = 0$，则 $v_{o2} = \left(1 + \frac{R_4}{R_5}\right) \frac{R_1 // R_3}{R_2 + R_1 // R_3} v_{i2}$；

令 $v_{i1} = v_{i2} = 0$，则 $v_{o3} = \left(1 + \frac{R_4}{R_5}\right) \frac{R_1 // R_2}{R_3 + R_1 // R_2} v_{i3}$；

故

$$v_o = v_{o1} + v_{o2} + v_{o3} = \left(1 + \frac{R_4}{R_5}\right)\left(\frac{R_2 // R_3}{R_1 + R_2 // R_3} v_{i1} + \frac{R_1 // R_3}{R_2 + R_1 // R_3} v_{i2} + \frac{R_1 // R_2}{R_3 + R_1 // R_2} v_{i3}\right) \tag{2.13}$$

2.3.2 求差电路

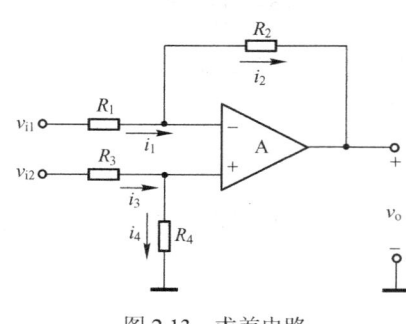

图 2.13 求差电路

除求和电路外，求差电路也是一种常见的信号处理电路。具体电路如图 2.13 所示。

从电路结构上看，该电路是反相组态和同相组态电路的结合电路，因此，在理想运放条件下，由虚断和虚短概念可以得到如下方程

$$i_1 = i_2，即 \frac{v_{i1} - v_-}{R_1} = \frac{v_- - v_o}{R_2}$$

$$i_3 = i_4，即 \frac{v_{i2} - v_+}{R_3} = \frac{v_+ - 0}{R_4}$$

又 $v_+ = v_-$，故可得到输入、输出关系表达式为

$$v_o = \left(1 + \frac{R_2}{R_1}\right)\frac{R_4}{R_3 + R_4}v_{i2} - \frac{R_2}{R_1}v_{i1} \tag{2.14}$$

该表达式也可以通过叠加原理快速推导获得。

若要实现标准的减法运算，则要求得到形如 $v_o = A(v_{i2} - v_{i1})$ 的表达式，故可以令

$$\left(1 + \frac{R_2}{R_1}\right)\frac{R_4}{R_3 + R_4} = \frac{R_2}{R_1}$$

整理后可得，当 $\frac{R_4}{R_3} = \frac{R_2}{R_1}$ 时，上述关系成立。一般情况下为了方便起见，取 $R_1 = R_3$，$R_2 = R_4$，则最终表达式为

$$v_o = \frac{R_2}{R_1}(v_{i2} - v_{i1}) \tag{2.15}$$

在式（2.15）条件下，该电路实际的输入信号是两路输入信号的差值，即差模信号输入，因此该电路在上述电阻取值条件下也称为差分放大器，有时也称为除同相组态和反相组态之外，运放的第三种组态——差分组态。在差模输入条件下，可得流入 v_{i2} 端口的电流等于流出 v_{i1} 端口的电流，则该电路的输入电阻为

$$R_i = \frac{v_{i2} - v_{i1}}{i_i} = R_1 + R_3 = 2R_1 \tag{2.16}$$

由式（2.16）可知，输入电阻与差模增益之间的关系是一对矛盾关系，要保证较高的差模增益，必然要降低输入电阻，因此在级联时同样需要考虑阻抗匹配的问题。

该电路的输出电阻很小，可用理想运放的电路模型推导。

2.3.3 仪用运算放大器

同求差电路相似，仪用运算放大器本质上也是一类差分放大器，因为它经常用于各类仪器仪表电路中，故而得名。根据它内部的电路结构，也经常称为三运放电路，具体结构如图 2.14 所示。

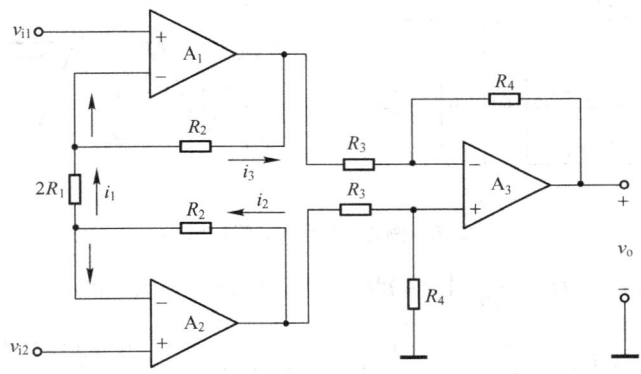

图 2.14 仪用运算放大器

从结构上看，3 个运放构成两级级联电路，其中 A_1 和 A_2 组成差分输入，A_3 本身是标准的两输入差分电路。根据虚断和虚短可以得到：

A_1：$v_+ = v_- = v_{i1}$ A_2：$v_+ = v_- = v_{i2}$ 且 $i_1 = i_2 = i_3$

$$\frac{v_{i2} - v_{i1}}{2R_1} = \frac{v_{o2} - v_{i2}}{R_2} = \frac{v_{i1} - v_{o1}}{R_2} \qquad v_{o2} - v_{o1} = \left(1 + \frac{2R_2}{2R_1}\right)(v_{i2} - v_{i1})$$

$$v_o = \frac{R_4}{R_3}(v_{o2} - v_{o1}) = \frac{R_4}{R_3}\left(1 + \frac{R_2}{R_1}\right)(v_{i2} - v_{i1}) \tag{2.17}$$

由于输入信号 v_{i1} 和 v_{i2} 都从 A_1、A_2 的同相端输入，因而流入电路的电流等于 0，且电路的实际输入信号为差模信号，所以输入电阻为 ∞。

目前，这种仪用运算放大器已有多种型号的单片集成电路，在测量系统中应用很广。通常 R_2、R_3 和 R_4 为给定值，R_1 采用可变电阻器代替，调节 R_1 的值，即可改变电压增益。常见的芯片有美国 AD 公司的 AD620 和 TI 公司的 INA122 等。

2.3.4 积分电路和微分电路

从数学角度来说，积分本质上还是求和，这里讨论的积分是模积分，典型电路如图 2.15 所示。

由图 2.15 可知，该电路结构也属于典型的负反馈结构，因此作为电路中的核心放大器件，运放一定工作在线性工作区，因此虚短和虚断同时成立，即反相输入端为虚地点，且 $i_1(t) = i_2(t) = v_i(t)/R$。假设电容的初始电压 $v_C(0) = V_C$，因此电容电压为

$$v_C(t) = V_C + \frac{1}{C}\int_0^t i_1(t)dt$$

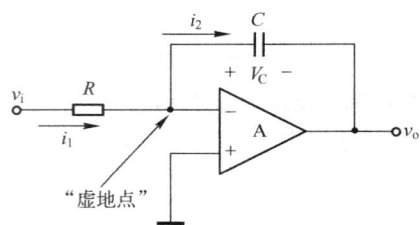

图 2.15 积分电路

又 $v_C(t) = -v_o(t)$，因此

$$v_o(t) = -\frac{1}{RC}\int_0^t v_i(t)dt - V_C \tag{2.18}$$

可见该电路的输出电压与输入电压的时间积分成比例，V_C 是积分的初始条件，RC 是积分时间常数。可以看出，输出电压有一个负号，因此该电路是一个反相积分器，称为米勒积分器。该电路可用来作为显示器的扫描电路、波形转换、模数转换和数学模拟运算电路等。

【例 2.1】 对图 2.15 所示的积分器，采用如图 2.16（a）所示的方波输入，若 $R = 10\text{k}\Omega$，$C = 5\text{nF}$，在 $t = 0$ 时，电容的初始电压为 0，运放的电源为 ±10V，试画出输出电压 v_o 的波形。

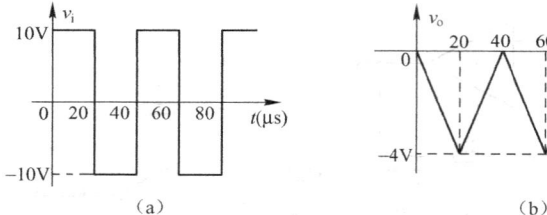

图 2.16 例题 2.1 输入、输出波形

解：由图 2.15 可知，$v_o(t) = -\frac{1}{RC}\int_0^t v_i(t)dt$，当 $t = 0$ 时，$v_o(t) = 0$。

当 $0 < t \leq 20\mu s$ 时，$v_o(t) = -\frac{v_i}{RC}t\Big|_0^t = -\frac{v_i}{RC}t$，且 $v_o(20\mu s) = -\frac{10 \times 20 \times 10^{-6}}{10 \times 10^3 \times 5 \times 10^{-9}} = -4\text{V}$。

当 $20 < t \leq 40\mu s$ 时，$v_o(t) = v_o(20\mu s) - \frac{v_i}{RC}t\Big|_{20}^t = -4 - \frac{v_i}{RC}(t-20)$，且 $v_o(40\mu s) = -4 - \frac{(-10) \times (40-20) \times 10^{-6}}{10 \times 10^3 \times 5 \times 10^{-9}} = 0\text{V}$。

当 $40 < t \leq 60\mu s$ 时，$v_o(t) = v_o(40\mu s) - \frac{v_i}{RC}t\Big|_{40}^t = -\frac{v_i}{RC}(t-40)$，且 $v_o(60\mu s) = -\frac{10 \times (60-40) \times 10^{-6}}{10 \times 10^3 \times 5 \times 10^{-9}} = -4\text{V}$。

当 $60 < t \leqslant 80\mu s$ 时，$v_o(t) = v_o(60\mu s) - \dfrac{v_i}{RC} t \Big|_{60}^{t} = -4 - \dfrac{v_i}{RC}(t-60)$，且 $v_o(80\mu s) = -4 - \dfrac{(-10) \times (80-60) \times 10^{-6}}{10 \times 10^3 \times 5 \times 10^{-9}} = 0V$。

故可以得如图 2.16（b）所示的波形图。可以看到，这里积分电路可以用做方波到三角波的转换电路，但由于核心器件是运放，该电路的带宽受到限制，整个电路的工作频率不会太高。

图 2.17 所示为微分电路的电路结构，同样存在虚断和虚短，即 $i_1 = i_2$，假设 $t = 0$ 时，电容 C 的初始电压 $v_c(0) = 0$，则当信号电压 v_i 接入后，可以得到

$$i_1 = C \dfrac{dv_i}{dt}$$

$$0 - v_o = i_1 R = RC \dfrac{dv_i}{dt}$$

则有

$$v_o = -RC \dfrac{dv_i}{dt} \quad (2.19)$$

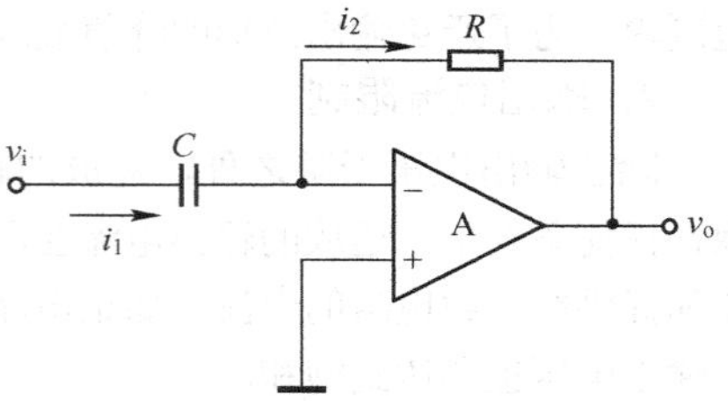

图 2.17 微分电路

可见输出电压与输入电压的微分成正比，且表达式中带有负号，因此该电路是反相微分器。除了可做微分运算外，还可以实现波形转换，如将矩形波转换为尖顶脉冲波。

2.4 非理想运放的工作性能

前面给出了以理想运放为模型的运算放大器基本电路，在许多实际应用中，这样的假设效果还是很不错的，但作为电子工程师，必须非常熟悉实际运算放大器的特性及这些特性对运算放大器性能的影响。运放的非理想特性肯定会对电路的运行产生影响。

2.4.1 增益与带宽

之前在介绍理想运放模型时曾经提到两点特性——无限大开环增益和无限大带宽，但在实际的运放器件中，开环增益（指的是差模增益）不是无限而是有限的，且随着频率的增大而减小；而带宽也不是无限的，相反一般参数非常小，但大多数情况下增益带宽积（GBW）为一个常数，定义在开环增益随频率变化的特性曲线中以-20dB/十倍频程下降的区域。典型开环增益如图 2.18 所示。

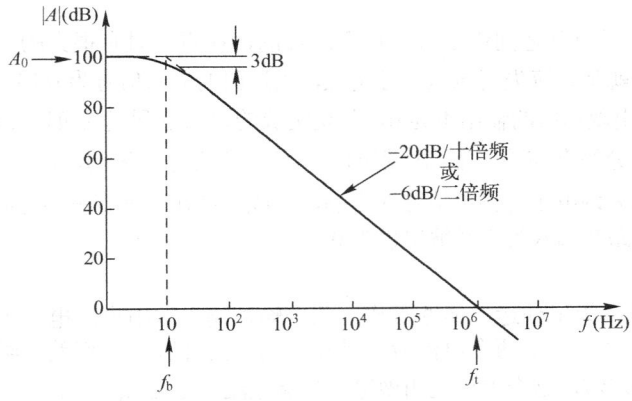

图 2.18 典型的通用运算放大器的开环增益

2.4.2 运放的大信号参数

下面将介绍运放在输出大信号时电路性能的局限性。

1．输出饱和电压

与其他所有放大器相似，运放在有限的输出电压范围内工作在线性状态，如图 2.4 所示。当 $v_I > v_{Omax}/A$ 或 $v_I < v_{Omin}/A$ 时，运放将达到输出饱和电压，v_{Omax} 和 v_{Omin} 分别在正负电源的 1V 左右范围内。为了避免输出波形的峰值被削平从而导致波形失真，输入信号必须保持较小。

2．输出电流限制

除了输出电压受限之外，运放的输出电流也有一个确定的最大值。因此，在电路设计时必须确保在任何条件下，运放的输出电流在两个方向都不能超过最大电流值。这个电流包括反馈电路中的电流和提供给负载电阻的电流。如果电路需要更大的电流，那么对应于最大允许输出电流的电压，运放的输出电压也会达到饱和。

3．摆率与全功率带宽

摆率是指单位时间（一般用微秒）器件输出电压值的可改变的范围，其英文全称是 Slew Rate，简写为 SR，其定义式为

$$\text{SR} = \left.\frac{dv_o}{dt}\right|_{max} \tag{2.20}$$

摆率的另一个名称是运算放大器输出电压的转换速率，单位通常有 V/s、V/ms 和 V/μs 共 3 种，它反映的是一个运算放大器在速度方面的指标。

一般来说，摆率越高的运放，其工作电流也越大，亦即耗电也大，然而摆率却是高速运放的重要指标。

摆率的另一个数学定义：

$$\text{SR} = 2\pi f_M V_{opmax} \tag{2.21}$$

式中，f_M 为全功率带宽，一般认为是带宽；V_{opmax} 是放大后输出信号的最大峰值。

摆率隐含的概念是大信号放大时的带宽问题。带宽增益积反映的是小信号放大信号的带宽问题，摆率反映的是大信号放大信号的问题，一般大信号的带宽都要小于带宽增益积的值。

2.4.3 运放的直流参数

1．失调电压

运算放大器内部单元电路之间都是直接耦合连接的，在直流时有很大的直流增益，因此容易产生直流问题，其中一个就是直流失调电压。理论上，当运放的输入信号为 0 时，运放的输出信号也应该为 0，但实际上可能出现运放的输出不为 0，甚至运放的输出达到正或负饱和电压的情况，这种现象是由运放内部输入差分级存在不匹配而引起的，因此也称为输入失调电压，一般记为 V_{OS}，典型值为 1～5mV。为了消除失调电压对输出信号的影响，一般运放在处理直流信号时需要进行调零，即采用一些措施保证运放电路在输入为 0 时输出也为 0。

2．失调电流

同一般放大器一样，为了使运放能够工作，两个输入端必须用直流电流供电，称为输入偏置电流，用 I_{B1} 和 I_{B2} 表示，理论上这两个电流应该是相等的。同样因为内部差分级存在不匹配的问题，这两个电流会有微小的差值，这个差值就叫做输入失调电流，记为 I_{OS}，即

$$I_{OS} = |I_{B1} - I_{B2}| \tag{2.22}$$

同失调电压相似，失调电流也会在输出端引起较大的直流偏差，解决方法是在输入端引入平衡电阻，使得从同相输入端和反相输入端看进去的等效直流电阻相等，如图 2.19 所示，该方法能将 I_{os} 对输出端信号的影响降低至少一个数量级，但不能完全消除，因此在选择器件时，应选择尽量小的参数值。

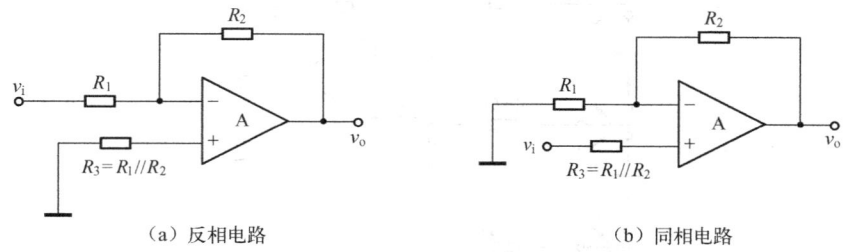

图 2.19 考虑平衡电阻的运放电路

第 2 章习题

2.1 对一个包含理想运算放大器的电路进行测量，得到该运算放大器输出端的电压为 –2.000V，反相输入端电压为 –3.000V。如果该放大器理想，那么同相输入端的电压为多少？如果测量得到同相输入端电压为 –3.020V，那么该放大器的实际增益为多少？

2.2 利用理想运算放大器，使用多大的 R_1 和 R_2 值可以设计得到具有如下增益的放大器？在设计中至少使用一个 10kΩ 电阻以及一个较大的电阻：（1）–1V/V；（2）–2V/V；（3）–0.5V/V；（4）–100V/V。

2.3 电路如图题 2.1 所示，求：
（1）从节点 1、2、3 和 4 看进去的电阻 R_1、R_2、R_3 和 R_4；
（2）用输入电流 I 表示的电流 I_1、I_2、I_3 和 I_4；
（3）用 IR 表示节点 1、2、3 和 4 的电压，即 V_1、V_2、V_3 和 V_4。

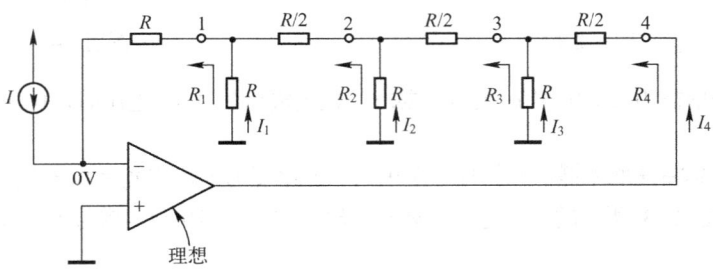

图题 2.1

2.4 使用两个理想运算放大器和电阻实现加法函数：$v_o = v_1 + 2v_2 - 3v_3 - 4v_4$。

2.5 图题 2.2 所示为一个数模转换电路。该电路接收 4 位二进制输入字 $a_3a_2a_1a_0$，其中 a_0、a_1、a_2 和 a_3 可以取 0 或 1，并且该电路提供一个对应于数字输入值的模拟输出电压 v_o。输入字的每一位控制相应数字标注的开关。例如，如果 a_2 为 0，那么开关 S_2 将 20kΩ 电阻接地，而如果 a_2 为 1，那么开关 S_2 将 20kΩ 电阻接到 +5V 的电源。证明 v_o 为

$$v_o = -\frac{R_f}{16}(2^0 a_0 + 2^1 a_1 + 2^2 a_2 + 2^3 a_3)$$

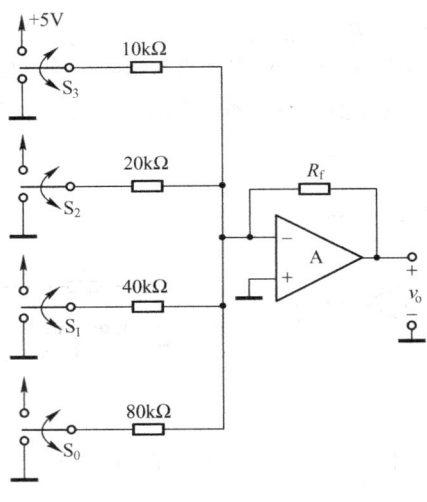

图题 2.2

其中 R_f 的数量级是 kΩ。求使 v_o 在 0~−12V 范围内变化的 R_f 值。

2.6 推导图题 2.3 所示电路的电压增益表达式。

2.7 图题 2.4 所示电路使用 10kΩ 的电位器来实现增益可调节的放大器，推导出增益与电位器位置 x 的关系表达式。假设采用理想运算放大器，则增益范围为多少？如何增加一个固定电阻使增益范围为 1~21V/V？该电阻值应该为多少？

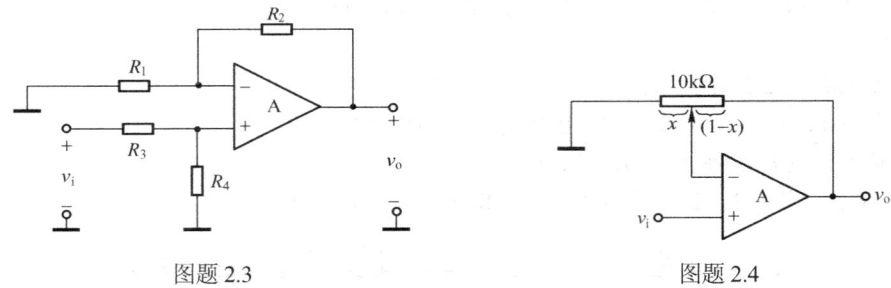

图题 2.3　　　　　　　　　　　　　图题 2.4

2.8 设计一个增益为 2 的同相放大器。要求当最大输出为 10V 电压时，电压分压器上的电流为 10μA。

2.9 用一个理想运算放大器模块设计一个电路，要求它的输出为 $v_o = v_{i1} + 3v_{i2} - 2(v_{i3} + 3v_{i4})$。

2.10 考虑如图 2.13 所示的求差电路，要求其输入电阻为 20kΩ，增益为 10，求 4 个电阻的阻值。

2.11 考虑如图 2.14 所示的仪用放大器，假设它的共模输入电压为 3V（直流），差模输入信号为 80mV 峰值的正弦波。设 $2R_1$=1kΩ，R_2=50kΩ，R_3= R_4=10kΩ。求该电路中每个节点的电压。

2.12 考虑设计如图 2.14 所示的仪用放大器，要求使用 100kΩ 的可变电阻，使其增益在 2~1000 范围内变化。

2.13 考虑如图 2.15 所示的积分电路，设其初始输入电压和输出电压均为 0，时间常数为 1ms，并由图题 2.5 所示的信号驱动，画出输出波形并标注。如果输入电平为 ±2V，当时间常数保持不变和时间常数变为 2ms 时会发生什么情况？

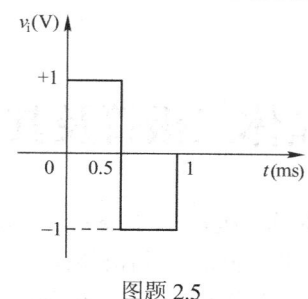

图题 2.5

2.14 一个如图 2.17 所示的微分器，其时间常数为 1ms，由图题 2.6 所示的信号驱动，假设 v_o 的初始值为 0，画出其输出波形。

2.15 使用 $f_t = 2\text{MHz}$，SR=1V/μs 以及 $V_{\text{op max}} = 10\text{V}$ 的运算放大器来设计标称增益为 10 的同相放大器。假设输入是峰值幅度为 V_i 的正弦波。

（1）如果 $V_i = 0.5\text{V}$，那么在输出发生失真之前最大频率为多少？

（2）如果 $f = 20\text{kHz}$，那么在输出发生失真之前 V_i 的最大值为多少？

（3）如果 $V_i = 50\text{mV}$，那么有用的工作频率范围为多少？

（4）如果 $f = 5\text{kHz}$，那么有用的输入电压范围为多少？

2.16 考虑一个积分电路，它的时间常数为 1ms，初始输出为 0，输入为一个脉冲串，它的脉宽为 10μs，幅度为 1V，并从 0V 开始上升（如图题 2.7 所示）。画出输出波形并标注。如果输出电压有 1V 的变化，则需要多少个脉冲？

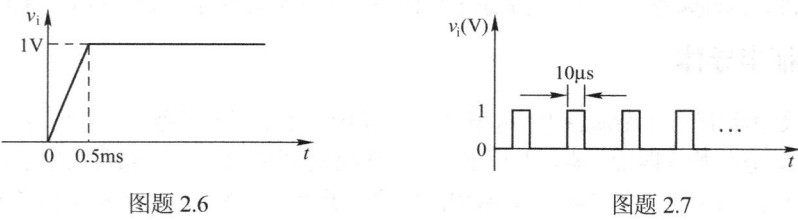

图题 2.6 　　　　　　　　　图题 2.7

2.17 电压-电流变换器如图题 2.8 所示，$A_1 \sim A_3$ 为理想运算放大器。

（1）写出 i_o 的表达式。若要实现 0～5V 到 4～20mA 的变换关系，求电阻 R_7 和 R_6 的取值，并画出传输特性 $i_o = f(v_i)$；

（2）集成运放 A_3 的最大输出电压和电流分别为 $V_{\text{OM}} = 10\text{V}$，$I_{\text{OM}} = 20\text{mA}$，则此时最大负载电阻 R_L 取值多少？相应的 R_8 应选多大？

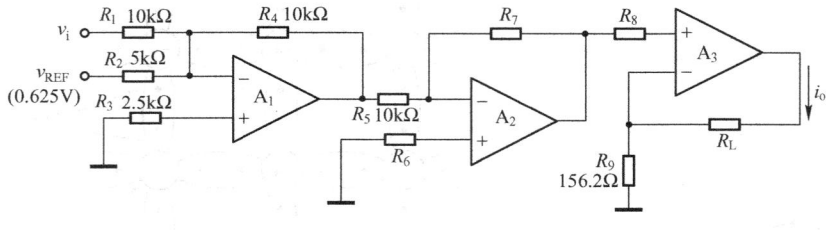

图题 2.8

第 3 章　晶体二极管及其基本应用

晶体二极管（Crystal Diode），简称二极管（Diode），是固态电子器件中的半导体两端器件。随着半导体材料和工艺技术的发展，利用不同的半导体材料、掺杂分布、几何结构可研制出结构种类繁多、功能用途各异的多种晶体二极管。制造材料有锗、硅及化合物半导体。

晶体二极管的主要特性是单向导电性，即只往一个方向传送电流，它具有非线性的电流-电压特性，分析的时候需要根据工作条件，为其建立线性模型以帮助进行电路分析。

3.1　半导体基础知识

物质存在的形式多种多样，根据导电能力的不同可以分为导体、半导体和绝缘体。与导体和绝缘体相比，半导体材料的发现是最晚的，直到 20 世纪 30 年代，当材料的提纯技术改进以后，半导体的存在才真正被学术界认可。半导体是电阻率介于金属和绝缘体之间，并具有负电阻温度系数的物质，室温时电阻率在 $10^{-5} \sim 10^7 \Omega \cdot m$ 之间，温度升高时电阻率指数则减小。

半导体材料很多，按化学成分可分为元素半导体和化合物半导体两大类。锗和硅是最常用于制造电子器件的元素半导体，化合物半导体包括Ⅲ-Ⅴ族化合物（砷化镓、磷化镓等）、Ⅱ-Ⅵ族化合物（硫化镉、硫化锌等）、氧化物（锰、铬、铁、铜的氧化物），以及由Ⅲ-Ⅴ族化合物和Ⅱ-Ⅵ族化合物组成的固溶体（镓铝砷、镓砷磷等）。除上述晶态半导体外，还有非晶态的玻璃半导体、有机半导体等。

3.1.1　本征半导体

本征半导体是指纯净、无杂质且无晶格缺陷的半导体。在早期电子器件中，用得最多的材料是硅（Si）和锗（Ge），它们均为四价元素，其原子结构简化模型如图 3.1 所示。最外层原子轨道上具有的 4 个电子，称为价电子。由于原子呈电中性，故中间层的电子和原子核一起用+4 的正离子表示。

当今集成电路技术几乎完全是基于硅材料的，因此，我们主要讨论硅器件。

在无外界干扰且温度为零开尔文的条件下，本征半导体内部的原子是固定在晶格中不会移动的，且最外层的每个价电子都会与其他原子的价电子两两构成一个共价键，因此整个晶体内部没有能够自由移动的粒子，也就不具有导电性，如图 3.2 所示。然而，在室温条件下，共价键会遭受热激发，价电子能够得到足够多的能量，挣脱共价键的束缚，在晶体内部形成自由移动的载流子——**自由电子**，每个自由电子携带一个单位的负电荷，这种现象叫做**本征激发**。

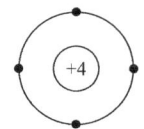

图 3.1　原子结构简化模型

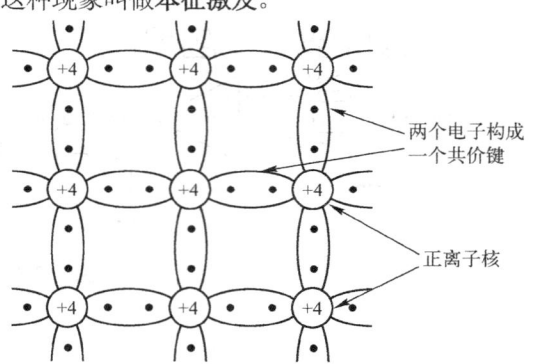

图 3.2　硅和锗的二维晶格结构图

自由电子离开后，在原来的共价键中留下一个空位，叫做**空穴**。在外电场或其他能源的作用下，邻近共价键的价电子就可填补到这个空位上，而在这个电子原来的位置上又留下新的空位，以后其他电子又可转移到这个新的空位上，这样就使共价键中出现一定的电荷迁移。另外，自由电子离开后，原来的原子就变成带有一个单位正电荷的正离子，随着空位的填补和转移，在晶格内会出现负电荷和正电荷的移动现象，因此我们将空穴也视为一种带一个单位正电荷的载流子。空穴的出现是半导体与导体的重要区别。也就是说，本征激发会产生自由电子-空穴对，如图 3.3 所示，而当电子落入空穴填补共价键时，自由电子-空穴对便消失了，这种现象叫做**本征复合**。

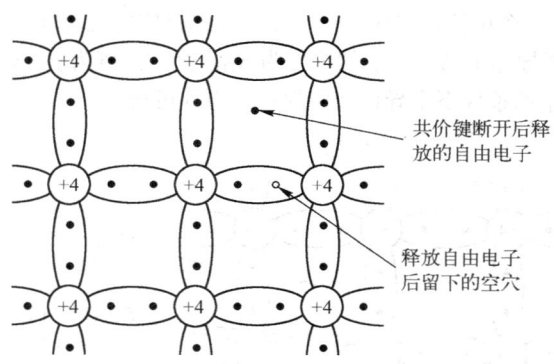

图 3.3　共价键断开后形成自由电子-空穴对

本征半导体中出现了可以自由移动的带电粒子，也就具备了导电能力，而这种能力的强弱显然也与带电粒子的数目有关。本征激发越强，那么本征半导体内的带电粒子也就越多，半导体的导电能力也就越强。我们用本征浓度 n_i 来衡量本征激发的强度，即单位体积内载流子的数目，如式（3.1）所示，其中 B 是与材料相关的参数，E_G 为能带隙能量的参数，k 是玻耳兹曼常数，T 为热力学温度。

$$n_i^2 = BT^3 e^{-E_G/kT} \tag{3.1}$$

室温条件下（$T=300K$）本征硅的 $n_i = 1.5 \times 10^{10}$ 个载流子/cm^3，而硅晶体大约有 5×10^{22} 个原子/cm^3，因此在室温时只有十亿分之一的原子被电离，也就是说，此时半导体的导电能力非常弱。

3.1.2　载流子的运动方式及形成的电流

由上面的分析可以知道，半导体中有两种载流子：空穴和自由电子。当 $T>0K$，载流子作热运动时，各向机会均等，不形成电流，但在一定条件下会形成有规律的定向运动。在硅晶体中载流子的运动方式有两种——扩散运动和漂移运动。

1. 扩散运动和扩散电流

当半导体内载流子浓度分布不均匀时，就会产生一种扩散力，这种扩散力将使载流子浓度分布朝着趋向均匀的方向去改变。载流子受扩散力的作用所作的运动称为扩散运动。载流子扩散运动所形成的电流称为扩散电流。显然，载流子浓度分布越不均匀，扩散力就越强，形成的扩散电流就越大，即扩散电流与载流子浓度梯度成正比。

2. 漂移运动和漂移电流

载流子在电场力作用下所作的运动称为漂移运动，载流子漂移运动所形成的电流称为漂移电流。显然，电场越强，漂移电流越大，即漂移电流与电场强度成正比。

3.1.3　杂质半导体

前面提到，本征半导体的导电能力是极弱的，而对本征半导体进行微量的掺杂后可以大大提高半导体内载流子的浓度，进而提高半导体的导电能力。掺杂后的半导体称为杂质半导体。杂质半导体是其中一种载流子（自由电子或空穴）占主导的材料，其中，自由电子为多数载流子的材料叫做 N 型半导体，空穴为多数载流子的材料叫做 P 型半导体。

1. N 型半导体

通过掺入微量 +5 价的杂质原子（如磷元素）可以得到 N 型半导体，如图 3.4 所示。因为 +5 价元素有 5 个价电子，其中 4 个价电子与相邻的硅原子组成共价键，而第 5 个价电子就成为自由电子，即每个 +5 价原子都会提供一个自由电子，从而大大提高半导体内自由电子的浓度，这个过程中没有空穴产生，杂质原子成为带一个单位正电荷的正离子，在晶格中固定不动，因此半导体内的多数载流子是自由电子。假设 N 型半导体中杂质原子的浓度为 N_D，空穴浓度为 p_{n0}（来自本征激发），自由电子浓度为 n_{n0}，则根据在热平衡条件下半导体依然保持电中性可得

$$N_D + p_{n0} = n_{n0} \tag{3.2}$$

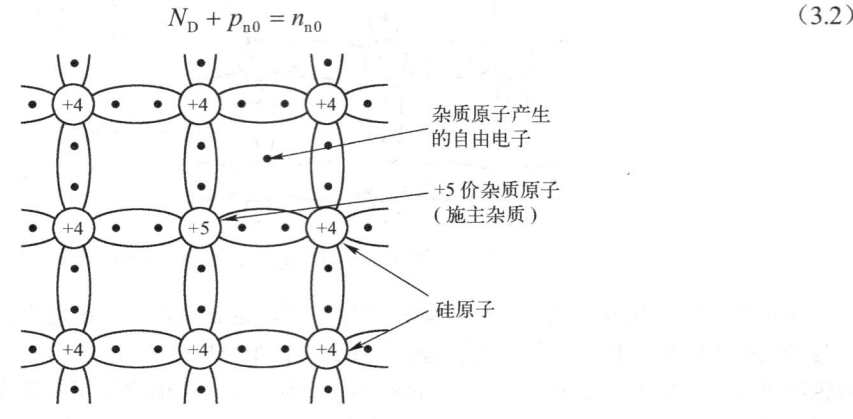

图 3.4 N 型半导体结构图

由于自由电子绝大部分来自杂质原子，故其浓度远远超过本征激发产生的空穴浓度，因此有 $N_D \approx n_{n0}$。利用半导体物理的理论可以证明，在热平衡条件下，电子和空穴浓度的乘积保持不变，即

$$n_{n0} p_{n0} = n_i^2 \tag{3.3}$$

因此热激发产生的空穴浓度为

$$p_{n0} \approx \frac{n_i^2}{N_D} \tag{3.4}$$

因为本征浓度 n_i 是温度的函数，因此可以得到少数载流子的浓度也是温度的函数，而多数载流子的浓度与温度无关，只与掺杂浓度有关。

一般我们将 +5 价的杂质原子称为施主杂质，多数载流子简称为多子，少数载流子简称为少子，则 N 型半导体中的多子是自由电子，少子为空穴。

2. P 型半导体

通过掺入微量 +3 价的杂质原子（如硼元素）可以得到 P 型半导体，因为 +3 价元素有 3 个价电子，与相邻的硅原子组成共价键，如图 3.5 所示，每个 +3 价原子都会产生一个空穴，从而大大提高半导体内空穴的浓度。当相邻共价键上的电子受到热振动或在其他激发条件下获得能量时，就有可能填补这个空穴，使杂质原子成为带一个单位负电荷的负离子，在晶格中固定不动，而原来的硅原子因为缺少一个电子，又形成了空穴，因此半导体内的多数载流子是空穴。假设 P 型半导体中杂质原子的浓度为 N_A，空穴浓度为 p_{p0}，自由电子浓度为 n_{p0}（来自本征激发），则根据在热平衡条件下半导体依然保持电中性可得

$$N_A + n_{p0} = p_{p0} \tag{3.5}$$

由于空穴绝大部分来自杂质原子，故其浓度远远超过本征激发产生的电子浓度，因此有 $N_A \approx p_{p0}$。因此热激发产生的空穴浓度为

$$n_{p0} \approx \frac{n_i^2}{N_A} \tag{3.6}$$

一般我们将+3价的杂质原子称为受主杂质，P型半导体中的多子是空穴，少子为自由电子。

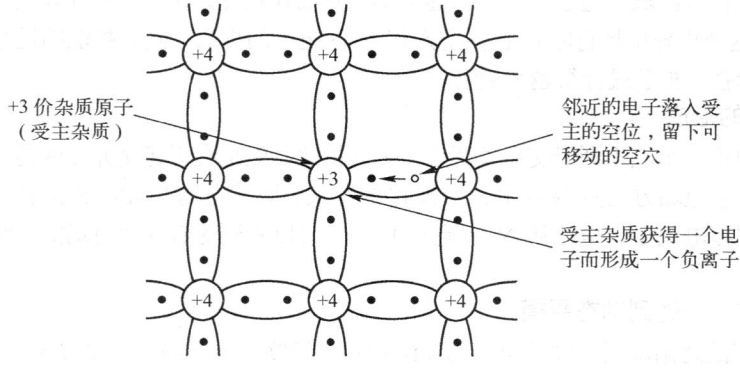

图 3.5　P 型半导体结构图

3.2　PN 结及其特性

3.2.1　PN 结的形成

如果一块半导体的一侧掺杂成为 P 型半导体，另一侧掺杂成为 N 型半导体，那么在二者的交界处将形成一个 PN 结。

1. 多子扩散形成扩散电流 I_D

如图 3.6 所示，假设在 P 型半导体和 N 型半导体刚刚接触时，P 区的多子（空穴）浓度远远大于 N 区的空穴浓度，因此空穴由 P 区一侧向 N 区一侧扩散；同样 N 区的多子（电子）也因为存在浓度梯度由 N 区一侧向 P 区一侧扩散。这两个电流分量加在一起就组成了扩散电流 I_D，电流的方向是从 P 区流向 N 区，主要由多子扩散引起。

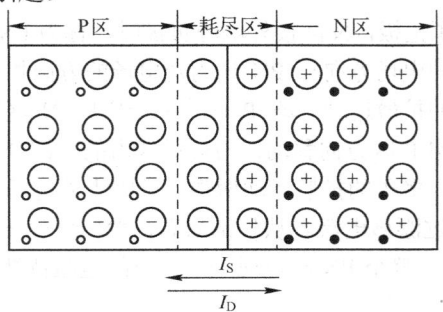

图 3.6　PN 结的形成

2. 形成耗尽区

从 P 区越过交界处扩散到 N 区的空穴很快与 N 区的多子电子复合而消失，该复合过程导致一些自由电子从边界处的 N 区中消失，而边界处的带正电的杂质离子因为被固定在晶格中而不能移动，

因此 N 区在靠近边界处的地方有一个区域,在这个区域中,自由电子被耗尽,只包含固定在晶格中不能移动的正离子。

类似的现象在 P 区靠近边界处的一侧也会出现,只不过在这个区域中耗尽的是空穴,包含的是固定在晶格中不能移动的负离子。

也就是说,在 P 型半导体和 N 型半导体交界处两边出现载流子耗尽区域,该区域一侧是正离子,另一侧是负离子,且电荷平衡,这个区域就是耗尽区,也叫做空间电荷区、势垒区或耗尽层。耗尽区内的正负离子在该区域两边建立一个内建电场,从而在耗尽区上产生一个电势差,方向由 N 区指向 P 区,因此这个内建电场将阻碍 P 区空穴和 N 区电子的扩散。随着扩散的进行,这个区域越来越宽,电场越来越强,扩散进行得越来越慢。

3. 漂移电流的形成

内建电场的出现,虽然不利于交界处两边多子的扩散,但是会引起交界处两边少子的漂移,即 P 区的自由电子会逆着电场方向向 N 区移动,N 区的空穴会顺着电场方向向 P 区移动,它们共同作用形成的电流叫做漂移电流 I_S,电流从 N 区流向 P 区。可以看到随着内建电场的增强,漂移电流会越来越大。

4. PN 结形成——达到动态平衡

随着扩散电流的逐渐减弱,漂移电流的逐渐增强,最终会出现的情况是 $I_D=I_S$,此时耗尽区的宽度不再变化,两个方向的电流大小相等,达到一种动态平衡的状态。

不加外部电压,可以得到 PN 结两端的电压 V_0 为

$$V_0 = V_T \ln \frac{N_A N_D}{n_i^2} \tag{3.7}$$

因此 V_0 取决于掺杂浓度和温度,称为 PN 结的内建电位差。对于硅材料制成的 PN 结来说,室温时 V_0 为 0.6~0.8V。

很明显,耗尽区既存在 P 区中,也存在 N 区中,并且两边存在相等数量、极性相反的电荷。但是一般情况下 P 区和 N 区的掺杂浓度不同,因此两侧耗尽区的宽度也不一样,耗尽区将向掺杂浓度较低的一侧延伸,以保证两边电荷量相等。所以耗尽区两侧的宽度与两侧掺杂浓度成反比。

3.2.2 PN 结的基本特性

PN 结的基本特性是单向导电性,这一点只有在外加电压时才能显示出来。

1. 外加正向电压

当 PN 结的 P 区接外电源正极,N 区接外电源负极时,称为 PN 结外加正向偏置电压,简称 PN 结正偏。这时外加电源引起的电场方向与 PN 结内建电场的方向相反,因此 PN 结的平衡状态被打破。外电场方向有利于多子的扩散运动,即 P 区中的空穴向 N 区方向移动,与耗尽区内的一部分负离子中和;N 区中的电子向 P 区方向移动,与耗尽区内的一部分正离子中和,这样使得空间电荷区宽度变窄,内建电场减弱,多子的扩散运动增强。又因为外电场方向不利于少子的漂移运动,因此回路中扩散电流将大大超过漂移电流。从外部来看,PN 结有一个较大的正向电流通过,在 PN 结内部电流从 P 区流入 N 区,整个 PN 结呈现一个较小的电阻特性,此时我们称之为 PN 结处于正向导通状态。

2. 外加反向电压

当 PN 结的 N 区接外电源正极,P 区接外电源负极时,称为 PN 结外加反向偏置电压,简称 PN 结反偏。此时外电场方向与内建电场相同,使得 P 区的空穴和 N 区的电子都向着远离耗尽区的方向运动,因此空间电荷区会变宽,内建电场增强,不利于多子的扩散,但有利于少子的漂移,故漂

移电流将超过扩散电流,于是回路中形成一个基本由少子运动产生的、从 N 区流向 P 区的反向电流。又因为少子的浓度很低,所以反向电流的数值非常小,几乎为零。在一定温度下,外加反向电压超过一定数值(大约零点几伏)后,反向电流将不再随外加反向电压的增加而增大,故又称为反向饱和电流。此时整个 PN 结呈现一个较大的电阻特性,电路近似开路,我们称之为 PN 结处于反向截止状态。

由半导体物理原理可得 PN 结伏安特性的表达式,用于描述 PN 结的单向导电性,即

$$i = I_s(e^{v/nV_T} - 1) \tag{3.8}$$

式中,I_s 为反向饱和电流,也叫做比例电流,因其大小与 PN 结横截面积成正比而得名;常数 n 是一个处于 1 和 2 之间的值,该值取决于 PN 结的材料和物理结构,一般来说,除非特别说明,我们假定 $n=1$;V_T 叫做热电压,它是一个常数且可以用下式表示:

$$V_T = \frac{kT}{q} \tag{3.9}$$

式中,k 为玻耳兹曼常数,其值为 1.38×10^{-23} J/K;T 为热力学温度,单位为开尔文;q 为电荷量,其值为 1.60×10^{-19} C。在室温(20℃)时,V_T 的值约为 25mV。

由式(3.8)可知,当 $v > 0$ 且 $v \gg V_T$ 时,$i \approx I_s e^{v/nV_T}$,说明通过 PN 结的电流和电压基本上服从指数关系;当 $v < 0$ 且 $|v| \gg V_T$ 时,$i \approx -I_s$。

3.2.3 PN 结的反向击穿现象

当 PN 结的反偏电压值增加到某一特定数值时,反向电流会突然增加,这种现象称为 PN 结的反向击穿(电击穿),发生击穿时所需的反偏电压 V_{BR} 称为反向击穿电压。产生 PN 结电击穿的原因是在强电场作用下,自由电子和空穴的数目大大增加,引起反向电流的急剧增加,这种现象分为雪崩击穿和齐纳击穿两种类型。

雪崩击穿的物理过程如下:当 PN 结反向电压增加时,空间电荷区中的电场随之增强。通过空间电荷区的电子和空穴在电场作用下获得巨大的动能,在晶体中运动的电子和空穴,将不断地与晶体原子发生碰撞。当电子和空穴的能量足够大时,通过这样的碰撞,可大量破坏共价键,使共价键中的电子激发形成自由电子-空穴对,这种现象称为碰撞电离。新产生的电子和空穴与原有的电子和空穴一样,在电场作用下,也向相反的方向运动,重新获得能量,又可通过碰撞,再产生电子-空穴对,这就是载流子的倍增效应。当反向电压增大到某一数值后,载流子的倍增情况就像雪崩一样,载流子增加得越来越多,速度越来越快,使反向电流急剧增大,于是 PN 结就发生雪崩击穿。

齐纳击穿的物理过程和雪崩击穿完全不同。在加有较高的反向电压条件下,PN 结空间电荷区中存在一个强电场,它能够破坏共价键,将束缚电子分离出来,产生电子-空穴对,形成较大的反向电流。这种现象称为场致激发,最容易发生在杂质浓度较大的 PN 结中。因为杂质浓度大,空间电荷区电荷密度(即杂质离子)也大,因而空间电荷区很窄,电场强度就可能很高。

上述两种电击穿过程是可逆的,也就是说,当加在 PN 结两端的反向电压降低后,PN 结就恢复原来的状态。还有一种比较常见的击穿现象叫做热击穿,它是由于 PN 结中通过的电流过大导致器件发热严重,温度过高引起的击穿现象,这种击穿往往会引起器件的损毁,因此在器件使用中,热击穿是一定要避免的,而电击穿则是可以加以利用的。

3.2.4 PN 结的电容特性

PN 结在外加电压时会出现半导体内电荷量的变化,因此具有电容效应,根据产生原因的不同可

分为势垒电容和扩散电容。

1. 势垒电容 C_B

随着外加电压的变化，PN 结的空间电荷区宽度也将变化，也就引起空间电荷区内电荷量的变化，这种电荷量变化的过程与普通电容在外加电压作用下进行充放电的过程相似，从而显示出 PN 结的电容效应，这种电容效应称为势垒电容。从电路实测来看，势垒电容是与结电阻并联的，反向偏置时结电阻很大，尽管势垒电容很小，但它的作用是不能忽视的，特别是在高频时影响更大。而正向偏置时结电阻很小，尽管势垒电容较大，其作用相对来说反而比较小，所以势垒电容在反向偏置时显得更加重要。

2. 扩散电容 C_D

PN 结的正向电流是由 P 区空穴和 N 区电子的相互扩散造成的，为了使 P 区形成扩散电流，注入的少数载流子电子沿 P 区必须有浓度差，在结的边缘处浓度大，离结远的地方浓度小，也就是说在 P 区有电子的积累。同理，在 N 区也有空穴的积累。当 PN 结正向电压加大时，正向电流随着加大，就要有更多的载流子积累起来以满足电流加大的要求；而当正向电压减小时，正向电流减小，积累在 P 区的电子或 N 区的空穴就要相对减小，这样就相应地要有载流子的"充入"和"放出"。因此，积累在 P 区的电子或 N 区的空穴随外加电压的变化就构成了 PN 结的扩散电容 C_D。PN 结在正向偏置时，积累在 P 区的电子和 N 区的空穴随正向电压的增加而很快增加，扩散电容较大；而在反向偏置时，载流子数目很少，因此反向时扩散电容数值很小，一般可以忽略。

3. PN 结的结电容

综上可见，在高频应用时，对于 PN 结必须考虑结电容的影响。PN 结的总电容 $C_J=C_B+C_D$，与 PN 结的体电阻相并联。

3.3 晶体二极管

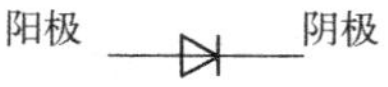

晶体二极管（Diode），简称二极管，电路中往往以 VD 来命名，它是最简单、最基本的非线性电路元件。与电阻一样，二极管也有两个端口，器件内部实际上就是一个 PN 结，因此前面介绍的 PN 结特性也可以看做是二极管的特性。器件符号如图 3.7 所示，从二极管内部的 PN 结 P 区半导体引出的电极叫做阳极（或正极），从 N 区半导体引出的电极叫做阴极（或负极）。

图 3.7 二极管的电路符号

3.3.1 PN 结的伏安特性

图 3.8 所示为实际硅二极管的伏安特性，可以看出，二极管实际上有 3 种工作状态：正向导通、反向截止和反向击穿。

从图 3.8 中可以看到，当外加的正向电压 v_i 很小时（即 v_i 刚刚开始大于 0），二极管内通过的电流大小依然为 0，也就是说二极管并没有马上导通，只有当外加正向电压增大到一定程度时（对于硅材料而言，这个电压值为 0.5V 左右），二极管中才会有电流通过，即二极管刚刚开始导通，将二极管刚刚开始导通时所对应的正向电压称为门坎电压或死区电压，此时电流不是很大；当外加正向电压继续增大超过一定限度时，二极管中有明显电流出现，且电流大小迅速上升，此时二极管两端的压降为 0.6～0.8V，因此往往引入一个参数导通电压 $V_{D(on)}= 0.7V$ 来近似估算正向导通时二极管两端的电压差。

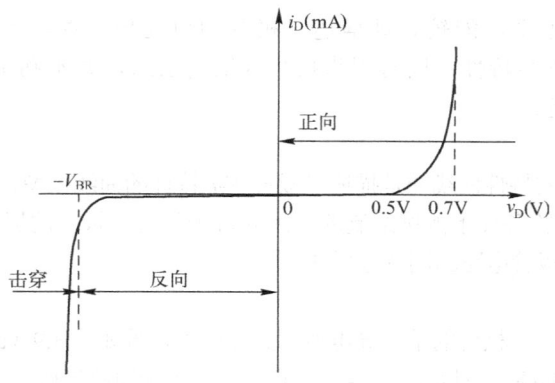

图 3.8 实际硅二极管伏安特性

当外加的反向电压较小时,二极管中通过的电流几乎为 0,但是当反向电压达到 $-V_{BR}$ 时,二极管中出现反向击穿,有较大的反向电流(相对于正向导通时的电流方向)通过,而且在电流迅速增大的过程中,二极管两端的反偏电压几乎不变。

3.3.2 二极管的主要参数

(1)最大正向电流 I_F:二极管长期运行时允许通过的最大正向平均电流。因为电流通过 PN 结要引起管子发热,电流太大,发热量超过限度,就会使 PN 结烧毁,即出现热击穿。

(2)反向击穿电压 V_{BR}:管子刚刚出现反向击穿时二极管两端之间的电压值。

(3)反向电流:管子未击穿时的反向电流,该值越小,管子的单向导电性能越好。

(4)极间电容:PN 结中电荷量的变化引起的电容效应,分为势垒电容和扩散电容两种,在高频应用中,PN 结的总电容 $C_J = C_B + C_D$。

3.4 晶体二极管应用电路及其分析方法

在电子技术应用中,二极管电路应用极为广泛,在本节中介绍几种基本电路:限幅电路、逻辑开关电路和稳压电路等,其他电路在后续章节中介绍。

晶体二极管是一种非线性器件,含有二极管的电路都是非线性电路,按照线性电路的分析方法不能直接进行分析。因此我们适当引入一些线性模型,这些模型在不同的条件下可以逼近模拟二极管的工作状态,将非线性电路转化为线性电路后再进行分析。故而在二极管电路的分析中,建模和选择合适的模型是非常重要的工作。

二极管电路分析的目的在于分析求解二极管的工作状态,而通常描述状态的参数就是二极管两端电压 v_D 和正向导通时通过二极管的电流 i_D,它们是伏安特性曲线上的横、纵坐标,不同的外电路使得二极管工作状态不同,因此对应的坐标在曲线上上下移动,故称为工作点或静态工作点,记为 Q 点(i_D, v_D)。

3.4.1 常规二极管的建模

1. 数学模型

描述二极管 V-I 特性的数学模型在前面的内容中已做过介绍,这里再次描述

$$i_D = I_s(e^{v_D/nV_T} - 1)$$

其中,i_D 为流过二极管的电流,v_D 为二极管阳极到阴极的电位差。

该模型也叫做指数模型,能较好地描述二极管的单向导电性,为工程应用提供了数学基础,但它无法描述反向击穿特性,同时因为指数函数的引入,并不利于工程估算,因此主要用于计算机仿真的建模描述。

2. 曲线模型

前面介绍的 PN 结伏安特性曲线便是描述二极管 V-I 特性的曲线模型,该模型在实际应用中是由晶体管测试仪在一定的实验条件下测试绘制的,因此每个型号二极管的器件手册中都会有这个曲线图。这类模型主要用于二极管电路的图解分析法。

3. 理想二极管模型

这个模型主要用来描述二极管的单向导电性,具体电路符号如图 3.9(a)所示,图 3.9(b)所示为理想二极管的 V-I 特性曲线。可以看到,当 v_D>0 时,二极管短路导通;当 v_D<0 时,二极管断路截止。因此可以用不同的线性模型来描述理想二极管的不同工作状态,如图 3.10 所示。

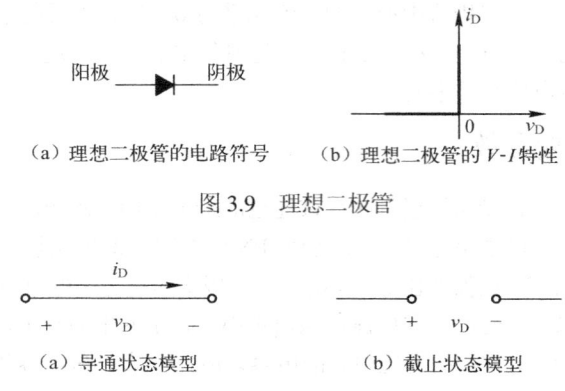

(a)理想二极管的电路符号　　(b)理想二极管的 V-I 特性

图 3.9　理想二极管

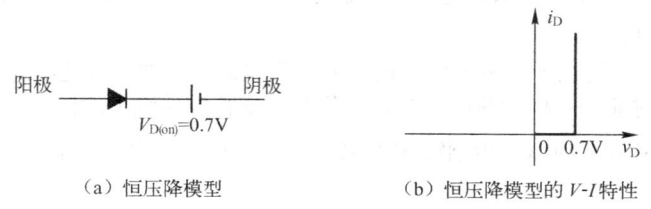

(a)导通状态模型　　(b)截止状态模型

图 3.10　理想二极管线性模型

4. 恒压降模型

如图 3.11 所示,恒压降模型是在理想二极管模型的基础上,对二极管的单向导电性更接近实际的描述。PN 结正向导通时为了克服空间电荷区的内建电场作用,阴、阳极间会有一定的管压降,记为 $V_{D(on)}$,一般来说硅材料制成的二极管,其 $V_{D(on)}$ 是 0.7V 左右,锗材料二极管的 $V_{D(on)}$ 是 0.3V 左右。恒压降模型中的直流电压源就是来模拟这个管压降的。只有当外加正向电压大于这个管压降时,PN 结才开始真正导通,PN 结中也才会有电流通过,否则 PN 结依然处于截止状态。

(a)恒压降模型　　(b)恒压降模型的 V-I 特性

图 3.11　二极管恒压降模型

5. 折线模型

在恒压降模型基础上再进一步引入折线模型,如图 3.12 所示,更精确地逼近实际二极管的 V-I 特性。除了引入描述正向导通时管压降的参数 v_D 外,还引入了正向导通时描述二极管体电阻的参数 r_D。相较于前面的模型,该模型更接近真实情况,但需更多的器件相关参数。

(a) 折线模型

(b) 折线模型的 V-I 特性

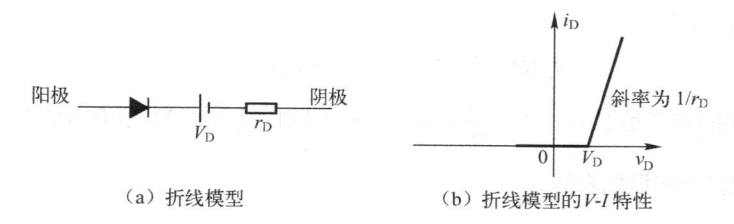

图 3.12 二极管折线模型

6. 交流小信号模型

前面的模型应用都是在大信号激励的基础上提出的，原因是二极管存在导通电压，必须有一个大信号电压提供偏置使其导通。在一些应用中，二极管工作在一个正向大信号叠加一个交流小信号的情况下，此时正向大信号称为偏置信号，它的作用是保证二极管工作在正向导通状态，如果没有这个大信号，单靠交流小信号是无法使二极管导通的，因此也无法实现信号传递。

前面已经提到二极管是非线性元件，然而在偏置条件下，二极管对交流小信号的响应变化是很小的，可以将二极管的伏安特性在工作点附近近似看做直线，因此二极管这一非线性器件就可以近似用线性器件来代替了，这就是二极管的小信号模型，如图 3.13 所示。

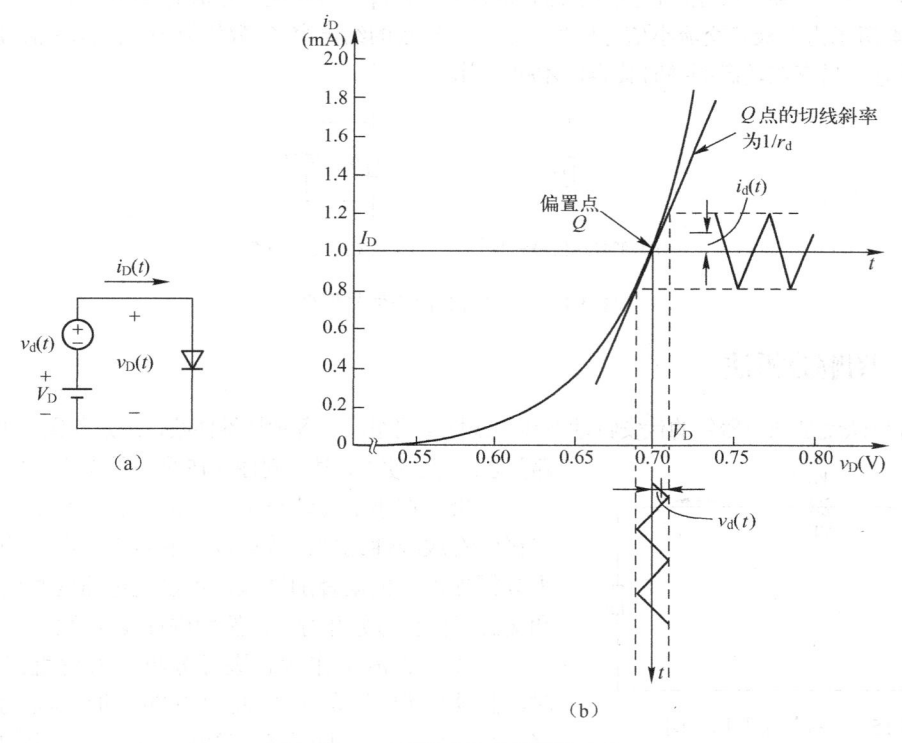

图 3.13 二极管小信号模型的产生

考虑激励信号为

$$v_D(t) = V_D + v_d(t) \tag{3.10}$$

式中，V_D 为直流偏置，在图上对应为 Q 点的横坐标，$v_d(t)$ 为小信号，则由二极管指数方程可得总的瞬时电流为

$$i_D(t) = I_s e^{(V_D + v_d)/nV_T} \tag{3.11}$$

式（3.11）可以重新写成

$$i_D(t) = I_s e^{V_D/nV_T} e^{v_d/nV_T} = I_D e^{v_d/nV_T} \tag{3.12}$$

若小信号 $v_d(t)$ 的幅度足够小，使得 $\dfrac{v_d}{nV_T} \ll 1$，则可以将式（3.12）展开成级数并忽略第二项以后的级数，从而得到以下的近似表达式

$$i_D(t) = I_D\left(1 + \dfrac{v_d}{nV_T}\right) \tag{3.13}$$

这就是小信号近似，则

$$i_D(t) = I_D + \dfrac{I_D}{nV_T}v_d = I_D + i_d \tag{3.14}$$

式中，$i_d = \dfrac{I_D}{nV_T}v_d$，即可得

$$r_d = \dfrac{v_d}{i_d} = \dfrac{nV_T}{I_D} \tag{3.15}$$

称为二极管小信号电阻或增量电阻。$v_d \ll nV_T$ 称为二极管小信号工作条件，可见当信号变化在毫伏级时，二极管小信号条件成立。由式（3.15）可以看到，r_d 的值与偏置电流 I_D 成反比。

图 3.14 所示为二极管交流小信号模型，由于二极管的结电容 C_J 数值很小，因此在信号频率较低时呈开路状态，只有在较高频率时其容抗才起作用。

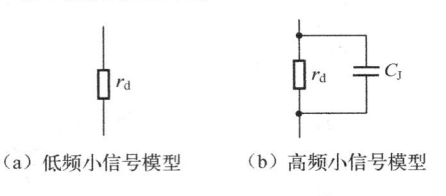

（a）低频小信号模型　　（b）高频小信号模型

图 3.14　二极管交流小信号模型

3.4.2　图解分析法

图解分析法就是利用器件的伏安特性曲线和线性电路组成的各种特性曲线，通过作图的方法求解电路问题。为了便于叙述，对图 3.15 所示的电路进行分析。

二极管在小信号情况下工作时，在工作点附近可以将二极管看成线性元件，故可以将非线性电路视为线性电路来分析处理。根据叠加原理，可以把电路的直流工作状态和交流工作状态分开讨论，然后进行线性叠加。

首先对直流工作状态进行分析。考虑直流工作状态时，假设交流信号为 0，即将电路图中的交流信号电压源短路，交流信号电流源开路。这样处理后所画出的电路图称为原电路图的直流通路图。从直流通路图可以求出静态工作点 $Q(I_D, V_D)$。

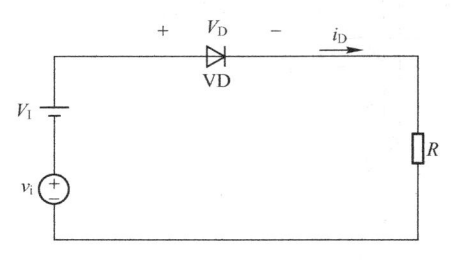

图 3.15　二极管电路原理图

第二步是对交流工作状态进行分析，此时要首先画出交流通路图。将电路图中的直流电压源短路、直流电流源开路，就可以画出原电路图的交流通路图。通过交流通路图可以分析电路的交流工作指标。

二极管电路的图解法也遵循上述的思路，分为两个步骤。第一步画出直流通路，求出静态工作点；如图 3.16（a）所示，二极管特性描述了直流通路中的非线性特性，电阻 R 为其中的线性器件，通过 KVL 定律可得

$$I_\text{D} = \frac{V_1 - V_\text{D}}{R} \tag{3.16}$$

两条曲线的交点即为所求的电路工作点，其坐标值给出了 I_D 和 V_D 的值。式（3.16）称为二极管电路的负载线方程，如图 3.16（b）所示。第二步画出交流通路图，求出交流指标。求解过程如图 3.13 所示，输入小信号 v_i 以直流偏置 V_1 为中心上下波动，从而可得 i_d 的变化情况。

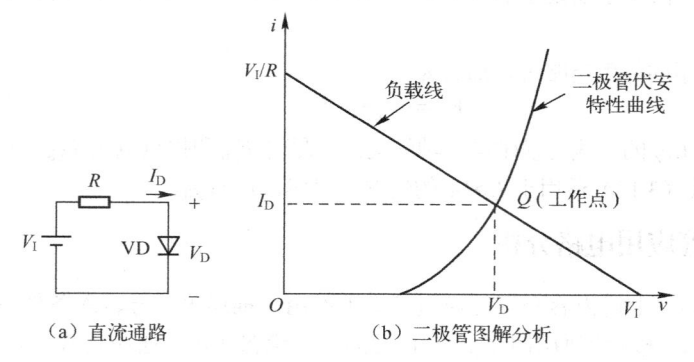

图 3.16 二极管电路图解分析

3.4.3 齐纳二极管的建模

二极管在击穿区域具有非常陡峭的伏安曲线和几乎不变的管压降，这表明工作在击穿区域的二极管可以设计成稳压器。设计者专门制作了一些特殊的二极管，使其工作在击穿区，这种二极管称为击穿二极管、稳压二极管或齐纳二极管。图 3.17 所示为齐纳二极管的电路符号，其中所标的管压降为二极管反向击穿时阴极到阳极的电压降，电流方向也以从阴极流向阳极的方向为正方向，这里与普通二极管的规定不同，分析时应多加注意。

图 3.17 齐纳二极管电路符号

图 3.18 所示为齐纳二极管的伏安特性曲线及其等效电路模型，从中可以看到齐纳二极管的几个重要参数。

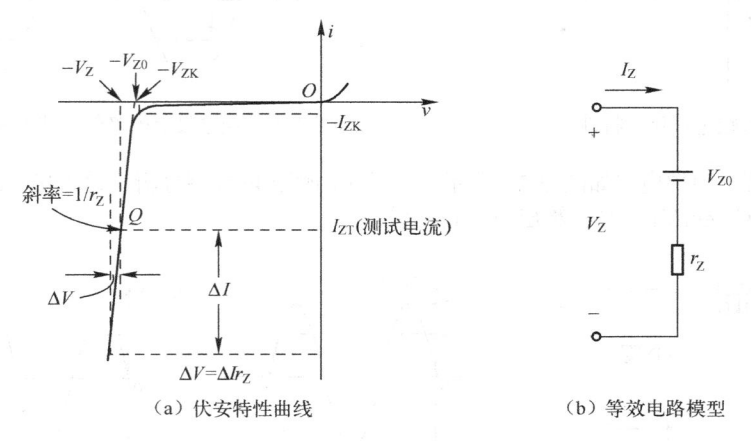

图 3.18 齐纳二极管击穿特性

通常器件手册中会说明齐纳二极管在指定的测试电流 I_ZT 下其两端的电压值 V_Z，r_Z 是几乎呈线性的伏安特性曲线在测试点 Q 点的斜率的倒数，是齐纳二极管在工作点 Q 的增量电阻，也可以称其为齐纳二极管的动态电阻，它的值在器件数据表中会标明。显然，r_Z 值越小，电流变化时齐纳二极管两端的电压就越稳定,因此在稳压器设计中其性能就越理想。一般来说,r_Z 的值在几欧姆到几十欧姆的范围内,从图 3.18 可以看出,在很宽的电流范围之内,r_Z 很小且基本保持不变,但是在拐点附近,r_Z 的值大大增加。因此,一般设计中应避免齐纳二极管工作在低电流区域。

齐纳二极管的两端电压 V_Z 在几伏特到数百伏特范围内,I_{ZK} 为保证齐纳二极管击穿工作的最小电流,除此之外,器件手册还会标明器件能够安全工作的最大功耗,以及安全工作的最大电流 I_{Zmax} 等。

图 3.18(b)所示的等效电路可以描述为

$$V_Z = V_{Z0} + r_Z I_Z \tag{3.17}$$

式中,V_{Z0} 是斜率为 $1/r_Z$ 的直线与横轴电压轴的交点,尽管 V_{Z0} 和拐点电压 V_{ZK} 有些不同,但实际上它们的值几乎相等。式(3.17)适用于 $I_Z > I_{ZK}$ 的情况,显然,$V_Z > V_{Z0}$。

3.4.4 二极管应用电路分析

除小信号模型外,上述内容介绍的模型基本上都用来描述大信号输入条件下二极管的单向导电性。一般来说,理想二极管模型用来判断二极管的工作状态(是导通还是截止),而当待处理信号电压远远超过二极管的导通电压时,恒压降模型就比较适合用来做估算分析,但折线模型更适合用来做较准确的估算分析。

1. 限幅电路

限幅电路能限制输出电压的变化范围,分为上限幅电路、下限幅电路和双向限幅电路。图 3.19 所示的传输特性描述了一个双向限幅电路,即在输入波形的正、负峰值都有限制,有时也称其为钳位器,其输入、输出信号波形实例如图 3.20 所示。单向限幅电路则是在正峰或负峰方向对输入波形有限制。该类电路主要是利用了二极管的单向导电性,因此设计中要避免二极管出现击穿现象。

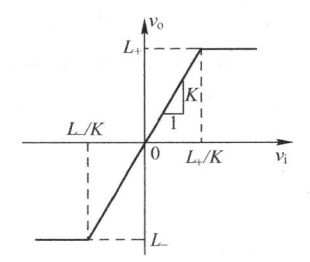

图 3.19 限幅电路传输特性

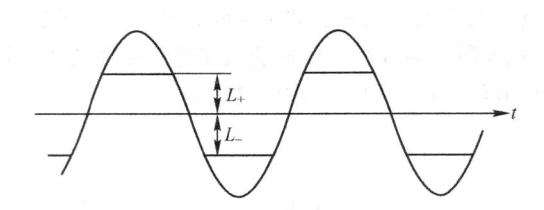

图 3.20 经过限幅电路前后波形变化

【例 3.1】 二极管上限幅电路如图 3.21 所示,要求采用恒压降模型分析,设二极管的 $V_{D(on)} = 0.7\text{V}$,输入信号为 $v_i = 5\sin\omega t \text{(V)}$,画出输出电压 v_o 的波形。

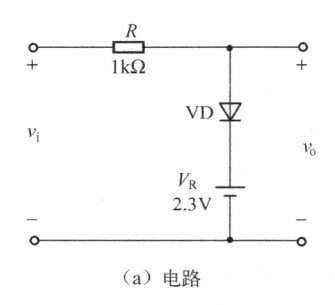

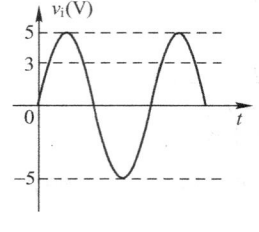

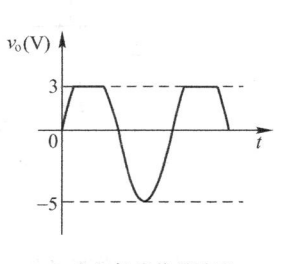

(a)电路 (b)输入信号波形 (c)输出信号波形

图 3.21 二极管上限幅电路

解：图 3.22 所示为图 3.21（a）的替代电路。可以得到 VD 正负极两端的电压降为

$$v_D = v_+ - v_- = v_i - V_{D(on)} - V_R = v_i - 3$$

若 $v_D > 0$，即 $v_i > 3V$，则 VD 将处于导通状态，这时图 3.22 中的 VD 应该用导线替代，则 $v_o = 3V$；若 $v_D \leqslant 0$，即 $v_i \leqslant 3V$，则 VD 将处于截止状态，这时图 3.22 中的 VD 应该用开路状态替代，则 $v_o = V_i$。因此可以根据 v_i 的波形得到 v_o 的波形，如图 3.21（c）所示。该电路将 v_i 大于 3V 的部分削平后再输出，因此称为上限幅电路。

【例 3.2】 二极管双向限幅电路如图 3.23 所示，要求采用折线模型分析，设二极管的 $V_{D(on)}=0.7V$，$r_D=5\Omega$，输入信号为 $v_i = 5\sin\omega t(V)$，画出输出电压 v_o 的波形。

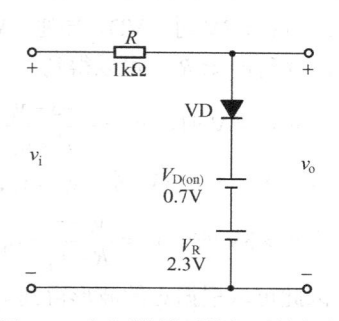

图 3.22 恒压降模型替代后的电路

（a）电路　　　　（b）输入信号波形　　　　（c）输出信号波形

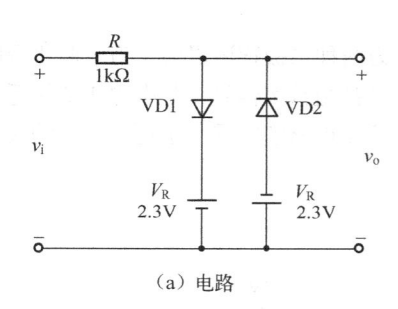

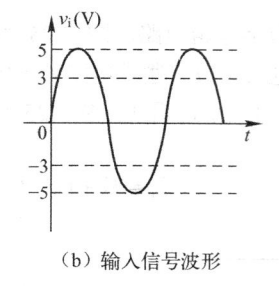

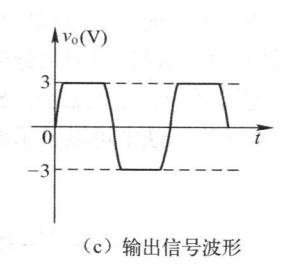

图 3.23 二极管双向限幅电路

解：图 3.24 所示为图 3.23（a）的替代电路。

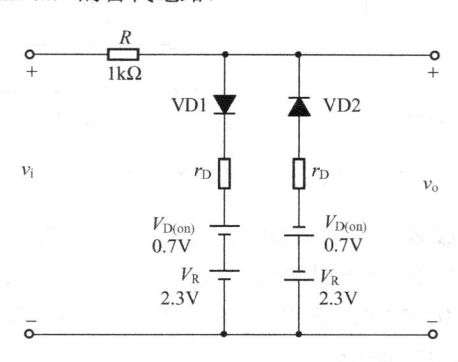

图 3.24 折线模型替代后的电路

假设 VD1、VD2 截止，则可以得到：

VD1 正负极两端的电压降为

$$v_{D1} = v_+ - v_- = v_i - V_{D(on)} - V_R = v_i - 3$$

若 $v_{D1} > 0$，即 $v_i > 3V$，则 VD1 将处于导通状态，这时图 3.24 中的 VD1 应该用导线替代；若 $v_{D1} \leqslant 0$，即 $v_i \leqslant 3V$，则 VD1 将处于截止状态，这时图 3.24 中的 VD1 应该用开路状态替代。

VD2 正负极两端的电压降为

$$v_{D2} = v_+ - v_- = -V_{D(on)} - V_R - v_i = -3 - v_i$$

若 $v_{D2} > 0$，即 $v_i < -3V$，则 VD2 将处于导通状态，这时图 3.24 中的 VD2 应该用导线替代；若

$v_{D2} \leqslant 0$，即 $v_i \geqslant -3\text{V}$，则 VD2 将处于截止状态，这时图 3.24 中的 VD2 应该用开路状态替代。

综上所述可以得到，当 $v_i < -3\text{V}$ 时，VD1 截止，VD2 导通；当 $-3\text{V} \leqslant v_i \leqslant 3\text{V}$ 时，VD1、VD2 截止；当 $v_i > 3\text{V}$ 时，VD1 导通，VD2 截止。因此在不同的输入信号条件下，输出状态也应该是不同的。注意到 $r_D \ll R$，可以得到

当 $v_i < -3\text{V}$ 时，$v_o = -\dfrac{-3 - v_i}{R + r_D} \times r_D - 3 \approx -3\text{V}$；

当 $-3\text{V} \leqslant v_i \leqslant 3\text{V}$ 时，$v_o = v_i$；

当 $v_i > 3\text{V}$ 时，$v_o = \dfrac{v_i - 3}{R + r_D} \times r_D + 3 \approx 3\text{V}$。

因此可以根据 v_i 的波形得到 v_o 的波形，如图 3.23（c）所示。该电路将 v_i 大于 3V、v_i 小于-3V 的部分削平后再输出，因此称为双向限幅电路。

2. 逻辑电路

二极管与电阻一起可以实现数字逻辑电路，图 3.25 所示为两种二极管逻辑门。为了简化说明，这里采用理想二极管模型来分析电路。数字逻辑电路处理的信号都是数字信号，其中电压值接近于 0 对应于逻辑 0，电压值接近于 5V 对应于逻辑 1。图 3.25（a）所示电路能实现数字逻辑中或的关系输出，在布尔表示法中可以表示为

$$V_O = V_1 + V_2 + V_3$$

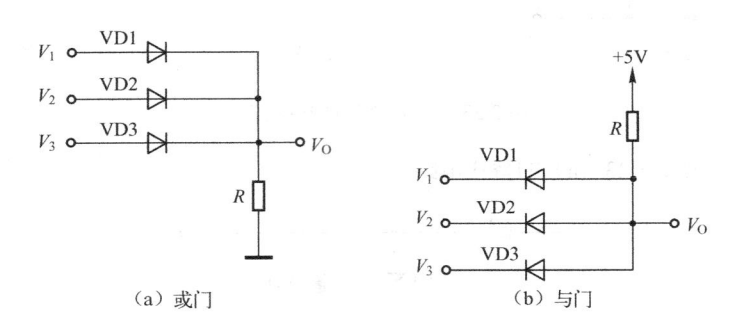

（a）或门　　　　　　　　　　（b）与门

图 3.25　二极管逻辑门

若 3 个输入信号中有一个或多个信号为逻辑 1 输入，则二极管有一个或多个导通，不管哪个导通，根据理想二极管模型，该器件将被导线替代，因此 V_O 与对应输入相同，故输出也为逻辑 1 输出。只有当 3 个信号都为逻辑 0 输入时，3 个二极管都处于截止状态，故电路成开路状态，V_O 输出为逻辑 0。因此该电路实现数字逻辑或运算。

同理分析，图 3.25（b）所示电路能实现数字逻辑中与的关系输出，在布尔表示法中可以表示为

$$V_O = V_1 \cdot V_2 \cdot V_3$$

3. 稳压电路

利用电路的调整作用使输出电压稳定的过程称为稳压。前面介绍过齐纳二极管及其等效模型，该器件最常出现的场合就是稳压电路，该类电路是电源电路的重要组成部分。典型的齐纳二极管电路如图 3.26 所示。

首先图中输入要求 $v_i > V_Z$，保证二极管能够工作在击穿状态；R 称为限流电阻，在二极管电路中非常常见，因为不管是正向导通还是反向击穿，为保证安全工作，二极管都有最大电流限制；R_L 为负载电阻。当 v_i 或 R_L 发生改变时，电流 I_Z 都会相应发生变化，只要保证这种变化在 I_{ZK} 到 I_{Zmax} 的范

围内，就可以实现电路输出 $v_o = V_Z$ 基本不变化，从而实现稳压输出。

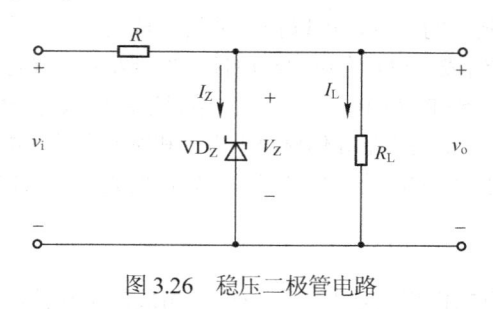

图 3.26 稳压二极管电路

为了保证 v_i 或 R_L 发生改变时，电流 I_Z 的变化不超过 I_{ZK} 到 I_{Zmax} 的范围，需要在一个合适的范围内选择限流电阻 R 的值，以保证该电路正常工作。由图 3.26 可得

$$I_Z = \frac{v_i - V_Z}{R} - \frac{V_Z}{R_L} \tag{3.18}$$

当 v_i 和 R_L 均取其最小值时，I_Z 最小，但应该大于 I_{ZK}，即

$$\frac{v_{imin} - V_Z}{R} - \frac{V_Z}{R_{Lmin}} > I_{ZK}$$

即

$$R < \frac{v_{imin} - V_Z}{I_{ZK}R_{Lmin} + V_Z} R_{Lmin} = R_{max}$$

当 v_i 和 R_L 均取其最大值时，I_Z 最大，但应该小于 I_{Zmax}，即

$$\frac{v_{imax} - V_Z}{R} - \frac{V_Z}{R_{Lmax}} < I_{Zmax}$$

即

$$R > \frac{v_{imax} - V_Z}{I_{Zmax}R_{Lmax} + V_Z} R_{Lmax} = R_{min}$$

于是 R 的取值范围为 $\frac{v_{imax} - V_Z}{I_{Zmax}R_{Lmax} + V_Z} R_{Lmax} < R < \frac{v_{imin} - V_Z}{I_{ZK}R_{Lmin} + V_Z} R_{Lmin}$。

若计算出来的 $R_{min} > R_{max}$，则说明该齐纳二极管的 I_Z 范围过小，应该更换 I_Z 范围更大的二极管，以满足 $R_{min} < R_{max}$。

3.5 特殊晶体二极管

1. 肖特基二极管

肖特基二极管是以其发明人肖特基博士（Schottky）命名的，SBD 是肖特基势垒二极管（Schottky Barrier Diode，SBD）的简称。SBD 不是利用 P 型半导体与 N 型半导体接触形成 PN 结原理制作的，而是利用金属与半导体接触形成的金属-半导体结原理制作的。因此，SBD 也称为金属-半导体（接触）二极管或表面势垒二极管，它是一种热载流子二极管，其反向恢复时间极短（可以小到几纳秒），正向导通压降仅 0.4V 左右，而整流电流却可达到几千安培。这些优良特性是快恢复二极管所无法比拟的。

需要注意的是，不是每一个金属-半导体接触组合都是一个二极管，实际上，金属通常沉积在半导体表面，为半导体器件引出电极，这种金属-半导体连接称为欧姆接触，它通常通过在高掺杂（低电阻率）的半导体区域上沉积金属制成。

2. 发光二极管

发光二极管是半导体二极管的一种，可以把电能转化成光能，简称为 LED。与普通二极管一样，发光二极管由一个 PN 结组成，也具有单向导电性。当给发光二极管加上正向电压后，由 P 区注入到 N 区的空穴和由 N 区注入到 P 区的电子，在 PN 结附近数微米内分别与 N 区的电子和 P 区的空穴复合，产生自发辐射的荧光。不同的半导体材料中电子和空穴所处的能量状态不同，电子和空穴复合时释放出的能量多少也不同，释放出的能量越多，则发出的光的波长越短。常用的是发红光、绿光或黄光的二极管。

3. 光电二极管

和普通二极管一样，光电二极管也是由一个 PN 结组成的半导体器件，也具有单向导电性。但是，在电路中不是用它作整流元件，而是通过它把光信号转换成电信号。众所周知，普通二极管在反向电压作用时，一般处于截止状态，只能流过微弱的反向电流。光电二极管在设计和制作时尽量使 PN 结的面积相对较大，以便接收入射光。光电二极管是在反向电压作用下工作的，没有光照时，反向电流极其微弱，称为暗电流；有光照时，反向电流迅速增大到几十微安，称为光电流。光的强度越大，反向电流也越大。光的变化引起光电二极管电流发生变化，就可以把光信号转换成电信号，成为光电传感器件。

4. 变容二极管

变容二极管是利用 PN 结空间电荷具有电容特性的原理制成的特殊二极管。变容二极管为反偏二极管，其结电容就是耗尽层的电容，可以近似把耗尽层视为平行板电容，且导电板之间有介质。一般的二极管在多数情况下其结电容很小，不能有效利用。变容二极管的结构特殊，它具有相当大的内部电容量，并可像电容器一样运用于电子电路中。

第 3 章习题

3.1 求当正向电压为多少时，$n=2$ 的二极管流过的电流等于 $1000I_s$？当正向电压为 0.7V 时，用 I_s 来表示流过二极管的正向电流。

3.2 一个二极管应用在一个由恒流源 I 供电的电路中，如果在二极管边上再并联一个相同的二极管，那么对该二极管的正向电压有什么影响？假设 $n=1$。

3.3 一个二极管的 $n=1$，并且当电流为 1mA 时，其正向电压降为 0.7V。那么当它工作在 0.5V 时，其电流值为多少？

3.4 对于图题 3.1 所示的电路采用理想二极管，求所标明的电压和电流值。

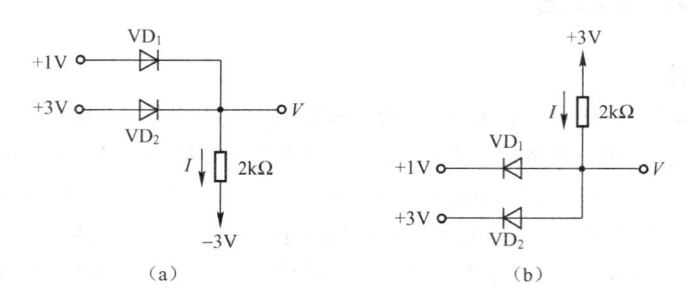

图题 3.1

3.5 假设图题 3.2 所示电路中的二极管理想，使用戴维南定理来简化电路，并求所标明的电压和电流值。

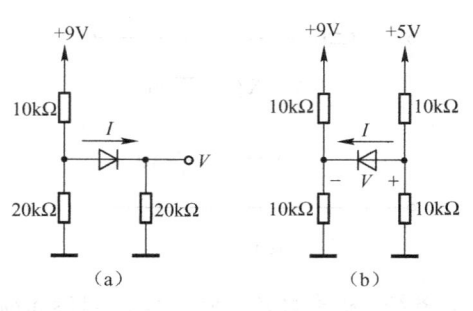

图题 3.2

3.6 假设图题 3.3 所示电路中的二极管理想，求所标明的电压和电流值。

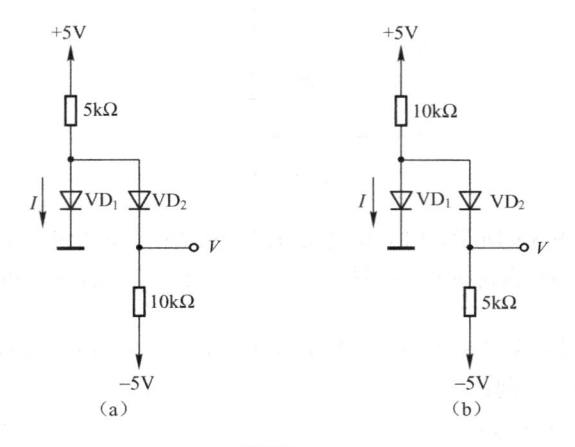

图题 3.3

3.7 电路如图题 3.4 所示。(1) V_+=5V 利用恒压降模型求电路的 I_D 和 v_o；(2) 在室温条件下，V_+ 有 ΔV_+ 的变化利用二极管的小信号模型求 v_o 的变化范围。。

3.8 如图题 3.5 所示电路，$R = 1\text{k}\Omega$，要求使用二极管折线模型分析，假设 $V_D = 0.65\text{V}$，$r_D = 20\Omega$，求输出电压 v_o 对 v_i 的函数。画出当 $0 \leqslant v_i \leqslant 10\text{V}$ 时 v_o 对 v_i 的传输特性。当 $v_i = 10\sin(\omega t)$ 时，画出 v_o 的波形并标明数值。

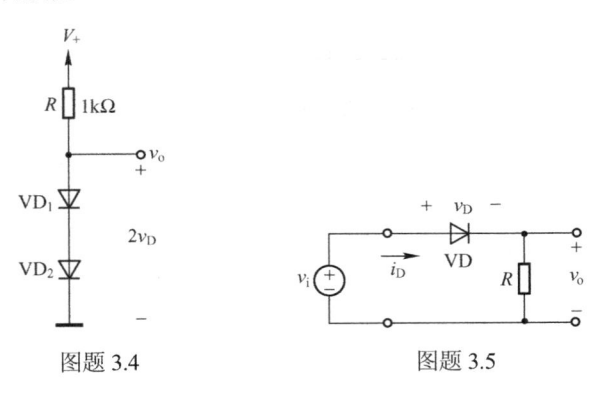

图题 3.4   图题 3.5

3.9 电路如图 3.6 所示，当 $v_i = 6\sin(\omega t)(\text{V})$ 时，试用恒压降模型分析电路，画出输出电压 v_o 的波形。

图题 3.6

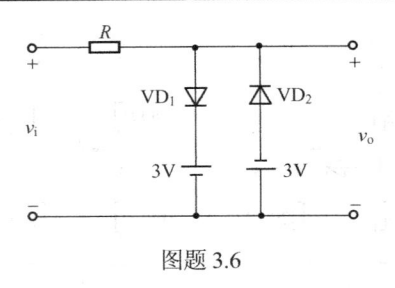

3.10 电路如图题 3.7 所示，齐纳二极管的 $V_Z = 8V$，设 $v_i = 15\sin(\omega t)$ V，试画出 v_o 的波形。

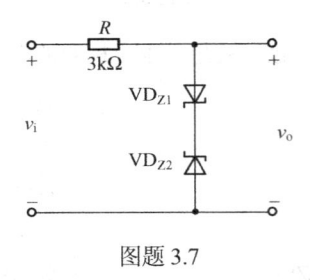

图题 3.7

3.11 稳压电路如图题 3.8 所示。（1）试写出齐纳二极管的耗散功率 P_Z 的表达式，并说明输入 v_i 和负载 R_L 在何种情况下，P_Z 达到最大值或最小值；（2）写出负载吸收功率的表达式和限流电阻 R 消耗的功率表达式。

3.12 稳压电路如图题 3.8 所示，若 $v_i = 10V$，$R = 100\Omega$，齐纳二极管的 $V_Z = 5V$，$I_{ZK} = 5mA$，$I_{Zmax} = 50mA$，问：

（1）负载的变化范围是多少？
（2）稳压电路的最大输出功率 P_{OM} 是多少？
（3）齐纳二极管的最大耗散功率 P_{ZM} 和限流电阻 R 上的最大耗散功率 P_{RM} 是多少？

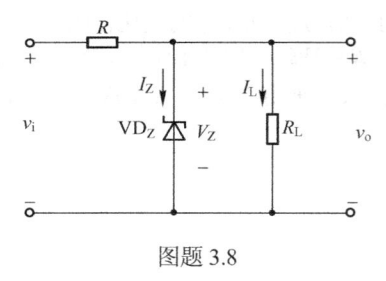

图题 3.8

第4章 场效应管

与前面讲的二端口半导体器件——二极管相比，场效应管（Field Effect Transister，简称 FET）是目前集成电路中应用最广泛的三端口器件，也是在放大电路、逻辑电路中的必备电子器件。场效应管是利用电场效应来控制电流的有源器件，由于它仅靠半导体中的多数载流子导电，故又称为单极性晶体管。

场效应管根据结构的不同，可分为结型场效应管（Junction FET，JFET）和金属-氧化物-半导体场效应管（Metal-Oxide Semiconductor FET，MOSFET）两种类型。

场效应管不仅兼有一般半导体三极管体积小、重量轻、寿命长的特点，还具有输入阻抗高、噪声系数低、热稳定性好、抗辐射能力强、制造工艺简单等优点。目前已可只用 MOSFET 实现数字电路和模拟电路，这些特性使得场效应管具有更强的集成性，也同样成为大规模、超大规模集成电路的基础。

本章主要介绍场效应管的基本工作原理、电流电压特性、电路模型以及基本电路应用等。

4.1 MOSFET 结构及工作原理

MOS 场效应管分为增强型（Enhancement MOS，EMOS）和耗尽型（Depletion MOS，DMOS）两大类，每一类又分为 N 沟道和 P 沟道两种导电类型。这几种类型的工作原理基本相同，本节将以介绍 N 沟道增强型 MOS 场效应管为主，简单介绍其他几类 MOS 场效应管，并进行比较。

4.1.1 N 沟道 EMOSFET 器件结构

图 4.1 所示为 N 沟道 EMOS 的物理结构。在 P 型衬底上创建两个重掺杂的 N 型区，分别称为源区和漏区。在源区与漏区间的 P 型半导体表面上覆盖一薄层氧化层二氧化硅（SiO_2），并在氧化层上沉积一层金属，这样就形成了栅极。另外，在源区、漏区以及衬底表面也沉积一层金属，分别形成源极、漏极和衬底极。因此，MOSFET 在物理结构上共引出 4 个端子：栅极（G）、源极（S）、漏极（D）和衬底极（B）。

由图 4.1 也可看出，金属-氧化物-半导体场效应管的名称直接来自栅极结构，这种场效应管还有另一个名称——绝缘栅型场效应管（IGFET），也同样来自栅极结构，表示栅极与衬底极由于氧化层而绝缘的结构。

MOSFET 是对称结构，漏极和源极可互换使用。由 MOSFET 结构可以看出，漏区和源区将分别与衬底之间形成 PN 结。在正常工作时，需要保证这两个 PN 结反偏，因此通常将源极与衬底极相连，并且使之连接到电路的最低电位（对于 N 沟道器件来说），这种连接方式可保证两个 PN 结反偏，这也是 MOSFET 常见的工作状态。这样连接后，可认为衬底极对场效应管的工作没有影响，MOSFET 作为三端口器件来使用，即栅极、源极和漏极 3 个端口。

表征场效应管性能的还有两个物理尺寸参数，即图中标出的沟道区域的长度 L 和宽度 W，这是场效应管的两个重要参数，L 的典型值为 0.1～3μm，W 的典型值为 0.2～100μm，其中，CMOS 制造

工艺所能达到的 L 的最小值,更是代表了制造工艺发展程度的特征值。

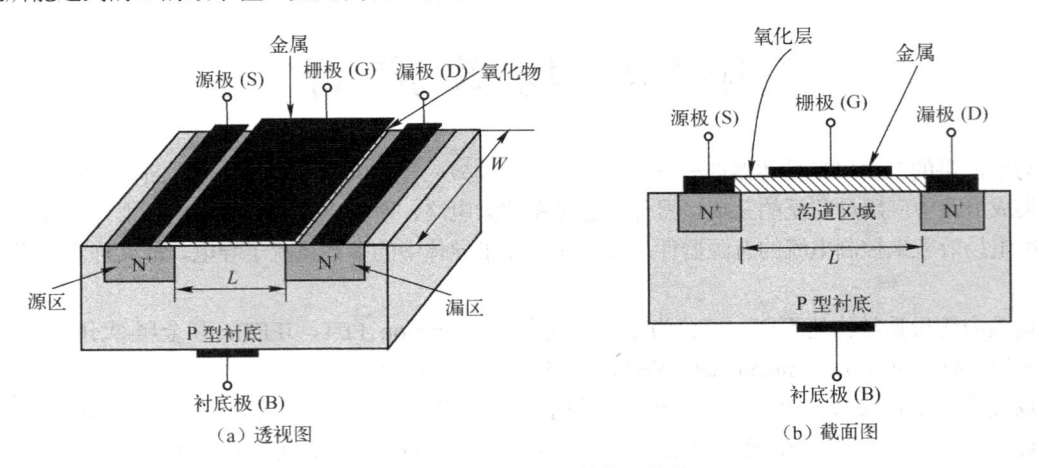

图 4.1　N 沟道 EMOS 的物理结构

4.1.2　N 沟道 EMOS 场效应管的工作原理

通常 N 沟道场效应管在工作时,为了保证源区和漏区的两个 PN 结反偏,将源极与衬底极连接在一起,即 $V_{SB}=0$,并接在整个电路的最低电位,此时,将场效应管作为三端口器件考虑。在一些特殊情况下,当源极与衬底极有电位差时,需要考虑由衬底引起的衬底效应,这在后面章节会单独说明。以下的讨论若没有特别指出,都默认 $V_{SB}=0$。

1. 截止区与沟道的产生

当栅极上没有加偏置电压,即 $V_{GS}=0$ 时,源区和漏区分别与衬底之间形成两个 PN 结,这两个 PN 结阻止了漏、源之间电流的产生,如图 4.2 所示。

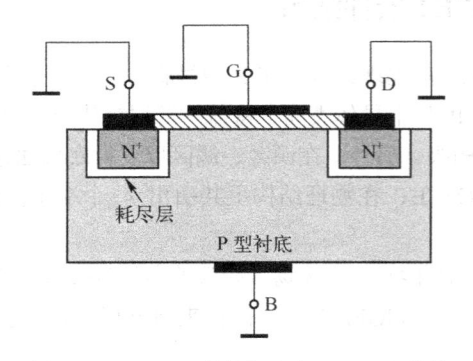

图 4.2　$V_{GS}=0$ 时的增强型 NMOS 晶体管

下面讨论导电沟道的形成过程,如图 4.3 所示。假设 $V_{DS}=0$,一个简单的实现方法就是将源极和漏极都接地;同时在栅极上加正电压 V_{GS},由于栅极和衬底之间的结构与平板电容器结构类似,因此在 SiO_2 绝缘层中产生指向衬底的电场,这个电场将排斥衬底中的空穴(多子),同时,将两个 N^+ 区中的电子(多子)和衬底中的电子(少子)吸向衬底表面,并与衬底中的空穴(多子)相遇复合而消失。随着 V_{GS} 逐渐增大,栅极下面的衬底表面会积聚越来越多的电子,当电子数量达到一定时,栅极下面的衬底表面电子浓度会超过空穴浓度,从而形成了一个"新的 N 型区",它连接源区和漏区。

如果此时在源极和漏极之间加上一个正电压V_{DS}，那么电子就会沿着新的 N 型区定向地从源区向漏区移动，从而形成电流，把该电流称为漏极电流，记为i_D。鉴于这个 N 型区是因为电场作用由 P 型半导体转换而来的，故将它称为反型层。由于这个反型层的形成沟通了源区和漏区之间的电流通路，且这个反型层是由带负电荷的电子形成的，因此这个反型层也称为 N 沟道或电子型沟道。

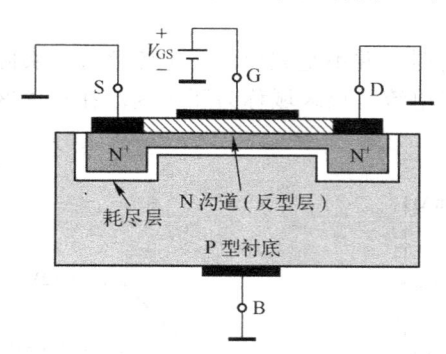

图 4.3　在栅极施加正电压的增强型 NMOS 晶体管（导电沟道形成）

能够在沟道区域积聚足够数量的自由电子，且刚刚开始形成导电沟道所对应的V_{GS}电压值称为开启电压，记为V_t。对于 N 沟道 EMOSFET，V_t为正值。V_t值取决于场效应管的工艺参数，SiO_2绝缘层越薄，两个N^+区的掺杂浓度越高，衬底掺杂浓度越低，V_t就越小。V_t的典型值为 0.5～1.0V。

2. 变阻区的形成——施加一个小的正电压v_{DS}

在$v_{GS} \geqslant V_t$，即沟道形成后，在源极和漏极之间施加一个正电压v_{DS}，会引起流过 N 沟道的漏极电流i_D。该电流由自由电子传导，电流方向由漏区指向源区。考虑v_{DS}较小的情况（50mV 左右），如图 4.4 所示，漏极电流i_D的大小主要取决于沟道中的电子密度Q_n，而电子密度Q_n的大小由v_{GS}决定，如式（4.1）所示。

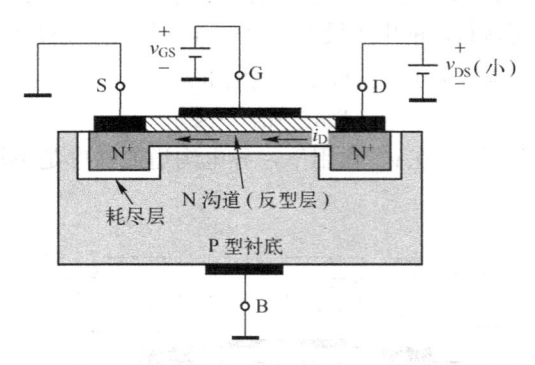

图 4.4　$v_{GS} > V_t$，且具有一个小的v_{DS}电压的增强型 NMOS 晶体管

$$Q_n = C_{ox}(v_{GS} - V_t) \tag{4.1}$$

式中，C_{ox}为单位面积栅电容值

$$C_{ox} = \frac{K_{ox}\varepsilon_0}{t_{ox}} \tag{4.2}$$

式中，K_{ox}是栅和沟道之间绝缘层SiO_2的相对介电常数（近似为 3.9），t_{ox}是栅下薄氧化层厚度，ε_0是真空介电常数。因此，$v_{GS} - V_t$越大，沟道中的自由电子浓度就越大，沟道的导电能力也就越强，在v_{DS}作用下的漏极电流也就相应越大。通常将$v_{GS} - V_t$称为过驱动电压，或过栅电压。电流i_D与

$v_{GS} - V_t$ 成正比，并且也与引起 i_D 的电压 v_{DS} 成正比。

图 4.5 所示为不同大小的 v_{GS} 下 i_D 与 v_{DS} 的关系曲线。可以看出，在 v_{DS} 较小的情况下，MOSFET 如同一个线性电阻，它的阻值受 v_{GS} 控制，当 $v_{GS} \leqslant V_t$ 时，沟道未形成，无法产生电流，因此电阻无穷大。当 $v_{GS} > V_t$ 后，电阻值开始随 v_{GS} 增大而减小。因此，在 v_{DS} 较小时 MOSFET 的工作区域称为变阻区。

值得注意的是，当 $v_{GS} < V_t$ 时，并不是完全没有电流流过，实际上，当 v_{GS} 的值小于 V_t 但接近于 V_t 时，存在一个小的漏极电流，该区域称为亚阈区。在亚阈区，漏极电流与 v_{GS} 之间呈指数关系。

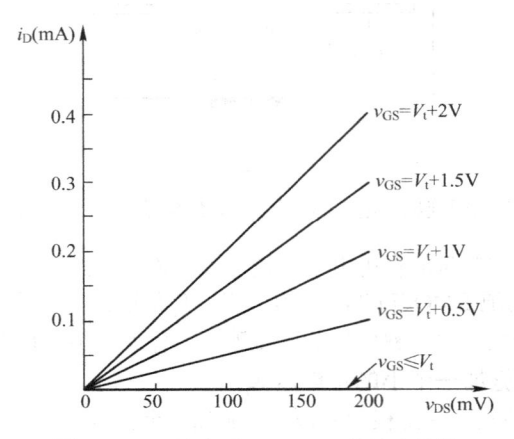

图 4.5 v_{DS} 较小时 MOSFET 的伏安特性

3. 饱和区的形成——v_{DS} 大于 $(v_{GS} - V_t)$

考虑 $v_{GS} \geqslant V_t$ 的情况，由于 v_{DS} 为正值，则形成自漏极到源极方向的电场，因此栅极到沟道上的各点电压将沿着沟道变化。近源极端的电压最大，为 v_{GS}，相应的沟道最深；越向漏极靠近，电压越小，沟道越浅，直到漏极端，电压最小，漏极端控制电压为

$$v_{GD} = v_{GS} - v_{DS} \tag{4.3}$$

因此漏极端相应的沟道最浅。在 v_{DS} 作用下，导电沟道的深度是不均匀的，呈锥状变化，如图 4.6 所示。

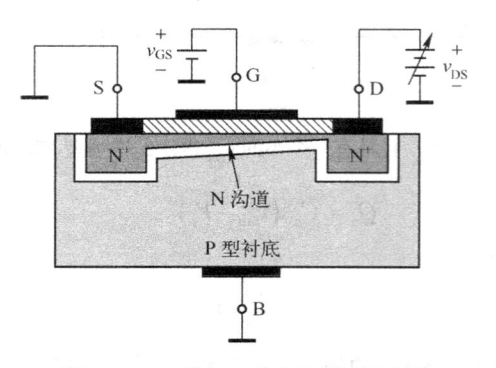

图 4.6 v_{DS} 增加，导电沟道变为锥形

当 v_{GS} 一定，而 v_{DS} 持续增大时，则相应的 v_{GD} 减小，近漏极端的沟道深度进一步减小，直至

$v_{GD} = V_t$，即

$$v_{DS} = v_{GS} - V_t \tag{4.4}$$

此时，近漏极端的反型层消失，沟道夹断，这种夹断称为"预夹断"，如图 4.7 所示。

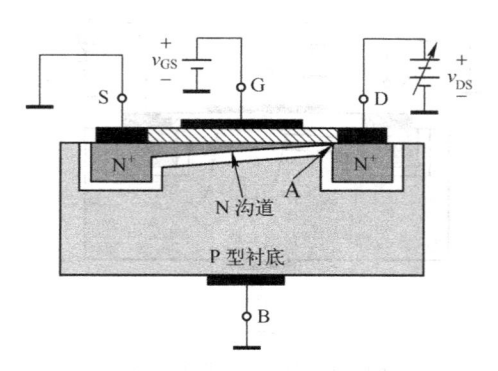

图 4.7 继续增大 v_{DS}，沟道出现预夹断

在夹断点 A 出现后继续增大 v_{DS}，由于栅极对夹断点 A 的反偏电压 v_{GA} 恒为 V_t，夹断点到源极的电压 v_{AS} 也就恒为 $v_{GS} - V_t$。因而，v_{DS} 的多余电压 $v_{DS} - (v_{GS} - V_t)$ 便全部加在漏极 D 与夹断点 A 之间的夹断区上，相应产生自漏极指向夹断点的电场。这个电场将自源区到达夹断点的电子拉向漏极，形成漏极电流 i_D，一旦夹断点形成，电流 i_D 将不再随 v_{DS} 的变化而变化，此时的电流 i_D 只与 v_{GS} 的大小有关。

因此，夹断点形成后的这一工作区域称为饱和区，饱和区的工作条件是 $v_{GS} \geq V_t$，且 $v_{DS} \geq (v_{GS} - V_t)$。

图 4.8 所示为在某个固定的 v_{GS}，且 $v_{GS} \geq V_t$ 的情况下，随着 v_{DS} 的增加，电流 i_D 的变化情况。由图 4.8 可以看出，当 $v_{DS} < (v_{GS} - V_t)$ 时，场效应管处于变阻区，电流 i_D 随 v_{DS} 的变化近似成线性变化；而当 $v_{DS} > (v_{GS} - V_t)$ 时，器件进入饱和区，特点是电流 i_D 不再随 v_{DS} 的变化而变化，而是一个恒定值。

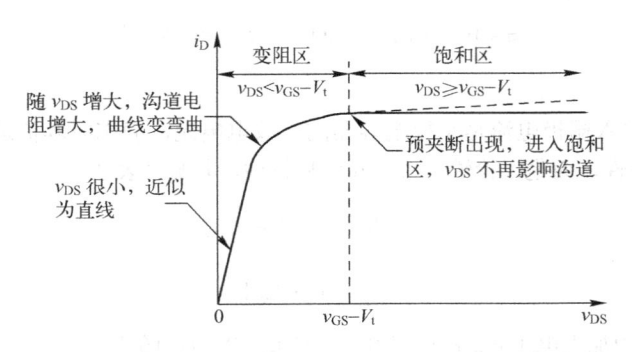

图 4.8 $v_{GS} \geq V_t$，且 v_{GS} 一定时，i_D 随 v_{DS} 变化的特性

4．沟道长度调制效应

前面提到，当场效应管进入饱和区后，电流 i_D 不再随 v_{DS} 发生变化，实际上这个结论基于夹断点形成后再增加 v_{DS} 的大小夹断点的位置不发生变化，也就是沟道长度不变的前提下。实际情况是继续增加 v_{DS}，夹断点会略向源极移动，导致夹断点到源极之间的沟道长度略有减小，如图 4.9 所示。相

应的沟道电阻也略有减小，从而有更多的电子自源极漂移到夹断点，使得 i_D 略有增大，如图 4.8 中虚线所示，这种效应称为沟道长度调制效应。一般情况下，在饱和区由 v_{DS} 引起的 i_D 的变化相比较 v_{GS} 对 i_D 的控制是第二位的，只有在沟道很短的器件中，这种效应才会显得比较明显。

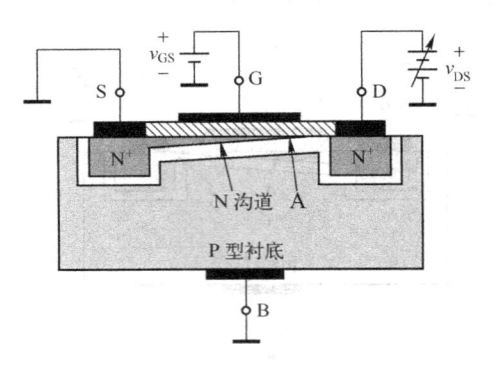

图 4.9 沟道长度调制效应

4.1.3 N 沟道 EMOS 场效应管特性

1. 电路符号

图 4.10 所示为 N 沟道 EMOS 场效应管的电路符号，器件上的箭头代表了器件中电流的方向。其中，图 4.10（a）是国内教材常用电路符号，图 4.10（b）是国外教材常用电路符号。

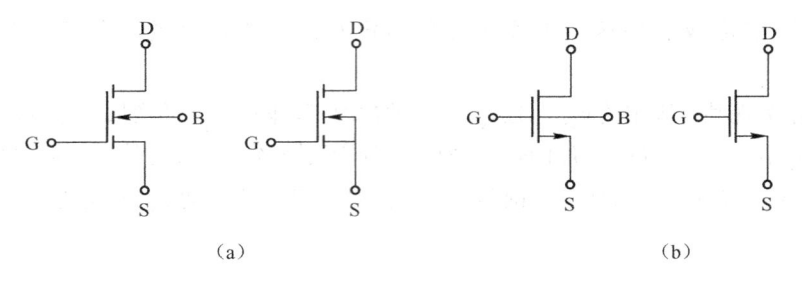

（a） （b）

图 4.10 N 沟道 EMOS 场效应管电路符号

2. 伏安特性

在场效应管中，输入栅极电流是平板电容器的充放电电流，静态时其值近似为零，所以通常不研究场效应管的输入特性，而是讨论输出特性和转移特性，其数学表达式为

$$i_D = f_{2s}(v_{DS})\big|_{v_{GS}=\text{常数}} \tag{4.5}$$

$$i_D = f_{1s}(v_{GS})\big|_{v_{DS}=\text{常数}} \tag{4.6}$$

图 4.11（a）所示为加上电压 v_{GS} 和 v_{DS} 后的 N 沟道 EMOS 场效应管，并指出了电流的方向。首先考虑图 4.11（b）所示场效应管的输出特性，由图中可以看出，场效应管的特性曲线表明有 3 个不同的工作区域：截止区、变阻区和饱和区。如果 FET 用做放大器，则可使 FET 工作在饱和区；如果 FET 作为开关使用，则需要使 FET 工作在截止区和变阻区，在特性曲线中对应的这 3 个工作区与前面工作原理中的 3 个工作区是一致的。

(a) 加上 v_{GS} 与 v_{DS} 后的场效应管电路图 (b) N沟道EMOS场效应管的输出特性曲线

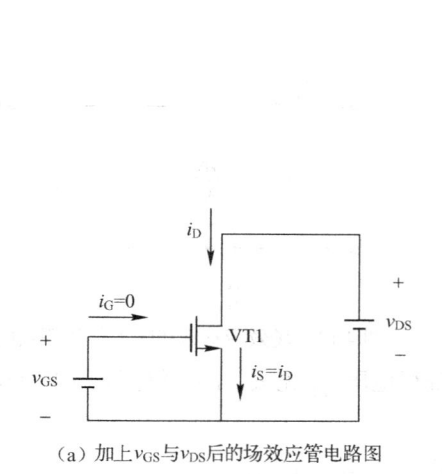

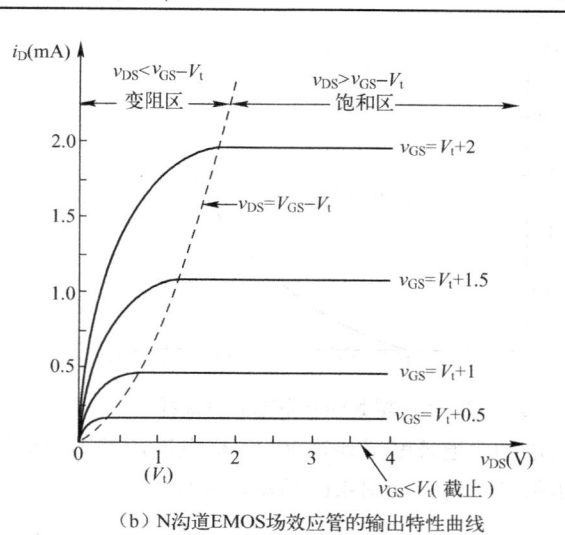

图 4.11 N 沟道 EMOS 场效应管电路及其输出特性曲线

1．变阻区

FET 在变阻区的条件，首先是要产生沟道，即 $v_{GS} \geqslant V_t$；其次是保持 v_{DS} 足够小，以使沟道保持连续，在漏端未产生夹断点，即 $v_{DS} < (v_{GS} - V_t)$。也就是说，当 v_{GS} 大于 V_t 并且漏极电压至少低于栅极电压 V_t 时，N 沟道增强型 MOSFET 工作在变阻区。

在变阻区，电流 i_D 同时受 v_{GS} 和 v_{DS} 控制，理论和实验证明，它们之间的关系式为

$$i_D = k'_n \frac{W}{L}\left[(v_{GS} - V_t)v_{DS} - \frac{1}{2}v_{DS}^2\right] \tag{4.7}$$

式中，L 为沟道长度；W 为沟道宽度；$k'_n = \mu_n C_{ox}$，由 N 沟道 MOSFET 的制造工艺决定，量纲为 A/V^2，其中，μ_n 为自由电子迁移率。

当 v_{DS} 很小，v_{DS} 的二次方项可忽略时，式（4.7）简化为

$$i_D \approx k'_n \frac{W}{L}(v_{GS} - V_t)v_{DS} \tag{4.8}$$

式（4.8）表明在变阻区，i_D 和 v_{DS} 之间呈线性关系，即 MOSFET 呈一线性电阻特性。

2．饱和区

进入饱和区的条件，首先是要产生沟道，即 $v_{GS} \geqslant V_t$，其次是在漏端产生夹断，即 $v_{DS} \geqslant (v_{GS} - V_t)$。当 v_{GS} 大于 V_t，并且漏源电压大于 $v_{GS} - V_t$ 时，N 沟道增强型 MOSFET 工作在饱和区。

变阻区和饱和区的分界线为

$$v_{DS} = v_{GS} - V_t \tag{4.9}$$

饱和区的电流为

$$i_D = \frac{1}{2} k'_n \frac{W}{L}(v_{GS} - V_t)^2 \tag{4.10}$$

由式（4.10）可以看出，在饱和区时，漏极电流与漏源电压 v_{DS} 无关，而由栅源电压 v_{GS} 确定，漏极电流与栅源电压呈平方律关系。图 4.12 所示为场效应管工作在饱和区时的电流电压特性，由于表示的是输出电流 i_D 与输入电压 v_{GS} 之间的关系，因此也称为场效应管的转移特性曲线。

在饱和区内，i_D 受 v_{GS} 控制，而不受 v_{DS} 控制，成了受 v_{GS} 控制的压控电流源，场效应管饱和区大信号等效电路如图 4.13 所示。

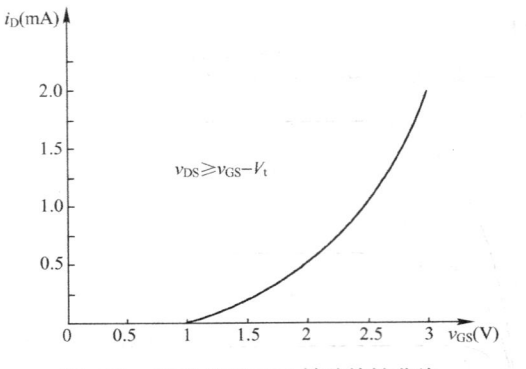

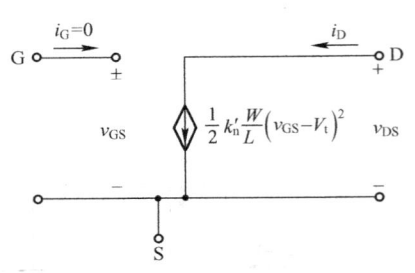

图 4.12　增强型 NMOS 转移特性曲线　　　　图 4.13　场效应管饱和区大信号等效电路

考虑到沟道长度调制效应，漏极电流 i_D 并不完全与漏极电压 v_{DS} 无关，因此修正式（4.10），引入厄尔利电压 V_A，如图 4.14 所示，则有

$$i_D = \frac{1}{2}k_n'\frac{W}{L}(v_{GS}-V_t)^2\left(1+\frac{v_{DS}}{V_A}\right) = \frac{1}{2}k_n'\frac{W}{L}(v_{GS}-V_t)^2(1+\lambda v_{DS}) \tag{4.11}$$

式中，厄尔利电压 V_A 是一个工艺参数，量纲为 V；$\lambda = 1/V_A$ 称为沟道长度调制系数，其值与沟道长度 L 有关，L 越小，相应的 λ 就越大，即沟道长度调制效应越重，表现为输出特性曲线上翘得更厉害。

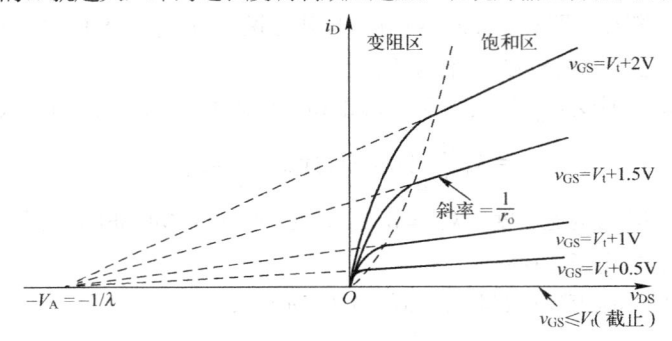

图 4.14　考虑沟道长度调制效应时饱和区中 v_{DS} 对 i_D 的影响

根据式（4.11），当考虑沟道长度调制效应时，漏极电流 i_D 与漏极电压 v_{DS} 相关。因此，对于给定的 v_{GS}，Δv_{DS} 将使漏极电流产生一个相应的变化（即 Δi_D）。可以得到，在饱和区表示 i_D 的电流源的输出电阻不再是无穷大。定义输出电阻 r_o 为

$$r_o \stackrel{\text{def}}{=} \left[\frac{\partial i_D}{\partial v_{DS}}\right]^{-1}_{v_{DS}\text{为常数}} \tag{4.12}$$

由式（4.11）可得

$$r_o = \left[\lambda\frac{1}{2}k_n'\frac{W}{L}(v_{GS}-V_t)^2\right]^{-1}$$

或

$$r_o = \frac{V_A}{I_D} \tag{4.13}$$

式中，I_D 为不考虑沟道长度调制效应时的漏极电流，即 $I_D = \frac{1}{2}k_n'\frac{W}{L}(V_{GS}-V_t)^2$。

当考虑沟道长度调制效应时，i_D 受 v_{GS} 的控制，同时也受 v_{DS} 的影响，这就意味着由 v_{GS} 控制的电流源的输出电阻不是无穷大，而是 $r_o = \frac{V_A}{I_D} = \frac{1}{\lambda I_D}$。考虑沟道长度调制效应的场效应管饱和区大信

号等效电路如图 4.15 所示,在输出端增加了输出电阻 r_o。

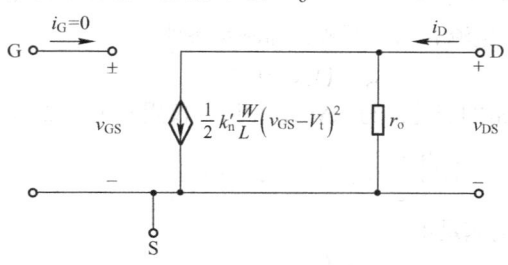

图 4.15 考虑沟道长度调制效应的场效应管饱和区大信号等效电路

3. 截止区

当场效应管沟道未产生时为截止区,截止区的条件为 $v_{GS} < V_t$,此时漏极电流 i_D 为零。

4.1.4 P 沟道增强型 MOSFET 特性

P 沟道增强型场效应管的结构、符号及特性曲线如图 4.16 所示。与 N 沟道增强型场效应管相对应,所有外加电压极性、电流方向与 N 沟道增强型场效应管皆相反。

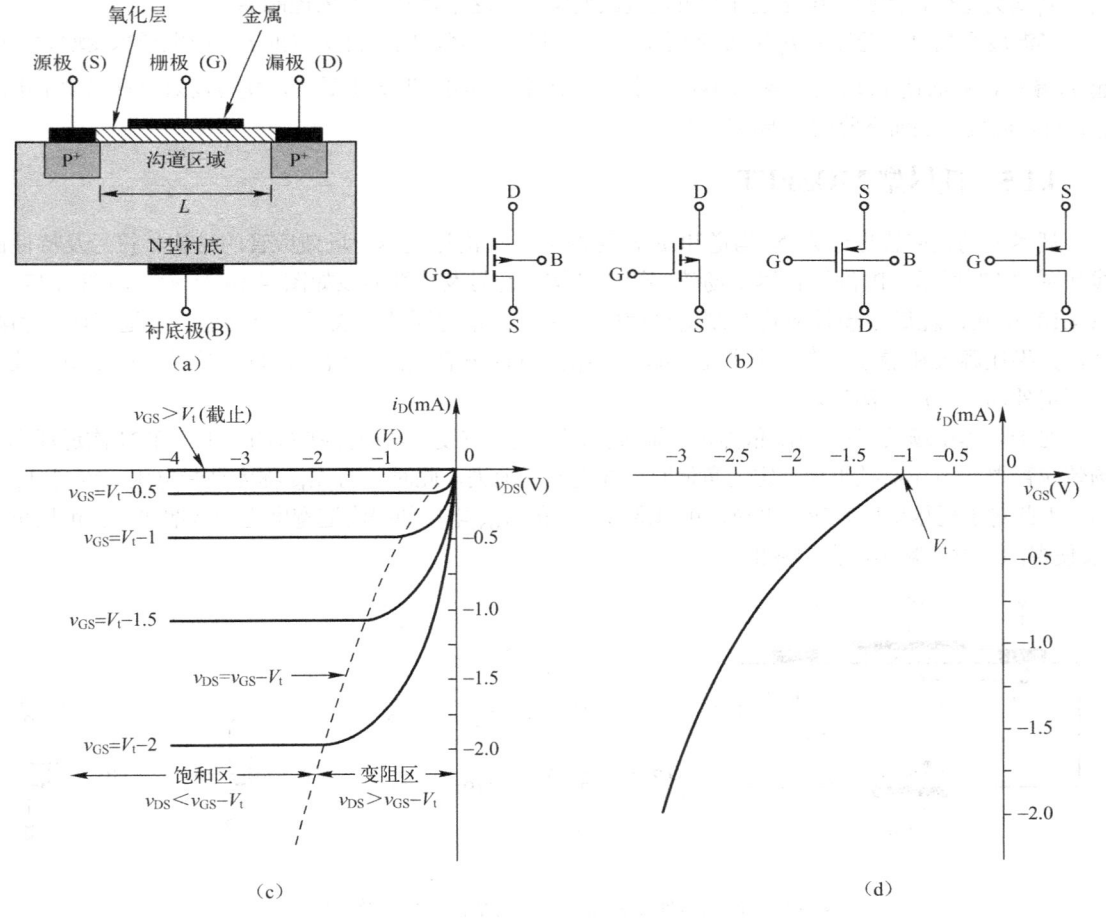

图 4.16 P 沟道增强型场效应管的结构、符号及特性曲线

P沟道增强型器件开启电压 V_t 为负，形成沟道的条件为 $v_{GS} \leqslant V_t$ 或 $v_{SG} \geqslant |V_t|$。

工作在变阻区 v_{DS} 为负，电流 i_D 流出漏极，需满足条件

$$v_{DS} \geqslant (v_{GS} - V_t) \tag{4.14}$$

PMOS 在变阻区，电流 i_D 的表达式与 NMOS 相同，仅用 k'_p 代替 k'_n 即可

$$i_D = k'_p \frac{W}{L} \left[(v_{GS} - V_t) v_{DS} - \frac{1}{2} v_{DS}^2 \right] \tag{4.15}$$

PMOS 工作在饱和区，需满足条件

$$v_{DS} \leqslant (v_{GS} - V_t) \tag{4.16}$$

饱和区电流 i_D 为

$$i_D = \frac{1}{2} k'_p \frac{W}{L} (v_{GS} - V_t)^2 \left(1 + \frac{v_{DS}}{V_A} \right) = \frac{1}{2} k'_p \frac{W}{L} (v_{GS} - V_t)^2 (1 + \lambda v_{DS})$$

总之，PMOS 与 NMOS 特性基本相同，只是所有电流、电压的方向和极性相反。

综上所述，不论是 PMOS 还是 NMOS，也不论工作在饱和区还是变阻区，当 v_{GS} 和 v_{DS} 一定时，i_D 均与沟道的宽长比 $\frac{W}{L}$ 成正比。在集成电路设计中，集成工艺一旦确定后，与工艺有关的参数 k'_p、k'_n、V_t 均为定值，因此，电路设计时可通过改变宽长比这个尺寸参数来控制 i_D。

当温度升高时，迁移率 μ_p 或 μ_n 减小，从而引起 i_D 下降，同时衬底中少子自由电子浓度增大，引起 V_t 减小，从而使 i_D 增大。当 i_D 不是太小时，前者的影响一般大于后者，使得场效应管的输出电流 i_D 具有随温度增加而下降的负温度特性。

4.1.5 耗尽型 MOSFET

耗尽型场效应管也分为 N 沟道和 P 沟道两类，N 沟道耗尽型场效应管的结构、符号及特性曲线如图 4.17 所示。P 沟道耗尽型场效应管的结构、符号及特性曲线如图 4.18 所示。由图 4.17 和图 4.18 可知，耗尽型场效应管在制造过程中预先在衬底的顶部形成了一个沟道，连通了源区和漏区，如果在源极和漏极加上一个电压 v_{DS}，当 $v_{GS} = 0$ 时就有电流 i_D 流过，也就是说，耗尽型场效应管不用外加电压产生沟道。

对于耗尽型场效应管，v_{GS} 依然可以通过控制沟道的宽度，从而控制 i_D 的大小。在 N 沟道耗尽型场效应管中，当 v_{GS} 减小为一定的负值时，导电沟道消失，此时负的 v_{GS} 称为夹断电压，也用 V_t 表示。因此对于耗尽型场效应管来说，可以通过加正的 v_{GS} 电压使得沟道宽度进一步增加，也可加负的 v_{GS} 使得沟道宽度减小，直到截止。

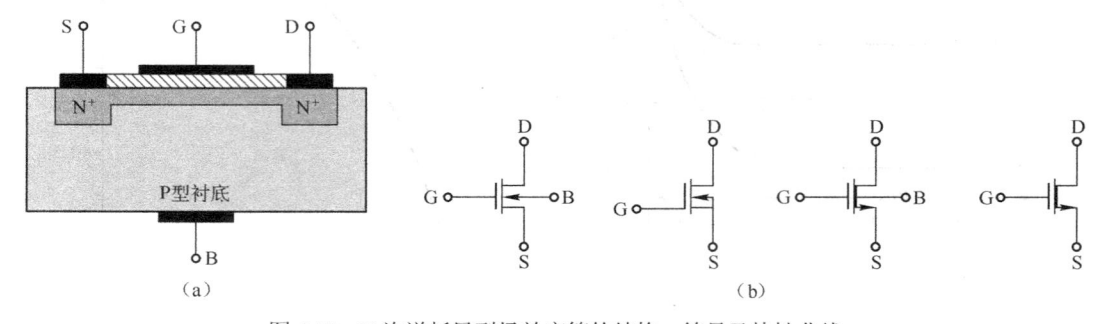

图 4.17 N 沟道耗尽型场效应管的结构、符号及特性曲线

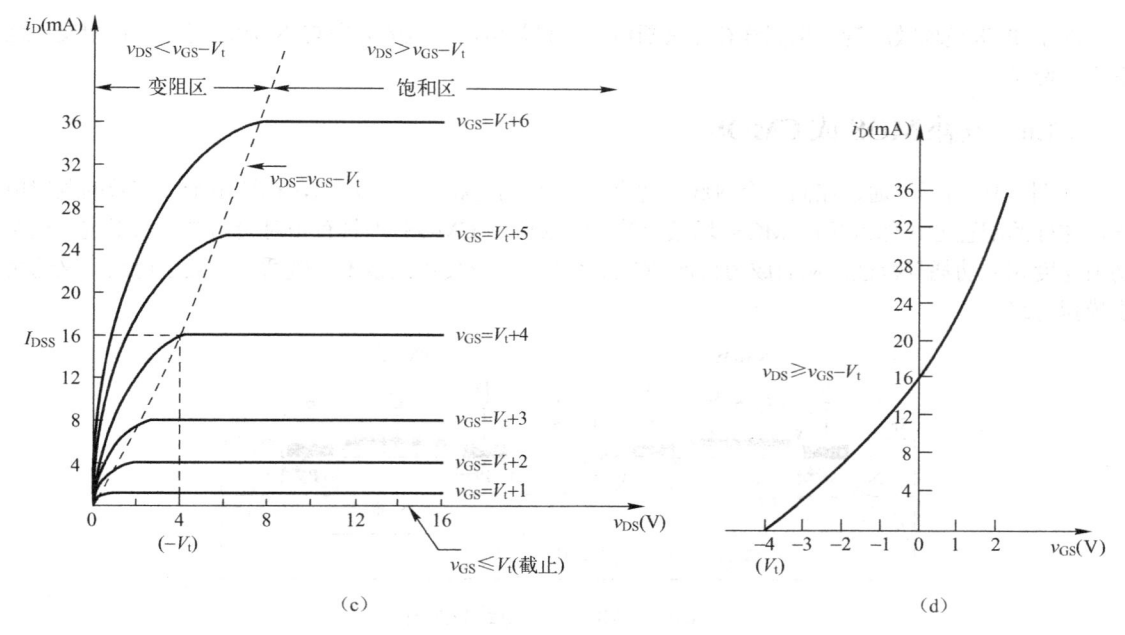

图 4.17　N 沟道耗尽型场效应管的结构、符号及特性曲线（续）

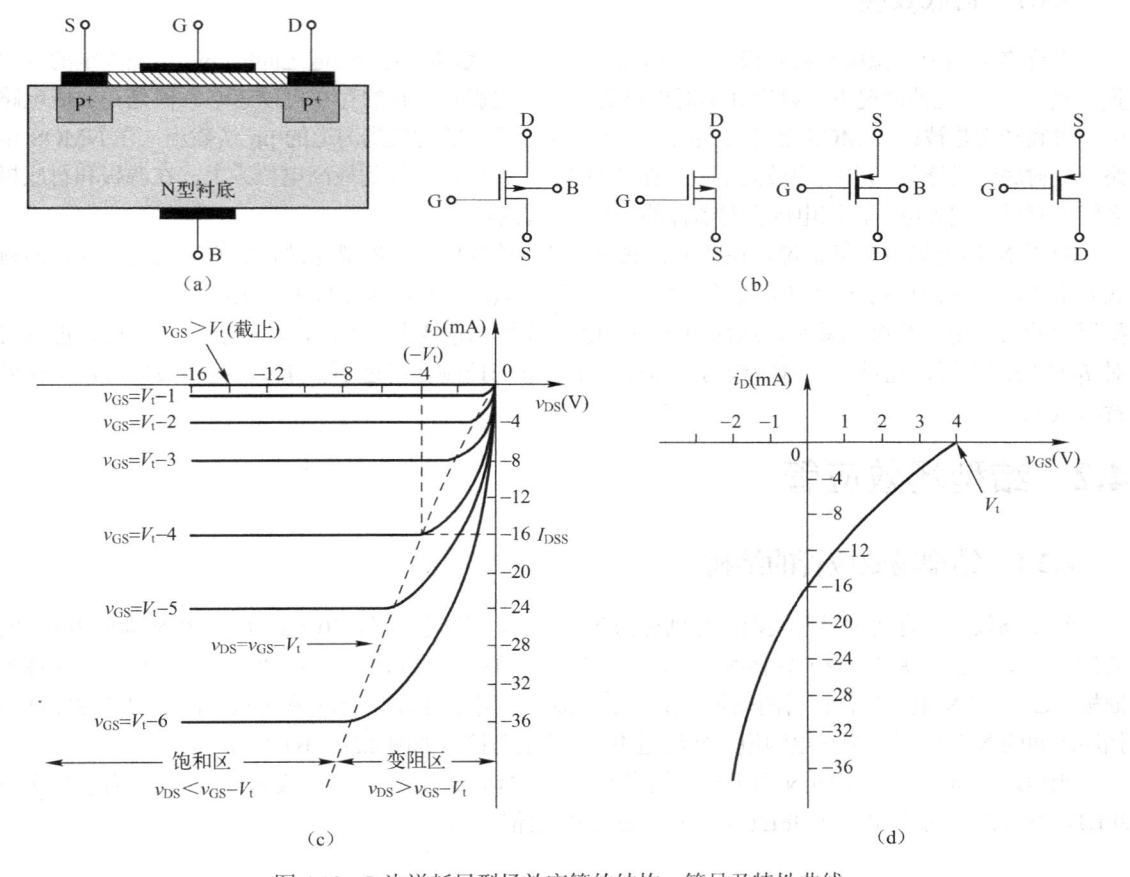

图 4.18　P 沟道耗尽型场效应管的结构、符号及特性曲线

对于 P 沟道场效应管，也同样存在夹断电压，只是电压、电流方向与 N 沟道场效应管相反，这里不再赘述。

4.1.6 互补 MOS 或 CMOS

如图 4.19 所示，通过在同一个衬底上建立一个 N 沟道和一个 P 沟道，构造出十分有效的逻辑电路，这样的配置方式称为互补 MOS 场效应管（CMOS）。CMOS 因具有相对较高的输入阻抗、快速切换速度和低功耗等特性，从而成为目前 IC 技术中最广泛使用的技术，既适用于数字电路，又适用于模拟电路。

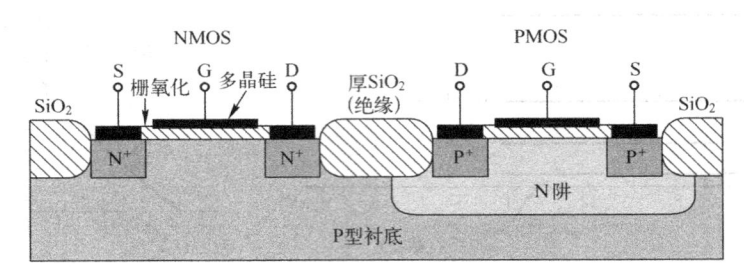

图 4.19　CMOS 集成电路截面图

4.1.7 衬底效应

在许多应用中，源极和衬底极（B）相连接，使得衬底和产生的沟道之间的 pn 结是固定的零偏置（截止）。在这种情况下，衬底并不对电路的工作产生影响，它的存在可以忽略。但是在集成电路中，衬底经常是被许多 MOS 晶体管共用的，为了保证所有的衬底到沟道的 pn 结截止，在 NMOS 电路中，衬底通常连接到电路的最低电位（在 PMOS 电路中，连接到最高电位）上，在源极和衬底极之间就有反向偏置电压，该电压会对器件的工作产生影响。

对于 N 沟道场效应管来说，在负值衬底电压 V_{BS} 的作用下，P 型硅衬底中的空间电荷区将向衬底底部扩展，空间电荷区中的负离子数增多。但由于 V_{GS} 不变，即栅极上的正电荷量不变，因而反型层中的自由电子数必然减小，从而引起沟道电阻增大，I_D 减小。因此，V_{BS} 与 V_{GS} 一样，也具有对 I_D 的控制作用，通常又称衬底极为背栅极，不过它的控制作用远小于 V_{GS}。衬底效应通常又称做背栅效应。

4.2　结型场效应管

4.2.1　结型场效应管的结构

结型场效应管有两种导电类型，分别称为 N 沟道和 P 沟道。图 4.20（a）所示为 N 沟道 JFET 的结构示意图，在一块 N 型半导体两边扩散高浓度的 P^+ 区，两边 P^+ 区引出两个电极并接在一起称为栅极（G），在 N 型半导体材料两端各引出一个电极，分别称为源极（S）和漏极（D）。两个 PN 结阻挡层之间的 N 型区域称为导电沟道。N 沟道 JFET 的电路符号如图 4.20（b）所示。

类似地，将图 4.20 中的 N 型半导体换成 P 型半导体，两侧的 P^+ 区换成 N^+ 区，则成为了 P 沟道 JFET，图 4.21 所示为 P 沟道 JFET 的结构示意图和电路符号。

图 4.20　N 沟道 JFET

（a）结构示意图　　　（b）电路符号

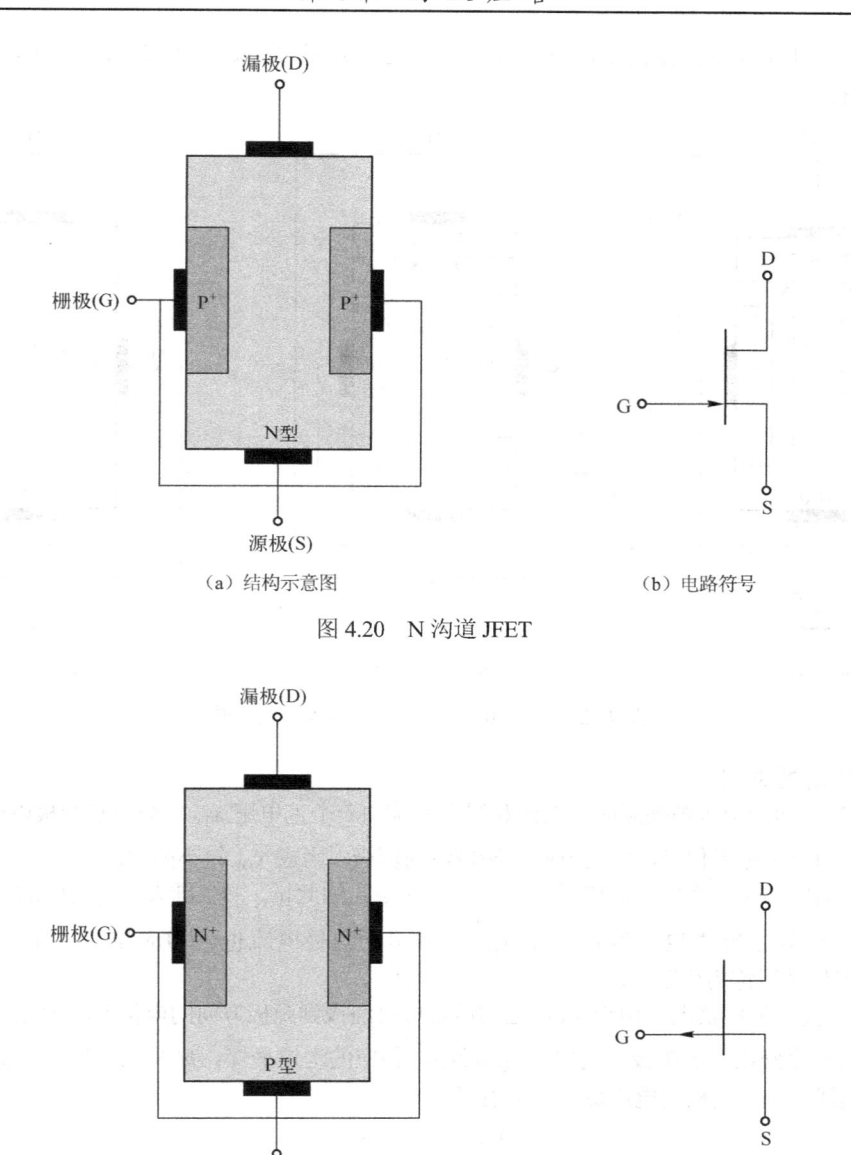

图 4.21　P 沟道 JFET

（a）结构示意图　　　（b）电路符号

4.2.2　工作原理

正常工作时，JFET 中的 PN 结必须外加反偏电压。以 N 沟道 JFET 为例，要求它的栅极对源极电压 v_{GS} 为负值，漏极对源极电压 v_{DS} 为正值。这样，才能保证长条形 PN 结在 N 型半导体中的任何位置上均为反偏工作。

1. v_{GS} 对 i_D 的影响

如图 4.22 所示，令 $v_{DS}=0$，当 v_{GS} 由零向负值增大时，PN 结的反向电压增大，耗尽层将加宽，使得沟道变窄，沟道电阻增大，从而控制漏极与源极之间的导电电阻的大小。当 v_{GS} 进一步负

向增大到某一值 V_t 时，沟道被全部夹断，沟道电阻趋于无穷大，如图 4.22（c）所示，V_t 称为夹断电压，为负值。

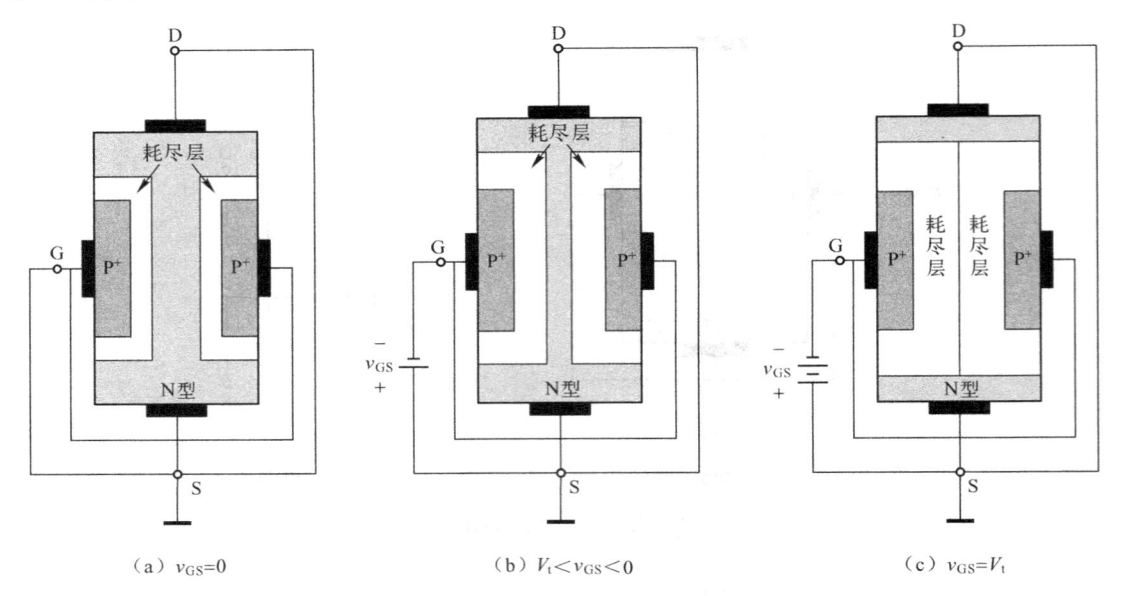

（a）$v_{GS}=0$　　　　　　　（b）$V_t<v_{GS}<0$　　　　　　　（c）$v_{GS}=V_t$

图 4.22　$v_{DS}=0$ 时，v_{GS} 对沟道宽度的影响

2. v_{DS} 对 i_D 的影响

当 $v_{GS}>V_t$，即沟道未被夹断时，在源和漏之间施加一个正电压 v_{DS}，会引起漏极电流 i_D 流过 N 沟道。该电流由自由电子传导，电流方向由漏极流向源极。考虑 v_{DS} 较小的情况，漏极电流 i_D 的大小主要取决于沟道中的电子密度，而电子密度由 v_{GS} 决定，因此 $|v_{GS}-V_t|$ 越大，沟道中的自由电子浓度就越大，沟道的导电能力也就越强，在 v_{DS} 的作用下漏极电流也就相应越大。在 v_{DS} 较小时，MOSFET 的工作区域称为变阻区。

继续考虑 $v_{GS}>V_t$ 的情况，由于 i_D 通过沟道形成自漏极到源极方向的电位差，因此加在沟道上的电压将沿着沟道而变化。近源极端的电压 $|v_{GS}|$ 最小，相应的沟道最深；离开源极越向漏极靠近，电压越大，沟道越浅，直到漏极端电压最大，可表示为

$$v_{GD}=v_{GS}-v_{DS}$$

因此，漏极端相应的沟道最浅。在 v_{DS} 作用下，导电沟道的深度是不均匀的，呈锥状变化，如图 4.23（a）所示。当 v_{GS} 一定，而 v_{DS} 持续增大时，相应的 v_{GD} 减小，近漏极端的沟道深度进一步减小，直至 $v_{GD}=V_t$，即 $v_{GS}-v_{DS}=V_t$ 或 $v_{DS}=v_{GS}-V_t$ 时，近漏极端被预夹断，如图 4.23（b）所示。

当夹断点出现后，漏极电流 i_D 基本不再随 v_{DS} 的增加而增加，此时的电流 i_D 只与 v_{GS} 有关，同时 i_D 达到了漏极饱和电流 I_{DSS}。

夹断点形成后的工作区域称为饱和区，饱和区的条件是 $v_{GS}\geq V_t$，$v_{DS}\geq (v_{GS}-V_t)$。

考虑沟道长度调制效应，随着 v_{DS} 的增加，夹断点 A 向源极方向移动，沟道长度变短，沟道等效电阻减小，则有更多的电子从源极漂移到夹断点，结果使 i_D 略有增大。

4.2.3　特性曲线与特征方程

图 4.24 所示为 N 沟道 JFET 的共源极输出特性曲线族，输出特性曲线描述的是 i_D 与 v_{DS} 之间的关系，其中以 v_{GS} 为参变量，其数学描述可采用下面的方程表达式：

$$i_D = f(v_{DS})\big|_{v_{GS}=常数}$$

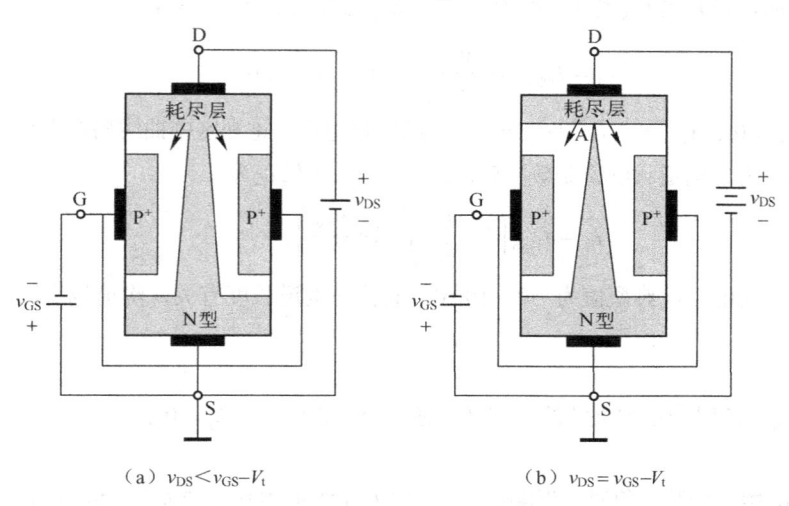

（a）$v_{DS} < v_{GS} - V_t$　　　　（b）$v_{DS} = v_{GS} - V_t$

图 4.23　v_{GS} 一定时，v_{DS} 对沟道宽度的影响

由图 4.24 可以看出，输出特性曲线可分为变阻区、饱和区、截止区和击穿区。

1. 变阻区

变阻区是由 $v_{GS} > V_t$，$v_{DS} < (v_{GS} - V_t)$ 限定的工作区，对应于沟道未夹断部分，当 v_{GS} 一定时，随着 v_{DS} 的增加，i_D 线性增加。当 v_{DS} 一定时，v_{GS} 越小，i_D 就越小。

2. 饱和区

饱和区是由 $v_{GS} > V_t$，$v_{DS} > (v_{GS} - V_t)$ 限定的工作区，对应于沟道预夹断部分。这一区域随着 v_{DS} 的增加，i_D 几乎不变，呈饱和状态，i_D 主要由 v_{GS} 控制。

图 4.25 所示的 JFET 饱和区转移特性曲线描述了以 v_{DS} 为参变量，i_D 与 v_{GS} 之间的关系 $i_D = f(v_{GS})\big|_{v_{DS}=常数}$。

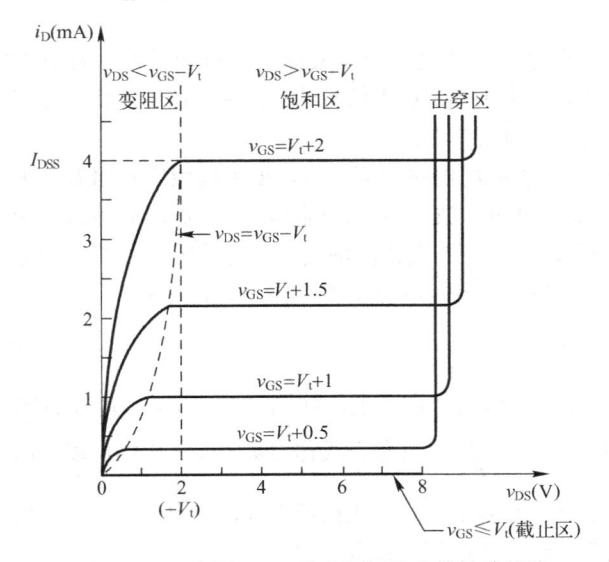

图 4.24　N 沟道 JFET 的共源极输出特性曲线族 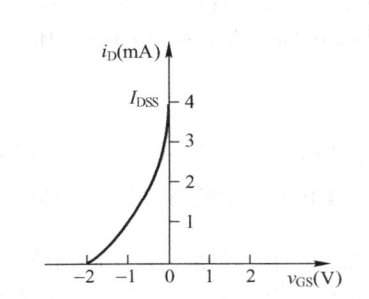　　　　图 4.25　JFET 饱和区转移特性曲线

当管子工作在饱和区时，改变 v_{DS} 可得到一族转移特性曲线，它们几乎重合，通常用一条曲线近似表示。实验表明，在 $V_t \leqslant v_{GS} \leqslant 0$ 范围内，i_D 与 v_{GS} 之间呈平方律关系，即

$$i_D = I_{DSS}\left(1 - \frac{v_{GS}}{V_t}\right)^2, \quad V_t \leqslant v_{GS} \leqslant 0 \tag{4.17}$$

式中，I_{DSS} 是 $v_{GS} = 0$、$v_{GD} = V_t$，即 $v_{DS} = -V_t$ 时的漏极电流。饱和区中曲线略有上翘，是由沟道长度调制效应引起的。考虑沟道长度调制效应后，式（4.17）可修正为

$$i_D = I_{DSS}\left(1 - \frac{v_{GS}}{V_t}\right)^2\left(1 + \frac{v_{DS}}{V_A}\right) \tag{4.18}$$

式中，$|V_A|$ 是厄尔利电压，典型值为 50～100V，其值与沟道长度有关，沟道越短，沟道长度调制效应就越明显。

3．截止区

截止区为 $v_{GS} < V_t$ 时沟道被夹断的工作区。在这个工作区内，$i_D = 0$。

4．击穿区

击穿区是 v_{DS} 增大到某一值时，近漏极端 PN 结发生雪崩击穿而使 i_D 剧增的工作区。

P 沟道结型场效应管的特性曲线与 N 沟道结型场效应管对应，所有外加电压极性、电流方向与 N 沟道结型场效应管相反。

4.3 场效应管电路直流偏置

场效应管放大电路的分析和设计需要求解电路的直流响应和交流响应。场效应管放大电路通常是放大交流信号，但实际上，输出交流信号所增加的功率是从直流电源的能量中转换而来的。因此，分析或设计一个放大电路应包含两部分：直流部分和交流部分。通常用叠加原理来进行直流和交流的分析，因此直流情况和交流情况可以完全分开，独立分析。但是，在设计和综合阶段，直流参数的选取将影响交流响应，反之亦然。

4.3.1 工作点

偏置是一种利用直流电压为电路设置固定直流电流和电压的广义称谓。对于场效应管放大电路，该直流电流和电压形成了特性曲线上的工作点，用于界定放大信号的工作区。由于工作点是特性曲线上的一个点，因此又称为直流工作点或静态工作点（Q 点）。

根据具体应用选择合适的工作点是设计场效应管应用电路的第一步，如果场效应管用做开关工作，则需要将工作点选取在变阻区和截止区；如果是设计放大电路，则应将工作点选取在饱和区。另外，场效应管正常工作时还需要外围电路配合，因此工作点将由场效应管与外围电路共同确定。图 4.26（a）所示为一个最简单的场效应管共源电路，由图可知，$V_{DS} = V_{DD} - R_D I_D$，即

$$I_D = \frac{V_{DD}}{R_D} - \frac{1}{R_D} V_{DS} \tag{4.19}$$

将式（4.19）所示的曲线与场效应管的特性曲线作在一张图上，如图 4.26 所示，可以看出，式（4.19）所示的直线与 V_{DS} 轴相交于 V_{DD}，且斜率为 $-\dfrac{1}{R_D}$，这条直线称为负载线。由图可以看出，A 点的工作电流 I_D 为零，即场效应管工作在截止区。C 点的工作电压接近于零，但电流很大，场效应管工作在变阻区。A 点和 C 点结合使用可使场效应管工作在开关状态。

场效应管用于放大电路时，要求工作在放大区，如图所示的 Q_1、Q、Q_2 三点均在放大区，但

是可以看到，Q_1 点离变阻区太近，当输入信号稍大时，输出信号的负信号摆幅将会进入变阻区，从而发生失真现象。同样，Q_2 点离截止区太近，输出信号的正信号摆幅没有足够的空间，导致输出信号失真。Q 点则是比较合适的静态工作点，选择 Q 点可以保证输出信号随输入信号的大小和幅度的变化，而不会进入变阻和截止区而发生失真，因此 Q 点是合适的工作点。这是针对小信号放大器而言的，对于功率放大器却并不如此，这将在以后章节介绍。这里主要讨论用于小信号放大的晶体管偏置。

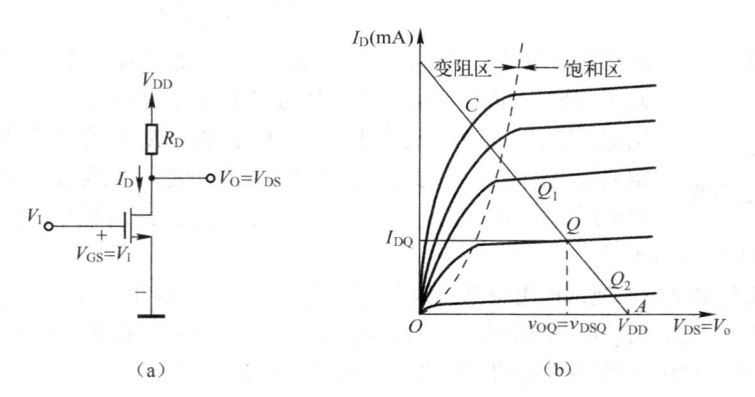

图 4.26 共源放大器电路及图解特性

温度也是影响偏置点的重要因素，在选择场效应管的偏置电路时，还要考虑由温度变化引起的偏置点位置的改变。因为温度的改变会导致一些器件参数发生改变，对场效应管来说，温度增加，漏极电流会减小，因而改变了最初设置的工作点，因此在设计偏置电路时要考虑电路的稳定性，即温度变化时工作点变化的大小，因为电路的稳定性越高越好。

4.3.2 各种常用偏置电路

最简单的偏置是直接设定固定的偏置电压，如图 4.27 所示，这类偏置电路直接将 V_{GS} 固定，从而提供所需要的 I_D，这种偏置电路的优点是电路实现简单，但是缺点是电路稳定性和一致性较差，考虑电流 I_D 与 V_{GS} 的关系，$I_D = \frac{1}{2} k_n' \frac{W}{L} (V_{GS} - V_t)^2$。

首先，当温度发生变化时，由于 k_n' 随温度的增加而明显减小，因此电流 I_D 将会随温度的增加而减小，由于 V_{GS} 是固定值，因此这种偏置电路的工作点将随温度的变化而变化。另外，即使对于同一批场效应管器件来说，V_t、C_{ox} 和 $\frac{W}{L}$ 差别也是比较大的，因此即使型号、类型一样的场效应管，采用同样固定的偏置电压 V_{GS}，却会得到不同的工作点，因此电路的一致性较差，特别是对于分立器件电路更是如此，如图 4.28 所示。因此，这种简单的固定偏置电路在实际应用中一般不采用。

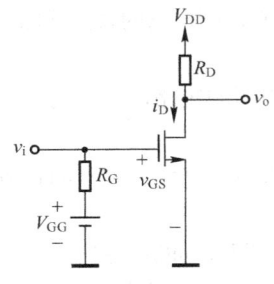

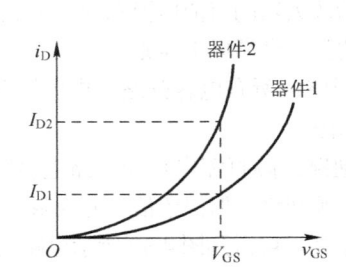

图 4.27 固定偏置电路　　　图 4.28 固定偏置电路导致较大电流的变化

对于分立器件的电路设计，分压式偏置电路是实际中应用较多的偏置电路，如图 4.29 所示，由图可知

$$V_G = V_{GS} + R_S I_D$$

考虑到场效应管栅极电流 $I_G = 0$，则电压 V_G 则由电源电压 V_{DD} 与电阻 R_{G1}、R_{G2} 决定，即

$$V_G = V_{DD} \frac{R_{G2}}{R_{G1} + R_{G2}}$$

通常认为电源电压 V_{DD} 和偏置电阻 R_{G1}、R_{G2} 都具有较高的温度稳定性，因此 V_G 是一个固定的电压值，且通常 V_G 远大于 V_{GS}，则 I_D 主要由 V_G 和 R_S 确定。即使 V_G 不是远大于 V_{GS}，由于电阻 R_S 具有负反馈作用，也可以稳定偏置电流 I_D。考虑由于温度变化或某种原因导致 I_D 增加，由于 V_G 是固定电压，则 V_{GS} 会减小，而 V_{GS} 减小又会引起 I_D 减小，因此，分压式偏置电路可提供较稳定的静态工作点。

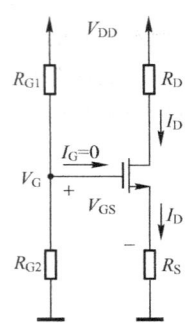

图 4.29 分压式偏置电路

设计分压式偏置电路时，通常选用较高的偏置电阻 R_{G1}、R_{G2}，一般在 MΩ 级，这样可提高整个电路的输入电阻，具体 R_{G1}、R_{G2} 的比例则由电压 V_G 确定。另外，在确定 R_S 和 R_D 时，可考虑使 R_D、V_{DS} 和 R_S 两端的压降均为电源电压 V_{DD} 的三分之一，从而确定 R_S 和 R_D 的值。

在集成电路设计中，运用较多的是恒流源偏置，具体电路将会在后续章节介绍。

4.3.3 直流分析与信号分析分离

通常，实际的放大电路既有直流电源，以提供电路直流电，同时也有交流的输入信号，携带需要放大的信息，图 4.30 所示为一常用的实际放大电路。电路采用交流耦合方式，输入信号 v_{sig} 通过隔直流电容 C_{C1} 耦合到场效应管的栅极，输出信号通过隔直流电容 C_{C2} 从漏极耦合到负载电阻 R_L，如果是多级放大器级联，R_L 也可为后级电路的输入阻抗。电容 C_{C1}、C_{C2} 的值与放大器中交流信号的频率有关，可合理取值，使得这些电容在信号频率上呈现出短路特性。直流电压源 V_{DD} 通过偏置电阻 R_{G1}、R_{G2} 和 R_D 分别加在场效应管的栅极和漏极，由于电容 C_{C1}、C_{C2} 的存在，使得直流电流并不会流向交流信号源和负载电阻。

在分析类似图 4.30 所示的实际放大器时，要先进行直流分析，得到需要的直流工作点的电压和电流，进而得到

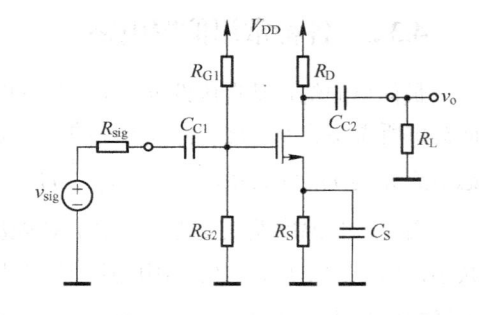

图 4.30 实际放大电路

与直流工作点相关的场效应管小信号等效参数，进行交流小信号分析，得到放大器的交流性能。直流分析在放大器的直流通路上完成，而交流分析则在放大器的交流通路上完成。放大器的直流通路和交流通路分别是指大器的直流电流和交流电流流通的途径。通常，画电路的直流通路和交流通路时，对电路中器件的处理遵循以下原则。

（1）直流通路：所有电容开路，电感短路，独立的交流电压源短路，独立的交流电流源开路，但保留信号源内阻。

（2）交流通路：隔直流电容和旁路电容短路，扼流圈等大电感开路，独立的直流电压源短路，独立的直流电流源开路，但保留信号源内阻。

根据以上原则，可得到图 4.30 所示电路的直流通路和交流通路，如图 4.31 所示。

一个实际放大器的组成是否合理，也可通过判断其直流通路和交流通路是否合理来得到结论。

(a) 直流通路   (b) 交流通路

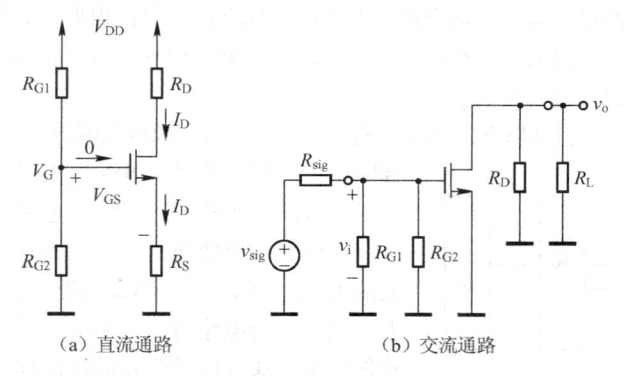

图 4.31 直流通路和交流通路

4.3.4 场效应管直流电路分析

直流电路分析实际上就是分析一个实际电路的直流通路。对于放大电路来说就是分析电路的直流工作点，通常的分析步骤如下。

（1）假设该晶体管工作在饱和区，因此 I_D 满足饱和区 I_D-V_{GS} 的方程式，即

$$I_D = \frac{1}{2} k'_n \frac{W}{L} (V_{GS} - V_t)^2$$

（2）根据偏置分析方法，写出电压环路方程。
（3）比较上面的两个方程式解答这些方程。
（4）通常 V_{GS} 有两种解答，往往只有一种满足饱和工作的条件。
（5）判断 V_{DS}：
　① 如果 $V_{DS} \geq V_{GS} - V_t$，假设是正确的；
　② 如果 $V_{DS} \leq V_{GS} - V_t$，假设不正确，要用变阻区的方程式去解决问题。

【例 4.1】 分析例图 4.1 所示电路的静态工作点，已知 $R_{G1} = R_{G2} = 10\text{M}\Omega$，$R_D = R_S = 6\text{k}\Omega$，$V_{DD} = +10\text{V}$，其中 $V_t = 1\text{V}$，$k'_n(W/L) = 1\text{mA/V}^2$。

解： 因为栅极电流为 0，则可得栅极电压

$$V_G = V_{DD} \frac{R_{G2}}{R_{G2} + R_{G1}} = 10 \times \frac{10}{10+10} = +5\text{V}$$

假设场效应管工作在饱和区

则　　　　　　　　$I_D = \frac{1}{2} k'_n \frac{W}{L} (V_{GS} - V_t)^2$

其中，$V_{GS} = V_G - V_S = 5 - 6I_D$，代入上式可得

$$18I_D^2 - 25I_D + 8 = 0$$

解得 $I_{D1} = 0.89\text{mA}$，$I_{D2} = 0.5\text{mA}$，当 $I_{D1} = 0.89\text{mA}$ 时，可得 $V_{GS} = -0.34\text{V}$，场效应管截止。

因此，$I_D = I_{D2} = 0.5\text{mA}$，$V_S = 0.5 \times 6 = +3\text{V}$，$V_{GS} = 5 - 3 = 2\text{V}$，$V_D = 10 - 6 \times 0.5 = +7\text{V}$。

因为 $V_D > V_G - V_t$，则假设成立，该电路的静态工作点为 $I_D = 0.5\text{mA}$，$V_{DS} = +4\text{V}$。

例图 4.1

4.4 场效应管放大电路分析

放大电路（又称为放大器）是基本的电子电路，在广播、通信和测量等方面有广泛应用。根据

电路结构的不同，放大器可分为直接耦合放大器和间接耦合放大器；根据放大器级数的多少，放大器又可分为单级放大器和多级放大器。在单级场效应管放大器中根据场效应管的连接方式，又可分为共源放大器、共栅放大器和共漏放大器。

一个场效应管放大器应包括以下几部分：输入信号源（电压源或电流源）、场效应管、输入/输出耦合电路、负载以及直流电源和相应的偏置电路，如图 4.32 所示。直流电源和相应的偏置电路为场效应管提供静态工作点，以保证场效应管工作在饱和区。输入信号源是待放大的输入信号，输入耦合电路将输入信号耦合到放大器上，输出耦合电路将放大后的信号耦合到负载。在输入信号作用下，通过场效应管的控制作用，在负载上得到所需的输出信号。

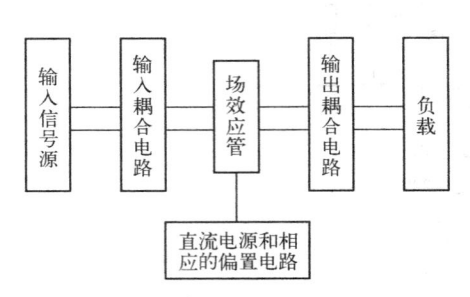

图 4.32 场效应管放大器的基本组成

场效应管放大电路的分析方法通常是采用直流通路与交流通路分别分析的方法，直流通路主要是分析电路的直流工作点，方法 4.3 节已经介绍。本节主要介绍交流通路的分析方法，这一节的分析方法适用于小信号的线性放大器，对于功率放大器则有其他分析方法，将会在以后章节介绍。

4.4.1 场效应管小信号模型

场效应管放大电路的交流分析需要交流小信号模型。交流小信号模型主要描述的是栅-源极所加电压 v_{gs} 对漏-源极电流 i_d 的控制。

考虑场效应管输入信号的总瞬时量为 $v_{GS} = V_{GS} + v_{gs}$，它产生一个总瞬时漏极电流

$$i_D = \frac{1}{2}k'_n \frac{W}{L}(V_{GS} + v_{gs} - V_t)^2$$
$$= \frac{1}{2}k'_n \frac{W}{L}(V_{GS} - V_t)^2 + k'_n \frac{W}{L}(V_{GS} - V_t)v_{gs} + \frac{1}{2}k'_n \frac{W}{L}v_{gs}^2 \tag{4.20}$$

式中，右边第一项是由直流电压 V_{GS} 产生的直流电流 I_D，右边第二项则是和交流输入信号 v_{gs} 成正比的电流分量，第三项是与交流输入信号 v_{gs} 的平方成正比的电流分量。第三项表示了输出信号的非线性失真，是不希望得到的项。因此，在输出信号中要使得第三项尽可能小，这也就要求输入信号 v_{gs} 要足够小，使得 $\frac{1}{2}k'_n \frac{W}{L}v_{gs}^2 \ll k'_n \frac{W}{L}(V_{GS} - V_t)v_{gs}$，可以得到

$$v_{gs} \ll 2(V_{GS} - V_t) \tag{4.21}$$

如果输入信号满足式（4.21）的小信号条件，则可以忽略式（4.20）中的最后一项，则输出总瞬时电流

$$i_D = I_D + i_d \tag{4.22}$$

则由（4.20）可知，$i_d = k'_n \frac{W}{L}(V_{GS} - V_t)v_{gs}$。

将输入电压与输出电流关联起来的参数称为场效应管的跨导 g_m，其定义为

$$g_m \equiv \frac{i_d}{v_{gs}} = k'_n \frac{W}{L}(V_{GS} - V_t) = \sqrt{2k'_n \frac{W}{L} I_D} = \frac{2I_D}{V_{OV}} \tag{4.23}$$

式中，V_{OV} 称为过驱动电压，$V_{OV} = V_{GS} - V_t$。

考虑场效应管的转移特性曲线，如图 4.33 所示，跨导 g_m 实际上是在工作点处曲线的切线的斜率，因此也可以定义为

$$g_{\mathrm{m}} \equiv \left. \frac{\partial i_{\mathrm{D}}}{\partial v_{\mathrm{GS}}} \right|_{v_{\mathrm{GS}} = V_{\mathrm{GS}}} \tag{4.24}$$

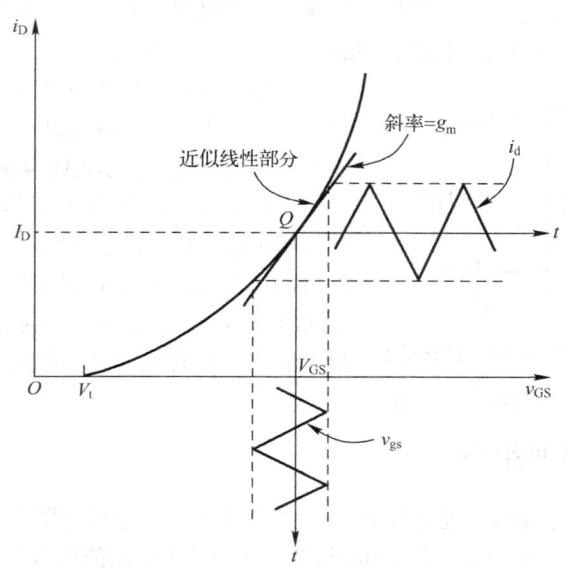

图 4.33 增强型 MOSFET 放大器的小信号特性

式（4.24）是跨导 g_{m} 的正式定义。

由式（4.23）可以看到，g_{m} 与场效应管的工艺参数 k_{n}' 及 $\frac{W}{L}$ 成正比，因此为了得到较大的跨导，在设计器件时可以考虑设计短而宽的沟道。对于已给定的场效应管，g_{m} 与直流偏置电流的平方根成正比。

由场效应管的特性可以看出，场效应管相当于一个压控电流源，它在栅源之间输入信号 v_{gs}，在漏极输出电流 $g_{\mathrm{m}}v_{\mathrm{gs}}$。由于场效应管的结构特性，栅源之间没有电流，即受控源的输入电阻非常高，在理想情况下为无穷大。如果不考虑沟道长度调制效应，即输出电流只与输入电压 v_{gs} 有关，而与输出电压 v_{ds} 无关，则意味着该受控源的输出电阻也为无穷大，可得到忽略沟道长度调制效应的场效应管小信号模型，如图 4.34 所示。

当需要考虑沟道长度调制效应时，即输出电流在受输入电压控制的同时也受输出电压的影响，则需要考虑输出电阻 r_{o}（如式（4.13）所示），考虑沟道长度调制效应时的场效应管小信号模型如图 4.35 所示。

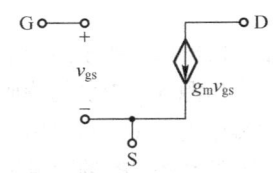

图 4.34 场效应管小信号模型
（忽略沟道长度调制效应）

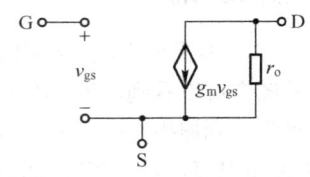

图 4.35 场效应管小信号模型
（考虑沟道长度调制效应）

该模型也称为混合 π 小信号模型。需要注意的是，小信号模型参数 g_{m} 和 r_{o} 与场效应管的直流偏置点相关。场效应管选择不同的直流偏置，就会对应不同的小信号模型参数，因此场效应管放大电路的直流分析是交流分析的基础。

4.4.2 放大电路的性能指标

放大电路主要用于放大电信号,其性能对前、后级电路均有影响。在放大电路设计时需要考虑的主要性能指标有增益、输入和输出电阻、频率响应和非线性失真。

场效应管以及后面讲到的晶体三极管,在中频小信号工作时可看做是有源线性四端网络,因此各种小信号放大电路均可统一表示为图 4.36 所示的有源线性四端网络。输入信号源可以是电压源,也可以是电流源,两者可互相转换。其中,v_{sig} 和 i_{sig} 代表信号源电压和电流,R_{sig} 代表信号源内阻,v_i 和 i_i 代表实际放大器输入端口信号的电压和电流,v_o 和 i_o 为放大器输出端口信号的电压和电流,它们的正方向符合四端网络的一般约定,即端口电压上正下负,端口电流以流入端口为正。

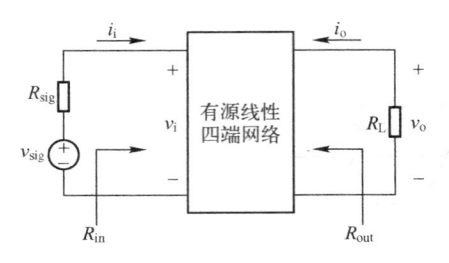

图 4.36 放大器表示为有源线性四端网络框图

4.4.3 放大器的 3 种组态

用场效应管组成放大电路时,通过场效应管的 3 个不同的电极分别作为输入、输出端,可形成场效应管放大电路的 3 种组态。通常栅极和源极都可作为放大电路的输入端,漏极和源极都可作为放大电路的输出端,如图 4.37 所示,根据输入、输出端口共用极的名称,可分别称为共源极、共漏极和共栅极 3 种基本组态放大器。

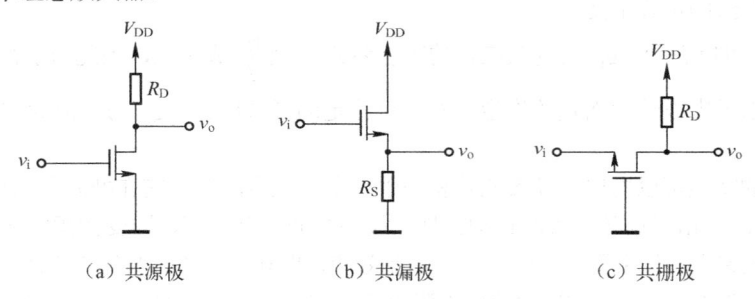

(a) 共源极   (b) 共漏极   (c) 共栅极

图 4.37 3 种基本组态放大器的组成电路

各种实际的放大电路都是在这 3 种放大电路的基本组态上演变而来的,因此,掌握 3 种基本组态放大器的基本性能是分析各种实际放大电路的基础。

4.4.4 共源放大器

共源(CS)放大器是使用最广泛的 MOSFET 放大器电路,图 4.38(a)所示为一个实际的共源放大器电路,从图中可以看到,为了不干扰直流偏置电流和电压,电压源 v_{sig} 提供的待放大信号通过耦合电容 C_{C1} 被耦合到栅极,电容 C_{C1} 称为耦合电容,同样,输出端由电容 C_{C2} 将输出信号耦合到负载端,C_S 称为旁路电容,是一个较大的电容,通常在微法级,同样在感兴趣的频段阻抗很小,理想情况下为零(短路)。

根据前面讲到的直流分析与信号分析分离的原则,对这一电路的分析需分解为对直流通路和交流通路分别进行分析,直流通路分析前面已讲到,这里不再重复,并且通过直流分析可以获得该电路的直流工作点(I_{DQ}, V_{GSQ}, V_{DSQ}),从而获得交流分析需要的参数 g_m、r_o。下面主要对交流小信号进行分析,图 4.38(b)和图 4.38(c)所示分别为相应的交流通路及代入图 4.35 所示场效应管小信号等效

模型形成的交流等效电路，其电压增益为

$$A_v = \frac{v_o}{v_i} = \frac{-g_m v_{gs}(r_o // R_D // R_L)}{v_{gs}} = -g_m(r_o // R_D // R_L) \tag{4.25}$$

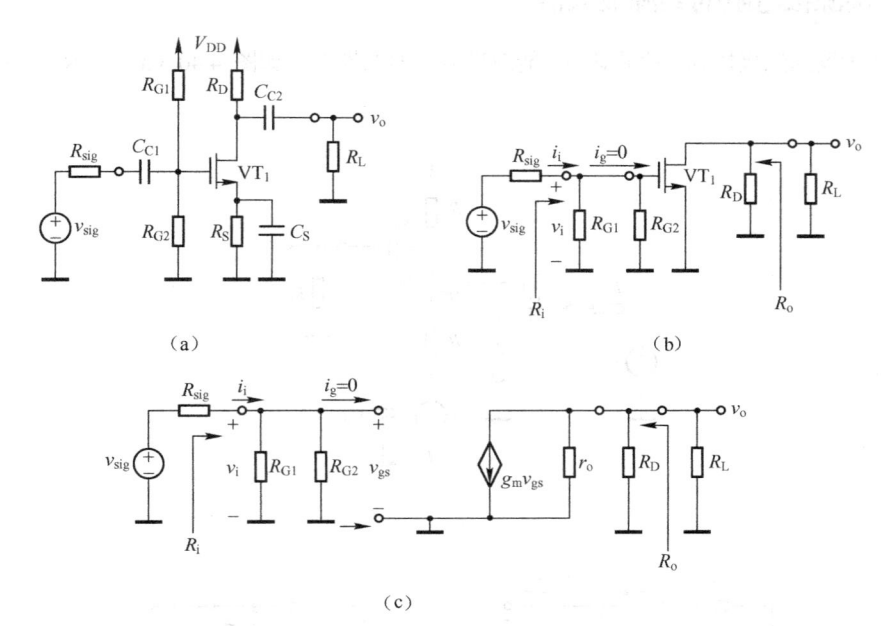

图 4.38 共源放大器

考虑到场效应管栅极的输入电流为零，输入电阻为

$$R_i = \frac{v_i}{i_i} = R_{G1} // R_{G2} = R_G \tag{4.26}$$

如果不考虑偏置电阻，则输入阻抗 $R_i \to \infty$，这也是由场效应管栅极特性决定的，因此通常选偏置电阻时会选择较大的电阻，R_{G1}、R_{G2} 通常选择 MΩ数量级。考虑从信号源到负载的总电压增益

$$A_{vs} = \frac{R_i}{R_i + R_{sig}} A_v = -\frac{R_G}{R_G + R_{sig}} g_m(r_o // R_D // R_L) \tag{4.27}$$

可以看到在设计电压放大器时，在相同的电压增益情况下，较高的输入电阻可获得较高的总电压增益，总电压增益是设计电路时实际需要的增益。

根据输出电阻的定义，将图 4.38（c）修改为求输出电阻的等效电路，如图 4.39 所示。由图 4.39 可得

$$R_o = \frac{v_t}{i_t}\bigg|_{\substack{v_{sig}=0 \\ R_L=\infty}} = r_o // R_D \tag{4.28}$$

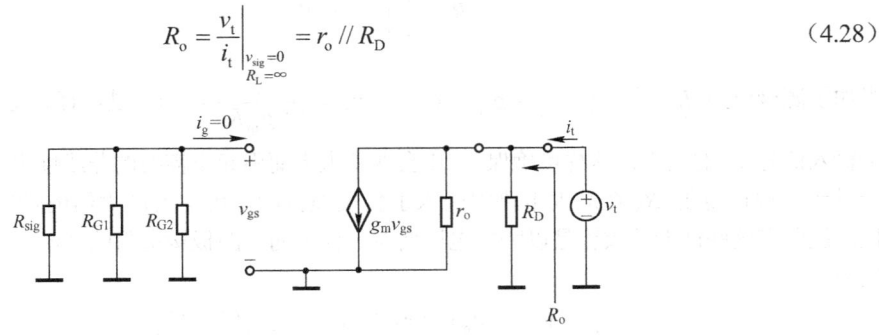

图 4.39 求共源放大器输出电阻的等效电路

由以上分析可以看出，共源放大器是一个反相放大器，具有非常高的输入电阻、适中的电压增益及相当高的输出电阻。

4.4.5 接源极电阻的共源放大器

在共源放大器的源极接入一个电阻 R_S 能改进放大器的性能，如图 4.40（a）所示（采用电流源 I 提供直流偏置）。

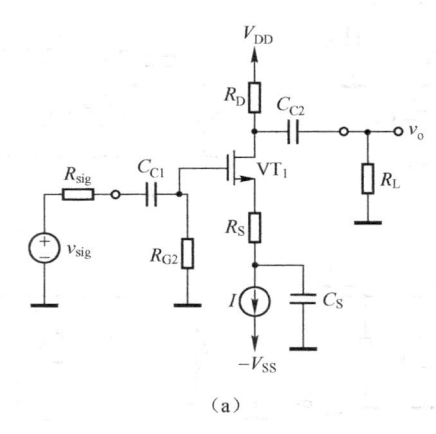

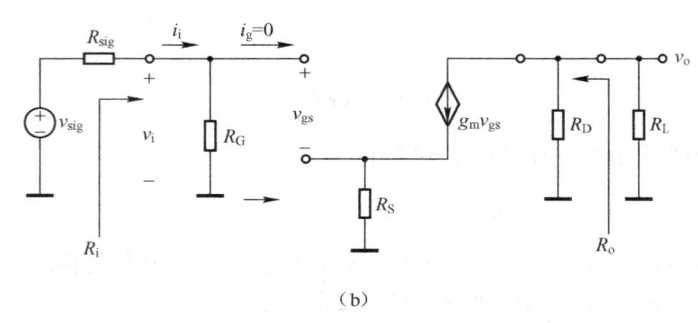

图 4.40 源极带电阻的共源放大器

考虑到 r_o 对分立器件电路放大器的影响较小（$r_o \gg R_D \gg R_L$），可考虑忽略 r_o，得到等效电路如图 4.40（b）所示。采用类似共源放大器的分析方法，分析图 4.40（b）所示电路可得

$$R_i = \frac{v_i}{i_i} = R_G \tag{4.29}$$

$$R_o = \frac{v_t}{i_t}\bigg|_{\substack{v_{sig}=0 \\ R_L=\infty}} = R_D \tag{4.30}$$

当加了源极电阻 R_S 后，$v_i = v_{gs} + g_m v_{gs} R_S$，即 $v_{gs} = \dfrac{v_i}{1+g_m R_S}$，即通过选择合适的 R_S 来控制放大器实际输入信号 v_{gs} 的大小，这样可确保 v_{gs} 不会变得太大而引起不需要的非线性失真。另外在后面章节将会讲到，源极电阻 R_S 在放大电路中引入了负反馈机制，可扩展放大器的带宽，改善放大器的稳定性，但所有这些性能的改善是以牺牲电压增益为代价的。源极接电阻的共源放大器的电压增益和总电压增益为

$$A_v = \frac{v_o}{v_i} = \frac{-g_m v_{gs}(R_D // R_L)}{v_{gs} + g_m v_{gs} R_S} = -\frac{g_m(R_D // R_L)}{1+g_m R_S} \tag{4.31}$$

$$A_{vs} = \frac{R_i}{R_i + R_{sig}} A_v = -\frac{R_G}{R_G + R_{sig}} \frac{g_m(R_D // R_L)}{1 + g_m R_S} \tag{4.32}$$

将式（4.31）、式（4.32）与式（4.25）、式（4.27）对比可以看出，R_S 将导致增益减小 $1+g_m R_S$ 倍。

4.4.6 共栅放大器

将场效应管栅极接地，从源极输入，漏极输出可得到一个共栅（CG）放大器，如图 4.41（a）所示，采用恒流源形成直流偏置。忽略 r_o 的影响，小信号等效电路如图 4.41（b）所示。

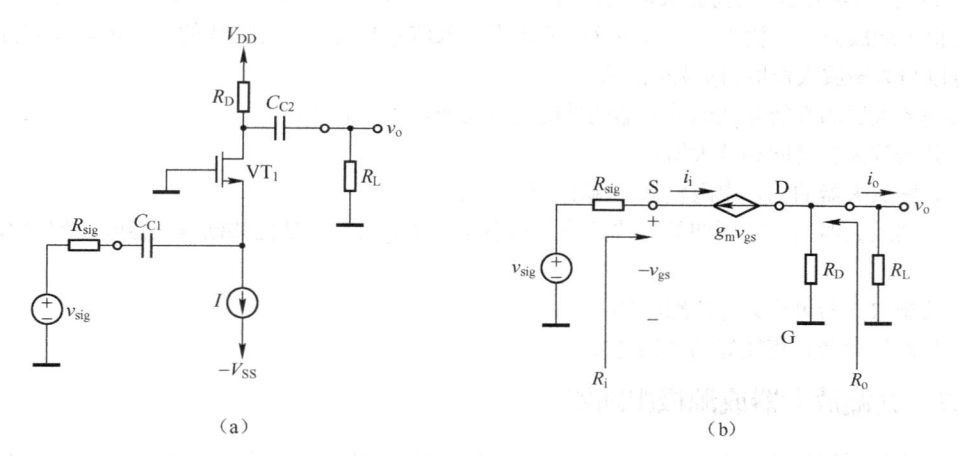

图 4.41 共栅放大器

$$R_i = \frac{v_i}{i_i} = \frac{-v_{gs}}{-g_m v_{gs}} = \frac{1}{g_m} \tag{4.33}$$

$$R_o = \left.\frac{v_t}{i_t}\right|_{\substack{v_{sig}=0 \\ R_L=\infty}} = R_D \tag{4.34}$$

$$A_v = \frac{v_o}{v_i} = \frac{-g_m v_{gs}(R_D // R_L)}{-v_{gs}} = g_m(R_D // R_L) \tag{4.35}$$

$$A_{vs} = \frac{R_i}{R_i + R_{sig}} A_v = \frac{g_m(R_D // R_L)}{1 + g_m R_{sig}} \tag{4.36}$$

共栅放大器的输入电阻较低（kΩ数量级），远低于共源放大器的输入电阻。因此，尽管共栅放大器的电压增益与共源放大器基本一致，但由于输入电阻很小，使得信号在耦合到共栅放大器输入端时，可能会造成较大的信号强度丢失，所以共栅放大器的总电压增益远小于共源放大器。

由于共栅放大器输入电阻比较低，输出电阻比较高，具有很好的电流放大器特点，因此一般不单独作为电压放大器使用，但如果是电流源激励的放大器，可考虑采用。假设电路用电流源激励，可得

$$i_o = -g_m v_{gs} \frac{R_D}{R_D + R_L} = g_m v_i \frac{R_D}{R_D + R_L}$$

$$i_i = v_i \Big/ \frac{1}{g_m} = g_m v_i$$

$$A_i = \frac{i_o}{i_i} = \frac{R_D}{R_D + R_L} \tag{4.37}$$

考虑短路电流增益，即当 $R_L \to 0$ 时，则 $A_{is} \to 1$。

总电流增益
$$G_i = \frac{i_o}{i_i}\frac{i_i}{i_{sig}} = A_i \frac{R_{sig}}{R_{sig} + \frac{1}{g_m}} \tag{4.38}$$

通常电流激励情况下，$R_{sig} \gg \frac{1}{g_m}$，则 $G_i \approx A_i \to 1$。

由以上分析可以看到，共栅放大器的电流增益接近于 1，但由于共栅放大器具有较小的输入电阻和较大的输出电阻，因此常被用来作为电流跟随器。

与共源放大器相比，共栅放大器还具有较好的高频特性。另外，在一些超高频应用中，较低的输入阻抗也可能成为一个优点，因为在这些应用中输入信号是连接到传输线的，而传输线的特性阻抗较低，可以与共栅放大器取得更好的匹配。

将共栅放大器的性能与共源放大器的性能进行比较，可以看到：
（1）共栅放大器是同相放大器；
（2）共栅放大器的输入电阻较低，输出电阻较高；
（3）共栅放大器的总电压增益比共源放大器小 $1+g_mR_{sig}$ 倍，这是由共栅放大器较小的输入电阻决定的；
（4）共栅放大器可作为电流跟随器；
（5）共栅放大器具有较好的高频特性。

4.4.7 共漏放大器或源极跟随器

对场效应管采用栅极输入，源极输出，并将漏极作为公共的信号地，可以形成共漏（CD）放大器，如图 4.42（a）所示，图 4.42（b）所示为小信号等效电路，分析可得

$$R_i = \frac{v_i}{i_i} = R_G \tag{4.39}$$

$$A_v = \frac{v_o}{v_i} = \frac{g_m v_{gs}(r_o // R_L)}{v_{gs} + g_m v_{gs}(r_o // R_L)} = \frac{r_o // R_L}{r_o // R_L + \frac{1}{g_m}} \tag{4.40}$$

$$A_{vs} = \frac{R_i}{R_i + R_{sig}} A_v = \frac{R_G}{R_G + R_{sig}} \frac{r_o // R_L}{r_o // R_L + \frac{1}{g_m}} \tag{4.41}$$

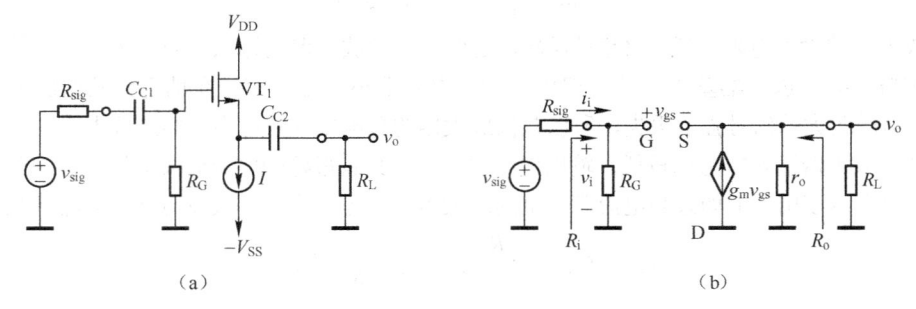

图 4.42 共漏放大器

通常 $R_G \gg R_{sig}$，$r_o \gg \frac{1}{g_m}$，$r_o \gg R_L$，则共漏放大器的电压增益和总电压增益接近于 1。

考虑共漏放大器的输出电阻，根据输出电阻的定义改画电路，如图 4.43 所示。

则 $R'_o = \dfrac{v_t}{i'_t}\bigg|_{\substack{v_{sig}=0 \\ R_L=\infty}} = \dfrac{-v_{gs}}{-g_m v_{gs}} = \dfrac{1}{g_m}$, $R_o = r_o // \dfrac{1}{g_m} \approx \dfrac{1}{g_m}$ (4.42)

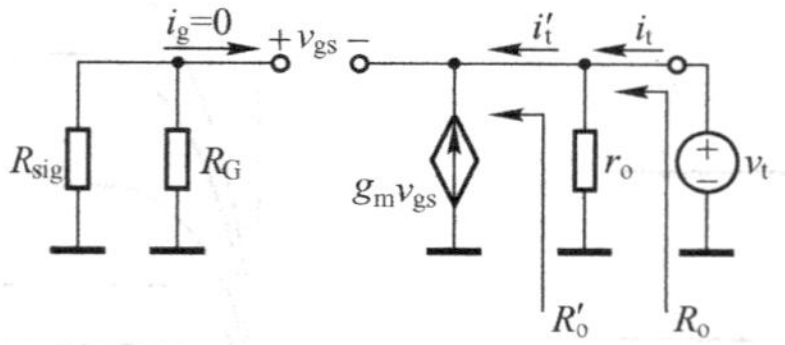

图 4.43 求输出电阻电路

可以看出，共漏放大器具有较低的输出阻抗。

由以上分析可以看出，共漏放大器具有非常高的输入电阻，相当低的输出电阻和小于 1 但接近于 1 的电压增益，通常将这样的放大器称为单位增益的电压缓冲放大器，也叫做电压跟随器或源极跟随器，它可将高内阻信号源的信号接到一个非常小的负载上，也可作为多极放大器的输出极使用，使整个放大器具有较低的输出电阻。

4.4.8 3 种组态放大器的比较

3 种组态连接的放大器各有优缺点，结论如下：

（1）共源组态最适合得到大增益，根据增益大小的要求，可采用单级、两级或三级共源放大器级联。通常在组合放大器中，共源放大器适合于中间级放大。

（2）在源极上接电阻可改善共源放大器的性能，但这是以牺牲增益为代价的。

（3）由于较低的输入电阻特性，共栅放大器通常不用做电压放大器，而是作为电流跟随器使用，但其良好的高频特性使得共栅放大器在某些特定的高频应用中可用做电压放大器。

（4）共漏放大器通常作为电压跟随器使用，它把高内阻的源连接到低电阻负载，并可作为多级放大器的输出级。

第 4 章习题

4.1 简述耗尽型和增强型 MOS 场效应管结构的区别；对于适当的电压偏置（$V_{DS}<0V$，$V_{GS}<V_t$），画出 P 沟道增强型 MOS 场效应管，简要说明沟道、电流方向和产生的耗尽区，并简述工作原理。

4.2 考虑一个 N 沟道增强型 MOSFET，其 $k'_n = 50\mu A/V^2$，$V_t = 1V$，以及 $W/L = 10$。求下列情况下的漏极电流：

（1）$V_{GS}=5V$ 且 $V_{DS}=1V$；

（2）$V_{GS}=2V$ 且 $V_{DS}=1.2V$；

（3）$V_{GS}=0.5V$ 且 $V_{DS}=0.2V$；

（4）$V_{GS}=V_{DS}=5V$。

4.3 由实验测得两种场效应管具有如图题 4.1 所示的输出特性曲线，试判断它们的类型，并确定夹断电压或开启电压值。

4.4 一个 NMOS 晶体管有 $V_t=1V$。当工作在变阻区时，$V_{GS}=2V$，求得电阻 r_{DS} 为 1kΩ。为了使 $r_{DS}=500\Omega$，则 V_{GS} 为多少？当晶体管的 W 为原 W 的二分之一时，求其相应的电阻值。

4.5 （1）画出 P 沟道结型场效应管的基本结构。

（2）漏极和源极之间加上适当的偏置，画出 $V_{GS}=0V$ 时的耗尽区，并简述工作原理。

图题 4.1

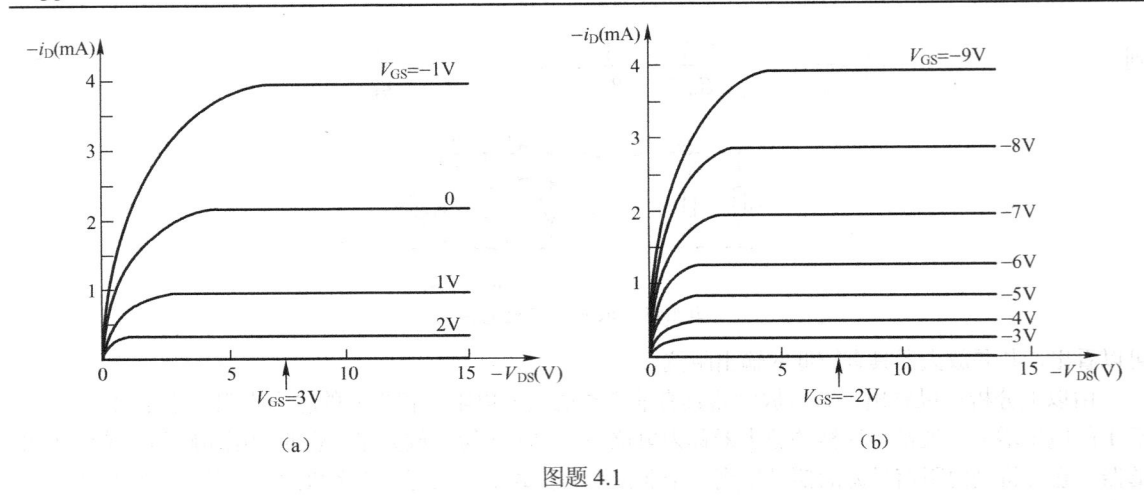

4.6 用欧姆表的两测试棒分别连接 JFET 的漏极和源极，测得阻值为 R_1，然后将红棒（接负电压）同时与栅极相连，发现欧姆表上阻值仍近似为 R_1，再将黑棒（接正电压）同时与栅极相连，得欧姆表上阻值为 R_2，且 $R_2 \gg R_1$，试确定该场效应管为 N 沟道还是 P 沟道。

4.7 在图题 4.2 所示电路中，晶体管 VT_1 和 VT_2 有 $V_t = 1V$，工艺互导参数 $k_n' = 100\mu A/V^2$。假定 $\lambda = 0$，求下列情况下 V_1、V_2 和 V_3 的值：

（1）$(W/L)_1 = (W/L)_2 = 20$；

（2）$(W/L)_1 = 1.5(W/L)_2 = 20$。

4.8 场效应管放大器如图题 4.3 所示。设 $k_n'(W/L) = 0.5\text{mA/V}^2$，$V_t = 2V$。

（1）计算静态工作点 Q；

（2）求 A_v、A_{vs}、R_i 和 R_o。

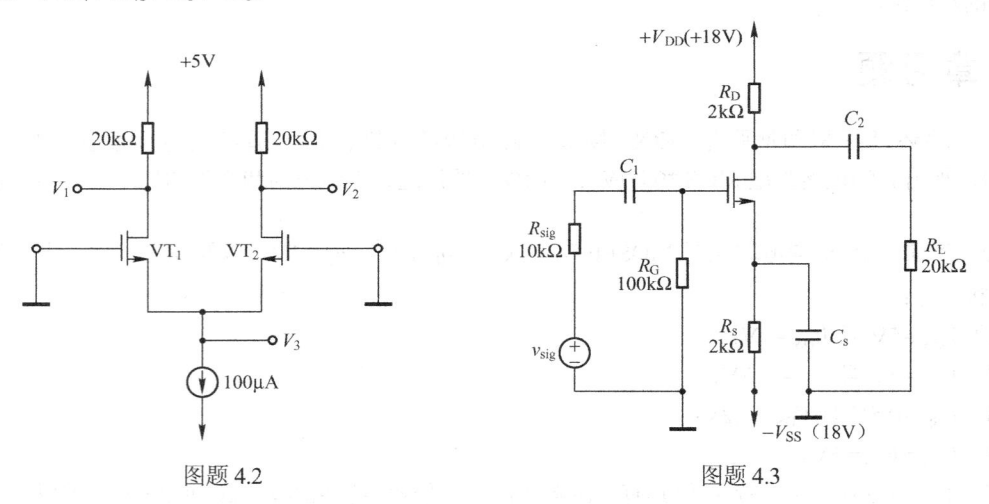

图题 4.2

图题 4.3

4.9 图题 4.4 所示电路中 FET 的 $V_t = 1V$，静态时 $I_{DQ} = 0.64\text{mA}$，设 $k_n'(W/L) = 0.5\text{mA/V}^2$，求：

（1）源极电阻 R 应选多大？

（2）电压放大倍数 A_v、输入电阻 R_i、输出电阻 R_o；

（3）若 C_S 虚焊开路，则 A_v、R_i、R_o 为多少？

4.10 共源放大电路如图题 4.5 所示，已知 MOSFET 的 $\mu_n C_{ox} W/2L = 0.25\text{mA/V}^2$，$V_t = 2V$，

$r_o = 80\text{k}\Omega$,各电容对信号可视为短路,试求:

(1)静态 I_{DQ}、V_{GSQ} 和 V_{DSQ};

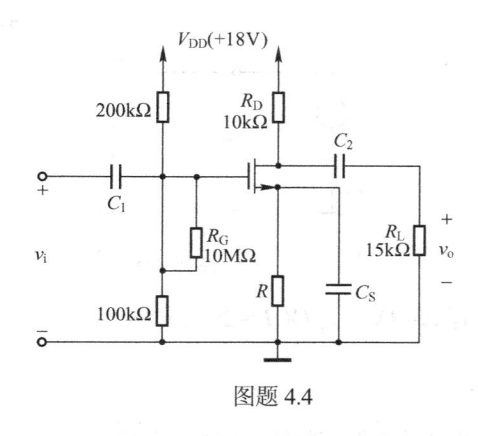

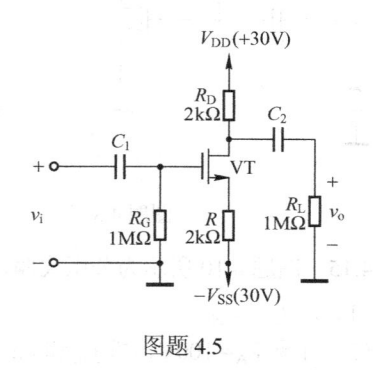

(2)A_v、R_i 和 R_o。

图题 4.4

图题 4.5

4.11 对于图题 4.6 所示的固定偏置电路:

(1)用数学方法确定 I_{DQ} 和 V_{GSQ};

(2)求 V_S、V_D、V_G 的值。

4.12 对于图题 4.7 所示的分压偏置电路,求:

(1)I_D;

(2)V_S 和 V_{DS};

(3)V_G 和 V_{GS}。

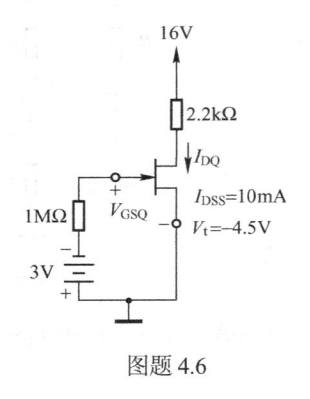

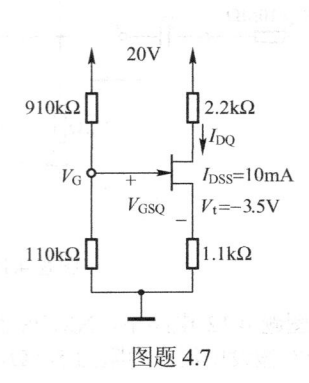

图题 4.6

图题 4.7

4.13 如图题 4.8 所示,求该放大器电路的小信号电压增益、输入电阻和最大允许输入信号。该晶体管有 $V_t = 1.5\text{V}$,$k'_n(W/L) = 0.25\text{mA/V}^2$,$V_A = 50\text{A}$。假定耦合电容足够大使得在所关注的信号频率上相当于短路。

4.14 考虑图题 4.9 所示的 FET 放大器,其中,$V_t = 2\text{V}$,$k'_n(W/L) = 1\text{mA/V}^2$,$V_{GS} = 4\text{V}$,$V_{DD} = 10\text{V}$,以及 $R_D = 3.6\text{k}\Omega$。

(1)求直流分量 I_D 和 V_D;

(2)计算偏置点处的 g_m 值;

(3)计算电压增益值 A_v;

(4)如果该 MOSFET 有 $\lambda = 0.01\text{V}^{-1}$,求偏置点处的 r_o 以及计算源电压增益 A_{vs}。

图题 4.8

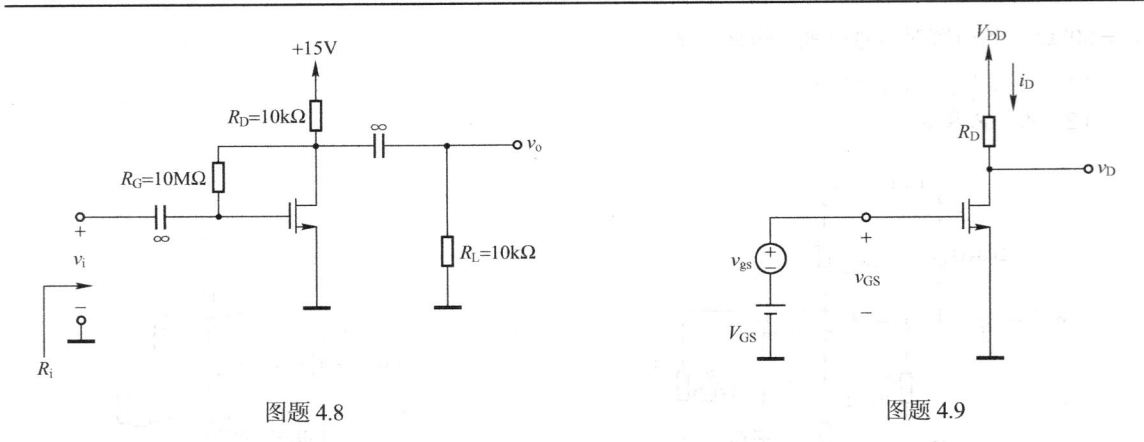

图题 4.9

4.15 图题 4.10 所示为分压式偏置电路，该晶体管有 $V_t=1V$，$k'_n(W/L)=2mA/V^2$。

（1）求 I_D、V_{GS}；

（2）如果 $V_A=100V$，求 g_m 和 r_o；

（3）假设对于信号频率所有的电容相当于短路，画出该放大器完整的小信号等效电路；

（4）求 R_i、R_o、v_o/v_{gs} 以及 v_o/v_{sig}。

4.16 设计图题 4.11 所示 P 沟道 EMOSFET 电路中的 R_S、R_D。要求器件工作在饱和区，且 $I_D=0.5mA$，$V_{DS}=-1.5V$，$V_G=2V$。已知 $\mu_p C_{ox} W/(2L)=0.5mA/V^2$，$V_t=-1V$，设 $\lambda=0$。

图题 4.10

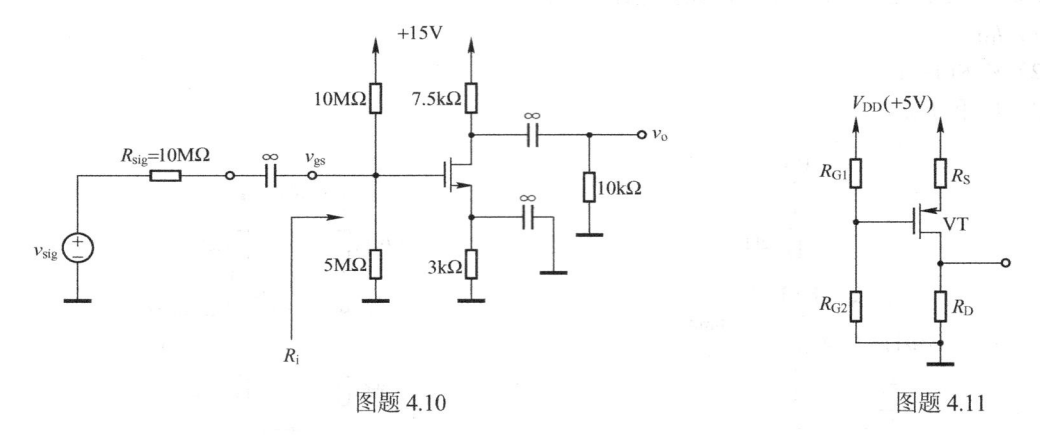

图题 4.11

4.17 在图题 4.12 电路中，NMOS 晶体管有 $|V_t|=0.9V$，$V_A=50A$，并且工作在 $V_D=2V$。电压增益 v_o/v_i 为多少？假设电流源内阻为 $50k\Omega$，求 R_i、R_o。

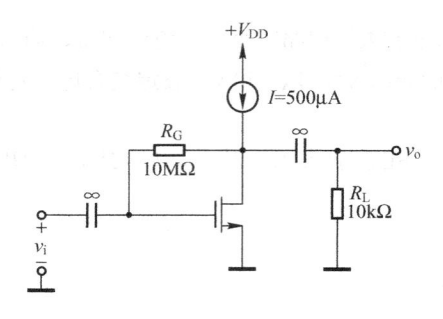

图题 4.12

4.18 对于图题 4.13 所示的共栅极电路，$g_m = 2\text{ms}$：

（1）确定 A_v 和 G_v；

（2）R_L 变为 $2.2\text{k}\Omega$，计算 A_v 和 A_{vs}，并说明 R_L 的变化对电压增益有何影响；

（3）R_{sig} 变为 $0.5\text{k}\Omega$（R_L 为 $4.7\text{k}\Omega$），计算 A_v 和 A_{vs}，说明 R_{sig} 的变化对电压增益有何影响。

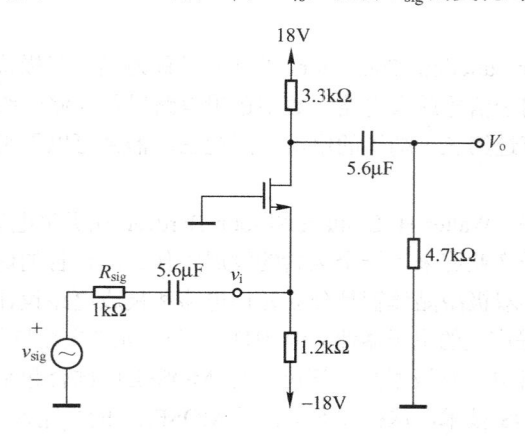

图题 4.13

4.19 计算图题 4.14 所示的级联放大器的直流偏置、输入电阻、输出电阻及输出电压。如果输出端负载为 $10\text{k}\Omega$，计算其负载电压。

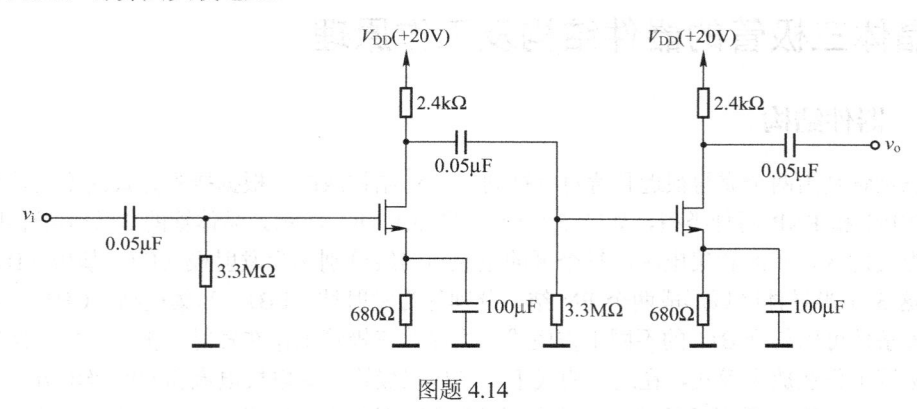

图题 4.14

4.20 图题 4.15 所示电路中的 MOSFET 有 $V_t = 1\text{V}$，$k_n'(W/L) = 0.8\text{mA/V}^2$，$V_A = 40\text{V}$，$R_G = 10\text{M}\Omega$，$R_S = 35\text{k}\Omega$，$R_D = 35\text{k}\Omega$。

（1）求静态工作点 I_{DQ}、V_{GSQ}；

（2）求偏置点的 g_m 和 r_o 值；

（3）如果节点 Z 接地，节点 X 接到内阻为 $500\text{k}\Omega$ 的信号源，节点 Y 接到 $40\text{k}\Omega$ 的负载电阻，求从信号源到负载的电压增益、R_i、R_o。

（4）如果节点 Y 接地，求 Z 开路时从 X 到 Z 的电压增益。该源极跟随器的输出电阻为多少？

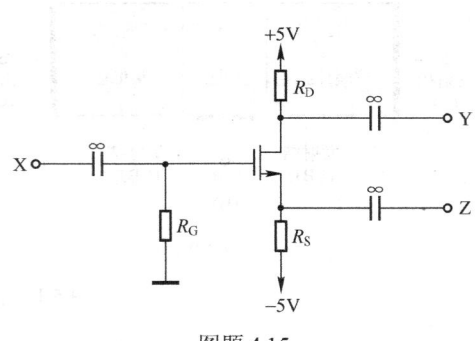

图题 4.15

第 5 章　双极型晶体管

双极型晶体管（Bipolar Junction Transistor，BJT）又称为晶体三极管，简称三极管，是一种重要的三端口器件，可以应用于信号放大电路、数字逻辑电路以及存储电路。该三端口器件可用其中两个端子之间的电流控制流过第三个端子的电流，因此三端器件可以用来实现受控源、放大器和开关等电路。

1947 年 12 月 23 日下午，Walter H. Brattain 和 John Bardeen 在贝尔电话实验室演示了第一只晶体管的放大作用，就此，电子产业迎来了一个全新的发展时代。晶体管的诞生开创了固体电路的新纪元，在近 30 年的时间里，双极型晶体管是分立元件电路和集成电路设计中首选的器件。目前虽然 MOSFET 器件已成为应用最广泛的电子器件，但 BJT 在分立元件电路特别是在超高频电路中，仍然有很多的应用。在集成电路中，双极型晶体管可以与 MOSFET 结合起来创建一种新的集成电路技术，称为 BiMOS 或 BiCMOS 技术，这种技术结合了 MOSFET 的高输入阻抗、低功耗的优点，以及双极型晶体管的超高频性能、大电流驱动能力的优点，获得了广泛的应用。

本章首先介绍 BJT 的物理结构和工作原理，并给出晶体三极管的伏安特性及工作模型，最后给出三极管电路的直流和交流分析。

5.1　晶体三极管的器件结构及工作原理

5.1.1　器件结构

晶体三极管是由两个靠得很近且背对背排列的 PN 结构成的，根据排列方式的不同，晶体三极管可分为 NPN 和 PNP 两种类型，如图 5.1（a）、图 5.1（b）所示。晶体管的 3 个半导体区域按顺序分别称为发射区、基区和集电区，每个区的电极引出线分别称为发射极（E）、基极（B）和集电极（C），这 3 个半导体区域形成两个 PN 结，分别称为发射结（EBJ）和集电结（CBJ）。根据这两个结的偏置条件可以得到 BJT 的不同工作模式。当晶体三极管工作在发射结正偏、集电结反偏的模式时，三极管工作在放大模式，在这一模式下，晶体三极管的集电极电流和发射极电流只受正偏发射结电压的控制，而几乎不受反偏集电结电压的控制，这种作用称为"正向受控"，是实现放大器的基础。

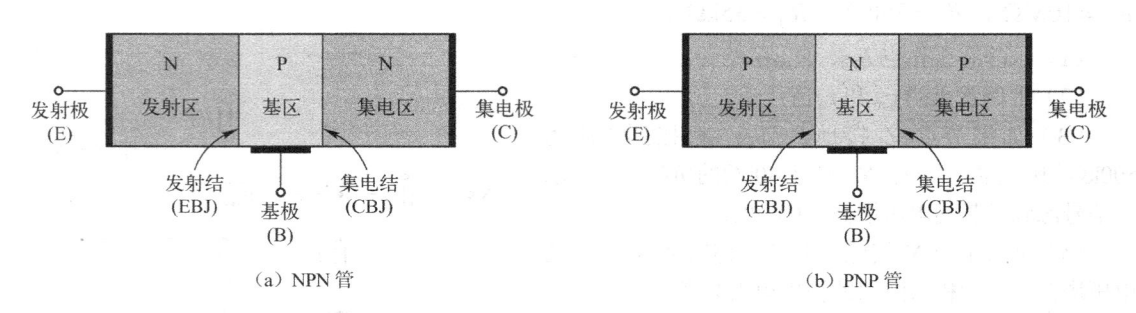

（a）NPN 管　　　　　　　　　　　　　（b）PNP 管

图 5.1　晶体三极管的简化结构

两个 PN 结均加正偏电压，则三极管工作在饱和模式；两个 PN 结均加反偏电压，则三极管工作在截止模式；这两种模式呈现受控开关特性，是实现开关电路的基础。

5.1.2 放大模式下 NPN 晶体三极管的工作原理

下面以 NPN 晶体管为例，介绍放大模式下晶体三极管的工作原理，PNP 晶体管的放大工作原理与之相同。晶体管工作在放大模式时，发射结正偏，集电结反偏，如图 5.2 所示。使用两个外部电源对发射结加正偏电压，集电结加反偏电压，以满足放大模式的电压偏置要求。NPN 晶体三极管须满足以下工艺条件：

（1）发射区需高掺杂，保证能发射足够多的自由电子；

（2）基区很薄，以减小基区中非平衡少子自由电子在向集电结扩散过程中的复合，保证绝大部分都能到达集电结；

（3）集电结面积远大于发射结面积，保证扩散到集电结边界处的非平衡少子全部漂移到集电区，形成受控的集电极电流。

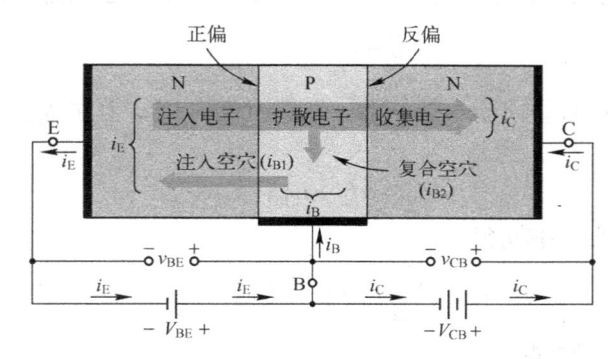

图 5.2 放大模式下 NPN 晶体管电流示意图

工作在放大模式时三极管的工作过程如下：

发射极电流 当发射结正偏时，PN 结两边多数载流子的扩散起主导作用。因此，通过发射结的正向电流由两部分组成：一是发射区中自由电子通过发射结源源不断地注入到基区而形成的电子电流 I_{En}，二是基区中多子空穴通过发射结注入到发射区而形成的空穴电流 I_{Ep}。因此，发射区除了要向基区注入电子外，还要复合由基区注入过来的所有非平衡空穴，因而外电路电源 V_{BE} 向发射区补充的电子，亦即自发射极流出的电流 I_E，就是通过发射结的电子电流和空穴电流之和：

$$I_E = I_{En} + I_{Ep} \tag{5.1}$$

晶体三极管制造工艺要求发射区为高掺杂，基区为低掺杂，因此 I_{En} 通常要远远大于 I_{Ep}。流过发射结的电流组成了发射极电流 I_E，如图 5.2 所示，I_E 的方向从发射区流出，主要由电子电流组成。

集电极电流 发射区注入到基区的自由电子，除了少部分被基区中的多子空穴复合掉外，绝大部分都到达集电结边界。由于集电结加反偏电压，集电极电位高于基极电位，这些电子将被扫过集电结进入集电区，它们被收集形成集电极电流。集电结电流的主要组成部分是由基区出发到达集电结边界的电子形成的电子电流 I_{Cn1}，除此之外还有集电结反偏时两边的少子形成的空穴电流 I_{Cp}、电子电流 I_{Cn2}，这两个电流共同构成了反向饱和电流。

$$I_C = I_{Cn1} + I_{Cn2} + I_{Cp} = I_{Cn1} + I_{CBO} \tag{5.2}$$

式中

$$I_{CBO} = I_{Cn2} + I_{Cp} \tag{5.3}$$

是集电结本身的反向饱和电流，由基极流出通过外电路流入集电极。

集电极电流的大小与集电结电压 v_{CB} 无关,只要集电极相对于基极电位为正,到达基区集电结一边的电子就会被扫进集电区并形成集电极电流。

两个结共同形成流入基极的电流 I_B 有

$$I_B = I_{Ep} + (I_{En} - I_{Cn1}) - I_{CBO} \tag{5.4}$$

式中,$(I_{En} - I_{Cn1})$ 是基区中非平衡少子在向集电结扩散过程中被复合而形成的复合电流。

三极管电流方程 根据前面讨论,并综合式(5.1)~式(5.4),可以看出发射极电流 I_E 等于集电极电流 I_C 和基极电流 I_B 之和,即

$$I_E = I_C + I_B \tag{5.5}$$

在三极管的 3 个区中,唯有发射区中的多子自由电子通过了发射结注入基区,再由基区扩散,进而被集电区收集。这 3 个环节将发射结电流 I_E 转化为集电结电流 I_C,该电流大小仅受发射结正偏电压控制,而几乎不受集电结反偏电压控制。引入参数 $\bar{\alpha}$ 来衡量三极管这种将发射结电流转换为集电结电流的能力,$\bar{\alpha}$ 称为共基电流直流传输系数,表示将电流 I_E 转化为 I_{Cn1} 的能力。

$$\bar{\alpha} = \frac{I_{Cn1}}{I_E} \tag{5.6}$$

由上可知,$\bar{\alpha}$ 恒小于 1,但十分接近于 1,一般在 0.98 以上,且在 I_E 的大变化范围内几乎保持恒值。由式(5.2)可得

$$I_C = \bar{\alpha} I_E + I_{CBO} \tag{5.7}$$

将式(5.5)代入式(5.7),整理可得

$$I_C = \frac{\bar{\alpha}}{1-\bar{\alpha}} I_B + \frac{1}{1-\bar{\alpha}} I_{CBO} \tag{5.8}$$

引入参数 $\bar{\beta}$ 和 I_{CEO},则可得

$$\bar{\beta} = \frac{\bar{\alpha}}{1-\bar{\alpha}} \tag{5.9}$$

$$I_{CEO} = \frac{1}{1-\bar{\alpha}} I_{CBO} = (1+\bar{\beta}) I_{CBO} \tag{5.10}$$

则

$$I_C = \bar{\beta} I_B + I_{CEO} \tag{5.11}$$

式中,$\bar{\beta}$ 称为共发射极电流直流增益,对现代晶体管来说,$\bar{\beta}$ 的值为 50~200,但是对于特殊器件可以达到 1000。$\bar{\beta}$ 值受两个因素的影响,分别是基区宽度 W 以及基区和发射区的相对掺杂比。在理想情况下,$\bar{\beta}$ 对于给定的晶体管是常数。I_{CEO} 为集电极和发射极间的反向饱和电流或穿透电流。通常 I_{CEO} 很小,则式(5.11)可减化为

$$I_C = \bar{\beta} I_B \tag{5.12}$$

$$\bar{\beta} = \frac{I_C}{I_B} \tag{5.13}$$

式(5.13)表征了基极电流 I_B 对集电极电流 I_C 的控制能力。

将式(5.11)代入式(5.5),可得到共集电极连接时输出电流 I_E 受输入电流 I_B 控制的电流传输方程

$$I_E = (1+\bar{\beta})(I_B + I_{CBO}) = (1+\bar{\beta}) I_B + I_{CEO} \tag{5.14}$$

忽略 I_{CEO},其近似表达式为

$$I_E \approx (1+\overline{\beta})I_B \tag{5.15}$$

可以推出，集电极电流可表示为 $I_C = I_s e^{v_{BE}/v_T}$

基区宽度调制效应——厄尔利效应　理想情况下，当晶体三极管工作在放大模式时，电流 i_B、i_C 应该不随电压 v_{CE} 的改变而发生变化，但实际上，给定 v_{BE} 值，增大 v_{CE} 将增大集电结的反向偏置电压，同时会导致集电结耗尽区宽度增大，结果是基区的实际宽度减小，因而由发射区注入的非平衡少子电子在向集电结扩散过程中与基区中多子空穴复合的机会减小，从而使得 i_B 减小，而 i_C 略有增大。通常将 v_{CE} 引起基区实际宽度变化而导致电流变化的效应称为基区宽度调制效应。

5.1.3　晶体三极管的电路符号及特性曲线

1．电路符号

图 5.3 所示为晶体三极管的电路符号，器件的极性（NPN 或 PNP）由发射极上的箭头方向来指明。箭头指向发射极中的电流正常流动的方向，也是发射结的正偏方向。

2．伏安特性

晶体三极管为三端器件，作为四端网络时，必定有一个电极作为输入和输出端口的公共端，连接方式则以公共端命名，因此有共基极、共发射极和共集电极 3 种连接方式，如图 5.4 所示。在这 3 种连接方式中，每对端口均有两个变量（端电压和端电流），总共有 4 个端变量。因而要在平面坐标上表示晶体三极管的伏安特性，就必须采用两组曲线族，一般采用输入特性曲线族和输出特性曲线族。以应用最广泛的共发射极连接方式为例，相应的输入特性曲线族和输出特性曲线族分别为

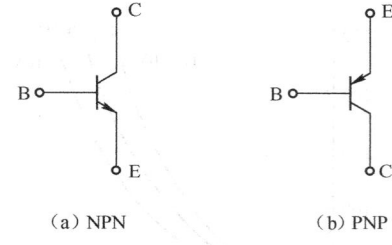

(a) NPN　　(b) PNP

图 5.3　晶体三极管的电路符号

$$i_B = f_1(v_{BE})\big|_{v_{CE}=\text{常数}}$$

$$i_C = f_2(v_{CE})\big|_{i_B=\text{常数}}$$

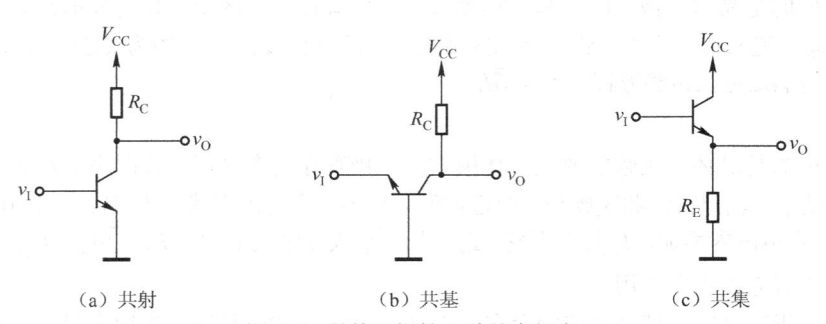

(a) 共射　　(b) 共基　　(c) 共集

图 5.4　晶体三极管 3 种基本组态

在某些应用中还需要其他形式的特性曲线，例如，以 v_{BE} 为参变量的输出特性曲线，以 v_{CE} 为参变量的 i_C 随 v_{BE} 变化的转移特性曲线族等，这些曲线均可以从上述形式的输入、输出特性曲线转化得到。

（1）输入特性曲线族

测试的晶体三极管输入特性曲线族如图 5.5 所示。由图中可以看出，曲线形状与晶体二极管的伏安特性曲线类似，但基极电流很小，电流单位是μA，另外它与 V_{CE} 有关，当 V_{CE} 在 0～0.3V 间变化时，I_B 变化较大，此时晶体三极管工作在饱和模式，V_{CE} 越小，饱和越深，I_B 就越大，导

致曲线移动增大。当 V_{CE} 大于 0.3V 时，晶体三极管工作在放大模式，理想情况下电流 I_B 应不随 V_{CE} 变化，但基区宽度调制效应的存在使得当 V_{CE} 增大时，I_B 略有减小。显然相对于 I_B 随 V_{BE} 的变化来说，V_{CE} 通过基区宽度调制效应引起的 I_B 的变化是第二位的。因此，在工程分析时，晶体三极管工作在放大模式下，可以不考虑这种影响，近似认为输入特性曲线是一条不随 V_{CE} 变化而移动的曲线。

（2）输出特性曲线族

图 5.6 所示为测试得到的晶体三极管输出特性曲线族。输出特性曲线族可分为 4 个区域：饱和区、放大区、截止区和击穿区。

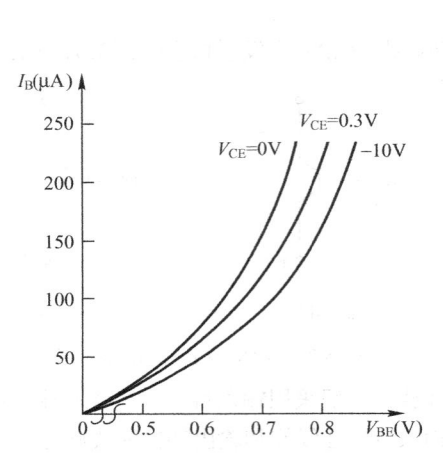

图 5.5 共发射极输入特性曲线族

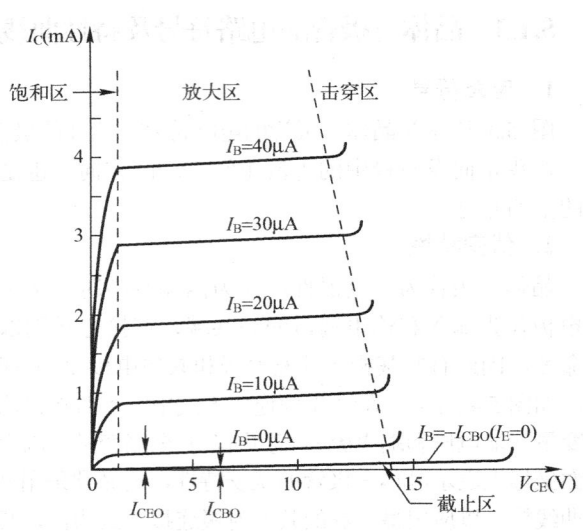

图 5.6 共发射极输出特性曲线族

① 饱和区

饱和区对应的是晶体三极管的饱和工作模式，三极管在这个区域工作时发射结和集电结都处于正偏的工作状态。通常在工程上，设定饱和区和放大区的分界线在 V_{CE} 约为 0.3V。在这个区域内 I_C 与 I_B 之间已不再满足电流传输方程（$I_C < \overline{\beta} I_B$）。

② 放大区

放大区对应的是晶体三极管的放大工作模式，三极管在这个区域工作时发射结正偏，集电结反偏。在这个区域中，输出特性曲线族是一组近似间隔均匀、平行的直线。当 V_{CE} 大于 0.3V 进入放大区后，V_{CE} 在一定范围内增加，I_C 几乎不变。I_B 增加，I_C 成比例地增大，$I_C = \overline{\beta} I_B + I_{CEO}$，体现了输入电流 I_B 对输出电流 I_C 的控制作用。

实际上，由于基区宽度调制效应的存在，当 V_{CE} 大于 0.3V 且进一步增大时，I_C 并不是完全不变，而是略有增加，因此放大区中的这一组平行线是稍有上翘的，表明从集电极看进去的输出电阻不是无限的，而是一个有限值，定义为

$$r_o \equiv \left[\frac{\partial i_C}{\partial v_{CE}} \right]^{-1}$$

考虑厄尔利电压的影响

$$i_C = I_S e^{v_{BE}/V_T} \left[1 + \frac{v_{CE}}{V_A} \right]$$

$$r_o = \frac{V_A}{I_C'}$$

式中，I_C' 是忽略厄尔利效应后的集电极电流。

③ 截止区

工程上定义：发射极电流 $I_B=0$ 以下的区域为截止区，此时晶体三极管的发射结和集电结均反偏，工作在截止模式。

④ 击穿区

随着 V_{CE} 持续增大，加在集电结上的反偏电压 V_{CB} 相应增大。当 V_{CE} 增大到一定值时，集电结发生反向击穿，造成电流 I_C 剧增，形成击穿区。

3．三极管的主要参数

（1）直流电流放大系数

三极管电流放大系数有直流$(\bar{\alpha},\bar{\beta})$和交流$(\alpha,\beta)$两种，共基和共射直流电流放大系数 $\bar{\alpha}$ 和 $\bar{\beta}$ 分别定义为

$$\bar{\alpha} = \frac{I_C - I_{CBO}}{I_E} \approx \frac{I_C}{I_E} \tag{5.16}$$

$$\bar{\beta} = \frac{I_C - I_{CBO}}{I_B} \approx \frac{I_C}{I_B} \tag{5.17}$$

共基和共射交流电流放大系数 α 和 β 分别定义为

$$\alpha = \left.\frac{\Delta i_C}{\Delta i_E}\right|_Q \tag{5.18}$$

$$\beta = \left.\frac{\Delta i_C}{\Delta i_B}\right|_Q \tag{5.19}$$

由式（5.16）～式（5.19）可见，$\bar{\alpha}$ 和 $\bar{\beta}$ 反映静态（直流）电流之比，α 和 β 反映静态工作点 Q 上动态（交流）电流之比。在三极管输出特性曲线间距基本相等并忽略 I_{CBO} 和 I_{CEO} 时，两者数值近似相等。因此在工程上，通常不区分交流和直流，都用 α 和 β 表示。

（2）极间反向电流

① 反向饱和电流 I_{CBO}

I_{CBO} 表示发射极开路时，集电极和基极间的反向饱和电流，其大小取决于温度和少数载流子的浓度。通常 I_{CBO} 很小，对于硅管，其值为 $10^{-9} \sim 10^{-16}$ A，一般可忽略。

② 穿透电流 I_{CEO}

I_{CEO} 表示基极开路时由集电极直通到发射极的电流。$I_{CEO} = (1+\beta)I_{CBO}$。$I_{CEO}$ 远大于 I_{CBO}，但在常温下 I_{CBO} 很小，因而 I_{CEO} 仍然是一个小值，一般可忽略不计。

（3）极限参数

① 集电极最大允许电流 I_{CM}

指三极管集电极允许的最大电流。当 I_C 超过 I_{CM} 时，β 明显下降。

② 集电极最大允许功耗 P_{CM}

表示在集电结最高工作温度的限制下，晶体三极管所能承受的最大集电结耗散功率。为保证管子安全工作，P_C 必须小于或等于 P_{CM}。

③ 反向击穿电压 $V_{(BR)CEO}$

表示基极开路时集电极与发射极间的反向击穿电压。

在共发射极输出特性曲线上，由极限参数 I_{CM}、$V_{(BR)CEO}$、P_{CM} 所限定的区域如图 5.7 所示，这片区域通常称为安全工作区。为了确保三极管安全工作，使用时不能超出这个区域。

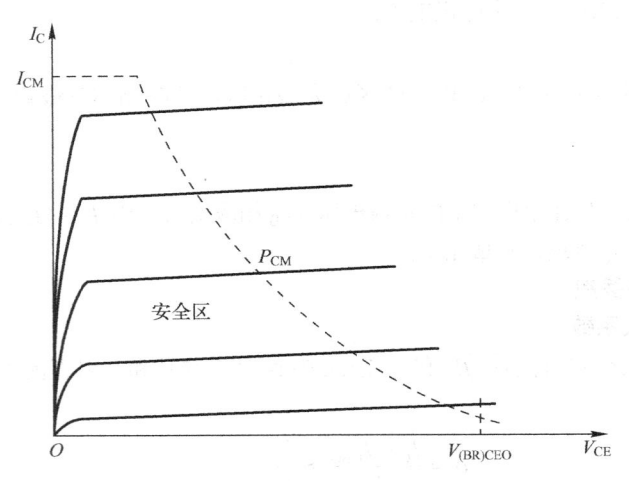

图 5.7 晶体三极管的安全工作区

5.2 晶体三极管的直流偏置

和场效应管放大电路一样，分析或设计一个晶体三极管放大电路应包含两部分：直流部分和交流部分。直流分析用于确定静态工作点，交流分析用于确定放大电路的交流参数。

偏置是一种利用直流电压为电路设置固定直流电流和电压的广义称谓。对于三极管放大器，该直流电流和电压形成了特性曲线上的工作点，用于界定放大器的工作区。由于工作点是特性曲线上的一个点，因此又称为直流工作点或静态点（或 Q 点）。

晶体三极管应用电路工作点的选择与场效应管基本一致，设计开关电路，工作点应选取在饱和区和截止区，设计放大电路，工作点应选取在放大区。

5.2.1 晶体三极管常用偏置电路

晶体三极管偏置电路最常用的是分压式偏置电路，如图 5.8 所示。由于电阻 R_E 的负反馈作用，分压式偏置电路能够有效稳定静态工作点。当温度升高引起 I_C 增大时，I_E 及其在 R_E 上产生的压降 V_E 相应增大，结果加到发射结上的电压 $V_{BE} = (V_B - V_E)$ 减小，导致 I_B 减小，从而阻止了 I_C 的增大。反之亦然。

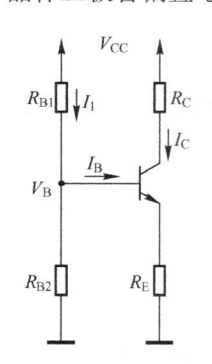

图 5.8 分压式偏置电路

可见，要提高这种自动调节作用，必须选取较大的 R_E，使其上的压降更有效地控制 V_{BE}。然而，从电源电压利用率来看，R_E 不宜取值过大，否则 V_{CC} 实际加到管子上的压降 V_{CEQ} 就会减小。工程上一般取 $V_E = 0.2V_{CC}$ 或 $V_E = \frac{1}{3}V_{CC}$。其次，R_{B1} 和 R_{B2} 的取值不宜过大，只要使通过它们的电流 I_1 远大于 I_B 即可。这样，就可近似认为 V_B 就是 V_{CC} 在 R_{B2} 上的分压值，与 I_B 的大小无关。工程上，一般取 $I_1 = (5 \sim 10)I_B$。

当双电源供电时，可采用图 5.9 所示的偏置电路，另外在实际放大电路中，还广泛采用恒流源偏置，如图 5.10 所示。

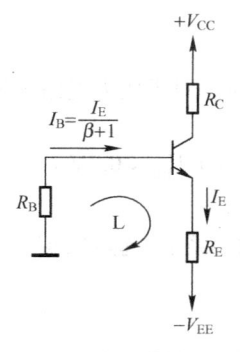

图 5.9　双电源供电偏置电路

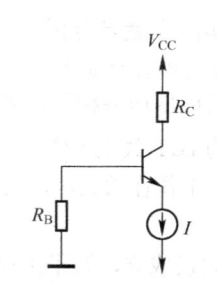

图 5.10　恒流源偏置电路

5.2.2　直流分析与交流分析分离

通常，实际的放大电路中既有直流电源提供电路直流电，同时也有交流的输入信号携带需要放大的信息，图 5.11 所示为一常用的实际放大电路。

和场效应管电路一样，在分析实际三极管放大电路时，要先进行直流分析，得到需要的直流工作电压和电流，进而得到与直流工作点相关的晶体三极管小信号等效参数，进行交流小信号分析。直流分析在放大器的直流通路上完成，而交流分析则在放大器的交流通路上完成。放大器的直流通路和交流通路分别是指放大器的直流电流和交流电流流通的途径。通常，画电路的直流通路和交流通路时对电路中器件的处理遵循以下原则。

（1）直流通路：所有电容开路，电感短路，独立的交流电压源短路，独立的交流电流源开路，但保留信号源内阻。

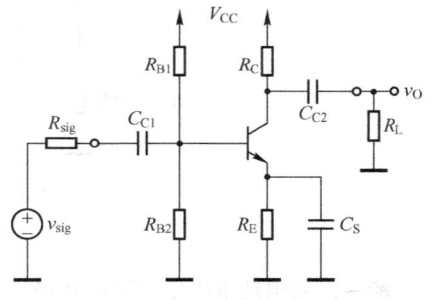

图 5.11　实际放大电路

（2）交流通路：隔直流电容和旁路电容短路，扼流圈等大电感开路，独立的直流电压源短路，独立的直流电流源开路，但保留信号源内阻。

根据以上原则，可得到图 5.11 所示的直流通路和交流通路，如图 5.12 所示。

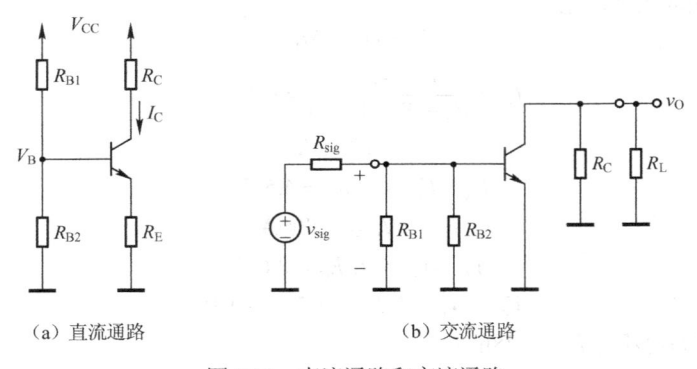

（a）直流通路　　　　　　（b）交流通路

图 5.12　直流通路和交流通路

一个实际放大器的组成是否合理，也可通过判断其直流通路和交流通路是否合理来得到结论。

5.2.3 晶体三极管直流电路分析

直流电路分析实际上就是分析一个实际电路的直流通路，对于放大电路来说就是分析电路的直流工作点，通常的分析步骤有如下。

（1）采用固定的电压压降模型，若 EBJ 正偏，则假设电压 $V_{BE} \approx 0.7\text{V}$，不考虑准确的电压值；若 EBJ 反偏，则认为 BJT 截止工作。

（2）假设晶体管工作在放大区，可以应用 I_B、I_C 和 I_E 的关系来求解 V_{CE} 或 V_{CB}。

（3）检查 V_{CE}：

若 $V_{CE} > 0.3\text{V}$，假设成立，管子工作在放大区；

若 $V_{CE} < 0.3\text{V}$，假设不成立，则 BJT 工作在饱和区，因此要重新假设 $V_{CE} = V_{CE(sat)} = 0.3\text{V}$ 来求 I_C。

【例 5.1】 分析例图 5.1（a）所示电路的静态工作点，已知 $\beta = 100$。

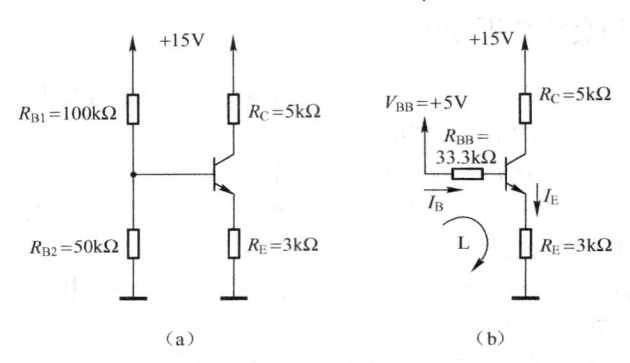

例图 5.1 晶体管直流电路

解一：采用戴维南定理简化基极回路，简化后电路如例图 5.1（b）所示，其中

$$V_{BB} = 15 \times \frac{R_{B2}}{R_{B1} + R_{B2}} = 5\text{V}$$

$$R_{BB} = R_{B1} // R_{B2} = 33.3\text{k}\Omega$$

写出回路方程

$$V_{BB} = I_B R_{BB} + V_{BE} + I_E R_E$$

假设 BJT 工作在放大区，则

$$I_E = (1+\beta)I_B$$

$$I_E = \frac{V_{BB} - V_{BE}}{R_E + R_B/(1+\beta)} = 1.29\text{mA}$$

$$I_B = 12.8\mu\text{A}$$

$$V_B = V_{BE} + I_E R_E = 4.57\text{V}$$

$$I_C = \alpha I_E = 1.28\text{mA}$$

$$V_C = V_{CC} - I_C R_C = 8.6\text{V}$$

$$V_{CE} = V_C - I_E R_E = 4.73\text{V} > 0.3\text{V}$$

假设成立，该电路静态电流为 $I_C = 1.28\text{mA}$。

解二：简化计算，假设 BJT 工作在放大区，若 $R_B << (1+\beta)R_E$，则可认为分压电流远大于基极电流，基极电流的影响可忽略不计，即

$$V_B = 15 \times \frac{R_{B2}}{R_{B1} + R_{B2}} = 5\text{V}, \quad V_E = 4.3\text{V}$$

$$I_E = \frac{V_E}{R_E} = 1.43\text{mA}$$

$$I_B = I_E/(1+\beta) = 14.19\mu\text{A}$$

$$I_C = \alpha I_E = \frac{\beta}{1+\beta}I_E = 1.42\text{mA}$$

$$V_C = V_{CC} - I_C R_C = 7.9\text{V}$$

$$V_{CE} = V_C - V_E = 3.6\text{V} > 0.3\text{V}$$

假设成立。该例题两种方法的计算误差为 11%，主要原因在于本题不满足 $R_B \ll (1+\beta)R_E$ 条件，通常说"$\ll$"至少在 10 倍以上，该例题在 9 倍左右，因此误差超过了工程允许误差 10%的范围。

5.3 晶体三极管放大电路分析

晶体三极管放大电路与场效应管放大电路一样，采用直流通路与交流通路分别分析的方法。

5.3.1 晶体三极管小信号模型

晶体三极管的小信号电路模型如图 5.13 所示。晶体三极管基极和发射极之间是一只等效二极管，根据二极管的小信号模型可等效为一只线性电阻，记为 r_π，根据二极管小信号等效模型，可得

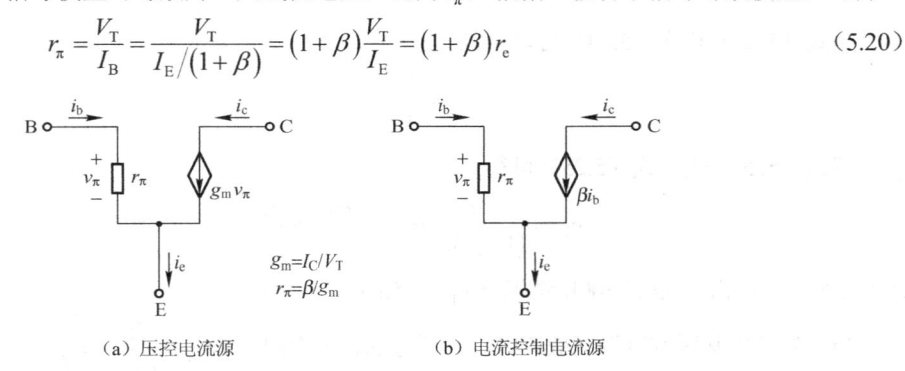

$$r_\pi = \frac{V_T}{I_B} = \frac{V_T}{I_E/(1+\beta)} = (1+\beta)\frac{V_T}{I_E} = (1+\beta)r_e \tag{5.20}$$

（a）压控电流源　　　　　（b）电流控制电流源

图 5.13　晶体三极管混合 π 模型

r_π 为输入等效二极管在 Q 点上的增量电阻，称为晶体三极管的输入电阻，其中

$$r_e = \frac{V_T}{I_E} \tag{5.21}$$

为从发射极看进去的基极和发射极之间的等效小信号电阻。

如图 5.13（b）所示，对于小信号而言，i_c 和 i_b 之间同样满足线性关系

$$i_c = \beta i_b \tag{5.22}$$

式（5.22）表示输出电流 i_c 受控于输入电流 i_b。实际上，i_b 的大小又由基极和发射极之间的电压差 v_π 决定，所以也可以将晶体三极管看做压控电流源，如图 5.13（a）所示，输出电流 i_c 受控于输入电压 v_π。定义跨导 g_m，可得

$$i_c = g_m v_\pi \tag{5.23}$$

g_m 表示正向受控作用（v_π 对 i_c 的控制）的增量电导，如图 5.14 所示，跨导 g_m 实际上是特性曲线上过工作点切线的斜率

$$g_m \equiv \frac{\partial i_C}{\partial v_{BE}}\bigg|_{i_C = I_C} \tag{5.24}$$

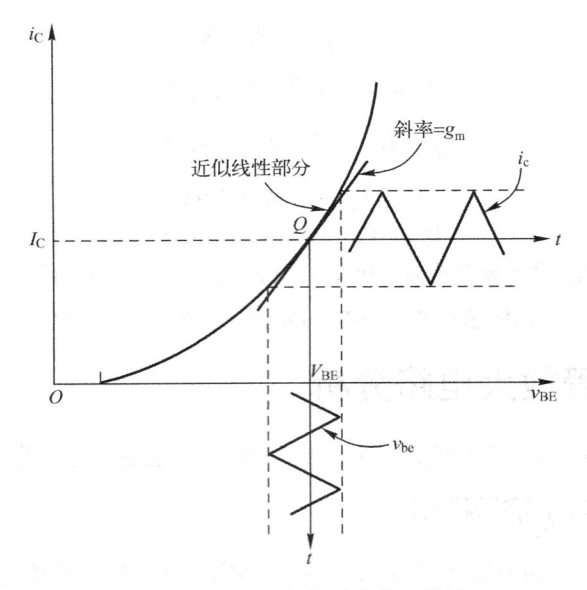

图 5.14 晶体三极管的小信号特性

由式（5.23）和式（5.24）可以得到

$$g_\mathrm{m} = \frac{\beta i_\mathrm{b}}{v_\pi} = \frac{\beta}{r_\pi} \tag{5.25}$$

将式（5.20）代入式（5.25）可得

$$g_\mathrm{m} = \frac{\beta}{(1+\beta)r_\mathrm{e}} = \frac{\alpha}{r_\mathrm{e}} = \frac{\alpha I_\mathrm{E}}{V_\mathrm{T}} \approx \frac{I_\mathrm{C}}{V_\mathrm{T}} \tag{5.26}$$

式中，V_T 为热电压，室温 300K 情况下 $V_\mathrm{T} = 25\mathrm{mV}$。

当需要考虑基区宽度调制效应时，则要考虑输出电阻 r_o，$r_\mathrm{o} = \frac{\partial i_\mathrm{C}}{\partial V_\mathrm{CE}} = \frac{V_\mathrm{A}}{I_\mathrm{C}}$，考虑基区宽度调制效应时的三极管小信号模型如图 5.15 所示，该模型也称为混合 π 小信号模型。

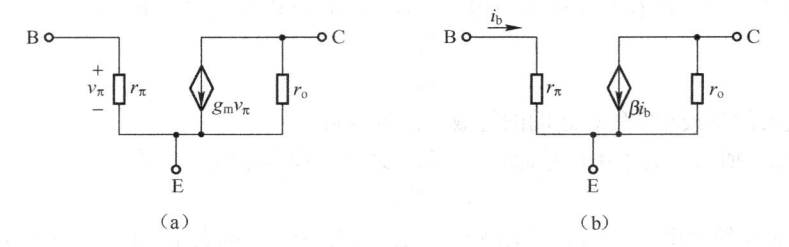

图 5.15 晶体三极管小信号模型（考虑基区宽度调制效应）

需要注意的是，小信号模型参数 g_m 和 r_o 与晶体管的直流偏置点相关。选择不同的直流偏置，就会对应不同的小信号模型参数，放大电路的直流分析是交流分析的基础。

图 5.16 所示为晶体三极管高频小信号模型，在高频情况下，三极管内部的结电容将不能视为开路，因此高频小信号模型包括了两个电容，发射结电容 C_π 和集电结电容 C_μ。另外在高频时基极端子和基区硅材料间的电阻不能忽略，用电阻 r_x 来表示，通常 $r_\mathrm{x} \ll r_\pi$。

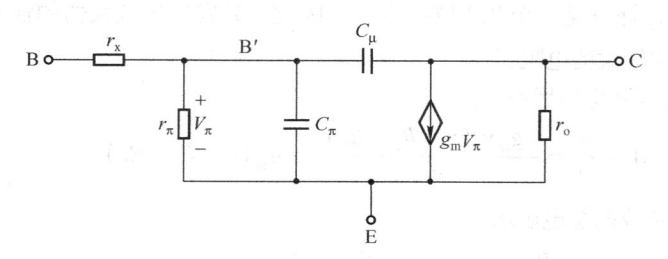

图 5.16 晶体三极管高频小信号模型

5.3.2 共射放大器

共射（CE）放大器是使用最广泛的三极管放大电路。图 5.17（a）所示为一个实际的共发射极放大电路。由图中可以看到，为了不干扰直流偏置电流和电压，电压源 v_{sig} 通过耦合电容 C_{C1} 被耦合到基极，电容 C_{C1} 称为耦合电容；同样，输出端由电容 C_{C2} 将输出信号耦合到负载端；C_E 称为旁路电容，是一个较大的电容，通常在 μF 级，在工作频段中阻抗很小，理想情况下为零（短路）。

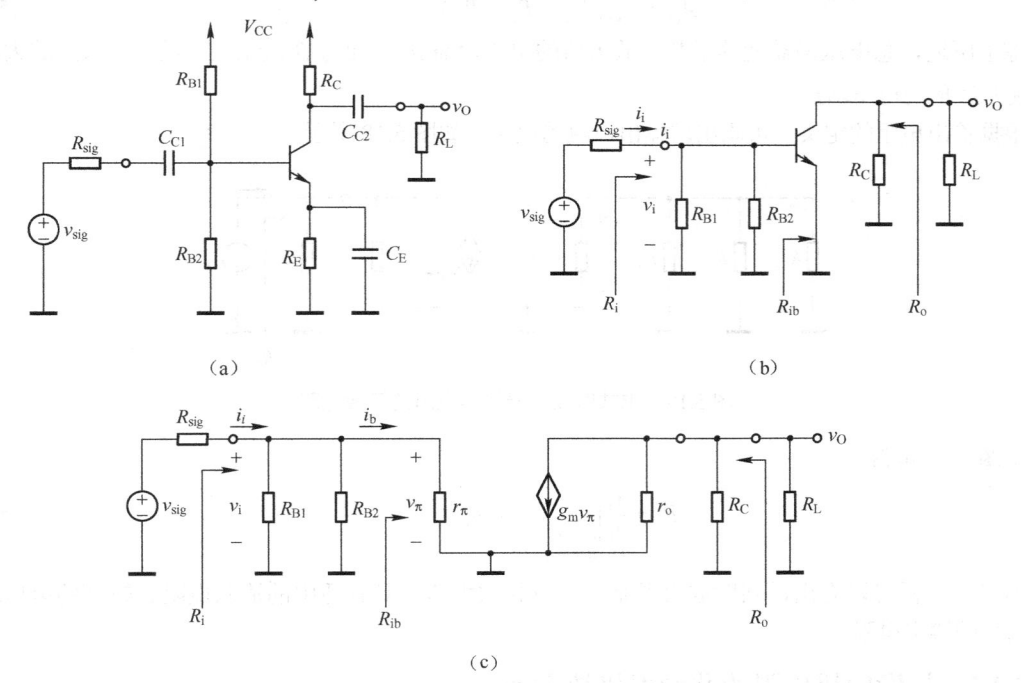

图 5.17 共射放大电路

根据前面讲到的直流分析与交流信号分析分离的原则，将这一电路先分解为直流通路和交流通路，分别进行分析。通过直流分析获得该电路的直流工作点（I_{CQ}），从而获得交流分析需要的参数 g_m、r_o。下面主要讨论交流小信号分析，图 5.17（b）、图 5.17（c）所示为相应的交流通路及三极管交流等效电路，由图 5.17（c）可以看出，输入电阻 R_i 是 $R_B = R_{B1} // R_{B2}$ 和基极输入电阻 R_{ib} 的并联：

$$R_i = \frac{v_i}{i_i} = R_B // R_{ib} = R_B // r_\pi$$

通常选择 $R_B \gg r_\pi$，则

$$R_i \approx r_\pi$$

由此可以看出，r_π通常是一个几千欧的电阻，因此，共发射极放大器的输入电阻大概在几千欧左右，这是一个低到中等大的电阻。

由图5.17（c）可得到电压增益

$$A_v = \frac{v_o}{v_i} = \frac{-g_m v_\pi (r_o // R_C // R_L)}{v_\pi} = -g_m (r_o // R_C // R_L) \tag{5.27}$$

考虑从信号源到负载的总电压增益

$$A_{vs} = \frac{R_i}{R_i + R_{sig}} A_v = -\frac{(R_B // r_\pi)}{(R_B // r_\pi) + R_{sig}} g_m (r_o // R_C // R_L) \tag{5.28}$$

当$R_B \gg r_\pi$时，上式可简化为

$$A_{vs} \approx -\frac{\beta (r_o // R_C // R_L)}{r_\pi + R_{sig}} \tag{5.29}$$

由式（5.29）可以看到，如果$R_{sig} \gg r_\pi$，总增益与β密切相关，考虑到不同晶体管的β值变化很大，因此这不是一个理想特性。如果$R_{sig} \ll r_\pi$，则总电压增益简化为

$$A_{vs} \approx -g_m (r_o // R_C // R_L) \tag{5.30}$$

综上所述，总电压增益就等于共射放大器的电压增益A_v，而与β值无关。通常，共射放大器可以实现几百倍的电压增益。

根据输出电阻的定义，可画出求输出电阻的电路，如图5.18所示。

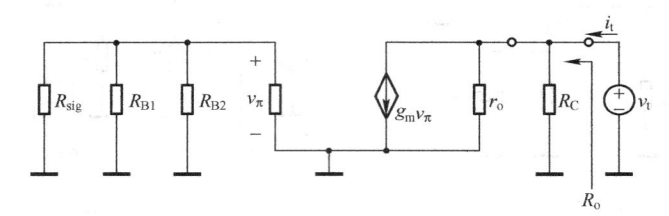

图5.18 求共射放大器输出电阻的等效电路

由图5.18可得

$$R_o = \frac{v_t}{i_t}\bigg|_{\substack{v_{sig}=0 \\ R_L=\infty}} = r_o // R_C \tag{5.31}$$

由以上分析可以看出，共射放大器是一个反相放大器，具有适中的输入电阻、较高的电压增益及相当高的输出电阻。

5.3.3 接发射极电阻的共发射极放大器

同场效应管放大电路相似，在三极管的发射极接入一个电阻R_E，利用负反馈作用，将会使放大器的性能得到很大的改善，如图5.19（a）所示。在设计共射电路时，可通过合理选用这个电阻满足放大器的性能指标。

考虑到分立器件电路中，晶体管$r_o \gg R_C // R_L$，可忽略r_o，得到等效电路如图5.19（b）所示。由图5.19（b）可以看出，输入电阻R_i是R_B和基极输入电阻R_{ib}的并联等效

$$R_i = R_B // R_{ib} \tag{5.32}$$

$$R_{ib} = \frac{v_i}{i_b} = \frac{i_b r_\pi + (i_b + \beta i_b) R_E}{i_b} = r_\pi + (1+\beta) R_E = (1+\beta)(r_e + R_E) \tag{5.33}$$

第 5 章 双极型晶体管

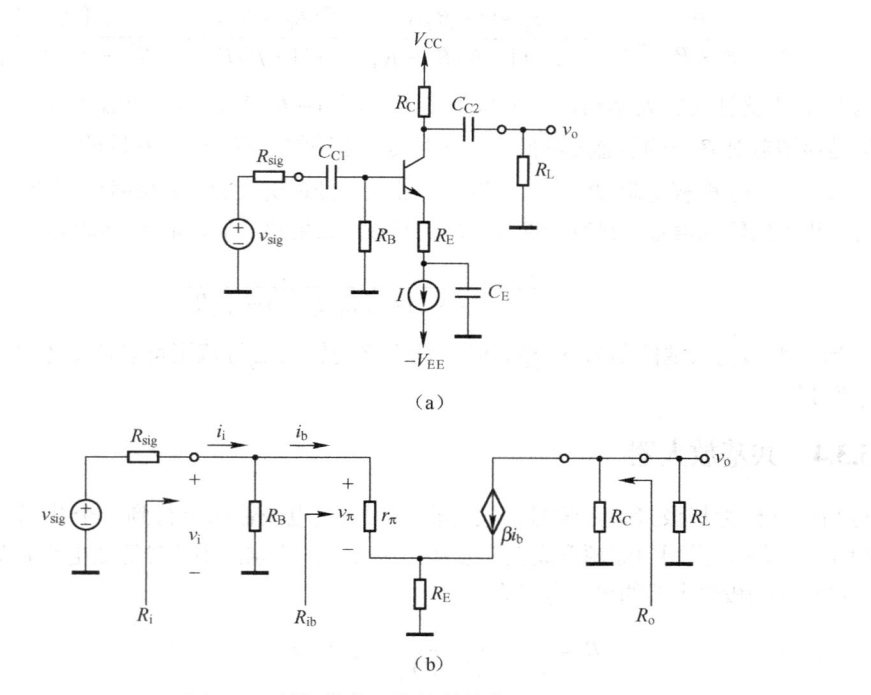

(a)

(b)

图 5.19 射极带电阻的共射放大器

发射极接电阻的共发射极放大器从基极看进去的电阻是发射极总电阻的 $(1+\beta)$ 倍，因此，发射极接电阻 R_E 可以大大增加 R_{ib}，与基本共发射极放大器相比，R_{ib} 增加的比例为

$$\frac{R_{ib}(射极接电阻)}{R_{ib}(射极不接电阻)} = \frac{(1+\beta)(r_e + R_E)}{(1+\beta)r_e} = 1 + \frac{R_E}{r_e} \approx 1 + g_m R_E \tag{5.34}$$

因此电路设计者可以通过改变电阻 R_E 的值来控制 R_{ib} 的值，并由此控制 R_i 的值。当然，为了使这个控制更有效，R_B 必须远大于 R_{ib}，即 R_{ib} 必须是主要的输入电阻。

由图 5.19（b）可以得到电压增益 A_v

$$A_v = \frac{v_o}{v_i} = -\frac{\beta i_b (R_C // R_L)}{i_b r_\pi + (1+\beta) i_b R_E} = -\frac{\beta (R_C // R_L)}{r_\pi + (1+\beta) R_E} \approx -\frac{g_m (R_C // R_L)}{1 + g_m R_E} \tag{5.35}$$

开路电压增益

$$A_{vo} \approx \frac{g_m R_C}{1 + g_m R_E} \tag{5.36}$$

因此 R_E 电阻使电压增益减小了 $(1+g_m R_E)$ 倍，这个倍数也是 R_{ib} 增加的倍数，因此在设计电路时需合理选择 R_E，以达到输入电阻和增益的平衡。

输出电阻也可由图 5.19（b）得到

$$R_o = \frac{v_t}{i_t}\bigg|_{\substack{v_{sig}=0 \\ R_L=\infty}} = R_C \tag{5.37}$$

总电压增益为

$$A_{vs} = \frac{R_i}{R_i + R_{sig}} A_v = -\frac{R_i}{R_i + R_{sig}} \frac{\beta (R_C // R_L)}{r_\pi + (1+\beta) R_E} = -\frac{R_i}{R_i + R_{sig}} \frac{g_m (R_C // R_L)}{1 + g_m R_E} \tag{5.38}$$

用 $R_B // R_{ib}$ 替代 R_i，并假设 $R_B \gg R_{ib}$，可得

$$A_{vs} = \frac{R_i}{R_i + R_{sig}} A_v = -\frac{r_\pi + (1+\beta)R_E}{r_\pi + (1+\beta)R_E + R_{sig}} \frac{\beta(R_C // R_L)}{r_\pi + (1+\beta)R_E} = -\frac{\beta(R_C // R_L)}{R_{sig} + r_\pi + (1+\beta)R_E} \quad (5.39)$$

与基本共发射极放大器相比，分母中多了一项 $(1+\beta)R_E$，因此增益小于共发射极放大器的增益，但是该增益对 β 值的敏感度降低了，这对提高电路的稳定性是有帮助的。

另外，当加了射极电阻 R_E 后，可以使得放大器处理更大的输入信号而不会发生非线性失真。这是因为基极上的输入信号 v_i 只有一部分出现在基极和发射极之间，而另一部分在电阻 R_E 上。

$$\frac{v_\pi}{v_i} = \frac{i_b r_\pi}{i_b r_\pi + (1+\beta)i_b R_E} \approx \frac{1}{1 + g_m R_E} \quad (5.40)$$

因此，当放大器输入端的信号 v_i 相同时，该电路的输入信号范围可以比基本共发射极放大器的大 $(1 + g_m R_E)$ 倍。

5.3.4 共基放大器

将晶体三极管基极接地，信号由发射极输入，集电极输出可得到一个共基（CB）放大器，如图 5.20（a）所示，采用恒流源形成直流偏置。忽略 r_o 的影响，小信号等效电路如图 5.20（b）所示，由图中可得共基极放大器的输入电阻为

$$R_i = \frac{v_i}{i_i} = \frac{-i_b r_\pi}{-(1+\beta)i_b} = \frac{r_\pi}{1+\beta} = r_e \quad (5.41)$$

$$R_o = \left.\frac{v_t}{i_t}\right|_{\substack{v_{sig}=0 \\ R_L=\infty}} = R_C \quad (5.42)$$

$$A_v = \frac{v_o}{v_i} = \frac{-\beta i_b (R_C // R_L)}{-i_b r_\pi} = g_m (R_C // R_L) \quad (5.43)$$

$$A_{vs} = \frac{R_i}{R_i + R_{sig}} A_v = \frac{r_e}{R_{sig} + r_e} g_m (R_C // R_L) \quad (5.44)$$

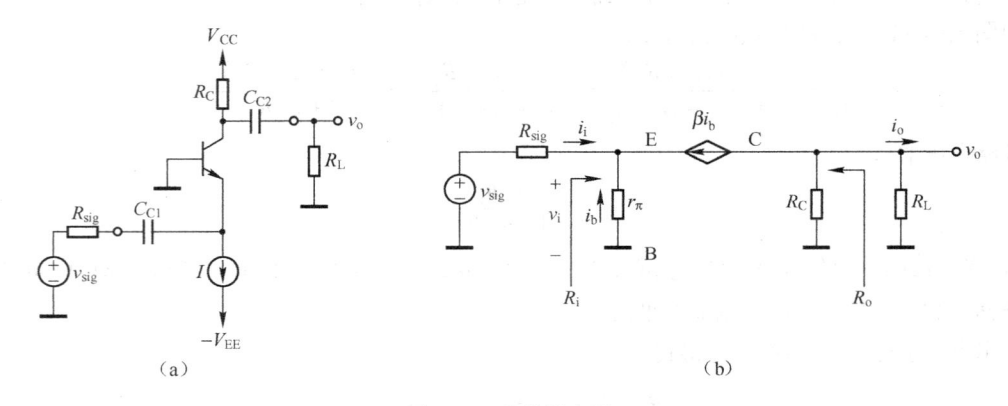

图 5.20 共基放大器

共基放大器的输入电阻较低，远低于共射放大器的输入电阻。因此，尽管共基放大器的电压增益与共射放大器基本一致，但由于输入电阻很小，使得信号耦合到共基放大器输入端时，可能会造成较大的信号强度丢失，所以共基放大器的总电压增益远小于共射放大器。

由于共基放大器输入电阻比较低，输出电阻比较高，具有很好的电流放大器特点，因此一般不

单独作为电压放大器使用，但如果是电流源激励的放大器，可考虑采用。假设电路用电流源激励，可得

$$i_o = -\beta i_b \frac{R_C}{R_C + R_L} \tag{5.45}$$

$$i_i = -(1+\beta)i_b \tag{5.46}$$

$$A_i = \frac{i_o}{i_i} = \frac{\beta}{1+\beta}\frac{R_C}{R_C+R_L} = \alpha \frac{R_C}{R_C+R_L} \tag{5.47}$$

考虑短路电流增益，即 $R_L \to 0$ 时，则 $A_{is} \to \alpha$。

总电流增益

$$G_i = \frac{i_o}{i_i}\frac{i_i}{i_{sig}} = A_i \frac{R_{sig}}{R_{sig} + r_e} \tag{5.48}$$

通常 $R_{sig} \gg r_e$，则 $G_i \approx A_i \to \alpha$。

由以上分析可以看到，共基放大器的电流增益接近于 $1(\alpha)$，由于共基放大器具有较小的输入电阻和较大的输出电阻，因此，常被用来作为电流跟随器。

与共射放大器相比，共基放大器还具有较好的高频特性，另外，在一些超高频应用中，较低的输入阻抗也可能成为一个优点，因为在这些应用中输入信号是连接到传输线的，而传输线的特性阻抗较低，可以与共基放大器取得更好的匹配。

5.3.5　共集电极放大器或射极跟随器

对三极管采用基极输入，发射极输出，并将集电极作为公共的信号地，可以形成共集电极放大器，如图 5.21（a）所示，图 5.21（b）所示为小信号等效电路。

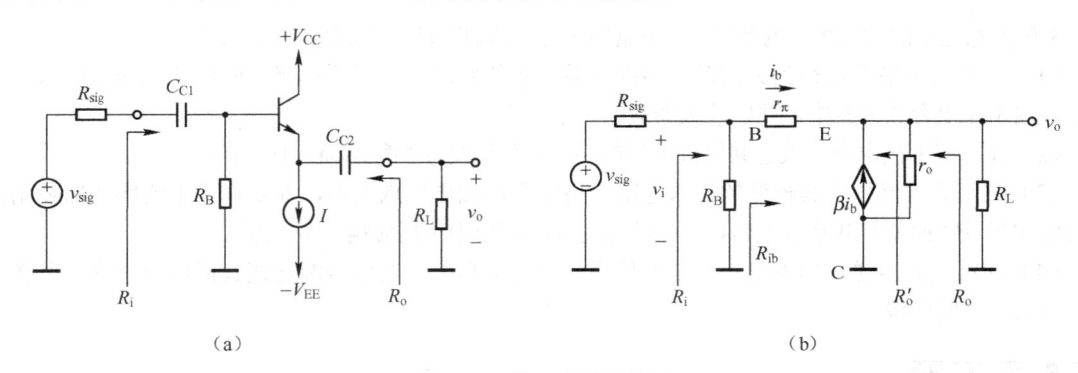

图 5.21　共集电极放大器

由图 5.21（b）可以看出，输入电阻 R_i 是 R_B 和基极输入电阻 R_{ib} 的并联等效

$$R_i = R_B // R_{ib} \tag{5.49}$$

$$R_{ib} \equiv \frac{v_i}{i_b} = \frac{i_b r_\pi + (i_b + \beta i_b)(r_o // R_L)}{i_b} = r_\pi + (1+\beta)(r_o // R_L) = (1+\beta)[r_e + (r_o // R_L)] \tag{5.50}$$

从中可以看出，射极跟随器相当于将 $R_L // r_o$ 提高了 $(1+\beta)$ 倍，由式（5.49）可以看出，为了完全获得增大 R_{ib} 后的效果，R_B 必须尽可能大。如果可能，可将信号源直接连接到基极。

$$A_v = \frac{v_o}{v_i} = \frac{(1+\beta)i_b(r_o // R_L)}{i_b r_\pi + (1+\beta)i_b(r_o // R_L)} = \frac{(1+\beta)(r_o // R_L)}{r_\pi + (1+\beta)(r_o // R_L)} \approx 1(<1) \tag{5.51}$$

$$A_{vs} = \frac{R_B // R_{ib}}{R_B // R_{ib} + R_{sig}} \frac{(1+\beta)(r_o // R_L)}{(1+\beta)(r_e + r_o // R_L)} \tag{5.52}$$

通常 $(R_B /\!/ R_{ib}) \gg R_{sig}$，$r_o \gg r_e$，$r_o \gg R_L$，则放大器的电压增益和总电压增益都接近于 1。

考虑共集放大器的输出电阻，根据输出电阻的定义改画电路，如图 5.22 所示。

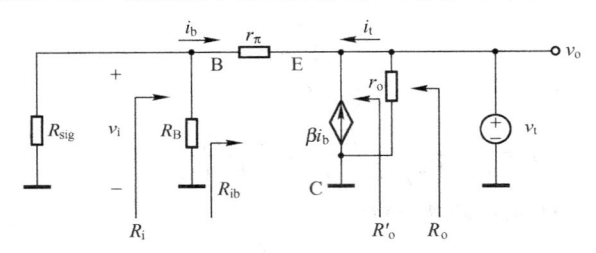

图 5.22 求输出电阻电路

$$R_o = R'_o /\!/ r_o \tag{5.53}$$

$$R'_o = \frac{v_t}{i_t} = \frac{-i_b r_\pi - i_b (R_{sig} /\!/ R_B)}{-(i_b + \beta i_b)} = \frac{r_\pi + R_{sig} /\!/ R_B}{1 + \beta} \tag{5.54}$$

可以看出，共集放大器具有较低的输出电阻。

由以上分析可以看出，共集放大器具有非常高的输入电阻、相当低的输出电阻和小于 1 但接近于 1 的电压增益，通常将这样的放大器称为单位增益的电压缓冲放大器，也叫做电压跟随器或射极跟随器，它可将高内阻信号源的信号接到一个非常小的负载上，也可作为多级放大器的输出级，使整个放大器具有较低的输出电阻。

5.3.6 3 种组态放大器的比较

3 种组态连接的放大器各有优缺点，根据 3 种放大器的特性可以得到以下结论。

（1）共射组态最适合得到大增益，根据增益大小的要求，可采用单级、两级或三级共射放大器级联。通常在组合放大器中，共射放大器适合于中间级。

（2）在射极上接电阻可改善共射放大器的性能，但这是以牺牲增益为代价的。

（3）共基放大器由于其较低的输入电阻，通常不用做电压放大器，而是作为电流跟随器使用。其良好的高频特性使得共基放大器在某些特定的高频应用中可用做电压放大器。

（4）共集放大器通常作为电压跟随器使用，它可把高内阻的信号源连接到低电阻负载，并作为多级放大器的输出级。

第 5 章习题

5.1 两种 BJT 晶体管的名字是什么？描述各自的基本结构图，标示出多数载流子和少数载流子，并画出其电路符号。

5.2 在 NPN 型晶体三极管中，发射结加正偏，集电结加反偏。已知 $I_S \approx 4.5 \times 10^{-15}$A，$\bar{\alpha} = 0.98$，$I_{CBO}$ 忽略不计。试求当 $V_{BE} = 0.65$V、0.7V、0.75V 时，I_E、I_C 和 I_B 的值，并分析比较。

5.3 电路如图题 5.1 所示，设三极管 $\beta = 100$，求电路中 I_E、I_B、I_C 和 V_E、V_B、V_C。

5.4 对于图题 5.2 所示的电路，$\beta = 100$。求其他标注的电压和电流值 I_C。

5.5 设计图题 5.3 所示放大器的偏置电路，使得电流 $I_E = 2$mA，电源 $V_{CC} = +15$V。晶体管的 β 额定值为 100 已知 $V_{CEQ} = 5$V。

5.6 在图题 5.4 所示电路中，已知室温下硅管的 $\beta = 100$，$V_{BE(on)} = 0.7$V，$I_{CBO} = 10^{-15}$A，试问：室温下的 I_{CQ}、V_{CEQ} 值，并分析其工作模式。

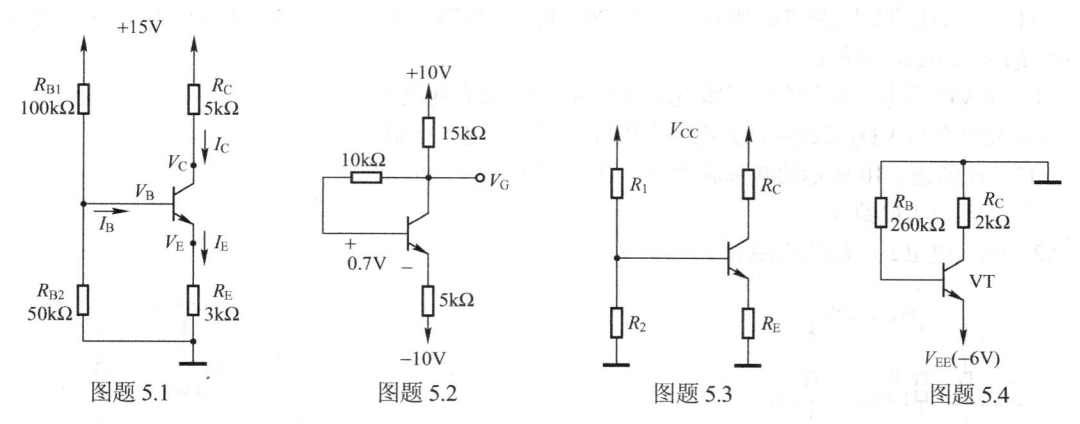

图题 5.1　　　　　图题 5.2　　　　　图题 5.3　　　　　图题 5.4

5.7　对于图题 5.5 所示的电路，当 $V_{CC}=10\text{V}$，$V_{EE}=-10\text{V}$，$I=1\text{mA}$，$\beta=100$，$R_B=100\text{k}\Omega$，$R_C=7.5\text{k}\Omega$时，求基极、集电极和发射极的直流电压。

5.8　分析图题 5.6 所示的电路并确定电压增益设 $\beta=100$。

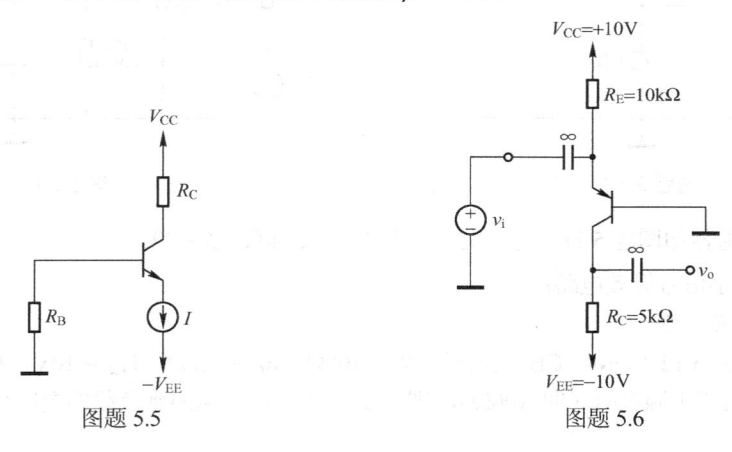

图题 5.5　　　　　　　　　　　图题 5.6

5.9　图题 5.7 所示的晶体管放大器由电流源 I 偏置，并有非常高的 β 值。求集电极的直流电压 V_C。画出用简化混合模型来替代晶体管的交流等效电路，求电压增益 v_C/v_i 的值。

5.10　在图题 5.8 所示电路中，已知晶体三极管的 $\beta=200$，$V_{BE(on)}=-0.7\text{V}$，$I_{CBO}\approx 0$。

（1）试求 I_B、I_C、V_{CE}。

（2）若电路中元件分别做如下变化，试指出晶体三极管的工作模式：

① $R_{B2}=2\text{k}\Omega$；② $R_{B1}=15\text{k}\Omega$；③ $R_E=100\Omega$。

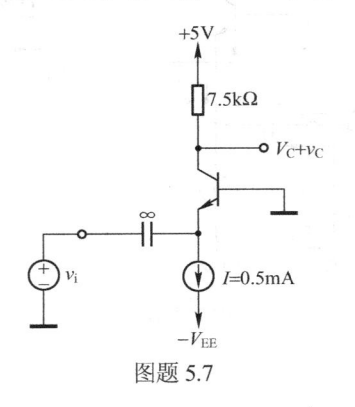

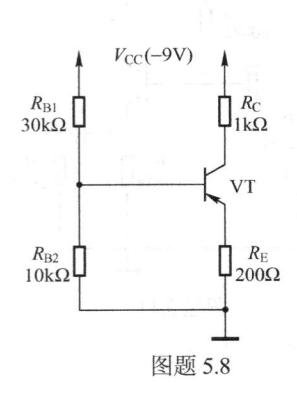

图题 5.7　　　　　　　　　　　图题 5.8

5.11 放大电路如图题 5.9 所示，设 $\beta=20$，$V_{BEQ}=0.7\text{V}$，$r_{bb'}=0$，VD_Z 的稳压值为 6V，此时晶体管的 $I_{CQ}=5.5\text{mA}$，试问：

（1）将 VD_Z 反接，电路的工作状态有何变化？I_{CQ} 又有何变化？

（2）定性分析 VD_Z 反接对放大电路电压放大倍数、输入电阻的影响。

5.12 在图题 5.10 所示的共基放大电路中，三极管 $\beta=100$，求：

（1）电压放大倍数 A_v；

（2）输入电阻 R_i、输出电阻 R_o。

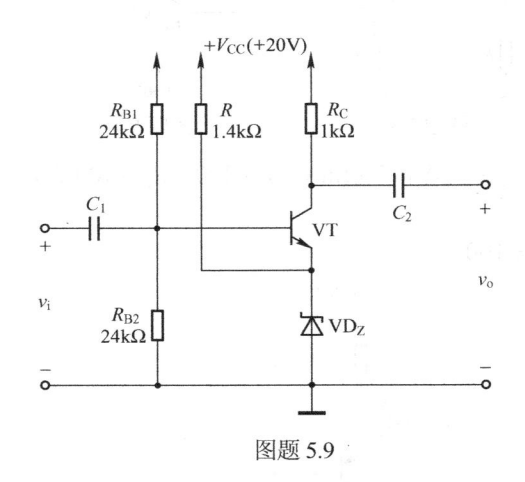

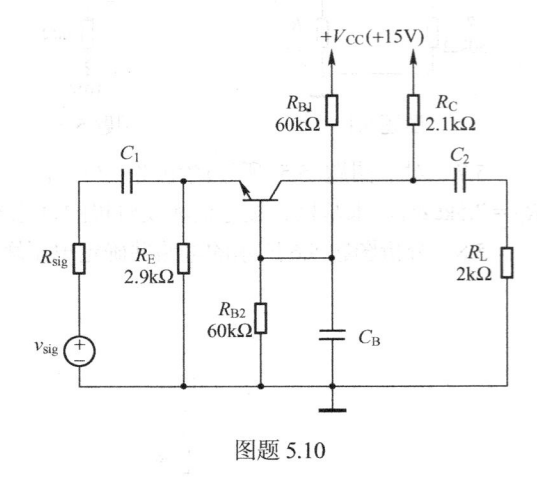

图题 5.9

图题 5.10

5.13 射极跟随器如图题 5.11 所示，已知三极管 $r_\pi=1.5\text{k}\Omega$，$\beta=49$。

（1）画出交流小信号等效电路；

（2）计算 A_v、R_i、R_o。

5.14 考虑图题 5.12 所示的 CB 放大器，$R_L=10\text{k}\Omega$，$R_C=10\text{k}\Omega$，$V_{CC}=10\text{V}$，$R_{sig}=100\Omega$。为了使 E 极的输入电阻等于源电阻（即 100Ω），则 I 必须为多少？从源到负载的电压增益为多少？已知 $\beta=100$。

图题 5.11

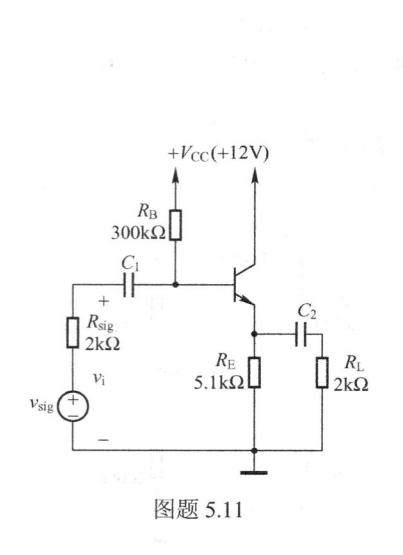

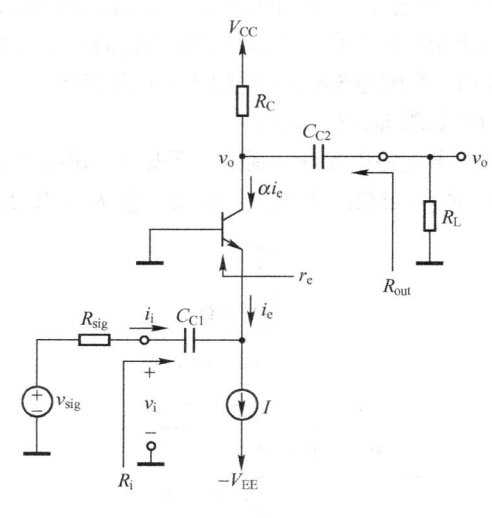

图题 5.12

5.15 对于图题 5.13 所示电路，求输入电阻 R_{in} 和电压增益 v_o/v_{sig}。假设信号源提供小信号 v_{sig} 且 $\beta=100$。

5.16 考虑图题 5.14 所示的射极跟随器，$\beta=100$，$V_A=100V$，$R_B=100k\Omega$，$R_{sig}=20k\Omega$，$R_L=1k\Omega$。
(1) 求 I_E、V_E 和 V_B；
(2) 求 R_i；
(3) 求电压增益 v_o/v_{sig} 和输出电阻 R_o。

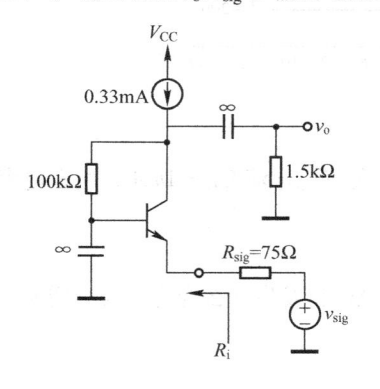

图题 5.13

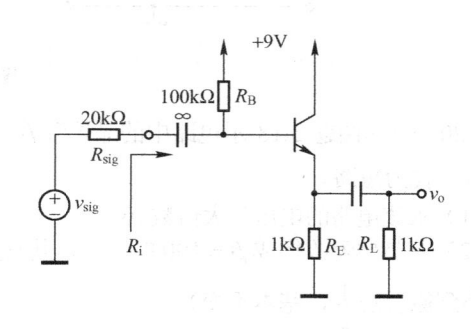

图题 5.14

5.17 对于图题 5.15 所示的晶体管级联放大器，计算每一级的直流偏置电压 V_B 及每一级的集电极电流 I_C，设 $\beta=100$。

5.18 共射-共集组合电路如图题 5.16 所示，设 $\beta_1=\beta_2=100$。
(1) 确定两管的静态工作点；
(2) 求 A_v、R_i 和 R_o。

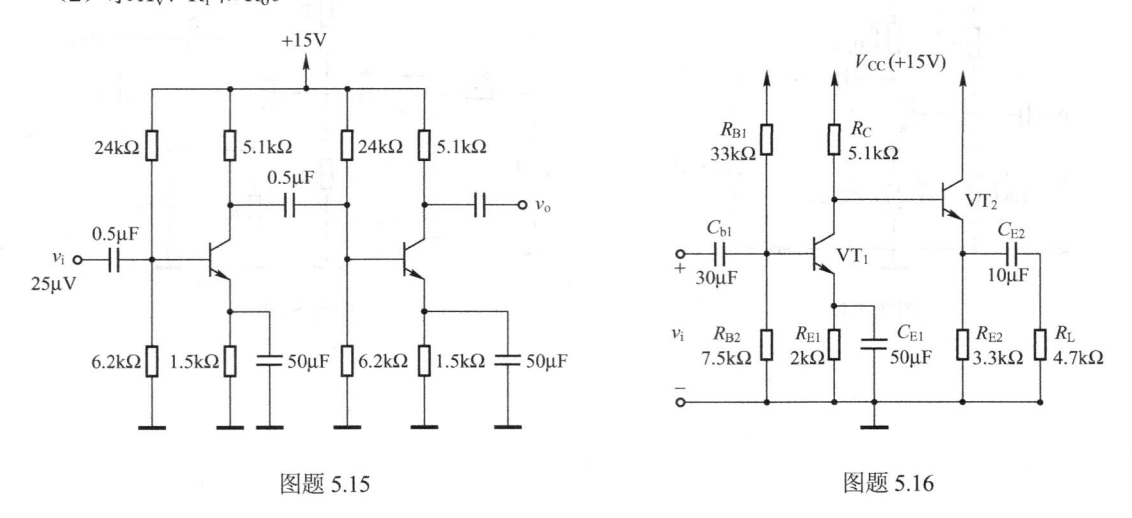

图题 5.15

图题 5.16

5.19 放大电路如图题 5.17 所示，已知该电路的静态工作点位于输出特性曲线的 Q 点处。
(1) 确定 R_c 和 R_b 的值（设 $V_{BEQ}=0.7V$）；
(2) 为了把静态工作点从 Q 点移到 Q_1 点，应调整哪些电阻？调为多大？若静态工作点移到 Q_2 点，又应如何调整？

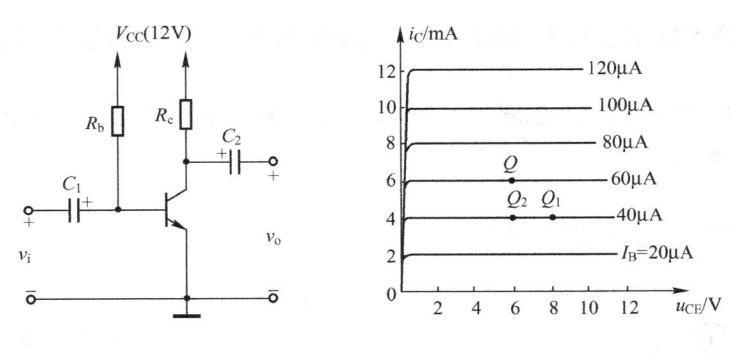

图题 5.17

5.20 已知图题 5.18 示电路中的晶体管 $\beta=50$，调整 R_{b2} 使静态电流 $I_{CQ}=1mA$，所有电容对交流信号可视为短路。

（1）求该电路的电压放大倍数 Av；

（2）若晶体管改换成 $\beta=100$ 的管子，其它元件不变，则 Av 将发生什么变化？（约增大一倍，约减小到原有的 $\frac{1}{2}$，基本不变）

5.21 如题题 5.19 所示，Vcc=9V，$R_1=27k\Omega$，$R_2=15k\Omega$，$R_E=1.2k\Omega$，$R_c=2.2k\Omega$，$\beta=100$，$V_A=100V$，求 I_E。如果放大器接有 $R_{sig}=10k\Omega$ 的信号源和 $2k\Omega$ 的负载，求 A_v，R_i 和 R_o。

图题 5.18

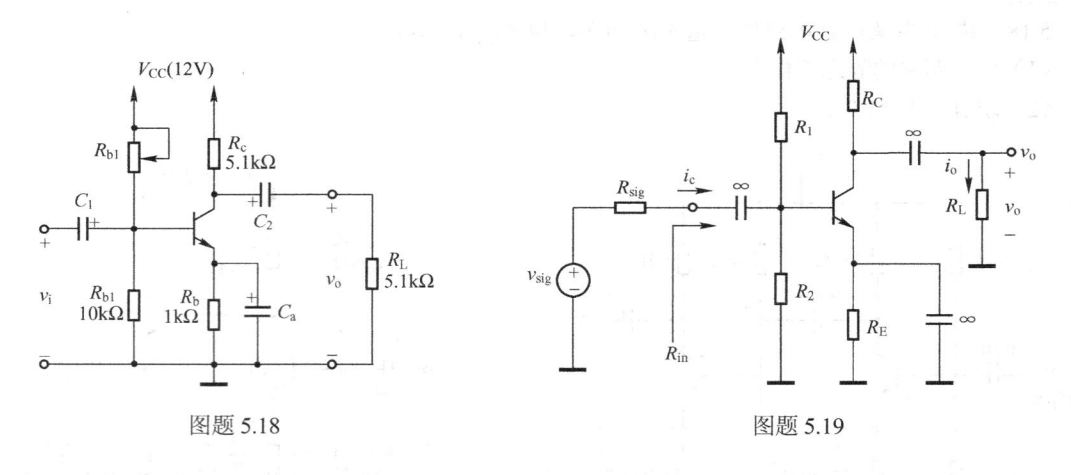

图题 5.19

第6章　通用型集成运放结构及其单元电路

6.1　集成运算放大电路简介

前几章讲到的各种晶体管放大器都是用分立的晶体管、电阻、电容等元件靠导线或印刷电路连接组成的，通常称为分立元件电路，而集成放大电路集各种放大电路于一体，以它的优异性能和超小型化给电子设备的组装和调试带来极大方便。

集成运放是一种多级放大器，性能良好的运放应该具有高增益、高输入阻抗、低输出阻抗和工作点漂移小等特点。集成运放在电路设计上具有许多特点。

（1）多级放大器之间采用直接耦合方式级联。集成电路工艺上无法实现大的电容和电感，因此无法采用电容耦合方式等间接耦合方式来级联放大器。

（2）尽可能用有源器件替代无源器件。电阻、电容是电路中的常见器件，但是在集成电路生产过程中，这些器件的数值和精度是与它所占用的芯片面积成正比的，这非常不利于实现电路的微型化集成，而制作晶体管不仅方便，而且占用面积也小，因此在集成电路中一般避免使用大的电阻和电容，而尽可能采用有源器件替代。

（3）利用对称结构改善电路性能。集成电路工艺生产时有一个显著特点：绝对误差大，相对误差小。这句话指的是集成工艺制造的元器件，其参数误差是比较大的，但同类元器件都经历相同的工艺流程，则它们的参数一致性就很好。另外，在同一片芯片上的元器件，它们的温度匹配性也好。因此，在集成运放的电路设计中，应尽可能使电路性能取决于元器件参数的比值，而不依赖于元器件参数本身，以保证电路参数的准确及性能稳定。

集成运放的电路形式各种各样，但从电路结构上看，它一般由输入级、中间放大级、输出级和直流偏置电路 4 部分构成，如图 6.1 所示。输入级通常采用对称结构的差分放大器，中间级一般是具有高增益的多级放大器，输出级一般为功率放大电路，而各级的偏置和有源负载则由电流源电路提供。

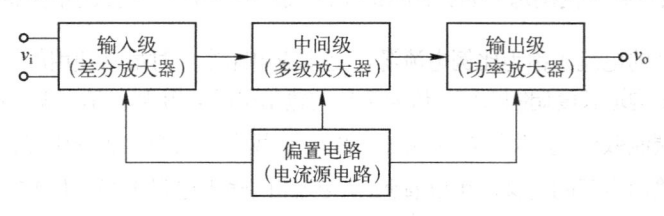

图 6.1　集成运算放大器组成框图

6.2　电流源电路及其应用

集成电路中的晶体管和场效应管等半导体器件除了组成放大电路外，主要还有两个作用：一是组成电流源电路，为各级提供合适的静态电流；二是作为有源负载取代高阻值的电阻，这样做不仅可以节约芯片面积，还可以提高电路的增益。因此，如何设计实现满足各种不同要求的电流源，就成为模拟集成电路设计制造中一个十分重要的问题。

在讨论电路结构和设计之前，我们来看看电流源的两个基本参数，它们描述了一个电流源电路性能的优劣程度：电流源输出电流 I_O 的稳定性和电流源输出电阻 R_o。对于一个性能良好的电流源来说，I_O 的稳定性非常高，几乎是恒流输出，因此有些书上也把电流源电路称为恒流源电路；同时，输出电阻 R_o 也非常高，这样能大大提高电流源电路驱动负载的能力。

这里主要介绍以下几类典型的电流源电路：① 镜像电流源电路；② 比例电流源电路；③ 电流导向电路。

6.2.1 MOS 镜像电流源电路及比例电流源电路

MOS 镜像电流源的典型电路如图 6.2 所示，作为集成电路的一部分，该电路的两个管子都要求工作在饱和区，这一点可以由其他部分的电路提供保证。其中，VT_1 和电阻 R_{REF} 这部分电路称为电流源的参考电路，而电阻 R_{REF} 上通过的电流 I_R 称为电流源的参考电流，后面会看到

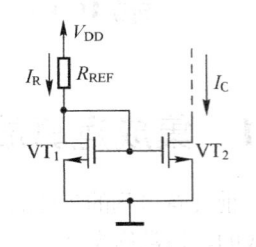

图 6.2 MOS 镜像电流源电路

电流源的输出电流大小主要由这个参考电流的大小来决定，而参考电流的大小由参考电路来决定。

由图 6.2 可知，两管的栅极相连，且源极也相连，故有

$$v_{GS1} = v_{GS2} = v_{GS} \tag{6.1}$$

所以若忽略沟道长度调制效应，可以得到

$$I_R = i_{D1} = \frac{1}{2}\mu_n C_{ox} \left(\frac{W}{L}\right)_1 (v_{GS1} - V_{tn1})^2 \tag{6.2}$$

$$I_O = i_{D2} = \frac{1}{2}\mu_n C_{ox} \left(\frac{W}{L}\right)_2 (v_{GS2} - V_{tn2})^2 \tag{6.3}$$

又因为两管的栅极输入电流均为 0，可以得到 $I_R = i_{D1}$，若两管的物理参数一致，就会有

$$I_O = I_R \tag{6.4}$$

这时电流源的输出电流完全由参考电流决定，实现了一种镜像关系，故将这种电路称为镜像电流源电路。

若两管的其他物理参数相同，但沟道的宽长比不同，则可以得到

$$I_O = \frac{(W/L)_2}{(W/L)_1} I_R \tag{6.5}$$

由式（6.5）可知，只要选择不同沟道宽长比的 MOS 管，就可以得到不同大小的电流。其中，$\frac{(W/L)_2}{(W/L)_1}$ 称为电流传输系数，这样的电流源称为**比例电流源**，是集成电路生产时最常使用的控制输出电流的方法。

上面的讨论忽略了沟道长度调制效应，认为 VT_2 的输出电阻无穷大，所以输出电流 I_O 保持恒流输出，但如果考虑沟道长度调制效应，会发现 I_O 的大小会随着负载大小的变化而变化，这是电流源输出电阻 R_o 在起作用。根据电路输出电阻的定义，可以看到，该电路的输出电阻正好就是 VT_2 的输出电阻，即

$$R_o = r_{o2} = \frac{|V_{A2}|}{I_{D2}} \tag{6.6}$$

式中，V_{A2} 为 VT_2 的厄尔利电压，可以从相关器件手册上得到该参数。

6.2.2 BJT 镜像电流源电路及比例电流源电路

图 6.3 所示为 BJT 镜像电流源的典型电路。同 MOS 电流源电路相似，该电路的两个管子都要求工作在放大区，这一点也可以由集成电路的其他部分电路提供保证。其中，VT_1 管和电阻 R_{REF} 这部分电路称为电流源的参考电路，而电阻 R_{REF} 上通过的电流称为电流源的参考电流，它的大小由参考电路来决定。

由图 6.3 可知，两管的基极相连，且发射极也相连，故有

$$v_{BE1} = v_{BE2} \tag{6.7}$$

如果忽略基区宽度调制效应，可以得到

$$i_{C1} = I_{S1} e^{v_{BE1}/V_T} \tag{6.8}$$

$$I_O = i_{C2} = I_{S2} e^{v_{BE2}/V_T} \tag{6.9}$$

如果两管的物理参数完全一致，即 $I_{S1} = I_{S2}$，则有

$$i_{C1} = i_{C2} \tag{6.10}$$

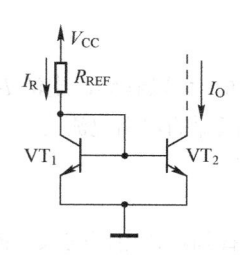

图 6.3 BJT 镜像电流源电路

注意到，与 MOS 管电流源最大的不同之处在于 BJT 管的基极电流不为 0，因此可以得到

$$I_R = i_{C1} + i_{B1} + i_{B2} \tag{6.11}$$

又 $i_{B1} = i_{B2}$，且 $i_{C1} = \beta i_{B1}$，故有

$$I_R = i_{C1} + 2i_{B1} = i_{C1} + 2(i_{C1}/\beta) = \left(1 + \frac{2}{\beta}\right) i_{C1} = \left(1 + \frac{2}{\beta}\right) i_{C2} = \left(1 + \frac{2}{\beta}\right) I_O \tag{6.12}$$

所以

$$I_O = \frac{I_R}{1 + \frac{2}{\beta}} \tag{6.13}$$

同 MOS 电流源电路相似，该电路在考虑基区宽度调制效应的时候，输出电流要随负载的变化而变化，此时，该电路的输出电阻同样也是 VT_2 的输出电阻，即

$$R_o = r_{o2} \tag{6.14}$$

在集成电路的生产中，BJT 比例电流源电路有与 MOS 电路相似的设计方法，这里主要控制的参数是 BJT 的发射结面积 A_E，它的大小与伏安方程中的 I_S 成正比，即可以得到

$$\frac{I_O}{I_R} = \frac{I_{S2}}{I_{S1}} = \frac{A_{E2}}{A_{E1}} \tag{6.15}$$

另外，在分立元件电路中也有一类典型电路，如图 6.4 所示。假设忽略基区宽度调制效应，且 β 足够大，由图可得

$$v_{BE1} + I_1 R_1 = v_{BE2} + I_2 R_2 \tag{6.16}$$

又 $v_{BE1} \approx v_{BE2}$，且 $I_R \approx I_1$，$I_O \approx I_2$，则可得

$$\frac{I_O}{I_R} = \frac{R_1}{R_2} \tag{6.17}$$

即通过控制两个电阻的比例，可以实现输出电流的按比例输出。

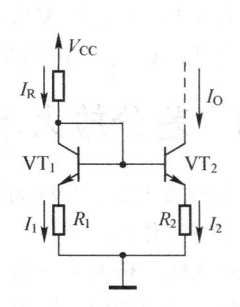

6.2.3 电流导向电路

图 6.4 BJT 比例电流源电路

集成电路中的偏置主要使用电流源偏置。设计时，一个恒定的参考直流电流在一个地方生成后，可被复制到芯片上其他多个地方，为多级放大器提供偏置，这种方式称为电流导向。其优点是设计者只要把精力集中在如何得到稳定的参考电流上，而不必把这项工作在每级放大器上重复进行。另外，在电源电压或温度等其他外界情况有变时，各级放大器的偏置电流也会保持相互一致。

图 6.5 所示为一个简单的 MOS 电流导向电路，若外电路保证所有 MOS 管都能工作在饱和区，则其中 VT_1 和 R_{REF} 共同决定参考电流 I_R，VT_1 分别与 VT_2、VT_3 构成两个输出端的镜像电流源。

$$I_2 = \frac{(W/L)_2}{(W/L)_1} I_R$$

$$I_3 = \frac{(W/L)_3}{(W/L)_1} I_R$$

从图 6.5 可以看到，电流 I_3 作为参考电流流入到由 PMOS 管 VT_4 和 VT_5 组成的镜像电流源的输入端，该电流源的输出电流为

$$I_5 = \frac{(W/L)_5}{(W/L)_4} I_4 = \frac{(W/L)_5}{(W/L)_4} \frac{(W/L)_3}{(W/L)_1} I_R \tag{6.18}$$

可以看到，该电流的大小同样受到参考电流 I_R 的影响。

图 6.6 所示为一种简单的 BJT 电流导向电路，直流参考电流 I_R 由 VT_1、R_{REF} 和 VT_2 共同决定。

$$I_R = \frac{V_{CC} + V_{EE} - V_{EB2} - V_{BE1}}{R_{REF}} \tag{6.19}$$

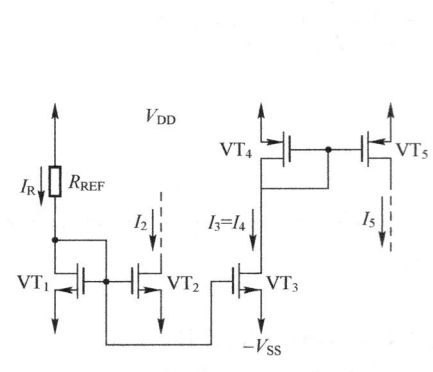

图 6.5 MOS 电流导向电路　　　图 6.6 BJT 电流导向电路

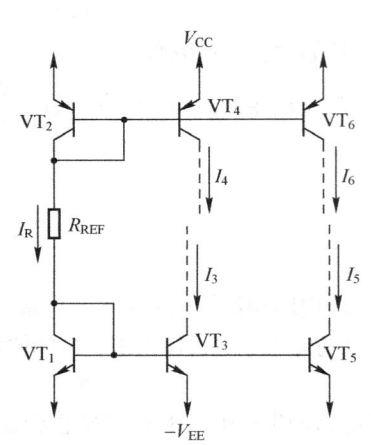

为了简化计算，假设所有 BJT 的 β 都足够大，忽略所有管子的基极电流分流，且忽略基区宽度调制效应，则 VT_1、VT_3 和 VT_5 分别构成电流源，控制各管的发射结面积比例，可以得到不同比例的输出电流；同理，VT_2、VT_4 和 VT_6 分别构成电流源，分析方法与前面相同。

6.3　差分放大单元电路

差分放大器，又称为差动放大器，简称差放。它利用电路参数的对称性和负反馈作用，能有效地稳定静态工作点，并以放大差模信号、抑制共模信号为显著特征，广泛应用于直接耦合电路和测量电路的输入级。但是差分放大器结构复杂、分析烦琐，特别是其对差模输入和共模输入信号有不同的分析方法，难以理解，因而一直是模拟电子技术中的难点。

在开始讨论之前，首先给出差模信号和共模信号的概念。对于任意一对信号 v_1 和 v_2，它们的差模信号定义为

$$v_d = v_1 - v_2 \tag{6.20}$$

它们的共模信号定义为

$$v_{cm} = \frac{v_1 + v_2}{2} \tag{6.21}$$

反过来说，任意一对信号都可以用它们的差模信号和共模信号的代数和形式来表示

$$v_1 = v_{cm} + \frac{v_d}{2}, \quad v_2 = v_{cm} - \frac{v_d}{2} \tag{6.22}$$

因此,这两个信号源可以实现图 6.7 所示的信号等效替代。

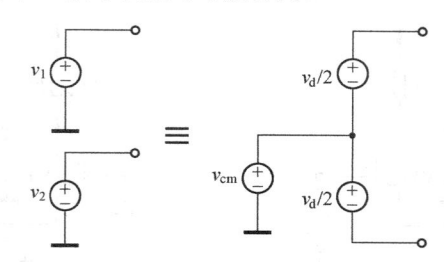

图 6.7 任意一对信号的差模信号和共模信号的等效表示

6.3.1 MOS 差分放大器的典型电路及其性能分析

在分立元件构成的电路中,常常采用大电阻为差分放大器提供静态偏置,而在集成电路设计中,常常采用恒流源结构为差分放大器提供静态偏置,下面就这两种情况来对电路性能进行分析讨论。

MOS 差分放大器的典型电路如图 6.8 所示,其中 R_{SS} 为电流源 I_{SS} 的内阻。电流源 I_{SS} 为 VT_1 和 VT_2 提供恒流偏置,且 VT_1 和 VT_2 完全一样,即两管所有参数均相同。可以看到,典型差分放大器的一个重要特点就是在结构上是完全左右对称的。

差放有两个输入端子和两个输出端子,因此信号的输入和输出均有双端和单端两种方式。双端输入时,信号同时加到两输入端;单端输入时,信号加到一个输入端与地之间,另一个输入端接地。双端输出时,信号取于两输出端之间;单端输出时,信号取于一个输出端到地之间。因此按输入、输出端口使用个数,基本结构可以分为双端输入双端输出、双端输入单端输出、单端输入双端输出和单端输入单端输出 4 种类型。

任意一对信号都可以用它们的共模信号与差模信号的代数和来表示,因此对差放的输入信号而言,不论是双端输入还是单端输入,等效的信号输入结果都是一样的,也就是说,不同的输入方式对电路性能的影响都是一致的;而差放电路本身对共模信号和差模信号的响应又是不同的,因此在这里只讨论双端输入情况下,双端输出和单端输出时差分电路的基本性能,分析方法的基础是叠加原理,看看仅有差模信号输入时和仅有共模信号输入时,电路的基本性能是怎样的。

1. 静态分析

考虑该电路的静态工作点,它的设置要保证 VT_1 和 VT_2 两管都工作在饱和区,能够进行线性放大。

假设输入信号均为零,$v_{i1} = v_{i2} = 0$,即 $V_{G1} = V_{G2} = 0$,直流通路如图 6.9 所示。由于 VT_1 和 VT_2 两管均工作在饱和区,且两边电路完全对称,则在忽略沟道长度调制效应的前提下,可以得到

$$I_{D1} = I_{D2} = \frac{1}{2}\mu_n C_{ox}\left(\frac{W}{L}\right)(v_{GS} - V_{tn})^2 = \frac{I_{SS}}{2} \tag{6.23}$$

$$V_{GS} = -V_S \tag{6.24}$$

R_{SS} 一般取很大的数值,通常为几十千欧以上。

2. 差模信号输入时的分析

下面再来看一下差放对交流信号的处理能力。先看看在仅有差模信号输入时电路的响应,差模输入电路如图 6.10 所示。图 6.11 所示为差分放大器的差模交流通路。假定两管始终不工作在变阻区,可以看到,此时输入的两个信号实际为

$$v_{i1} = -v_{i2} = v_{id}/2 \tag{6.25}$$

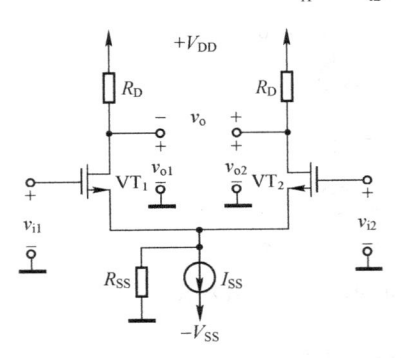

图 6.8 MOS 管差分放大器

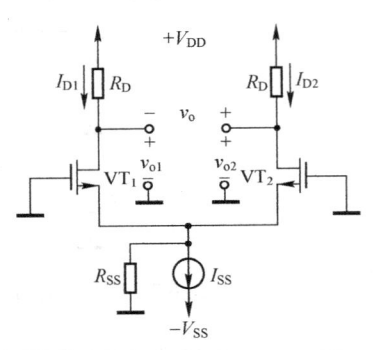

图 6.9 MOS 管差分放大器的直流通路

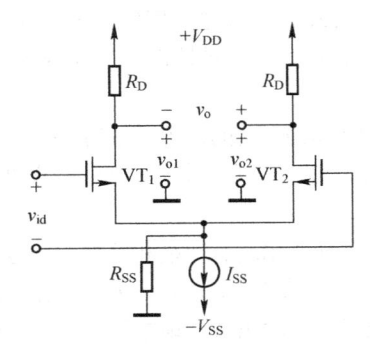

图 6.10 仅有差模输入时的实际电路

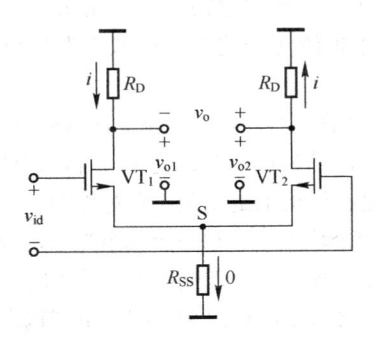

图 6.11 仅有差模输入时的交流通路

以下推导过程假设两管完全匹配，同时忽略沟道长度调制效应和衬底效应，可以得到如下的两管漏极电流表达式

$$i_{D1} = \frac{1}{2}\mu_n C_{ox} \frac{W}{L}(v_{GS1} - V_{tn})^2 \tag{6.26}$$

$$i_{D2} = \frac{1}{2}\mu_n C_{ox} \frac{W}{L}(v_{GS2} - V_{tn})^2 \tag{6.27}$$

此时，在差模输入信号的激励下，两管内通过的交流电流增量如图 6.11 所示，即两管通过的交流电流增量大小相等，极性相反，因此差分对管的漏极上得到的瞬时电压分别为

$$v_{D1} = v_{o1} = V_{DD} - I_D R_D - iR_D, \quad v_{D2} = v_{o2} = V_{DD} - I_D R_D + iR_D$$

$$v_o = v_{o2} - v_{o1} = 2iR_D \tag{6.28}$$

电阻 R_{SS} 上通过的交流电流增量为 0，也就是说电阻 R_{SS} 上没有交流压降，所以点 S 处的交流电位也为 0，常常把这个点称为虚地点，可以得到如图 6.12 所示的等效交流通路，在图中可以看到电阻 R_{SS} 可以视为短路。

将图 6.12 用小信号模型替代后，可得双端输出时，差模电压增益为

$$A_{vd} = \frac{v_o}{v_{id}} = \frac{v_{o2} - v_{o1}}{v_{i1} - v_{i2}} = \frac{-2v_{o1}}{2v_{i1}} = -\frac{v_{o1}}{v_{i1}} = g_m(R_D // r_o) \tag{6.29}$$

如果这时在两个输出端之间接上一个负载电阻 R_L，则由于两漏极上的交流电压也大小相等，极性相反，因此在负载电阻的中点电位必然为 0，也就是说，实际上相当于给每个 MOS 管各接上了一个大小为 $R_L/2$ 的电阻，此时差模电压增益可以表示为

$$A_{\text{vd}} = -\frac{v_{\text{o1}}}{v_{\text{i1}}} = g_{\text{m}}\left(R_{\text{D}} \mathbin{/\mkern-5mu/} r_{\text{o}} \mathbin{/\mkern-5mu/} \frac{R_{\text{L}}}{2}\right) \tag{6.30}$$

差模输入电阻
$$R_{\text{id}} = \infty \tag{6.31}$$
差模输出电阻
$$R_{\text{od}} = 2(R_{\text{D}} \mathbin{/\mkern-5mu/} r_{\text{o}}) \tag{6.32}$$

(a) 交流通路   (b) 半电路小信号等效电路

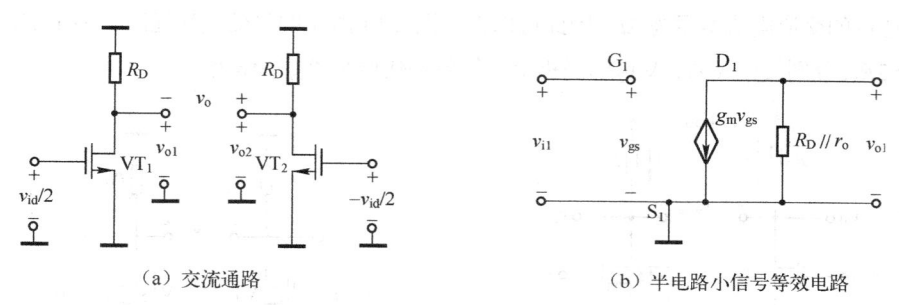

图 6.12   MOS 差分放大器差模交流通路

单端输出空载时，差模电压增益分别为

$$A_{\text{vd1}} = \frac{v_{\text{o1}}}{v_{\text{id}}} = \frac{v_{\text{o1}}}{v_{\text{i1}} - v_{\text{i2}}} = \frac{v_{\text{o1}}}{2v_{\text{i1}}} = -\frac{1}{2}g_{\text{m}}(R_{\text{D}} \mathbin{/\mkern-5mu/} r_{\text{o}}) \tag{6.33}$$

$$A_{\text{vd2}} = \frac{v_{\text{o2}}}{v_{\text{id}}} = \frac{-v_{\text{o1}}}{v_{\text{i1}} - v_{\text{i2}}} = \frac{-v_{\text{o1}}}{2v_{\text{i1}}} = -\frac{1}{2}\frac{v_{\text{o1}}}{v_{\text{i1}}} = \frac{1}{2}g_{\text{m}}(R_{\text{D}} \mathbin{/\mkern-5mu/} r_{\text{o}}) \tag{6.34}$$

从式（6.33）和式（6.34）可以看到，与输入差模信号 v_{id} 相比，从 VT$_1$ 输出的交流电压信号会出现反相，而从 VT$_2$ 输出的交流电压信号则保持同相，因此，常把 VT$_1$ 的漏极称为差分放大器的反相输出端，把 VT$_2$ 的漏极称为差分放大器的同相输出端。

如果在单端输出端与地之间接上一个负载电阻 R_{L}，则可以得到

$$A_{\text{vd1}} = \frac{v_{\text{o1}}}{v_{\text{id}}} = -\frac{1}{2}g_{\text{m}}(R_{\text{D}} \mathbin{/\mkern-5mu/} r_{\text{o}} \mathbin{/\mkern-5mu/} R_{\text{L}}) \tag{6.35}$$

$$A_{\text{vd2}} = \frac{v_{\text{o2}}}{v_{\text{id}}} = \frac{1}{2}g_{\text{m}}(R_{\text{D}} \mathbin{/\mkern-5mu/} r_{\text{o}} \mathbin{/\mkern-5mu/} R_{\text{L}}) \tag{6.36}$$

差模输入电阻为
$$R_{\text{id}} = \infty \tag{6.37}$$
差模输出电阻为
$$R_{\text{od1}} = R_{\text{od2}} = R_{\text{D}} \mathbin{/\mkern-5mu/} r_{\text{o}} \tag{6.38}$$

可以看到，分析过程虽然是在两个 MOS 管组成的电路中进行的，但具体分析时根据信号参数之间的关系可以在一个 MOS 管共射电路中求解，这种分析方法称为**半电路分析法**，因此画出一个 MOS 管的小信号等效电路即可，但要注意对 R_{L} 的处理方式。

3．共模信号输入时的分析

再来看看在仅有共模信号输入时电路的响应。图 6.14 所示为差分放大器的共模交流通路。假定两管始终不工作在变阻区，可以看到，此时输入的两个信号实际为

$$v_{\text{i1}} = v_{\text{i2}} = v_{\text{icm}} = \frac{v_{\text{i1}} + v_{\text{i2}}}{2} \tag{6.39}$$

以下推导过程假设两管完全匹配，同时忽略沟道长度调制效应和衬底效应，可以得到如下的两管漏极电流表达式

$$i_{\text{D1}} = \frac{1}{2}\mu_{\text{n}} C_{\text{ox}} \frac{W}{L}(v_{\text{GS1}} - V_{\text{tn}})^2 \tag{6.40}$$

$$i_{\text{D2}} = \frac{1}{2}\mu_{\text{n}} C_{\text{ox}} \frac{W}{L}(v_{\text{GS2}} - V_{\text{tn}})^2 \tag{6.41}$$

此时，在共模输入信号的激励下，两管内通过的交流电流增量如图 6.13 所示，即两管通过的交流电流增量大小相等，极性相同，因此差分对管的漏极上得到的瞬时电压分别为

$$v_{cm1} = v_{o1} = V_{DD} - I_D R_D - i R_D, \quad v_{cm2} = v_{o2} = V_{DD} - I_D R_D - i R_D$$
$$v_o = v_{o2} - v_{o1} = 0 \tag{6.42}$$

电阻 R_{SS} 上通过的交流电流增量为 $2i$，因此可以得到图 6.14 所示的等效交流通路。为了实现两管的分离，用两个 $2R_{SS}$ 分别接到 VT_1、VT_2 的源极上，等效替代原来 R_{SS} 的作用。

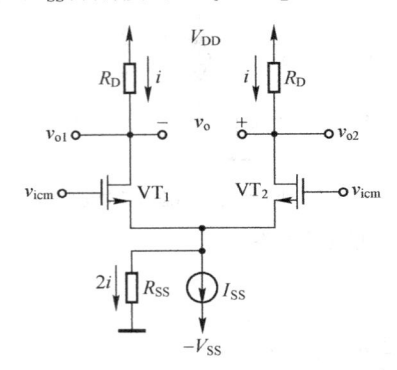

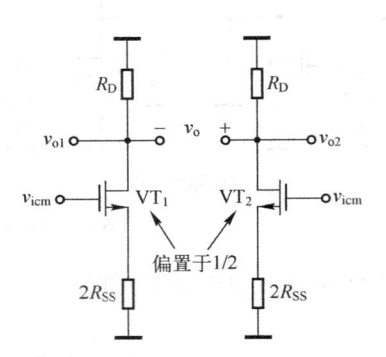

图 6.13　仅有共模输入时的实际电路　　图 6.14　仅有共模输入时的交流通路

双端输出时，共模电压增益为

$$A_{vcm} = \frac{v_o}{v_{icm}} = \frac{v_{o2} - v_{o1}}{(v_{i1} + v_{i2})/2} = 0 \tag{6.43}$$

如果这时在两个输出端之间接上一个负载电阻 R_L，则由于两漏极上的交流电压完全相等，因此该负载电阻中不会有交流电流通过，也没有电压从负载中输出，则其共模增益依然为 0。

共模输入电阻

$$R_{icm} = \infty \tag{6.44}$$

共模输出电阻

$$R_{ocm} = 2R_D \tag{6.45}$$

单端输出时，忽略沟道长度调制效应，则共模电压增益分别为

$$A_{vcm1} = \frac{v_{o1}}{v_{icm}} = \frac{v_{o1}}{(v_{i1} + v_{i2})/2} = \frac{v_{o1}}{v_{i1}} = -\frac{g_m R_D}{1 + g_m \cdot 2R_{SS}} \approx -\frac{R_D}{2R_{SS}} \tag{6.46}$$

$$A_{vcm2} = \frac{v_{o2}}{v_{icm}} = \frac{v_{o2}}{(v_{i1} + v_{i2})/2} = \frac{v_{o2}}{v_{i2}} = -\frac{g_m R_D}{1 + g_m \cdot 2R_{SS}} \approx -\frac{R_D}{2R_{SS}} \tag{6.47}$$

从式（6.46）和式（6.47）可以看到，两个输出端口的共模增益相同，且由于 R_{SS} 是恒流源内阻，一般情况下满足 $R_{SS} \gg 1/g_m$，故可以得到式（6.47）的近似结果。

如果在单端输出端与地之间接上一个负载电阻 R_L，则可以得到

$$A_{vcm1} = \frac{v_{o1}}{v_{icm}} \approx -\frac{R_D // R_L}{2R_{SS}} = A_{vcm2} \tag{6.48}$$

共模输入电阻为

$$R_{icm} = \infty \tag{6.49}$$

共模输出电阻为

$$R_{ocm1} = R_{ocm2} = R_D \tag{6.50}$$

衡量差分放大器的好坏还有一个重要的参数——共模抑制比 CMRR，定义如下

$$\mathrm{CMRR} = \left| \frac{A_d}{A_{cm}} \right| \tag{6.51}$$

由此可以得到

双端输出时	CMRR=∞	(6.52)
单端输出时	$CMRR = g_m R_{SS}$	(6.53)

显然，对于差放电路的设计，CMRR 大，说明它有良好的抑制共模信号的能力，因此该参数越大越好。

6.3.2 BJT 差分放大器的典型电路及其性能分析

图 6.15 所示为 BJT 差分放大器的典型电路，它同 MOS 管差分放大器的基本结构相似，同样由电流源 I_{EE} 为 VT_1 和 VT_2 提供偏置电流，同样采用左右完全对称的结构，也就是说 VT_1 和 VT_2 是完全相同的两只晶体管。分析方法也与 MOS 电路相似。

1. 静态分析

如图 6.16 所示，分析图 6.15 所示电路的直流特性。外电路保证 VT_1 和 VT_2 工作在放大区，令 $v_{i1} = v_{i2} = 0$，由于该电路左右完全对称，则可得

$$I_{E1} = I_{E2} = I_{EE}/2 \tag{6.54}$$

$$I_{C1} = I_{C2} = \frac{\alpha I_{EE}}{2} \tag{6.55}$$

$$V_{B1} = V_{B2} = 0 \tag{6.56}$$

$$V_{E1} = V_{E2} = -0.7\text{V} \tag{6.57}$$

$$V_{C1} = V_{C2} = V_{CC} - \frac{\alpha I_{EE}}{2} R_C \tag{6.58}$$

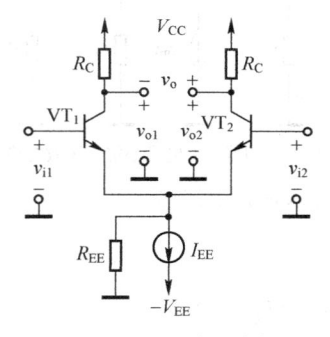

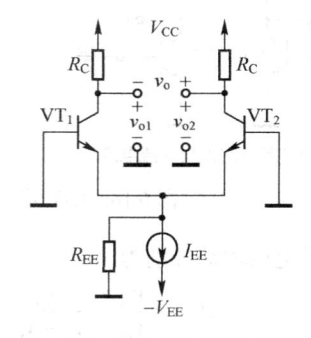

图 6.15 BJT 差分放大器　　　图 6.16 BJT 差分放大器的直流通路

2. 差模性能分析

图 6.17 所示为 BJT 差放在差模输入条件下的交流通路。同 MOS 差放分析思路相似，可以得到

$$v_{i1} = -v_{i2} = v_{id}/2 \tag{6.59}$$

两管中出现大小相等，极性相反的交流电流，汇聚到 E 极后正好抵消，因此恒流源内阻 R_{EE} 内没有交流电流通过，两管 E 极的连接点交流电压为 0V，称为交流虚地点，故可以忽略 R_{EE} 电阻。由此可以得到图 6.18 所示的小信号等效电路（半电路分析法）。

双端输出时，可以得到

差模增益　　$$A_{vd} = \frac{v_o}{v_{id}} = \frac{v_{o2} - v_{o1}}{v_{i1} - v_{i2}} = \frac{-2v_{o1}}{2v_{i1}} = -\frac{v_{o1}}{v_{i1}} = g_m(R_C // r_o) \tag{6.60}$$

如果这时在两个输出端之间接上一个负载电阻 R_L，则由于两漏极上的交流电压也大小相等，极性相反，因此在负载电阻的正中间位置电位必然为 0，也就是说，实际上相当于给每个 BJT 管各接上了一个大小为 $R_L/2$ 的电阻，此时差模电压增益可以表示为

$$A_{vd} = -\frac{v_{o1}}{v_{i1}} = g_m\left(R_D // r_o // \frac{R_L}{2}\right)$$

差模输入电阻
$$R_{id} = \frac{v_{id}}{i_i} = \frac{v_{i1} - v_{i2}}{i_b} = \frac{2v_{i1}}{i_b} = 2r_\pi \tag{6.61}$$

差模输出电阻
$$R_{od} = 2(R_C // r_o) \tag{6.62}$$

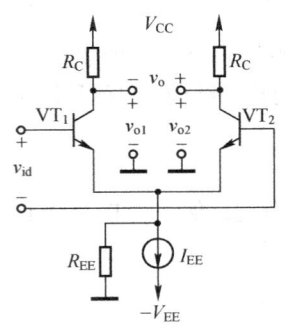

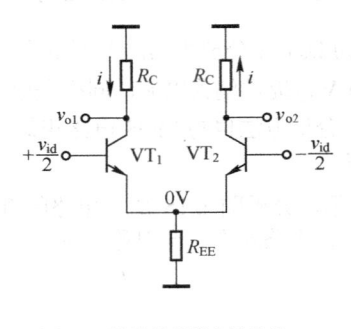

(a) BJT差放的差模输入电路　　　　　　(b) BJT差放的差模交流通路

图 6.17　BJT 差分放大器差模输入

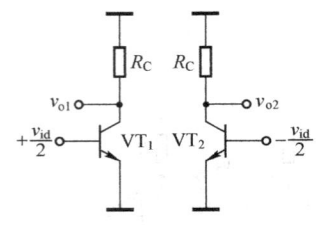

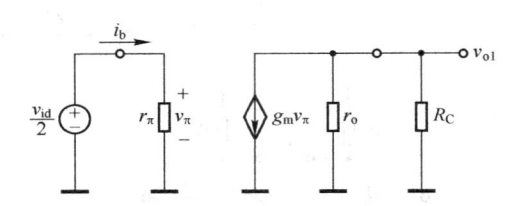

(a) BJT差放的差模交流电路　　　　　　(b) BJT差放的差模半电路小信号等效电路

图 6.18　BJT 差分放大器差模输入时小信号分析

单端输出时，差模电压增益分别为

$$A_{vd1} = \frac{v_{o1}}{v_{id}} = \frac{v_{o1}}{v_{i1} - v_{i2}} = \frac{v_{o1}}{2v_{i1}} = -\frac{1}{2}g_m(R_C // r_o) \tag{6.63}$$

$$A_{vd2} = \frac{v_{o2}}{v_{id}} = \frac{-v_{o1}}{v_{i1} - v_{i2}} = \frac{-v_{o1}}{2v_{i1}} = -\frac{1}{2}\frac{v_{o1}}{v_{i1}} = \frac{1}{2}g_m(R_C // r_o) \tag{6.64}$$

从式（6.63）和式（6.64）可以得到与 MOS 电路相似的结论，VT_1 的集电极称为差分放大器的反相输出端，VT_2 的集电极称为差分放大器的同相输出端。

如果在单端输出端与地之间接上一个负载电阻 R_L，即单端输出时，可以得到

$$A_{vd1} = \frac{v_{o1}}{v_{id}} = -\frac{1}{2}g_m(R_C // r_o // R_L) \tag{6.65}$$

$$A_{vd2} = \frac{v_{o2}}{v_{id}} = \frac{1}{2}g_m(R_C // r_o // R_L) \tag{6.66}$$

差模输入电阻为
$$R_{id} = 2r_\pi \tag{6.67}$$

差模输出电阻为
$$R_{od1} = R_{od2} = R_C // r_o \tag{6.68}$$

3. 共模性能分析

为简化计算，以下分析过程忽略基区宽度调制效应。如图 6.19（a）所示，当电路采用共模方式输

入时,有

$$v_{i1} = v_{i2} = v_{icm} = \frac{v_{i1} + v_{i2}}{2} \tag{6.69}$$

此时两管内会引起大小相等,极性相同的交流电流,故可以得到图 6.19(b)所示的交流通路。由于两边工作条件一致,因此可以得到

$$v_{o1} = v_{o2}, \quad v_{ocm} = v_{o2} - v_{o1} = 0 \tag{6.70}$$

因此无论是否有负载,都可以得到双端输出时

共模增益

$$A_{vcm} = \frac{v_o}{v_{icm}} = \frac{v_{o2} - v_{o1}}{(v_{i1} + v_{i2})/2} = 0 \tag{6.71}$$

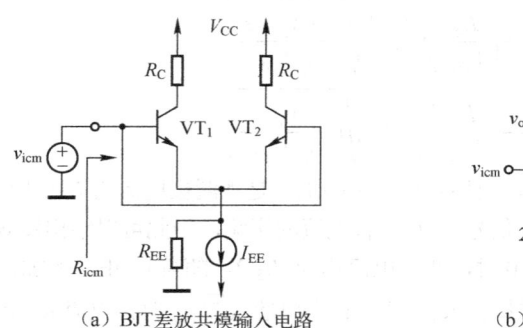

图 6.19 BJT 差放共模输入电路

(a) BJT 差放共模输入电路　　(b) BJT 差放共模交流通路

因为 BJT 的基极有明显的输入电流,因此共模输入电阻的求解与 MOS 电路不同,如图 6.20 所示。共模输入电阻为

$$R_{icm} = \frac{v_{icm}}{i_i} = \frac{v_{icm}}{2i_b} = \frac{1}{2}\frac{v_{i1}}{i_b} = \frac{1}{2}[r_\pi + (1+\beta)2R_{EE}] \approx (1+\beta)R_{EE} \tag{6.72}$$

式中,$(1+\beta)2R_{EE} \gg r_\pi$,故可以得到上述近似关系式。

同 MOS 电路相似,共模输出电阻为

$$R_{ocm} = 2R_C \tag{6.73}$$

单端输出时,忽略基区宽度调制效应,则共模电压增益为

$$A_{vcm1} = A_{vcm2} = \frac{v_{o1}}{v_{icm}} = \frac{v_{o1}}{(v_{i1}+v_{i2})/2} = \frac{v_{o1}}{v_{i1}} \approx -\frac{R_C}{2R_{EE}} \tag{6.74}$$

图 6.20 半电路法求共模输入电阻

如果在单端输出端与地之间接上一个负载电阻 R_L,则可以得到

$$A_{vcm1} = \frac{v_{o1}}{v_{icm}} \approx -\frac{R_C // R_L}{2R_{EE}} = A_{vcm2} \tag{6.75}$$

共模输入电阻为

$$R_{icm} = \frac{1}{2}[r_\pi + (1+\beta)2R_{EE}] \approx (1+\beta)R_{EE} \tag{6.76}$$

共模输出电阻为

$$R_{ocm1} = R_{ocm2} = R_C \tag{6.77}$$

同理,根据共模抑制比的定义可以得到

双端输出时 $\qquad\qquad\qquad\qquad$ CMRR=∞ $\qquad\qquad\qquad$ (6.78)

单端输出时 $\qquad\qquad\qquad\qquad$ CMRR = $g_m R_{EE}$ $\qquad\qquad$ (6.79)

同样,CMRR 说明电路抑制共模信号能力的优劣。

6.3.3 差分放大器的差模传输特性

在前面两节的性能分析过程中,我们采用了小信号模型将电路线性化,也就是说,前面两节的分析结论都建立在晶体管小信号条件成立的基础上。本节内容将专门讨论差放电路的差模传输特性曲线,看看曲线的变化情况。

1. MOS 差分放大器的差模传输特性

由图 6.10 可以推导 i_D-v_{id} 的关系曲线,假定差分对完全匹配,并始终不会工作在变阻区,同时忽略沟道长度调制效应和衬底效应。具体过程这里不做详解,有兴趣的读者可以参见参考文献"微电子电路"等相关资料,现在将 i_D-v_{id} 关系式列出来:

$$i_{D1} = \frac{I_{SS}}{2} + \left(\frac{I_{SS}}{V_{OV}}\right)\left(\frac{v_{id}}{2}\right)\sqrt{1-\left(\frac{v_{id}/2}{V_{OV}}\right)^2} \tag{6.80}$$

$$i_{D2} = \frac{I_{SS}}{2} - \left(\frac{I_{SS}}{V_{OV}}\right)\left(\frac{v_{id}}{2}\right)\sqrt{1-\left(\frac{v_{id}/2}{V_{OV}}\right)^2} \tag{6.81}$$

式中,$V_{OV} = v_{GS} - V_t$,称为过驱动电压,边界表达式中的 V_{OV} 是当漏极电流为 $I_{SS}/2$ 时的过驱动电压。式(6.80)和式(6.81)描述了差模输入信号 v_{id} 对两管电流的影响,由此可以绘出图 6.21 所示的归一化传输特性曲线。可以注意到,当 $v_{id}=0$ 时,两管电流均为 $I_{SS}/2$。随着 v_{id} 正值增加,i_{D1} 增大的部分和 i_{D2} 减小的部分相等,使得两者之和维持在 I_{SS},且当 v_{id} 增加到 $\sqrt{2}V_{OV}$ 时,电流 I_{SS} 全部流过 VT$_1$ 管。若 v_{id} 为负值,则电流变化正好反过来,且当 v_{id} 减小到 $-\sqrt{2}V_{OV}$ 时,电流 I_{SS} 全部流过 VT$_2$ 管。

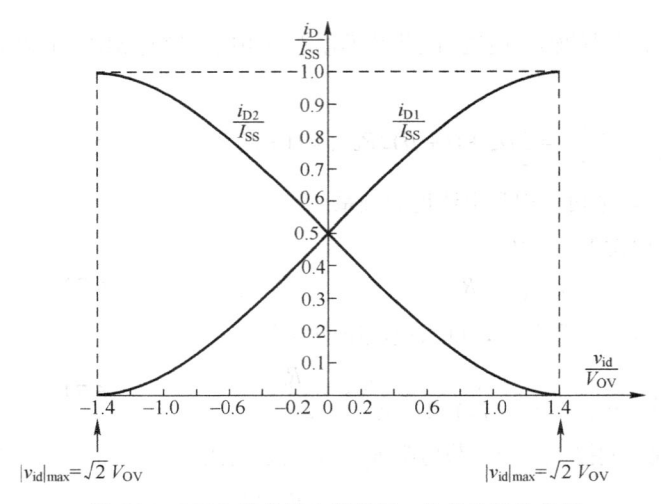

图 6.21 MOS 差分放大器的归一化传输特性曲线

由图 6.21 可知传输特性曲线是非线性的,对于给定的 V_{OV},当采用小信号近似条件,即 $|v_{id}/2| \ll V_{OV}$ 时,可以得到两个近似线性的方程:

$$i_{D1} \approx \frac{I_{SS}}{2} + \left(\frac{I_{SS}}{V_{OV}}\right)\left(\frac{v_{id}}{2}\right) \tag{6.82}$$

$$i_{D2} = \frac{I_{SS}}{2} - \left(\frac{I_{SS}}{V_{OV}}\right)\left(\frac{v_{id}}{2}\right) \tag{6.83}$$

注意到单管的 $g_m = I_{SS}/V_{OV}$,与前面借助小信号模型分析得出的结论是一致的。

从图 6.22 所示的例子中可以看到，增加 VT_1 和 VT_2 工作时的过驱动电压 V_{OV}，可以扩大放大器的线性范围。这可以通过采用（W/L）比值更小的晶体管来实现，而代价就是 g_m 的减小，也就是增益的降低。虽然我们也可通过提高偏置电流来获取更大的 g_m，但这样做的代价是增加功率的消耗，因此设计中要注意几项参数之间的协调和取舍。

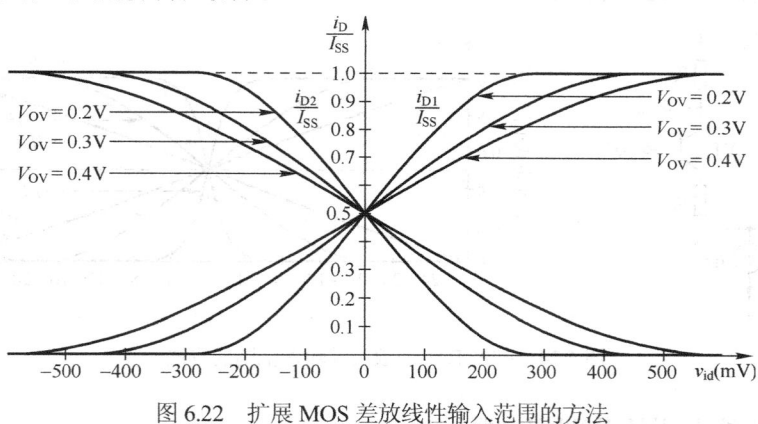

图 6.22　扩展 MOS 差放线性输入范围的方法

2. BJT 差分放大器的差模传输特性

由图 6.17 可以推导 $i_\text{C} - v_\text{id}$ 的关系曲线，假定差分对完全匹配，并始终不会工作在饱和区，同时忽略基区宽度调制效应，也将 $i_\text{C} - v_\text{id}$ 关系式列出来

$$i_{\text{C1}} = \frac{I_{\text{EE}}}{1+\text{e}^{-v_\text{id}/V_\text{T}}} = \frac{I_{\text{EE}}}{2} + \frac{I_{\text{EE}}}{2}\text{th}\left(\frac{v_\text{id}}{2V_\text{T}}\right) \tag{6.84}$$

$$i_{\text{C2}} = \frac{I_{\text{EE}}}{1+\text{e}^{v_\text{id}/V_\text{T}}} = \frac{I_{\text{EE}}}{2} - \frac{I_{\text{EE}}}{2}\text{th}\left(\frac{v_\text{id}}{2V_\text{T}}\right) \tag{6.85}$$

由式（6.84）和式（6.85）可以得到图 6.23 所示的归一化传输特性曲线。分析该曲线可以得到如下结论。

（1）当 $v_\text{id} = 0$ 时，两管电流均为 $I_{\text{EE}}/2$。随着 $|v_\text{id}|$ 的输入，i_{C1} 变化的部分和 i_{C2} 变化的部分相等，极性相反，使得两者之和维持在 I_{EE}。

（2）传输特性具有非线性特征。如图 6.23 所示，在静态工作点附近，当 $|v_\text{id}| \leqslant V_\text{T}$ 时，传输特性近似为一段直线，也就是说，这段范围是差分放大器的线性输入区域。超过这段区域，线性度严重下降。当 $|v_\text{id}| \geqslant 4V_\text{T}$，即 v_id 超过 100mV 时，传输特性明显弯曲，而后趋于水平。这表明差分放大器在大信号输入时，具有良好的限幅特性或电流开关特性。此时，一管截止，恒流源电流全部流入另一管。

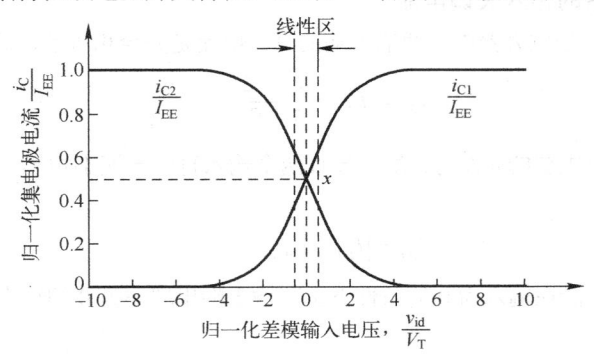

图 6.23　BJT 差分放大器的归一化传输特性曲线

毫伏级的输入范围是非常狭窄的范围，这样的电路无法接收任意信号的输入，因此要想办法扩展 BJT 差分放大器的线性输入范围，图 6.24（a）所示为一种常用的解决方案，扩展后的电流传输特性曲线如图 6.24（b）所示。显然 R_e 越大，扩展的线性区范围就越大，不过线性区范围的扩展，是以牺牲放大器增益为代价的，因此 R_e 也不能过大，设计中要注意参数之间的协调和取舍。

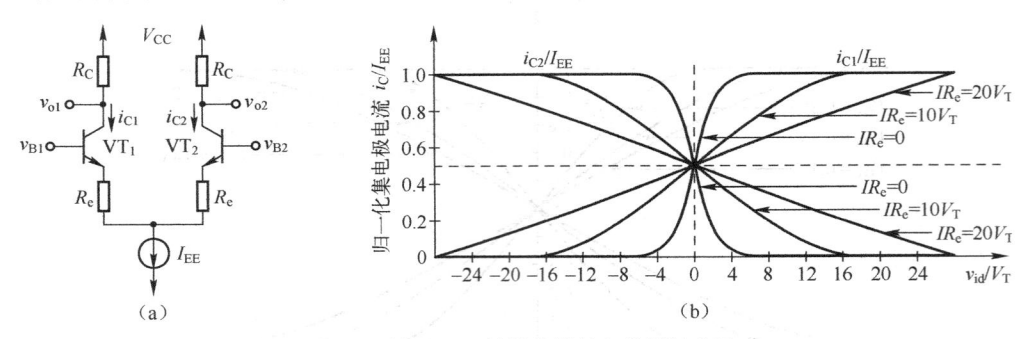

图 6.24 扩展 BJT 差放线性输入范围的方法

6.3.4 差分放大器的非理想参数

1. 输入失调电压

前面有关差分放大器的讨论都建立在差放电路结构完全对称的基础上，实际上这样严格的对称很难真正实现，总会出现一些不平衡现象，于是这种不平衡导致差放在输入为 0 时，双端输出总有不为 0 的信号输出。这种现象称为差分放大器的失调（Offset），此时的输出电压称为输出失调电压（Output Offset Voltage）。

如果在差分放大器的输入端加入一个小输入电压，使双端输出的差分放大器输出电压为 0，即用所加的输入电压补偿了差分放大器的不平衡，这个补偿电压称为输入失调电压（Input Offset Voltage），用 V_{IO} 表示。失调电压的极性可能是正的，也可能是负的，因此一般器件手册上给出的只是幅值，即

$$V_{IO} = \left| \frac{V_O}{A_{vd}} \right| \tag{6.86}$$

式中，V_O 为输出失调电压，A_{vd} 为放大器的差模增益。

一般能引起失调电压的因素有 MOS 的 R_D、W/L 和 V_t 失配，BJT 的 R_C、A_E、β 和 r_o 失配等，总之主要是结构上的不对称，最常用的解决方法是引入调零电路，如图 6.25 所示。

2. BJT 差分放大器的输入失调电流

在完全对称的 BJT 差分放大器中，两输入端的直流电流是完全相等的，即输入偏置电流为

$$I_{B1} = I_{B2} = \frac{I_{EE}/2}{1+\beta} \tag{6.87}$$

放大电路的失配（更主要的是 β 的失配）导致两个输入直流电流不相等，两者的差值就称为输入失调电流

$$I_{IO} = |I_{B1} - I_{B2}| \tag{6.88}$$

该电流通过放大器后能在输入为 0 的条件下引起输出端出现不为 0 的输出，所以使用时也需要实施措施予以补偿。

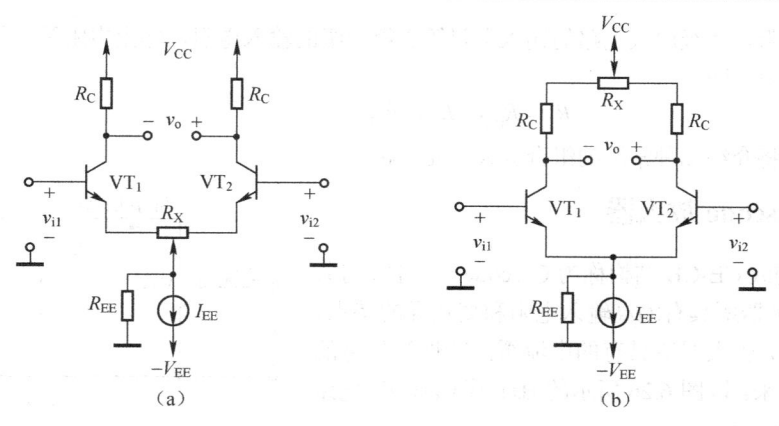

图 6.25 BJT 差分放大器调零电路

6.4 组合放大单元电路

集成运放的中间放大级一般由多级组合放大电路构成，提供较高的增益，并与前后级进行匹配，不同的组合结构可以得到不同的电路特性。

6.4.1 多级放大器的耦合方式及对信号传输的影响

多级放大电路是将各单级放大电路连接起来，这种级间连接方式称为耦合。要求前级的输出信号通过耦合不失真地传输到后级的输入端。常见的耦合方式有阻容耦合、变压器耦合和直接耦合等方式。

阻容耦合是利用电容器作为耦合元件将前级和后级连接起来，这个电容器称为耦合电容，且容值较大，一般为几十到几百微法，因此这种方式无法在集成电路芯片上实现，多用于分立器件构成的电路中。由于耦合电容对直流信号相当于开路，因而使得各级的静态工作点不会相互干扰。但电容对低频信号呈现出很大的电抗，因此低频缓变信号在耦合电容上衰减很大，无法放大。

变压器耦合与阻容耦合情况相似，电路之间靠磁路耦合，各级静态工作点相互独立，低频特性差，而且由于变压器很笨重，不能集成化。

光电耦合是以光信号为媒介来实现电信号的耦合和传递的，实现光耦的基本器件是光电耦合器。由于采用非接触式连接，因此输入和输出端之间绝缘，其绝缘电阻和耐压都很高，且由于光传输的单向性，信号从光源单向传输到光接收器时不会出现反馈现象，其输出信号也不会影响输入端。

直接耦合是将前级放大电路的输出直接接到后级放大电路的输入。由于前后级电路直接相连，各级静态工作点相互影响，所以设计时要调整好电路参数再进行实际调试。直接耦合放大电路具有很好的低频特性，能够放大变化缓慢的信号，便于集成化。目前集成放大电路几乎均采用直接耦合方式。

多级放大电路级联耦合后，假设放大器级数为 N，则放大器增益为

$$A_\mathrm{v} = \frac{v_\mathrm{o}}{v_\mathrm{i}} = \frac{v_\mathrm{o1}}{v_\mathrm{i}} \times \frac{v_\mathrm{o2}}{v_\mathrm{i2}} \times \cdots \times \frac{v_\mathrm{oN}}{v_\mathrm{iN}} \tag{6.89}$$

式中，v_i 为整个放大器的输入信号，也是第一级放大器的输入信号，v_o 为整个系统的输出信号，也是最后一级放大器的输出信号，$v_\mathrm{o1} = v_\mathrm{i2}$，$v_\mathrm{o2} = v_\mathrm{i3}$，$\cdots$，$v_{\mathrm{o}(N-1)} = v_\mathrm{iN}$，则式（6.89）可以改写为

$$A_\mathrm{v} = A_\mathrm{v1} \times A_\mathrm{v2} \times \cdots \times A_\mathrm{vN} \tag{6.90}$$

由式（6.90）可知，一个级联系统的总电压增益等于组成它的各级放大器电压增益的乘积，当计算各级放大器电压增益时，应将后级电路的输入电阻作为前级电路的负载电阻，前级的输出电阻作为后级

电路的信号源内阻。多级放大电路的输入电阻等于第一级的输入电阻，输出电阻等于最后一级（即输出级）的输出电阻，即

$$R_i = R_{i1}, \quad R_o = R_{oN} \tag{6.91}$$

在后面的章节中将介绍几种常用的组合放大单元电路。

6.4.2 Cascode 放大器

CS-CG 结构或 CE-CB 结构称为 Cascode 放大器，将共源（共射极）放大器所具有的高输入电阻和高互导的特点，与共栅（共基极）放大器所具有的电流缓冲特性和优越的高频响应结合起来。以图 6.26 所示的 BJT 管 Cascode 电路为例进行简单的讨论。

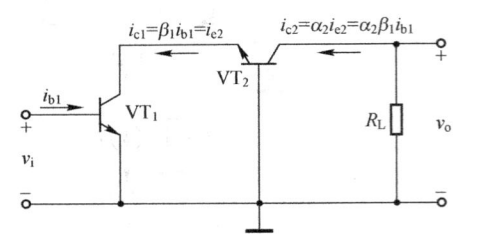

图 6.26　BJT 管 Cascode 电路的交流通路

由于共基极（CB）放大器的输入电阻很小，将它作为负载接在共射极（CE）放大器之后，致使 CE 放大器只有电流增益而没有电压增益，而 CB 放大器只是将 CE 放大器的输出电流接续到输出负载上，因此，这种组合电路的增益相当于负载为 R_L 的一级共射极放大器的增益，即

$$A_v = \frac{v_o}{v_i} = \frac{-\alpha_2 \beta_1 i_{b1} R_L}{i_{b1} r_\pi} \approx -\frac{\beta_1 R_L}{r_\pi} \tag{6.92}$$

$$A_i = \frac{i_o}{i_i} = \frac{\alpha_2 \beta_1 i_{b1}}{i_{b1}} = \alpha_2 \beta_1 \approx \beta_1 \tag{6.93}$$

接入低阻 CB 放大器，在 CE 放大器电压增益减小的同时，也大大减弱了 CE 放大器内部的反向传输效应，从而提高了电路高频工作时的稳定性，明显改善了放大器的频率特性，使得该类电路在高频电路中获得广泛应用。同理，MOS 器件也有类似的电路结构。

6.4.3 常用的组合单元电路

1. CD-CS、CC-CE 及 CD-CE 电路

图 6.27 所示电路的共同点是第一级都是跟随器结构，第二级放大器的增益较高。利用跟随器的输入电阻大而输出电阻小的特点，将它作为输入级构成组合电路时，放大器具有很高的输入电阻，这时电压源几乎全部输送到第二级放大器的输入端，因此这种组合放大器的源电压增益近似为后级放大器的电压增益。图 6.27（a）所示电路中电压增益将比 CS 放大器略小，但它的带宽比 CS 放大器大得多；图 6.27（b）所示电路是与图 6.27（a）相对应的 BJT 电路，除了带宽比 CE 放大器大之外，它的输入电阻增大了 $(1+\beta_1)$ 倍。图 6.27（c）所示为这类电路的 BiCMOS 形式，VT$_1$ 使得放大器的输入电阻为无穷大，同时相对于图 6.27（a）中的 MOS 电路，VT$_2$ 给放大器带来了更大的 g_m，从而获得了较高的增益。

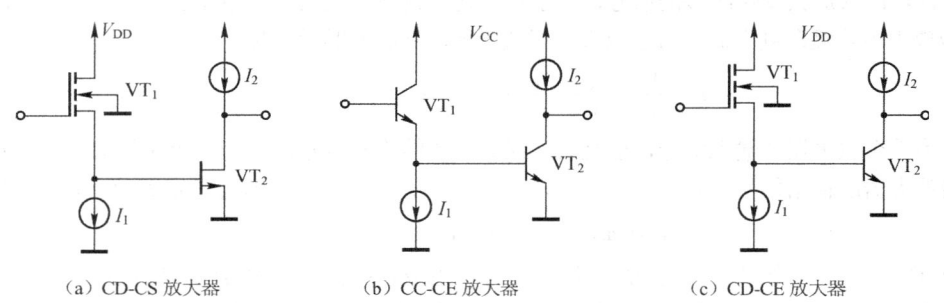

（a）CD-CS 放大器　　（b）CC-CE 放大器　　（c）CD-CE 放大器

图 6.27　CD-CS、CC-CE 及 CD-CE 放大器

2. 达林顿电路

图 6.28 所示为一个运用广泛的 BJT 管电路，称为达林顿组态管，也叫做复合管。我们可以将它视为 CC-CE 电路的变形，其中 VT_1 的集电极与 VT_2 的集电极连在一起，通过计算发现达林顿管的参数 $\beta \approx \beta_1 \beta_2$，它的特点是放大倍数非常高，达林顿管的作用一般是在高灵敏的放大电路中放大非常微小的信号，常用于功率放大器和稳压电源中。

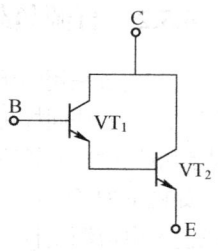

图 6.28 达林顿管

6.5 有源负载放大电路

前面提到过，在集成电路中要实现较大的电阻阻值是需要牺牲芯片面积的，因此在集成电路中电阻的阻值一般都是几十千欧，而要实现较大阻值的电阻，一般都将晶体管作为有源负载来实现。

6.5.1 有源负载 CS 和 CE 放大器

图 6.29 所示为有源负载 CS 放大器的实现电路，VT_1 为放大管，VT_2 为负载管。

VT_2 和 VT_3 为电流源电路，VT_2 为电流源输出管，假设 VT_2 和 VT_3 完全一样，且两管都工作在饱和区，故等效增量电阻为

$$r_{o2} = \frac{|V_{A2}|}{I_{REF}} \quad (6.94)$$

图 6.29 CMOS 共源放大器

VT_1 处于共源组态，r_{o2} 替代了单级电路中的 R_D，因此可以得到该电路的增益表达式为

$$A_v = -g_{m1}(r_{o1} // r_{o2}) \quad (6.95)$$

由于 R_D 的取值范围大概是几十千欧，而 r_{o2} 的取值范围为几十到几百千欧，因此从式（6.95）中可以看到，与单级 CS 电路相比，增益系数得到大大提高。

由于电路中既有 NMOS，又有 PMOS，因此也称其为 CMOS 共源放大器。它可以实现 15～100 倍的电压增益，输入电阻为无穷大，但是该电路的输出电阻也很大，表达式为

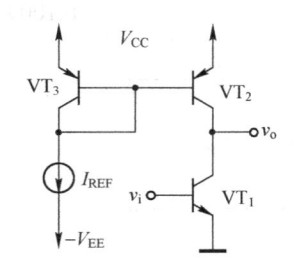

$$R_o = r_{o1} // r_{o2} \quad (6.96)$$

如图 6.30 所示，BJT 也有相似结构的电路，功能与 MOS 电路相似，VT_2 和 VT_3 组成恒流源电路，其中 VT_2 作为输出管为 VT_1 提供电流，同时 VT_2 也作为 VT_1 的负载管，其动态电阻 r_{o2} 为 VT_1 的交流负载，可以得到与 MOS 相同的增益表达式

$$A_v = -g_{m1}(r_{o1} // r_{o2}) \quad (6.97)$$

$$R_i = r_\pi \quad (6.98)$$

$$R_o = r_{o1} // r_{o2} \quad (6.99)$$

图 6.30 BJT 共射放大器

这里要说明的是，作为负载管的 VT_2，它在考虑交流特性时具有极大的阻值，可以为放大器带来高的增益，但是它在静态时的等效电阻要小得多，因此其优点是显而易见的：直流时由于 VT_2 电阻偏小，则放大管 VT_1 的工作点位置设置会比较合适，放大器能提供较大的动态输出范围；交流时 VT_2 呈现较大的阻值，可以使电路提供较大的增益系数。

其他组态的有源负载电路的分析方法与一般电路相似，这里不再赘述。

6.5.2 有源负载 MOS 差分放大器

上节提过采用恒流源代替电阻 R_D，不仅可以极大地提高放大器的电压增益，同时还可以节省芯片面积。这一方法同样可以用到差分放大器上，本节将介绍这种电路的实现形式，它同时还实现了双端输出到单端输出的转变。

如图 6.31 所示，VT_1 和 VT_2 组成了差分放大器，电流源 I 为它们提供静态偏置电流，VT_3 和 VT_4 组成镜像电流源结构，同时作为有源负载。注意，图 6.31 中没有画出电流源 I 的内阻 R_{SS}，并不是忽略不计，后面会参与分析。

为分析电路性能，假设 4 个管子完全匹配，首先考虑静态工作情况。令 $v_{i1} = v_{i2} = 0$，则偏置电流 I 被 VT_1 和 VT_2 管平分。VT_1 的漏极电流 $I/2$ 就是电流源中 VT_3 的输入，因此电流源的输出管 VT_4 就输出了复制后的电流，可见在输出节点处的两个电流均为 $I/2$，则输出到下一级的电流为 0。

1. 差模特性

如图 6.32 所示，当信号以差模形式输入时，在 VT_1 和 VT_2 上分别产生大小相等、极性相反的一对交流电流，VT_3 和 VT_1 相连，因此电流相同，VT_4 作为 VT_3 的输出管，复制输出与 VT_3 电流相同的电流，则在输出节点上接上负载后，会有两倍的电流增量输出。可以看到，此处虽然是单端输出形式，但是具有双端输出的效果，毕竟后级电路采用单端输入形式的更为常见。

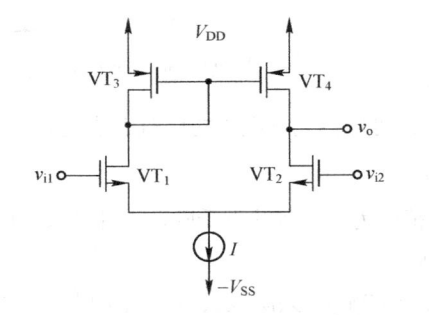

图 6.31 有源负载 MOS 差分放大器

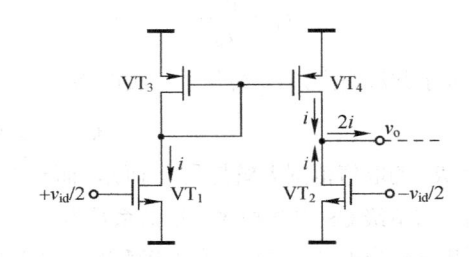

图 6.32 差模交流通路

由图 6.33 可以得到：

$$v_o = -(g_{m4}v_{gs4} + g_{m2}v_{gs2})(r_{o2} // r_{o4}) \tag{6.100}$$

图 6.33 差模交流等效电路

式中

$$v_{gs2} = -v_{id}/2 \tag{6.101}$$

$$v_{gs4} = -g_{m1}v_{gs1}(r_{o1} // r_{o3} // 1/g_{m3}) \tag{6.102}$$

又因为 r_{o1}、$r_{o3} \gg 1/g_{m3}$，$v_{gs1} = v_{id}/2$，则带入式（6.102）可得

$$v_{gs4} \approx -\frac{g_{m1}}{g_{m3}}\frac{v_{id}}{2} \tag{6.103}$$

将式（6.101）和式（6.103）带入式（6.100），可得

$$v_o = \left(g_{m4}\frac{g_{m1}}{g_{m3}}\frac{v_{id}}{2} + g_{m2}\frac{v_{id}}{2}\right)(r_{o2} // r_{o4}) \tag{6.104}$$

由于4个管子均匹配，则 $g_{m1} = g_{m2} = g_{m3} = g_{m4} = g_m$，可得

$$A_{vd} = g_m(r_{o2} // r_{o4}) \tag{6.105}$$

输出电阻为

$$R_{od} = \left.\frac{v_t}{i_t}\right|_{v_{id}=0} = r_{o2} // r_{o4} \tag{6.106}$$

2. 共模特性

如图 6.34 所示，当信号以共模形式输入时，VT_1 和 VT_2 内产生大小和极性相同的一对交流电流，VT_3 电流与 VT_1 电流相等，VT_4 复制 VT_3 同样的电流输出，因此在输出节点上无电流输出，即电路无共模信号输出，或电路对共模信号完全抑制。

如图 6.35 所示，$2R_{SS}$ 通常远大于 VT_1 和 VT_2 的 $1/g_m$，因此源极的信号几乎等于 v_{icm}，同样 r_{o1} 和 r_{o2} 的影响也可以忽略不计，因此可得

$$i_1 = i_2 \approx \frac{v_{icm}}{2R_{SS}} \tag{6.107}$$

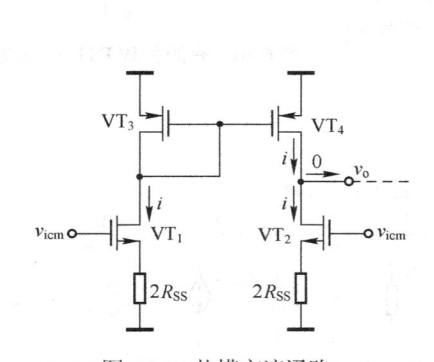

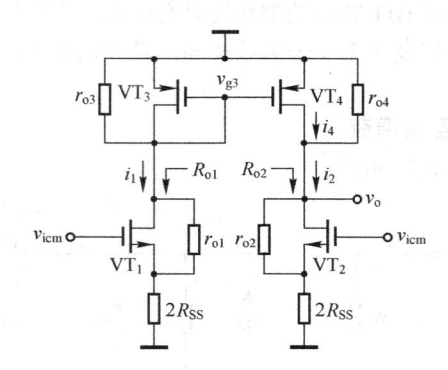

图 6.34　共模交流通路　　　　图 6.35　共模增益分析电路

另外，可以求出

$$R_{o1} = r_{o1} + 2R_{SS} + 2g_{m1}r_{o1}R_{SS} \tag{6.108}$$

可以看到 R_{o1} 远大于并联在其两端由 VT_3 引入的电阻 $r_{o3} // 1/g_{m3}$，同样 R_{o2} 也远大于 r_{o4}，所以在求漏极和地之间的总电阻时很容易忽略 R_{o1} 和 R_{o2} 的作用。

电流 i_1 流经 VT_3 并由此产生电压 v_{g3}：

$$v_{g3} = -i_1\left(\frac{1}{g_{m3}} // r_{o3}\right) \tag{6.109}$$

VT_4 内产生的电流 i_4 为

$$i_4 = -g_{m4}v_{g3} = i_1 g_{m4}\left(\frac{1}{g_{m3}} // r_{o3}\right) \tag{6.110}$$

则可得输出电压表达式为

$$v_o = (i_4 - i_2)r_{o4} = \left[i_1 g_{m4}\left(\frac{1}{g_{m3}} // r_{o3}\right) - i_2\right]r_{o4} \tag{6.111}$$

将式（6.107）带入式（6.111），同时设 $g_{m3} = g_{m4}$，则

$$A_{vcm} = \frac{v_o}{v_{icm}} = -\frac{1}{2R_{SS}} \frac{r_{o4}}{1+g_{m3}r_{o3}} \qquad (6.112)$$

通常 $g_{m3}r_{o3} \gg 1$ 且 $r_{o3} = r_{o4}$，因此

$$A_{vcm} \approx -\frac{1}{2g_{m3}R_{SS}} \qquad (6.113)$$

因为 R_{SS} 通常很大，所以 A_{vcm} 很小。同时，可以求得共模抑制比为

$$\text{CMRR} = \left|\frac{A_{vd}}{A_{vcm}}\right| = [g_m(r_{o2}//r_{o4})](2g_{m3}R_{SS}) \qquad (6.114)$$

当 $r_{o2} = r_{o4} = r_o$ 且 $g_{m3} = g_m$ 时，式（6.114）可以简化为

$$\text{CMRR} = (g_m r_o)(g_m R_{SS}) \qquad (6.115)$$

可以发现，为了得到较大的 CMRR，可以通过选择输出电阻较高的偏置电流源 I 来实现。

6.5.3 有源负载 BJT 差分放大器

图 6.36 所示电路的结构及工作原理和与之对应的 MOS 电路相似，但 BJT 特有的参数还是会带来一定的影响。为简化分析过程，假设 4 个管子参数相同，且它们都工作在直流偏置电流 $I/2$ 上。

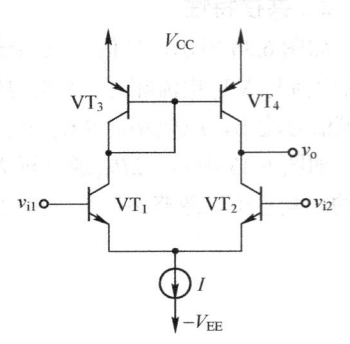

图 6.36 有源负载 BJT 差分放大器

1. 差模增益

由图 6.37 可得

$$v_o = -(g_{m4}v_{\pi 4} + g_{m2}v_{\pi 2})(r_{o2}//r_{o4}) \qquad (6.116)$$

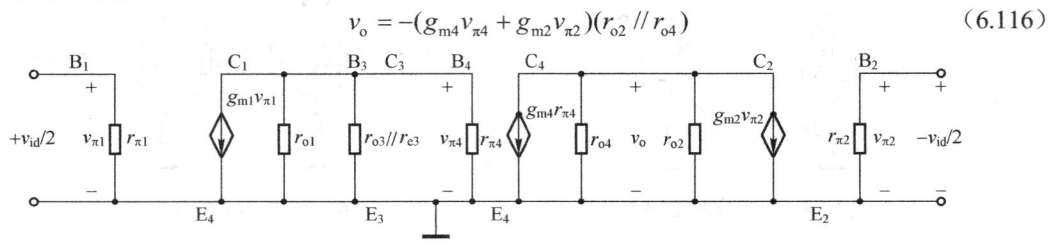

图 6.37 差模交流等效电路

式中

$$v_{\pi 2} = -v_{id}/2 \qquad (6.117)$$

$$v_{\pi 4} = -g_{m1}v_{\pi 1}(r_{o1}//r_{o3}//r_{e3}//r_{\pi 4}) \qquad (6.118)$$

又因为 r_{o1}、r_{o3}、$r_{\pi 4} \gg r_{e3}$，$v_{\pi 1} = v_{id}/2$，且 $r_{e3} \approx 1/g_{m3}$，则带入式（6.118）可得

$$v_{\pi 4} \approx -\frac{g_{m1}}{g_{m3}} \frac{v_{id}}{2} \qquad (6.119)$$

将式（6.117）和式（6.119）带入式（6.116），可得

$$v_o = \left(g_{m4}\frac{g_{m1}}{g_{m3}}\frac{v_{id}}{2} + g_{m2}\frac{v_{id}}{2}\right)(r_{o2}//r_{o4}) \qquad (6.120)$$

由于 4 个管子均匹配，则 $g_{m1} = g_{m2} = g_{m3} = g_{m4} = g_m$，可得

$$A_{vd} = g_m(r_{o2}//r_{o4}) \qquad (6.121)$$

输出电阻为

$$R_{od} = \frac{v_t}{i_t}\bigg|_{v_{id}=0} = r_{o2}//r_{o4} \qquad (6.122)$$

输入阻抗为
$$R_{id} = 2r_\pi \tag{6.123}$$

2. 共模特性

图 6.38 所示的电路可用于共模信号分析，VT_1 和 VT_2 集电极电流为
$$i_1 = i_2 \approx \frac{v_{icm}}{2R_{EE}} \tag{6.124}$$

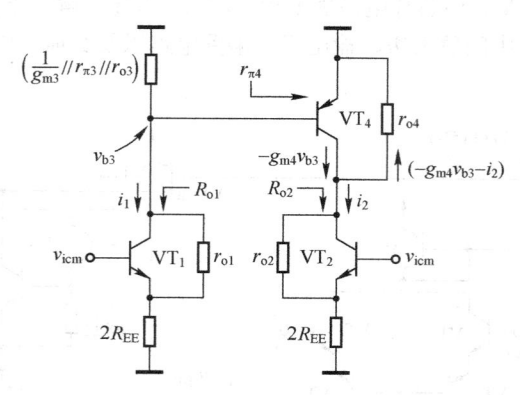

图 6.38　有源负载 BJT 差分放大器共模分析

可以证明 VT_1 和 VT_2 的输出电阻 R_{o1} 和 R_{o2} 非常大，因此可以忽略不计，则
$$v_{b3} = v_{\pi 4} = -i_1 \left(\frac{1}{g_{m3}} // r_{\pi 3} // r_{o3} // r_{\pi 4} \right) \tag{6.125}$$

又
$$v_o = (-g_{m4} v_{b3} - i_2) r_{o4} \tag{6.126}$$

分别将式（6.124）和式（6.125）代入式（6.126），则有
$$A_{cm} = \frac{v_o}{v_{icm}} = \frac{r_{o4}}{2R_{EE}} \left[g_{m4} \left(\frac{1}{g_{m3}} // r_{\pi 3} // r_{o3} // r_{\pi 4} \right) - 1 \right]$$
$$= -\frac{r_{o4}}{2R_{EE}} \frac{\frac{1}{r_{\pi 3}} + \frac{1}{r_{\pi 4}} + \frac{1}{r_{o3}}}{g_{m3} + \frac{1}{r_{\pi 3}} + \frac{1}{r_{\pi 4}} + \frac{1}{r_{o3}}} \tag{6.127}$$

其中已假定 $g_{m3} = g_{m4}$。若 $r_{\pi 3} = r_{\pi 4}$ 且 $r_{o3} \gg r_{\pi 3}$，则式（6.127）可整理为
$$A_{cm} \approx -\frac{r_{o4}}{2R_{EE}} \frac{\frac{2}{r_{\pi 3}}}{g_{m3} + \frac{2}{r_{\pi 3}}} \tag{6.128}$$
$$= -\frac{r_{o4}}{2R_{EE}} \frac{2}{\beta_3} = -\frac{r_{o4}}{\beta_3 R_{EE}}$$

可得共模抑制比为
$$CMRR = \frac{|A_d|}{|A_{cm}|} = g_m (r_{o2} // r_{o4}) \left(\frac{\beta_3 R_{EE}}{r_{o4}} \right) \tag{6.129}$$

若 $r_{o2} = r_{o4} = r_o$，则
$$CMRR = \frac{1}{2} \beta_3 g_m R_{EE} \tag{6.130}$$

同样为了得到较大的共模抑制比，可以通过选择输出电阻较高的偏置电流源 I 来实现。

6.6 经典通用型运放 μA741 内部电路分析

图 6.39 所示的 μA741 运算放大器可以说是最通用的集成运放，它采用了大量的 BJT 晶体管、相对少量的电阻和一个电容参与设计。该运放采用双电源供电方式，通常 $V_{CC}=-V_{EE}=15V$，但是也可以工作在低电压下，例如 ±5V。该芯片电路规模相对较大，首先了解一下各组成部分的结构和功能。该电路主要由差分输入级、中间放大级、输出级、偏置电路以及其他一些辅助电路组成，下面分别来讨论。

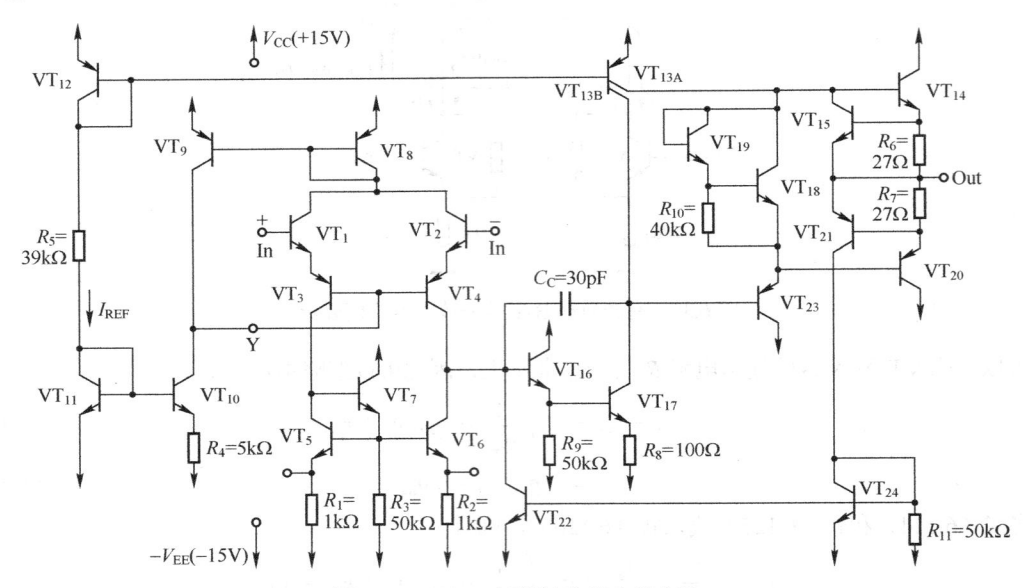

图 6.39 μA741 运算放大器内部电路

1. 偏置电路

741 电路的参考电流 I_{REF} 由 VT_{10}、VT_{11}、VT_{12} 和 R_5 组成的 Widlar 电流源产生，第一级放大器的偏置电流由 VT_{10} 输出，VT_8 和 VT_9 组成另一个电流源并作为第一级偏置的一部分。

参考电流 I_{REF} 还用于产生 VT_{13} 的有比例关系的两部分电流。双集电极横向 PNP 晶体管可以看做是发射结并联的双晶体管，因此 VT_{12} 和 VT_{13} 构成的是两路输出的电流源，VT_{13B} 的集电极输出电流为 VT_{17} 提供偏置，VT_{13A} 的集电极输出电流为运放的输出级提供偏置。

VT_{18} 和 VT_{19} 的偏置是为了在 VT_{14} 和 VT_{20} 的基极之间建立两个 V_{BE} 电压降。

2. 差分输入级

741 的差分输入级由晶体管 $VT_1 \sim VT_7$ 组成，VT_1 和 VT_2 是射极跟随器，具有高输入电阻，同时将输入差模信号传输给由 VT_3 和 VT_4 组成的共基放大器。晶体管 VT_5、VT_6、VT_7 和电阻 R_1、R_2、R_3 组成输入级的有源负载，不仅可以提供高负载电阻，而且实现了双端输出到单端输出的转变。VT_6 的集电极作为第一级差分电路的输出端。

另外，VT_3 和 VT_4 采用 PNP 结构，能实现电平位移，目的是变换直流信号的电平，使得运放的输出能够正负摆动；同时采用 PNP 结构的 VT_3 和 VT_4，还能保护 VT_1 和 VT_2 免遭发射结击穿，因为 NPN 晶体管的反向击穿电压为 7V 左右，而 PNP 晶体管的反向击穿电压为 50V 左右。

3. 中间放大级

中间放大级由晶体管 VT_{16}、VT_{17}、VT_{13B} 及电阻 R_8、R_9 组成。VT_{16} 作为射极跟随器，使得中间级

放大器具有极高的输入电阻,减小了对输入级的负载效应,避免了增益的降低。VT_{17} 是射极接有 100Ω 电阻的共发射极电路,它的负载由 PNP 电流源 VT_{13B} 的输出电阻和输出级(从 VT_{23} 的基极视入)的输入电阻并联而成,采用有源电阻结构可大大提高中间级的增益,而且还节约芯片面积。

中间级的输出在 VT_{17} 的集电极上,电容 C_C 接在中间级的反馈回路上,完成频率补偿,采用的是米勒补偿技术。

4. 输出级

输出级的目标是给放大器提供一个很低的输出电阻,同时提供相当大的负载电流,而且不能给芯片造成过大的功率损耗。741 采用了效率较高的 AB 类功率电路。关于功率电路,本书另有章节详细介绍,这里不展开说明。

输出级包含互补晶体管 VT_{14} 和 VT_{20},VT_{18} 和 VT_{19} 为输出晶体管 VT_{14} 和 VT_{20} 提供偏置,它们的电流由 VT_{13A} 提供,VT_{23} 是射极跟随器,作用是减小输出级对中间放大级负载效应的影响。

5. 短路保护电路

若输出端与一个直流电压短接,其中的一个晶体管将流过一个很大的电流,这个大电流足以烧毁芯片。为预防可能出现的情况,741 设计了短路电流保护电路,作用是当出现大电流时,限制流过输出晶体管的电流。这个电路由 R_6、R_7、VT_{15}、VT_{21}、VT_{24}、R_{11} 和 VT_{22} 组成。

由图 6.39 可知,电阻 R_6 和晶体管 VT_{15} 限制流过 VT_{14} 的短路电流。当 VT_{14} 的射极电流超过 20mA 时,R_6 上的压降会超过 540mV,该电压驱动 VT_{15} 导通,VT_{15} 的集电极将分流掉 VT_{13A} 输出的部分电流,从而减少流入 VT_{14} 基极的电流。这就使得运放可以输出的最大电流限制在 20mA 以内。

限制运放吸收的最大电流(即流过 VT_{20} 的电流)的机理与上面相同。相关电路由 R_7、VT_{21}、VT_{24}、VT_{22} 组成,根据给定的器件,往芯片内流入的最大电流限制为 20mA。

6.7 集成运放的技术参数和性能特点及集成运放的使用

集成运算放大器是一类直接耦合的、多级级联的、具有高增益的模拟电路,有许多参数,下面做一些系统介绍。

(1) 输入失调电压 V_{OS}

输入端短路时,由于内部的差分放大电路不完全对称,输出电压不为 0。要使集成运放输出为 0,运放两输入端之间必须外加直流补偿电压,称为输入失调电压 V_{OS}。

(2) 输入偏置电流 I_{IB}

集成运放零输入时,两个输入端输入偏置的直流电流平均值,即

$$I_{IB} = (I_{B1} + I_{B2})/2 \tag{6.131}$$

(3) 输入失调电流 I_{OS}

集成运放零输入时,两个输入端输入偏置的直流电流值之差,即

$$I_{OS} = |I_{B1} - I_{B2}| \tag{6.132}$$

(4) 失调的温漂

在规定的工作温度范围内,V_{OS} 随温度的平均变化率称为输入失调电压温漂,以 dV_{OS}/dT 表示。

在规定的工作温度范围内,I_{OS} 随温度的平均变化率称为输入失调电流温漂,以 dI_{OS}/dT 表示。

(5) 开环差模电压增益系数 A_{vd}

在无反馈回路条件下,运放输出电压与输入差模电压之比称为开环差模电压增益系数 A_{vd}。

(6) 差模输入电阻 R_{id}

运放两个输入端之间的等效动态电阻称为差模输入电阻 R_{id}。

（7）差模输出电阻

运放输出级的输出电阻，用 R_o 表示。

（8）最大差模输入电压 V_{ID}

当加在运放两输入端之间的电压差超过某一数值时，输入级的某一侧晶体管将出现发射结反向击穿而不能工作，则输入端之间能承受的最大电压差称为最大差模输入电压 V_{ID}。

（9）带宽 BW

运放开环差模电压增益下降到直流增压的 $1/\sqrt{2}$ 倍（即 0.707 倍，或-3dB）时所对应的频带宽度，称为运放的 3dB 带宽，用 BW 表示。

运放开环差模电压增益下降到 1（即 0dB）时的频带宽度，称为运放的单位增益带宽，用 BW_G 表示。

（10）共模抑制比 CMRR

运放差模电压增益系数与共模电压增益系数之比的绝对值，称为共模抑制比，用 CMRR 表示。

（11）最大共模输入电压 V_{ICM}

当运放输入端所加的共模电压超过某一数值时，放大器将不能正常工作，此最大电压值称为最大共模输入电压 V_{ICM}。

（12）转换速率 SR

转换速率也叫摆率或压摆率，表示运放对大信号阶跃输入的响应速度。定义为在额定输出电压下，输出电压的最大变化率，即

$$\text{SR} = \left| \frac{dv_o}{dt} \right|_{\max} \tag{6.133}$$

（13）输出电压的最大摆幅

在标称电压和额定负载下，运放的交流输出信号不出现明显的非线性失真，运放所能达到的最大输出电压峰值。

（14）静态功耗

当输入信号为 0 时，运放消耗的总功率称为静态功耗。

第 6 章习题

6.1 电路如图题 6.1 所示，两管参数相同，$\beta=100$，$V_{BE}=0.7\text{V}$，求输出电流 I_o。

6.2 电流源电路如图题 6.2 所示，两管参数相同，设 $V_{BE}=0.7\text{V}$，$r_o=100\text{k}\Omega$，$\beta=100$。试求输出电流 I_o 和电流源的输出电阻 R_o 的值。

6.3 电路如图题 6.3 所示，设两管特性相同，VT_1 的 (W/L) 是 VT_2 的 5 倍，$\mu_n = 1000\text{cm}^2/\text{V}\cdot\text{s}$，$C_{ox} = 3\times 10^{-8}\text{F/cm}^2$，$(W/L)_1 = 10$，$V_t = 2\text{V}$，求 I_{D2} 的值。

图题 6.1　　　　图题 6.2　　　　图题 6.3

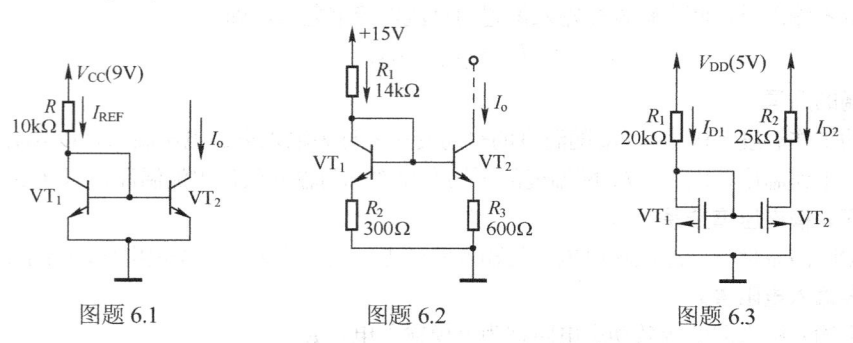

6.4 电流源电路如图题 6.4 所示，设 VT$_1$、VT$_2$ 参数相同，$\beta=100$，$V_{BE} = -0.6\text{V}$，$V_{CE(sat)} = -0.3\text{V}$。若要使 $I_o=1\text{mA}$，$V_{C2} \leq 0\text{V}$，且 $R_1=R_2$，试确定电阻 R_1、R_2 的最大允许值。

6.5 如图题 6.5 所示，假设所有 BJT 均匹配，且 β 都很大，求图中标识的 4 个电流的大小。

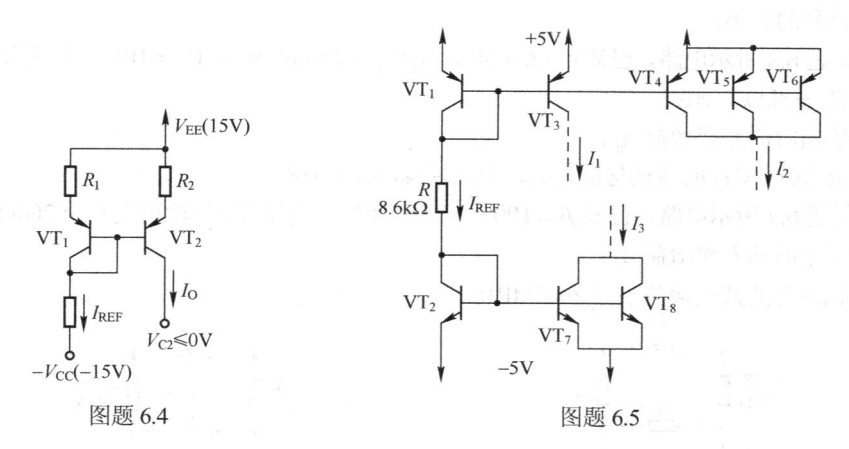

图题 6.4

图题 6.5

6.6 如图题 6.6 所示，已知 $(W/L)_1 = (W/L)_2 = 0.5(W/L)_3$，$(W/L)_4 = 0.25(W/L)_5$，假设所有晶体管的其他参数均匹配，且都工作在饱和区，求电路中的 I_2 和 I_5 的大小。

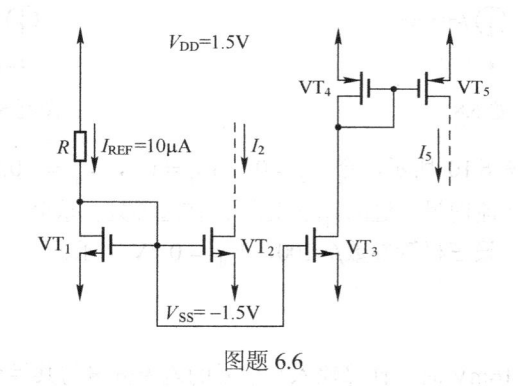

图题 6.6

6.7 求图题 6.7 所示电路中每个节点的电压和流过每个支路的电流。假定 $|V_{BE}| = 0.7\text{V}$，$\beta = \infty$。

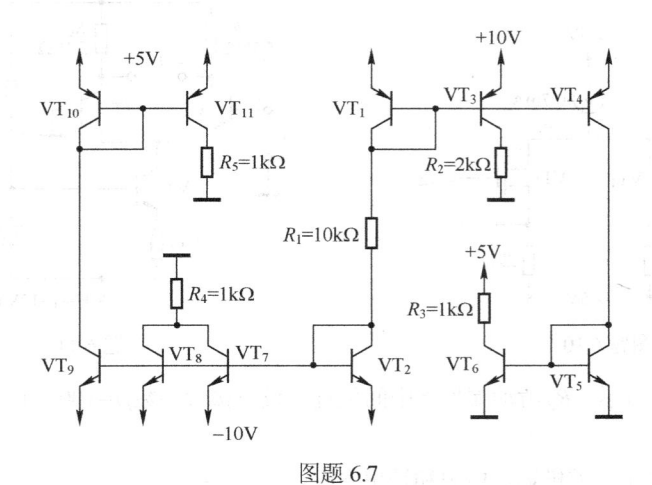

图题 6.7

6.8 某双端输入、单端输出的差分放大器,其差模电压增益为150。当两输入端并接,且 $v_i = 2$V 时,$v_o = -200$mV。则该电路的共模抑制比 CMRR 为多少分贝?

6.9 差分放大器的输入电压 $v_{i1} = 2 + 0.005\sin\omega t$(V),$v_{i2} = 0.5 - 0.005\sin\omega t$(V),求输入信号中差模信号和共模信号的大小。

6.10 如图题 6.8 所示电路,已知 $W/L = 50$,$\mu_n C_{ox} = 250\mu$A/V^2,$V_A = 10$V,恒流源 I 的输出电阻为 400kΩ,$R_L = 8$kΩ,求:

(1) 差分输出时的差模增益 A_d;

(2) 如果 R_L 接在 VT$_1$ 的漏极与地之间,求共模抑制比 CMRR。

6.11 如图题 6.9 所示电路,已知 $\beta = 100$,$V_A = 100$V,恒流源 I 的输出电阻为 200kΩ,求:

(1) 差分输出时的差模增益 A_d;

(2) 单端输出时的共模增益 $|A_{cm}|$ 和 CMRR。

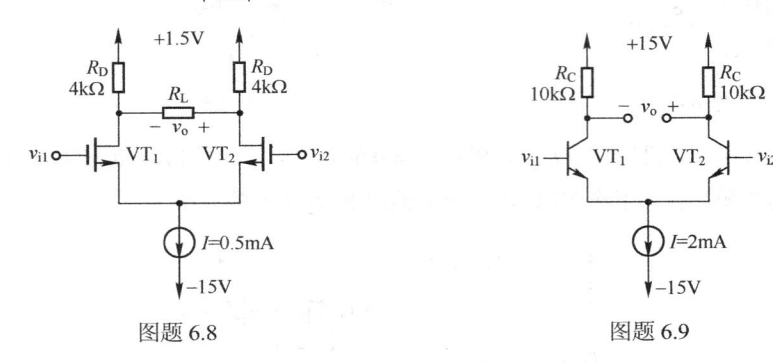

图题 6.8

图题 6.9

6.12 差分放大器如图题 6.10 所示,令 $v_{G2} = 0$,$v_{G1} = v_{id}$,$V_{tp} = -0.8$V $k'_p W/L = 3.5$mA/V^2。求使偏置电流从差分对的一边流向另一边的 v_{id} 的范围。在边界处,求公共源极的电压以及漏极电压。

6.13 如图题 6.11 所示,设三极管参数 $\beta=100$,$V_{BE} = 0.7$V,求:

(1) 静态工作点;

(2) 差模电压增益 A_d;

(3) 当 v_i 为一直流电压 16mV 时,计算输入端信号的差模分量与共模分量。

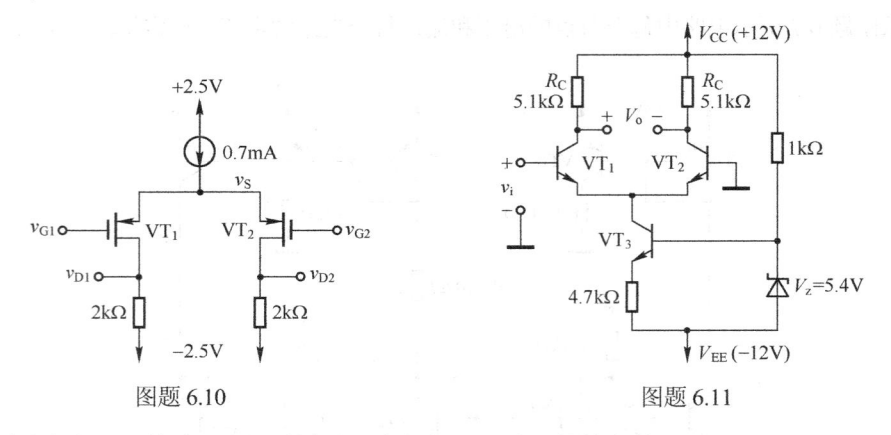

图题 6.10

图题 6.11

6.14 如图题 6.12 所示,R_P 滑动端处于中间位置,设三极管参数 $\beta=100$,$V_{BE} = 0.7$V,求:

(1) 静态工作点;

(2) 差模电压增益 A_d、差模输入电阻和输出电阻。

6.15 如图题 6.13 所示，已知各晶体管 $|V_{BE}| = 0.7V$，$|V_{A1}| = |V_{A2}| = 50V$，$\beta_1 = 50$，$\beta_2$ 和 β_3 很大，求：（1）假设 VT_2 的集电结面积和 VT_3 相等，求 I 的值；（2）A_v、R_i 和 R_o 的值。

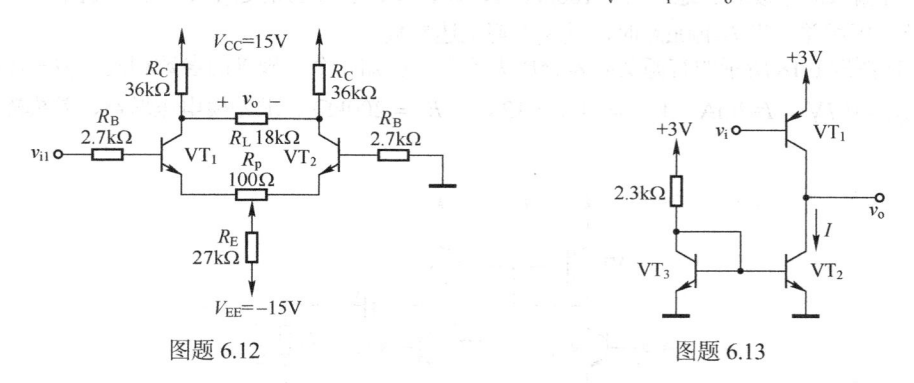

图题 6.12

图题 6.13

6.16 如图题 6.14 所示，已知 $V_{tn} = |V_{tp}| = 0.6V$，$\mu_n C_{ox} = 200\mu A/V^2$，$\mu_p C_{ox} = 65\mu A/V^2$，$V_{An} = 20V$，$|V_{Ap}| = 10V$，$I_{REF} = 200\mu A$。对于 VT_1、VT_2 有 $L = 0.4\mu m$，$W = 4\mu m$，对于 VT_3 有 $L = 0.4\mu m$，$W = 8\mu m$。求 A_v、R_i 和 R_o。

6.17 图题 6.15 所示的 MOS 放大器由两级级联的 CS 放大器组成。假定 $V_{An} = |V_{Ap}|$，偏置电流源的输出电阻与 VT_1 和 VT_2 的输出电阻相等，试求用 VT_1 和 VT_2 的 g_m 和 r_o 表示的总电压增益表达式。

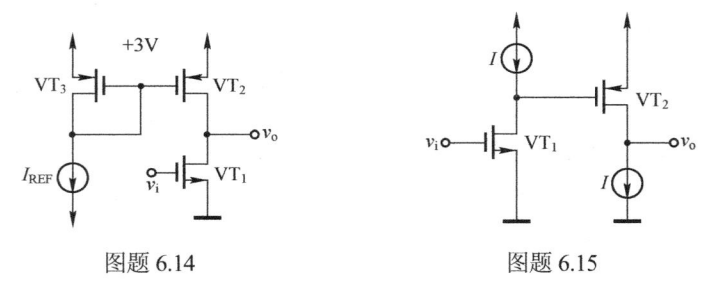

图题 6.14

图题 6.15

6.18 图题 6.16 所示的有源负载 CE 放大器，其中 $I = 1mA$，$\beta = 100$，$V_A = 100V$。试求 R_i、A_{vo} 和 R_o。如果要求通过调整偏置电流 I 使得 R_i 变成原来的 4 倍，假定保持 β 不变，I 的值应为多少？新的 A_{vo} 和 R_o 是多少？如果放大器由一个内阻为 $R_{sig} = 5k\Omega$ 的信号源提供信号，且接有一个 $100k\Omega$ 的负载电阻，对两种情况分别求出总电压增益 v_o/v_{sig}。

6.19 在图题 6.17 所示的有源负载差分放大器中，若所有晶体管的 $k'W/L = 3.2mA/V^2$，$|V_A| = 20V$，当增益为 $v_o/v_{id} = 80V/V$ 时，求偏置电流 I。

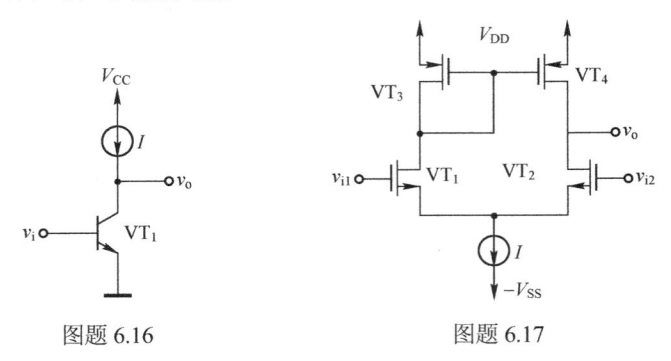

图题 6.16

图题 6.17

6.20 在图题 6.17 所示的有源负载差分放大器中，所有晶体管的 $k'W/L = 0.2\text{mA/V}^2$，$|V_A| = 20\text{V}$。若 $V_{DD}=5\text{V}$ 且输入信号接近于地，当 $I=100\mu\text{A}$ 时，计算 VT_1 和 VT_2 的 g_m、VT_2 和 VT_4 的输出电阻、总输出电阻及电压增益。当 $I=400\mu\text{A}$ 时，重新求解上述参数。

6.21 在图题 6.18 所示的有源负载差分放大器中，已知 4 个三极管的参数相同，$\beta = 100$，$V_A = 100\text{V}$，$|V_{BE}| = 0.7\text{V}$，$I=2\text{mA}$，$V_{CC} = -V_{EE} = 12\text{V}$，$R_L = 200\text{k}\Omega$。求差模电压增益、差模输入电阻和输出电阻。

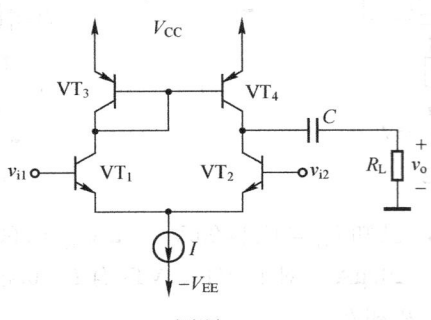

图题 6.18

第 7 章 功率放大器

在 20 世纪 60 年代，电子管功率放大器占据主导地位。随着半导体工艺的逐渐成熟，越来越多的功放采用半导体器件进行设计，互补对称电路得到广泛应用。

功率放大器是一种能够提供足够大输出信号功率，并驱动某些负载的放大器。从能量转换的角度来看，功率放大器和其他放大器没有本质区别，都是在输入信号的作用下，将直流电源的直流功率转换为输出信号功率。然而功率放大器和其他放大器的着眼点不同：电压电流放大器是小信号放大器，利用小信号微变等效电路计算其动态指标，以获得电压电流增益为目的，主要考虑输入阻抗、输出阻抗和通频带等参数；而功率放大器是大信号放大器，以获得功率增益为目的，主要考虑输出功率、效率、非线性失真和安全保护等问题。因此前几章介绍的小信号近似分析法及其等效电路模型在这一章都不再适用。

7.1 功率放大器的特点及类型

7.1.1 功率放大器的特点

本节主要针对功率放大器设计时应关注的性能需求展开讨论。在实际的电子电路中，最后一级放大器一般都要承担驱动负载的任务。为了向负载提供足够大的信号功率，功率放大器一般要具备以下特点。

（1）能够输出较大的功率。这里所指的大功率通常是指 1W 以上的功率。

为使负载获得尽可能大的功率，负载上的电压和电流必须都是大信号，因此功放电路中的半导体器件通常工作在极限状态下。为了保证管子能安全工作，晶体管集电极电流 I_C 应小于集电极最大允许电流 I_{CM}，晶体管集射间电压 V_{CE} 应小于集射间的击穿电压 $V_{BR(CEO)}$，晶体管的平均功率损耗 P_D 应小于允许耗散功率 P_{DM}。

（2）具有较高的功率转换效率。功率放大器是一种能量转换电路。虽然输出功率很高，但直流电源提供的功率也很高，因此转换效率是功率放大器的重要指标之一。假设 P_O 是电路的输出功率，P_S 是直流电源提供的功率，P_C 是管耗。转换效率 η 定义为

$$\eta = \frac{P_o}{P_S} \times 100\% = \frac{P_o}{P_o + P_C} \times 100\% \tag{7.1}$$

（3）具有较小的非线性失真。功率放大器在大信号作用下，可能会工作在晶体管特性曲线的非线性区域，而且输出功率越大，非线性失真越严重。可见，非线性失真和输出功率是一对矛盾。在能量传输场合，首先要考虑的是输出功率的大小，此时非线性失真问题就降为其次了。在测量系统和电声设备的应用场合中，非线性失真问题则成为主要矛盾。

非线性失真会使输出信号中产生其他频率成分，引起波形畸变。模拟电路中有一个衡量功放设计好坏的重要指标，称为总谐波失真系数（THD），用输出信号的总谐波分量的均方根值与基波分量有效值的百分比来表示。谐波失真是由于系统不完全线性造成的。目前一般的数字音响设备能够输出谐波失真低于 0.002% 的信号。

（4）功率管散热问题。功率管是电路中最容易受到损坏的器件。主要原因是由于管子的实际耗散

功率超过了额定数值。功率管的耗散功率取决于管子内部集电结的结温。当温度超过管子能够承受的最高温度时，电流急剧增大而使晶体管烧坏（硅管的温度范围为 120℃～200℃，锗的温度范围为 85℃左右）。要保证管子的结温不超过允许值，就要将产生的热量散发出去。散热效果越好，相同结温下允许的管耗越大，输出功率就越大。

7.1.2 功放输出级的分类

功率放大器种类的划分主要由功放输出级的电路形式决定。功率放大器的输出级根据晶体管在一个信号周期内导通时间的不同，可以分为以下几种类型：A 类、B 类、AB 类和 C 类。

A 类工作状态下的器件，在信号的整个周期内都是导通的，导通角 θ 为 360°，如图 7.1（a）所示。理论上电阻负载的 A 类功率放大器的转换效率最高为 25%。主要原因是静态工作点电流大，故管耗大，效率很低，因此 A 类输出级一般不在大功率电路中被采用。前几章中介绍的小信号放大器一般都工作在 A 类状态下。

B 类工作状态下的器件，只在信号的半个周期内导通，导通角 θ 为 180°，如图 7.1（b）所示。B 类输出级一般采用推挽工作方式，用两只晶体管轮流导通的方法，使负载上得到完整的输出波形。由于功率管导通压降的存在，当输入信号小于导通压降时，输出为零，会产生一段死区电压，从而导致输出波形产生交越失真。由于无输入信号时，管子的静态电流等于零，因此晶体管的管耗较小，理论上 B 类功率放大器的转换效率最高可达 78.5%。

AB 类工作状态下的器件，在信号大半个周期内是导通的，导通角 θ 略大于 180° 远小于 360°，如图 7.1（c）所示。一般采用两管轮流导通的推挽工作方式。与 B 类工作状态不同的是，当输入信号为零（静态）时，两个晶体管处于微导通状态，因此在输入信号很小时，输出信号能跟随输入信号做线性变换，克服了 B 类工作状态下产生的交越失真。AB 类功率放大器的转换效率介于 A 类和 B 类之间。

C 类工作状态下的器件，只在信号的小半个周期内导通，导通角 θ 低于 180°，如图 7.1（d）所示，得到的是一串脉动信号。C 类工作状态的输出功率和转换效率是几种工作状态中最高的。高频功率放大器多工作在 C 类状态下。C 类放大器的电流波形失真太大，因而不能用于低频功率放大，只能采用调谐回路作为负载的谐振功率放大。由于调谐回路具有滤波能力，回路电流和电压近似于正弦波形，失真很小。C 类工作状态一般使用在射频功放电路中，属于高频功率放大器，不是本书讨论的范围。

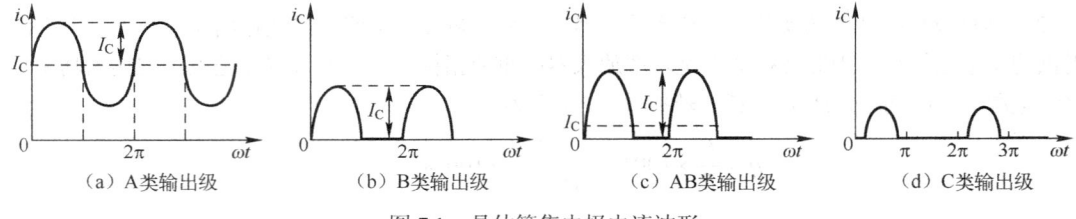

| （a）A类输出级 | （b）B类输出级 | （c）AB类输出级 | （d）C类输出级 |

图 7.1　晶体管集电极电流波形

本章主要介绍 A 类、B 类和 AB 类输出级的电路结构、传输特性、输出功率以及转换效率等问题。这几类放大器的输出级被广泛地应用在音频放大器中。

7.2　A 类输出级

7.2.1　电路结构和传输特性

本章之前所介绍的各种类型的电压电流放大器，其晶体管在信号的整个周期内都工作在放大状态,这一类放大器均称为 A 类放大器。在各种 A 类放大器中,射极跟随器具有高电流增益、低输出阻抗的特点,因此可以获得较大的功率增益和较强的驱动负载的能力,是 A 类输出级中最常见的电路结构。

用恒流源作为偏置和负载的 A 类输出级电路如图 7.2 所示。其中,电阻 R、晶体管 VT_2 和 VT_3 构成恒流源,为放大管 VT_1 提供静态电流,同时作为 VT_1 的有源负载。输入信号 v_I 加在放大管 VT_1 的基极,输出取自 VT_1 管的发射极,故 VT_1 为射极跟随器结构。其输出电压 v_O 与输入电压 v_I 的关系为

$$v_O = v_I - v_{BE1} \tag{7.2}$$

v_{BE1} 的大小与射极电流 i_{E1} 和负载电流 i_O 都有关。下面忽略 v_{BE1} 相对于电流的变化,来判断输出电压 v_O 的变化范围。

当 v_I 处于正半周,且 VT_1 处于临界饱和状态时,v_O 的正向幅值最大。假设 VT_1 的饱和压降为 $V_{CE1(sat)}$,则

$$v_{Omax} = V_{CC} - V_{CE1(sat)} \tag{7.3}$$

当 v_I 处于负半周时,会面临 VT_1 截止或 VT_2 饱和的情况。当 VT_1 截止时,

$$v_{Omin} = -IR_L \tag{7.4}$$

当 VT_2 饱和时,

$$v_{Omin} = V_{CE2(sat)} - V_{EE} \tag{7.5}$$

一般情况下,由式(7.5)计算得到的 v_{Omin} 值更小。因此,该电路的传输特性曲线如图 7.3 所示。

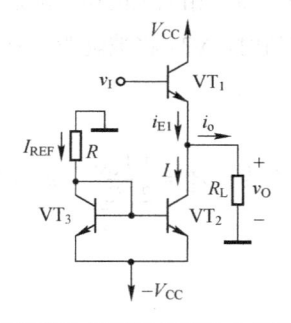

图 7.2 用恒流源作为偏置和负载的 A 类输出级电路

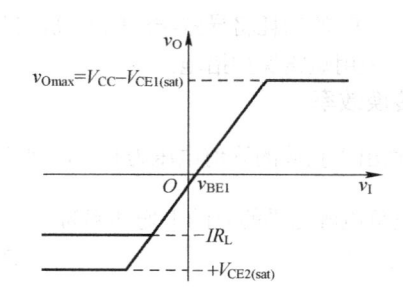

图 7.3 射极跟随器的传输特性曲线

7.2.2 输出功率及转换效率

由图 7.2 可知,当输入信号为正弦信号时,若忽略晶体管的饱和压降,且设置合适的偏置电流 I,则输出电压 v_O 的取值在 $\pm V_{CC}$ 之间。图 7.4(a)和图 7.4(b)所示的图即为 A 类输出级电路输出电压 v_O 和 v_{CE1} 的波形图。

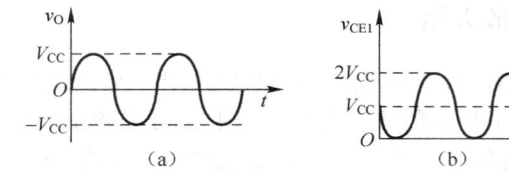

图 7.4 A 类输出级电路中 v_O 和 v_{CE1} 的波形图

假设偏置电流 I 允许的最大反向负载电流等于 V_{CC}/R_L,则 VT_1 的集电极电流波形和 VT_1 的瞬时功耗如图 7.5(a)和图 7.5(b)所示,其中 VT_1 的瞬时功耗 $p_{D1} = v_{CE1}i_{C1}$。

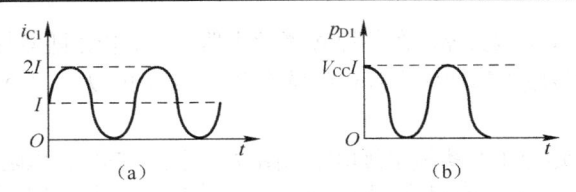

图 7.5　VT_1 的集电极电流波形和 VT_1 的瞬时功耗

由图 7.5（b）可知，VT_1 的瞬时功耗最大为 $V_{CC}I$，即 VT_1 的静态功耗。

1. 输出功率

假设输出正弦波信号的峰值电压为 V_{OM}，则负载上的平均功率为

$$P_L = \left(\frac{V_{OM}}{\sqrt{2}}\right)^2 \times \frac{1}{R_L} = \frac{1}{2}\frac{V_{OM}^2}{R_L} \tag{7.6}$$

VT_1 的功耗与负载电阻 R_L 的大小有关。考虑两种极限情况。

（1）假设 $R_L \to \infty$，VT_1 的电流 $i_{E1} = I$。当 $v_O = -V_{CC}$ 时，VT_1 集射间的电压 v_{CE1} 可达到最大值：

$$v_{CE1} \approx V_{CC} - (-V_{CC}) = 2V_{CC} \tag{7.7}$$

此时 VT_1 获得的最大功耗为

$$P_{D1} = 2V_{CC}I \tag{7.8}$$

（2）另一种极端情况是负载 $R_L = 0$，即输出短路。此时，将有相当大的电流流过 VT_1。如果短路时间过长，VT_1 的功耗将导致结温的升高，当结温超过允许值时，VT_1 将被烧毁。故在实际应用中，输出级通常采用短路保护措施。

2. 转换效率

假设输出正弦波的峰值电压为 V_{OM}，则负载上的平均功率为：$P_L = \frac{1}{2}\frac{V_{OM}^2}{R_L}$。流过 VT_1 和 VT_2 的电流是 I，正负电源提供的总的平均功率为

$$P_S = 2V_{CC}I \tag{7.9}$$

由转换效率的定义可得：

$$\eta = \frac{P_L}{P_S} \times 100\% = \frac{1}{2}\frac{V_{OM}^2}{R_L} / 2V_{CC}I \tag{7.10}$$

当 $V_{OM} = V_{CC} = IR_L$ 时，负载获得最大功率，代入式（7.10）可得

$$\eta = 25\% \tag{7.11}$$

应用时，为了避免晶体管进入饱和区，实际的转换效率一般为 10%~20%。

7.2.3　其他组态的功率放大器

由 7.2.1 节可知，射极跟随器是 A 类输出级常用的电路结构。那么其他组态的放大器是否也可以作为功率放大器使用呢？如图 7.6 所示的共射放大器，图 7.7 是其输出功率和效率的图解分析。由图 7.6 和图 7.7 可知，直流电源提供的功率为 $V_{CC}I_{CQ}$，即 $AEDO$ 矩形的面积。晶体管 VT_1 的功率损耗为 $V_{CEQ}I_{CQ}$，即 $AQBO$ 矩形的面积。集电极电阻 R_C 的功率损耗为 $V_{RC}I_{CQ}$，即 $QEDB$ 矩形的面积。

若输入信号 v_i 为正弦交流信号，则 VT_1 集电极电流的交流分量也是正弦信号。由于直流电源提供的平均电流仍是 I_{CQ}，因此电源提供的功率保持不变。集电极电流交流分量的最大幅值为 I_{CQ}，输出电压 v_O 交流分量的最大值为 $I_{CQ}(R_C /\!/ R_L)$，因此负载 $R_C /\!/ R_L$ 上的最大输出功率为

$$P_{\text{L}} = \left(\frac{I_{\text{CQ}}}{\sqrt{2}}\right)^2 (R_{\text{C}} /\!/ R_{\text{L}}) = \frac{1}{2} I_{\text{CQ}}^2 R'_{\text{L}} \tag{7.12}$$

即图 7.7 中三角形 QBC 的面积，而负载 R_{L} 上的功率损耗小于 P_{om}。由于一般的负载，如扬声器的阻值很小，则 $I_{\text{CQ}} R'_{\text{L}}$ 必然小，此时交流负载线很陡直，因而三角形 QBC 的面积更小，即功放的输出功率变小，而直流电源提供的功率保持不变，因此功率放大器的转换效率会降低，所以共射放大器不适合作为功率放大器使用。

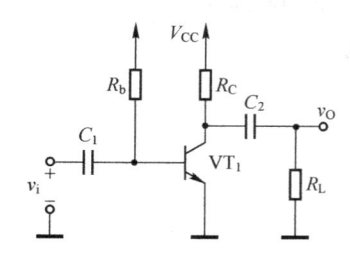

图 7.6 作为 A 类输出级使用的共射放大器

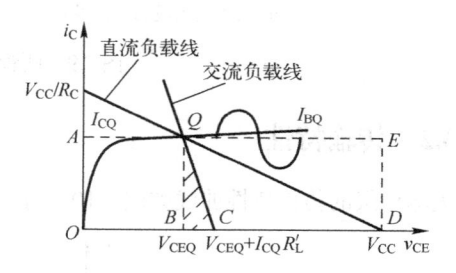

图 7.7 共射放大器输出功率和效率的图解分析

7.3 B 类输出级

A 类放大器虽然失真很小，但由于工作在放大区，当输入信号为零时，负载和晶体管都要消耗直流功率，因此效率很低。B 类输出级采用的是双电源互补推挽工作方式。采用两个晶体管的发射结零偏置，由信号电压使两管轮流导通半个周期，因此静态时负载和晶体管上没有功耗，效率大大提高。由于两个晶体管各自只导通半个周期，在交替工作之后，负载上就可以得到一个完整的正弦波电压。虽然 B 类输出级的输出波形会因为晶体管导通压降的存在而产生交越失真，但这个问题可以在下一节 AB 类输出级中得到解决。

7.3.1 电路结构和工作原理

B 类输出级的电路结构如图 7.8 所示，该电路又称为无输出电容（Output Capacitorless）双电源互补对称功率放大器，简称 OCL 放大器。

VT_1 为 NPN 管，VT_2 为 PNP 管，要求 VT_1 和 VT_2 两管的特性对称一致。当 $v_{\text{I}} = 0\text{V}$ 时，由于该电路结构完全对称，因此 $v_{\text{O}} = 0\text{V}$，VT_1 和 VT_2 两管均截止，故电路中的静态工作点 I_{B}、I_{C} 和 V_{BE} 均为零。

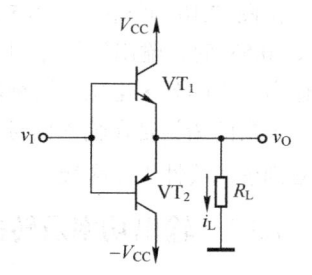

图 7.8 B 类输出级的电路结构

假设 $v_{\text{I}} = V_{\text{m}} \sin \omega t$，且晶体管的导通压降均为 0.5V。当 v_{I} 为正半波且大于晶体管的导通压降 0.5V 时，VT_1 导通、VT_2 截止，电路为由 VT_1 组成的射极跟随器结构，如图 7.9（a）所示。流过负载 R_{L} 的电流 i_{L} 由 VT_1 提供，$v_{\text{O}} \approx v_{\text{I}}$。

当 v_{I} 为负半波且小于-0.5V 时，VT_1 截止、VT_2 导通，电路为由 VT_2 组成的射极跟随器结构，如图 7.9（b）所示。流过负载 R_{L} 的电流 i_{L} 由 VT_2 提供，$v_{\text{O}} \approx v_{\text{I}}$。

当 $-0.5\text{V} < v_{\text{I}} < 0.5\text{V}$ 时，VT_1、VT_2 两管均截止，此时 $v_{\text{O}} = 0\text{V}$。

由以上分析可知：在输入信号 v_{I} 的一个周期 T 内，VT_1、VT_2 两管轮流导通，电路的工作方式是推挽的。流经负载 R_{L} 的电流 i_{L} 在前后半个周期内大小相等、方向相反，输出信号 v_{O} 在一个周期内合成之后为一个完整的正弦波。这种电路结构中的两管可以弥补对方的不足,故称为互补对称结构。

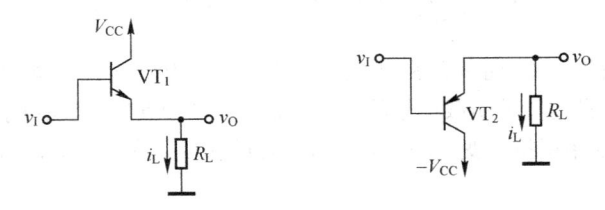

（a）由 VT_1 组成的射极跟随器　　　（b）由 VT_2 组成的射极跟随器

图 7.9　两管轮流导通时的电路

7.3.2　传输特性

B 类输出级的传输特性曲线如图 7.10 所示。

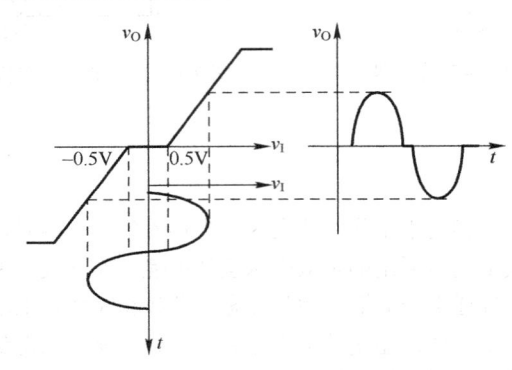

图 7.10　B 类输出级的传输特性曲线

由图 7.10 可知：当 $-0.5\text{V} < v_I < 0.5\text{V}$ 时，VT_1、VT_2 两管均截止，$v_O = 0$。只有当 $v_I > 0.5\text{V}$ 或 $v_I < -0.5\text{V}$ 时，输出信号 v_O 才会随 v_I 线性变化。若输入信号 v_I 为正弦波，则输出波形 v_O 中会出现一段输出为零的死区电压，这种现象称为交越失真，该失真现象在 v_I 幅值较小的情况下尤其明显。克服交越失真的措施是在输入信号 $v_I = 0$ 时，使每个晶体管处于微导通状态。一旦加入输入信号 v_I，晶体管立刻进入线性工作区域。

7.3.3　输出功率及转换效率

1. 输出功率

忽略交越失真的影响，假设输出信号的幅度为 V_{OM}，当输入信号为正弦波时，电阻负载获得的平均功率为

$$P_L = v_o i_o = \frac{V_{OM}}{\sqrt{2}} \frac{I_{OM}}{\sqrt{2}} = \frac{V_{OM}}{\sqrt{2}} \frac{V_{OM}}{\sqrt{2} R_L} = \frac{1}{2} \frac{V_{OM}^2}{R_L} \tag{7.13}$$

忽略晶体管的饱和压降，输出电压近似等于电源电压 V_{CC}，因此负载获得最大功率为

$$P_{Lmax} = \frac{1}{2} \frac{V_{OM}^2}{R_L} \approx \frac{1}{2} \frac{V_{CC}^2}{R_L} \tag{7.14}$$

2. 直流电源提供的功率以及管耗的计算

正负直流电源的供电时间各自只有半个信号周期，因此每个直流电源提供的平均电流为 V_{OM}/

πR_L，每个直流电源提供的平均功率相等且等于

$$P_{\mathrm{S}+} = P_{\mathrm{S}-} = \frac{1}{\pi}\frac{V_{\mathrm{OM}}}{R_\mathrm{L}}V_{\mathrm{CC}} \tag{7.15}$$

由式（7.15）可得，两个直流电源提供的总功率为

$$P_\mathrm{S} = P_{\mathrm{S}+} + P_{\mathrm{S}-} = \frac{2}{\pi}\frac{V_{\mathrm{OM}}}{R_\mathrm{L}}V_{\mathrm{CC}} \tag{7.16}$$

B 类输出级的平均管耗 $P_\mathrm{D} = P_\mathrm{S} - P_\mathrm{L}$，将式（7.13）和式（7.16）代入可得

$$P_\mathrm{D} = \frac{2}{\pi}\frac{V_{\mathrm{OM}}}{R_\mathrm{L}}V_{\mathrm{CC}} - \frac{1}{2}\frac{V_{\mathrm{OM}}^2}{R_\mathrm{L}} \tag{7.17}$$

式（7.17）两边对 V_{OM} 进行求导，并令 $\dfrac{\mathrm{d}P_\mathrm{D}}{\mathrm{d}V_{\mathrm{OM}}} = 0$，可得平均管耗的最大值，以及最大值时的 V_{OM} 值。

$$\frac{\mathrm{d}P_\mathrm{D}}{\mathrm{d}V_{\mathrm{OM}}} = \frac{2}{\pi}\frac{V_{\mathrm{CC}}}{R_\mathrm{L}} - \frac{V_{\mathrm{OM}}}{R_\mathrm{L}} = 0 \tag{7.18}$$

由式（7.18）可得 $V_{\mathrm{OM}} = \dfrac{2V_{\mathrm{CC}}}{\pi}$。当 $V_{\mathrm{OM}} = \dfrac{2V_{\mathrm{CC}}}{\pi}$ 时，可以获得最大管耗为

$$P_{\mathrm{Dmax}} = \frac{2V_{\mathrm{CC}}^2}{\pi^2 R_\mathrm{L}} \tag{7.19}$$

由于两管完全对称，每管的管耗为总管耗的一半

$$P_{\mathrm{DNmax}} = P_{\mathrm{DPmax}} = \frac{V_{\mathrm{CC}}^2}{\pi^2 R_\mathrm{L}} \approx 0.2 P_{\mathrm{Lmax}} \tag{7.20}$$

3．转换效率

由式（7.13）和式（7.16）计算可得电源的转换效率

$$\eta = \frac{P_\mathrm{L}}{P_\mathrm{S}} = \frac{1}{2}\frac{V_{\mathrm{OM}}^2}{R_\mathrm{L}} \Big/ \frac{2}{\pi}\frac{V_{\mathrm{OM}}}{R_\mathrm{L}}V_{\mathrm{CC}} = \frac{\pi}{4}\frac{V_{\mathrm{OM}}}{V_{\mathrm{CC}}} \tag{7.21}$$

当 $V_{\mathrm{OM}} \approx V_{\mathrm{CC}}$ 时，可得 B 类输出级功放电路的最大转换效率为

$$\eta = \frac{P_{\mathrm{Lmax}}}{P_\mathrm{S}} \times 100\% = \frac{\pi}{4} \times 100\% = 78.5\% \tag{7.22}$$

在实际应用中，B 类输出级的转换效率一般在 60%左右。

【例 7.1】 在图 7.8 所示电路中，假设输入电压 v_i 为正弦波，已知 $V_{\mathrm{CC}} = 15\mathrm{V}$，$R_\mathrm{L} = 10\Omega$，晶体管的饱和压降 $V_{\mathrm{CE(sat)}} = 0.3\mathrm{V}$，试求：

（1）负载上可能获得的最大输出功率和转换效率；
（2）若输入电压的有效值为 5V，求负载上获得的功率、管耗、直流电源提供的功率。

分析：（1）$P_{\mathrm{Lmax}} = \dfrac{(V_{\mathrm{CC}} - V_{\mathrm{CE(sat)}})^2}{2R_\mathrm{L}} = \dfrac{(15 - 0.3)^2}{2 \times 10} = 10.8\mathrm{W}$

$$\eta = \frac{\pi}{4}\frac{V_{\mathrm{OM}}}{V_{\mathrm{CC}}} = \frac{\pi}{4}\frac{V_{\mathrm{CC}} - V_{\mathrm{CE(sat)}}}{V_{\mathrm{CC}}} = \frac{\pi}{4}\frac{15 - 0.3}{15} = 76.93\%$$

（2）因为每管导通时电路是射极跟随器结构，电压增益约等于 1，因此 $V_{\mathrm{OM}} = A_\mathrm{v}V_{\mathrm{iM}} \approx 5\sqrt{2}\mathrm{V}$，所以

$$P_\mathrm{L} = \frac{1}{2}\frac{V_{\mathrm{OM}}^2}{R_\mathrm{L}} = \frac{1}{2}\frac{(5\sqrt{2})^2}{10} = 2.5\mathrm{W}$$

$$P_{D1} = P_{D2} = \left(\frac{2}{\pi}\frac{V_{OM}}{R_L}V_{CC} - \frac{1}{2}\frac{V_{OM}^2}{R_L}\right)/2 = \left(\frac{2}{\pi}\times\frac{5\sqrt{2}\times 15}{10} - \frac{1}{2}\frac{(5\sqrt{2})^2}{10}\right)/2 = 2.13\text{W}$$

$$P_S = P_{S+} + P_{S-} = \frac{2}{\pi}\frac{V_{OM}}{R_L}V_{CC} = \frac{2}{\pi}\times\frac{5\sqrt{2}}{10}\times 15 = 6.76\text{W}$$

7.3.4 采用复合管的 B 类输出级

功率放大器的输出级通常要求提供较大的（如几安培以上）输出电流。若管子的基极驱动电流在几毫安以下，一个功率管的电流放大倍数就要在几百甚至几千以上。一般来说，单个功率管不能满足需求，因此在输出功率较大的功放电路中，通常采用复合管来提高电流的放大能力。

复合管由两个或两个以上的晶体管，按照一定方式连接，组成一个等效的晶体管。这种等效的晶体管可以全部由 BJT 组成，或全部由 MOSFET 组成，或由 BJT 和 MOSFET 组合而成。复合管的类型与组成该复合管的第一个晶体管类型相同，而其输出电流、饱和压降等特性由最后一个晶体管决定。复合管的几种接法举例，如图 7.11 所示。

在图 7.11（a）中，CC–CE 复合管可以等效为一个 NPN 管，该复合管结构又称为达林顿电路。由于 IC 设计时无法得到高质量的 PNP 管，故可以将达林顿复合管等效为一个 PNP 管，如图 7.11（b）所示。

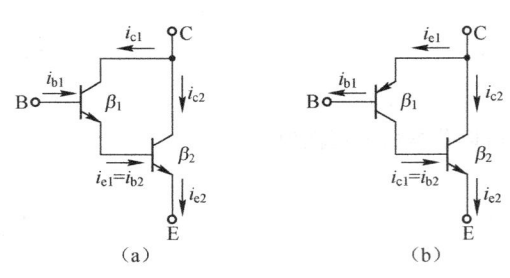

图 7.11 复合管的几种接法

在图 7.11（a）中，假设两个 BJT 的电流放大倍数分别为 β_1 和 β_2，经过组合后的复合管的电流放大倍数 β 为

$$\beta = \frac{i_{c1}+i_{c2}}{i_{b1}} = \frac{\beta_1 i_{b1}+\beta_2 i_{b2}}{i_{b1}} = \frac{\beta_1 i_{b1}+\beta_2(1+\beta_1)i_{b1}}{i_{b1}} = \beta_1 + \beta_2 + \beta_1\beta_2 \approx \beta_1\beta_2 \quad (7.23)$$

经过组合后的复合管的基极输入电阻 r_π 为

$$r_\pi = \frac{v_\pi}{i_b} = \frac{i_{b1}r_{\pi 1}+i_{b2}r_{\pi 2}}{i_{b1}} = \frac{i_{b1}r_{\pi 1}+(1+\beta_1)i_{b1}r_{\pi 2}}{i_{b1}} = r_{\pi 1}+(1+\beta_1)r_{\pi 2} \quad (7.24)$$

由式（7.23）和式（7.24）可知：CC–CE 复合管具有较高的电流放大倍数，且基极的输入电阻大大增加。但是由于它的穿透电流较大，会增加电路的功耗以及给负载带来噪声。为了减小穿透电流的影响，通常在两个晶体管之间并接一个泄放电阻 R，如图 7.12 所示。R 的分流作用越大，总的穿透电流越小，复合管的电流放大倍数越小。

使用复合管的 B 类输出级功放电路如图 7.13 所示。

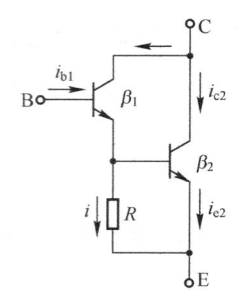

图 7.12 并接泄放电阻后的 CC-CE 复合管

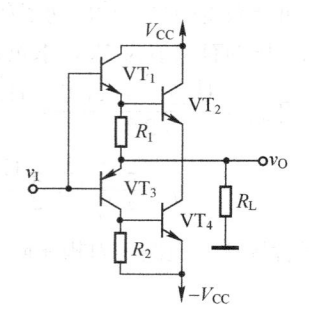

图 7.13 使用复合管的 B 类输出级功放电路

小功率管 VT_1 和 VT_3 是不同类型的管子，大功率管 VT_2 和 VT_4 是相同类型的管子。VT_1 和 VT_2 两管组成的复合管相当于一个 NPN 管，VT_3 和 VT_4 两管组成的复合管相当于一个 PNP 管。电阻 R_1 和 R_2 是两个泄放电阻，为了减小穿透电流对输出的影响。

7.4 AB 类输出级

由于输入信号要克服功率管发射结的导通压降才能导通，因此 B 类放大器的输出波形在正负交越时会产生非线性失真。AB 类功放在 B 类功放的基础上给两个互补的功率管加以正向偏置，用于消除交越失真。

7.4.1 电路结构和工作原理

AB 类输出级的电路结构如图 7.14 所示。

图 7.14 中，VT_1 为 NPN 管，VT_2 为 PNP 管，要求 VT_1 和 VT_2 的特性对称一致。在 VT_1 和 VT_2 的发射结上加偏置电压 V_{BE}，并使两管处于微导通状态。偏置电压 V_{BE} 的大小需满足：在输入电压 v_I 为零时，VT_1 和 VT_2 两管均处于微导通状态。只要 v_I 继续增大或减小，两管中的一管将起到电压跟随作用，另一管可视为截止状态。

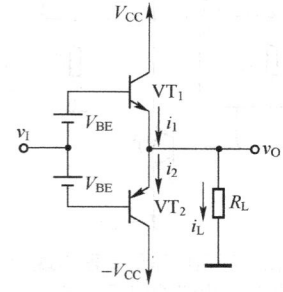

图 7.14 AB 类输出级的电路结构

分析：当 $v_I = 0$ 时，$i_1 = i_2 = I_S e^{V_{BE}/V_T}$，$i_L = 0$，$v_O = 0$。

假设 $v_I = V_m \sin \omega t$，且处于正半周。VT_1 的发射结上被施加了增量信号 v_I，在 VT_1 管的集电极上产生增量电流，并叠加在直流分量之上。i_1 电流的增大势必引起 v_{BE1} 的增大，而 VT_1 和 VT_2 两管基极间的直流电压保持在 $2V_{BE}$，因此 VT_2 发射结的电压 v_{BE2} 势必减小，i_2 随之减小。当 v_{BE2} 小于 VT_2 管的导通压降时，VT_2 管截止，$i_2 = 0$，负载电流 i_L 由 VT_1 管提供，负载电压 $v_O = V_{BE} + v_I - v_{BE1}$。反之，当 v_I 处于负半周时，负载电流 i_L 由 VT_2 管提供。且输入电压 v_I 越负，VT_1 管的电流越小。

AB 类输出级关于功率和效率的计算和 B 类输出级基本相同，此处不再赘述。

7.4.2 常见的几种 AB 类输出级偏置方式

1. 二极管偏置

在图 7.15 所示的电路中，用二极管 VD_1 和 VD_2 代替了直流电压源 V_{BE} 以实现输出级的偏置功能。要求 VT_1 和 VT_2 的特性对称一致。电流源 I_{BIAS} 为二极管 VD_1 和 VD_2 提供静态电流，VT_1 和 VT_2 中的静态电流为 $I = nI_{BIAS}$，n 为晶体管发射结的结面积与偏置二极管的结面积之比。该电路利用电流源 I_{BIAS} 在两个二极管 VD_1 和 VD_2 上产生正向压降，从而实现对 AB 类功放输出级的偏置。

当 $v_I = 0$ 时，由于 VT_1、VT_2 两管电路完全对称，两管静态电流相等。负载 R_L 上无静态电流，$v_O = 0$。假设 $v_I = V_m \sin \omega t$，由于 VD_1 和 VD_2 的交流电阻很小，可视为短路，因此 VT_1 和 VT_2 的输入信号幅度几乎相等。又由于 VT_1 和 VT_2 两管的发射结处于微导通状态，因此只要 v_I 大于零或小于零，VT_1 和 VT_2 轮流导通，且 $v_O = v_I$，克服了交越失真。

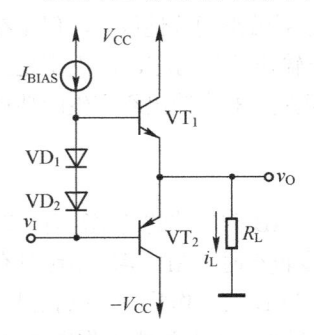

图 7.15 利用二极管实现 AB 类输出级的偏置电路

采用二极管对 AB 类功放进行偏置，可以提高 AB 类输出级晶体管偏置电流的热稳定性。假设两管发射结的电压 V_{BE} 保持不变，由于 AB 类输出级功耗的增加会导致晶体管结温的升高；而晶体管的集电极电流将增大，反过来又引起功耗的增加，这种正反馈机制最后会导致热失控，热失控会导致 BJT 的损坏。

二极管偏置可以对此效应加以补偿。这是因为二极管和输出级晶体管紧密热接触，它们的结温与输出级晶体管升高相同的温度。在 I_{BIAS} 不变的情况下，结温的升高导致二极管正向压降减小，即 V_{BE} 的减小，而 V_{BE} 的减小可以抑制晶体管的集电极电流的增大。

2．电压倍增器偏置

另一种实现偏置的方式如图 7.16 所示。

偏置电路由晶体管 VT_3、电阻 R_1 和 R_2 以及恒流源 I_{BIAS} 组成。若忽略 VT_3 的基极电流，流过 R_1 和 R_2 的电流 I_R 为

$$I_R = \frac{V_{BE3}}{R_2} \quad (7.25)$$

VT_1 和 VT_2 两管基极间的电压 V_{BB} 的大小可以由分压电路决定

$$V_{BB} = I_R(R_1 + R_2) = V_{BE3}\left(1 + \frac{R_1}{R_2}\right) \quad (7.26)$$

由式（7.26）可知：在功放电路设计时，只要调节电阻 R_2 和 R_1 的比值，就可以实现对 V_{BB} 的调节。在 IC 设计过程中，两个电阻的比值可以做到十分精确。

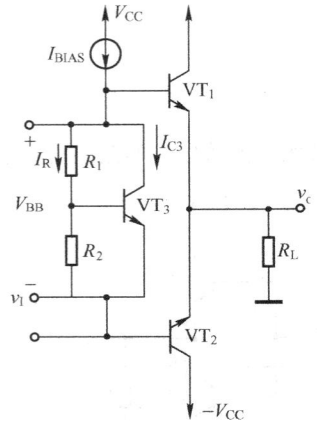

图 7.16 利用电压倍增器实现 AB 类输出级的偏置电路

7.5 功率放大器输出级的设计

7.5.1 输出级工作方式的选择

（1）A 类输出级

A 类输出级中晶体管在信号的一个周期内都是导通的，电路具有最佳的线性传输特性，完全不存在交越失真。A 类输出级被称为声音最理想的放大线路设计，它能提供非常平滑的音质，音色圆润，高音开阔透明。但是这种设计有利也有弊。A 类输出级最大的缺点是输出效率太低，大量的功率被消耗在功率管上。一个 25W 的 A 类输出级功放提供的输出功率至少可以供 100W 的 AB 类输出级功放使用。另外 A 类输出级功放的重量和体积都高于 AB 类输出级。

（2）B 类输出级

当输入信号为零时，两个功率管不导通，静态功耗为零。当输入信号的绝对值大于功率管发射结的导通压降时，两个功率管将轮流导通，分别在信号的半个周期内完成对波形的线性放大，但是在输入信号的绝对值小于功率管发射结的导通压降时，两管均截止，此时输出信号为零，产生交越失真。纯 B 类输出级构成的功放较少，这是因为交越失真会令声音变得粗糙。B 类输出级产生的功耗比 A 类输出级低，一般会采用较小的散热器。

（3）AB 类输出级

与 A 类和 B 类输出级的功放相比，AB 类的工作性能处于折中状态。AB 类功放的功率管有一对偏置电压，在无输入信号作用时，两管处于微导通状态。在输入信号幅度较小时，AB 类输出级具有 A 类输出级优良的线性特性。当输入信号幅度较大时，AB 类输出级就转为 B 类工作状态，以获得较高的转换效率。一个 10W 的 AB 类输出级功放在聆听音乐时只需要几瓦功率，因此通常工作在 A 类输出级工作方式。当音乐中出现瞬态强音时转为 B 类输出级工作方式，这样可以改善音质，提高效率和减少功耗。

（4）C 类输出级

C 类输出级的导通角小于 180°，通常只应用于射频电路。C 类放大器的电流波形失真太大，因

而不能用于低频功率放大。通常用 LC 电路将 C 类输出级工作方式下的电流平滑化，或滤除谐波，以近似得到失真较小的正弦波。单纯的以 C 类工作方式工作的音频功率放大器是很少见的。

7.5.2 BJT 功率管和 MOS 功率管的比较

在设计功率放大器时，必须确定输出级到底是使用 BJT 功率管还是 MOS 功率管。本节将重点介绍 MOS 功率管的结构、工作原理以及 MOS 功率管与 BJT 功率管的区别。

1. MOS 功率管的结构

MOS 功率管按导电沟道中载流子的种类不同，可分为 P 型和 N 型，按导电沟道形成的原理不同，可分为增强型和耗尽型。大功率 MOS 管与小功率 MOS 管的导电机理相同，但结构上有较大区别。小功率 MOS 管是横向导电器件，大功率 MOS 管多数采用垂直导电结构，又称为 VMOSFET（Vertical MOSFET）。大功率 MOS 管按照垂直导电结构的差异，又分为利用 V 形槽实现垂直导电的 VVMOSFET 和具有垂直导电双扩散 MOS 结构的 VDMOSFET。

本节以 VDMOSFET 为例进行介绍。

一般的 MOSFET 的导电沟道为水平方向，电流平行于硅片表面方向流动。以 N 沟道 MOSFET 为例，其饱和区的电流方程为

$$i_\text{D} = \frac{1}{2}\mu_\text{n} C_\text{ox} \left(\frac{W}{L}\right)(v_\text{GS} - V_\text{t})^2 \tag{7.27}$$

由式（7.27）可知，若要提高 MOSFET 的功率驱动能力，W 要尽量大，L 要尽量小。而减小沟道长度 L 会使一般的 MOSFET 的击穿电压下降，使器件不具备处理高电压的能力，因此必须寻找一种新的器件结构。VDMOSFET 的结构可以大大提高器件的驱动能力。

VDMOSFET 的结构如图 7.17 所示。VDMOS 作为大功率半导体器件，具有高耐压、大电流、低导通电阻、较快的开关速度、较宽的安全工作区域等优良特性。

图 7.17 中，采用双扩散或双注入工艺形成沟道区，延伸的 n⁻漂移区是垂直的，作为高阻漏区。漏极从衬底 n⁺区引出，位于芯片底部。源极和栅极从芯片表面引出。源极载流子通过沟道垂直于硅片表面方向向漏极移动，这种结构有利于提高击穿电压，节省芯片面积。

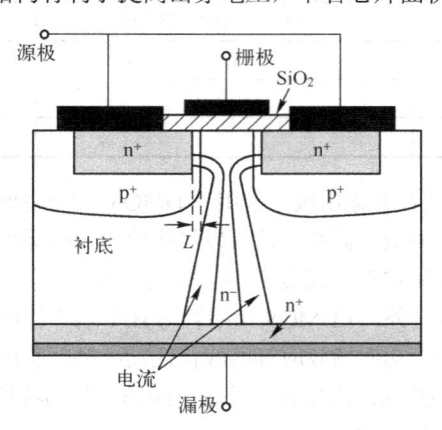

图 7.17 垂直导电双扩散 MOS 晶体管的结构图

2. MOS 功率管的工作原理

在栅源之间加正向电压 v_GS，并使 $v_\text{GS} \geq V_\text{t}$。在栅极氧化层下的 P 型衬底中感应出横向 N 沟道。该沟道很短，长度为 L，如图 7.17 所示。源区的自由电子经过导电沟道进入被耗尽的垂直的 N⁻区，并中和正电荷，从而恢复被耗尽的 N 型特性，使导电沟道形成，自由电子通过导电沟道垂直运动到

漏端形成电流，如图 7.18 所示。

VDMOS 的沟道很短，但是它具有很高的击穿电压（可高达 600V）。这是由于 P$^+$区和 N 衬底之间的耗尽层只会向低掺杂方向延伸，不会延伸到沟道中。由于垂直 N 区具有较低的电阻率，因此导通电阻与一般的 MOSFET 相比明显降低。与常规的 MOSFET 器件相比，相同的管芯面积，导通电阻降至常规的 1/5。相同的额定电流，导通电阻下降到常规的 1/2。

当 $v_{GS}<V_t$ 时，被电场反型而产生的 N 型导电沟道不能形成。在漏源之间加正向电压即 $v_{DS}>0$，使 MOSFET 内部 PN 结反偏形成耗尽层，并将垂直导电的 N 区耗尽。这个耗尽层具有纵向高阻断电压，如图 7.19 所示。这时器件的耐压取决于 P 和 N$^-$的耐压，因此 N$^-$的低掺杂和高电阻率是必须的。

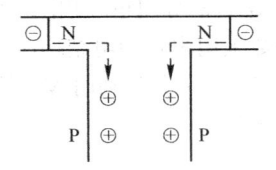

图 7.18　反型后的 N 导电沟道　　　　图 7.19　垂直的 N 区被耗尽

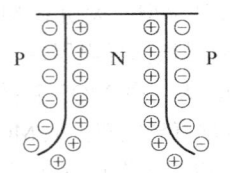

3. VDMOS 功率管与 BJT 功率管

VDMOS 功率管与 BJT 功率管作为输出级使用时，其性能特点的比较如表 7.1 所示。

表 7.1　VDMOS 功率管和 BJT 功率管的比较

特　　性	VDMOS 功率管	BJT 功率管
电流能力	小	大
功率处理能力	小	大
击穿电压	1000V 以下	可到 3000V
开关速度	快	慢
二次击穿	无	有
温度特性	负温度特性，好，可多个器件串并联	正温度特性，不好，多个器件不好串并联
驱动方式	电压驱动，驱动电路简单	电流驱动，驱动电路复杂
和 IC 的兼容性	好	差
工艺要求	高	低
制造成本	高	低

由表 7.1 可知：对于简单的互补输出级，使用 VDMOS 功率管时不是一定要设驱动级的。由于 VDMOS 功率管不存在二次击穿失效的问题，这可以简化输出级的保护电路，而且 VDMOS 功率管因为没有电荷存储效应，不会产生因电荷存储效应引起的关断失真。

除了表 7.1 提到的性能比较之外，VDMOS 功率管与 BJT 功率管相比还有以下缺点。

（1）传统的 B 类输出级中，功率场效应管的线性比功率晶体管的差。正确偏置的功率晶体管输出级的增益在交越区只是一般的抖动；而场效应管输出级由于传输特性为平方律的两个器件交叠，在交越区一带的增益曲线实际上呈锯齿状。

（2）场效应管导通所需的 v_{GS} 为 4～6V，远高于 BJT 的 v_{BE} 电压 0.6～0.8V。用于输出级会导致放大器的电压效率下降。

（3）场效应管的沟道电阻的最小值较大，这个沟道电阻会令放大器的效率比晶体管作为输出级时要低。

（4）场效应管容易因寄生振荡而损坏，严重时塑料封装会完全爆开。

（5）实践证明并联输出管可以减小大信号失真，因此需要将场效应管进行并联，但是场效应管的离散性很大，使场效应管的应用变得复杂。

7.5.3 功率管的选择

功放电路的器件往往工作在极限应用状态下，因此在功率放大器的设计过程中，应该根据晶体管所能承受的最大管耗、最大管压降和集电极允许的最大电流来选择晶体管。

1. 晶体管的最大管耗 P_{CM}

直流电源提供的功率一部分转换成信号功率传递给负载，另一部分将被晶体管消耗，转换成热能。其中晶体管消耗的功率称为晶体管的管耗。本节讨论当功放的输出级工作在 B 类状态下时，最大管耗的大小和什么因素有关。由式（7.17）可知，B 类输出级中每个晶体管的管耗为

$$P_{D1} = P_{D2} = \frac{1}{\pi}\frac{V_{OM}}{R_L}V_{CC} - \frac{1}{4}\frac{V_{OM}^2}{R_L} \tag{7.28}$$

管耗是 V_{OM} 的函数，对式（7.28）两边进行求导，并令一阶求导等于零。

$$\frac{dP_{D1}}{dV_{OM}} = \frac{V_{CC}}{\pi R_L} - \frac{V_{OM}}{2R_L} = 0$$

则 $\frac{V_{CC}}{\pi} - \frac{V_{OM}}{2} = 0$，即

$$V_{OM} = \frac{2V_{CC}}{\pi} \approx 0.6V_{CC} \tag{7.29}$$

当 V_{OM} 和 V_{CC} 满足式（7.29）关系时，P_{D1} 具有最大值，最大值 P_{D1M} 和 P_{D2M} 为

$$P_{D1M} = P_{D2M} = \frac{1}{\pi^2}\frac{V_{CC}^2}{R_L} \tag{7.30}$$

由于 B 类输出级的最大输出功率 $P_{Lmax} = \frac{V_{CC}^2}{2R_L}$，则最大输出功率和最大管耗之间的关系为

$$P_{D1M} = P_{D2M} = 0.2P_{Lmax} \tag{7.31}$$

由式（7.31）可知，若 B 类输出级的最大输出功率为 10W，则要求每个功率管的管耗至少为 2W。在实际应用时，为了保证功率管的安全工作，一般需要满足条件 $P_{CM} > 0.2P_{Lmax}$。

2. 最大管压降 $V_{(BR)CEO}$

B 类输出级的两个功率管在处于截止状态时，所承受的反向管压降最大。如 VT_2 导通时，VT_1 的 v_{CE1} 最大值约为 $2V_{CC}$。为了保证晶体管不反向击穿，设计时要留有一定的裕量，要求 BJT 的 $\left|V_{(BR)CEO}\right| > 2V_{CC}$。

3. 集电极允许的最大电流 I_{CM}

功率管集电极上的电流即为流过负载 R_L 的电流，而负载 R_L 上的最大压降约等于 V_{CC}，故功率管集电极最大电流为

$$I_{CM} \approx \frac{V_{CC}}{R_L} \tag{7.32}$$

考虑留有一定裕量，设计时需满足条件：

$$I_{CM} \geqslant \frac{V_{CC}}{R_L} \tag{7.33}$$

假设功放电路的最大输出功率为 P_{Lmax}，功率管的集电极电流还必须满足条件：

$$I_{CM} \geqslant \sqrt{\frac{2P_{Lmax}}{R_L}} \tag{7.34}$$

当功率管的 I_{CM} 同时满足式（7.33）和式（7.34）的条件时，可以安全工作。

功率管与小信号晶体管的主要参数比较如表 7.2 所示。

表 7.2 功率管与小信号晶体管的主要参数比较

主要参数	功率管	小信号晶体管
V-I 特性（大电流工作）	$i_C = I_s e^{v_{BE}/2V_T}$	$i_C = I_s e^{v_{BE}/V_T}$
β 数值	很低，通常为 30～80，最低为 5	通常为 50～200
r_π 数值（大电流工作）	较小，几欧	几千欧
f_T	很低，几兆赫兹	100MHz～几十 GHz
C_μ，C_π	很大，几百皮法；更大	零点几 pF～几 pF 的范围
I_{CBO}	很大，几十微安	纳安级
击穿电压 BV_{CEO}	最高可达 500V	典型值为 50～100V
I_{Cmax}	最高可达 100A	安培级

【例 7.2】 B 类输出级的功放电路如图 7.8 所示。假设 V_{CC}=12V，R_L=10Ω，功率管 BJT 的极限参数 P_{CM}=3W、$|V_{(BR)CEO}|$=30V 和 I_{CM}=2A。求：

（1）忽略交越失真和晶体管的饱和压降，求最大输出功率 P_{Lmax}。

（2）验证功率管是否能够安全工作。

（3）求功放电路在 $\eta = 0.5$ 时的输出功率 P_L。

分析：（1）
$$P_{Lmax} = \frac{V_{CC}^2}{2R_L} = \frac{12^2}{2 \times 10} = 7.2\text{W}$$

（2）
$$P_{D1M} \approx 0.2 P_{Lmax} = 0.2 \times 7.2\text{W} = 1.44\text{W} < P_{DM} = 3\text{W}$$

$$V_{CEM} = 2V_{CC} = 24V < |V_{(BR)CEO}| = 30\text{V}$$

$$i_{CM} = \frac{V_{CC}}{R_L} = \frac{12\text{V}}{10} = 1.2\text{A} < I_{CM} = 2\text{A}$$

所有参数均小于极限参数，BJT 晶体管可以安全工作。

（3）由式（7.21）可知：

$$V_{om} = \eta \times \frac{4V_{CC}}{\pi} = 0.5 \times \frac{4 \times 12\text{V}}{\pi} = 7.64\text{V}$$

$$P_L = \frac{1}{2}\frac{V_{om}^2}{R_L} = \frac{1}{2} \times \frac{7.64^2}{10} = 2.92\text{W}$$

7.5.4 功率管的散热和二次击穿问题

1. 功率管的散热问题

功率放大器在给负载传递功率的同时，晶体管本身也要消耗一定的功率。晶体管的功耗主要集中在集电结上，这些功耗会转换为热能并使结温升高。当结温超过晶体管所能承受的最高结温 T_{jM} 时，晶体管将遭到永久性的损坏。通常硅管的最高结温 T_{jM} 为 150℃～200℃，锗管的最高结温大约为 90℃。因此，功率管的散热问题是一个非常重要的问题。

热在物体中传导时所受的阻力大小称为热阻，用 θ_{JA} 表示。假设晶体管的耗散功率为 P_D，由晶体管功率耗散引起的结温为 T_J，周围环境温度为 T_A，那么四者的关系为

$$T_J - T_A = \theta_{JA} P_D \tag{7.35}$$

从式（7.35）可知：热阻 θ_{JA} 表明集电结单位耗散功率使 BJT 温度升高的度数。θ_{JA} 的单位是 ℃/W

或℃/mW。BJT 的热阻θ_{JA}越小，说明管子的散热能力越强，在相同环境温度下，允许的集电结管耗P_{DM}就越大。通常晶体管的型号确定后，T_J就确定了。T_A一般以 25℃为准。

$$\theta_{JA}=\theta_{JC}+\theta_{CA} \tag{7.36}$$

θ_{JC}是晶体管的管芯到外壳之间的热阻，θ_{CA}是外壳到环境之间的热阻。对于一个给定的晶体管，其θ_{JC}是固定的，与晶体管的设计和封装有关，如 3AD6 的θ_{JC}为 2℃/W，而 3DG7 的θ_{JC}为 150℃/W。因而大多数情况是通过减小θ_{CA}来减小热阻的。由于功率管的管壳小，热阻大，依靠其本身直接向环境散热效果差，因此通常把晶体管绑定在散热器上，使热量从外壳散到散热器上。实验表明：散热器的散热情况与其材料、散热面积、颜色以及安装位置等有关。当散热器水平或垂直放置时，散热效果较好。若在界面涂导热性能较好的硅脂可减小热阻。

为了保证放大器在输出大功率时能够安全工作，必须给功率管安装散热器，以散发集电结所产生的热量，否则将不能充分利用功率管的输出功率。

2．功率管的二次击穿问题

在实际应用中会发现，有时候功率管的管耗并没有超过 P_{CM} 值，且功率管不发烫，但是功率管的性能却严重下降，很多情况是由于二次击穿造成的。

产生二次击穿的原因主要是管内结面积不均匀、晶格有缺陷。当集电极电压超过 $V_{(BR)CEO}$ 时，会引起一次击穿。只要外电路限制击穿后的电流，当外加电压小于 $V_{(BR)CEO}$ 时，晶体管是会恢复正常工作的，但如果一次击穿之后不限制电流的大小，就会出现集电极电压迅速减小，而电流迅速增大的现象，这称为二次击穿。二次击穿是不可逆的，会造成晶体管永久性的损坏。

7.6 集成功率放大器

7.6.1 集成功率放大器内部的电路结构

几乎所有功率放大器的结构都是相似的，一般包括前置放大器、中间放大级、功率输出级和偏置电路这几部分。

前置放大器一般采用差分结构，使用差分对作为放大器的输入级主要原因有以下几个方面：① 差分对的直流失调通常较小；② 管子的静态电流不必流经负反馈网络；③ 差分对作为输入级的线性程度优于单管输入级；④ 差分结构具有抑制共模信号的能力。在输入级器件选型方面，总体来说 BJT 是优于 FET 的。这是因为 BJT 具有可预测的 V_{be}-I_C 关系和较高的跨导 g_m。FET 虽然没有直流失调电流的因素，但是其缺点更多，如 FET 输入级的线性程度比 BJT 输入级差很多，FET 的 V_{gs} 失调电压离散性大，若放大器由一个低阻抗源驱动，FET 输入级的噪声性能很差。

中间放大级又称为电压放大级，一般采用有源负载的共射放大器，目的是提供高的电压增益。

功率输出级的工作状态有多种情况，不管工作在哪种状态，都是为了提供高的功率增益，以提升功放电路驱动负载的能力，从而实现大功率的输出。

偏置电路的作用是给每一级放大器提供合适的静态工作点，主要由恒流源电路组成。

除此之外，功放还有一些辅助电路，如过流、过压、过热等保护电路等。

自 1967 年第一块音频集成功率放大器问世以来，在短短的几十年时间里，集成功率放大器得到了飞速的发展，其中音频集成功率放大器的产品已超过了 300 种。从不到 1W 的小功率放大器，发展到 10W 以上的中功率放大器，再到 25W 的厚膜集成功率放大器。从电路的功能来看，已经从一般的 OCL 或 OTL 功率放大器发展成为具有过热保护、过压保护、负载短路保护、电子滤波、电源浪涌过冲电压保护等功能的集成功率放大器。

7.6.2 具有固定增益的集成功率放大器 LM380

集成功率放大器 LM380 是美国国家半导体公司的产品，它可以提供 5W 的交流输出功率。图 7.20 所示为 LM380 的内部电路结构，以下将对它的内部电路做简单介绍。

LM380 由前置放大器、中间放大级、功率输出级和偏置电路这几部分组成。

（1）前置放大器由 $VT_1 \sim VT_4$ 复合管组成的差分对管构成。$VT_5 \sim VT_6$ 是一对镜像电流源，作为 $VT_1 \sim VT_4$ 差分对管的有源负载，用来提高差分放大器的增益。电阻 R_4 和 R_5 为 VT_1 和 VT_2 提供直流通路。

（2）VT_{12} 共射放大器作为中间放大级，VT_7 和 VT_8 是一对镜像电流源，作为 VT_{12} 的有源负载，用来提高中间放大级的电压增益。电容 C 跨接在 VT_{12} 的基极和集电极之间，作为补偿电容。C 的作用主要是产生米勒效应，消除自激振荡，保证放大器的稳定工作。

（3）$VT_{10} \sim VT_{11}$ 组成的复合管等效为 PNP 管。功率输出级由 $VT_9 \sim VT_{11}$ 组成的准互补对称电路组成。

（4）偏置电路的作用是给每一级放大器提供合适的静态工作点。在第一级前置的差分放大器中，VT_3 的偏置电流由直流电源 V_{CC}、组成二极管的 VT_7 和电阻 R_{1a} 和 R_{1b} 组成。而 VT_4 的偏置电流由输出端通过 R_2 提供。静态时两个偏置电流相等。假设 BJT 发射结的导通压降相等，忽略 R_4 和 R_5 上的微小压降，则 VT_3 上发射极的静态电流 I_3 为

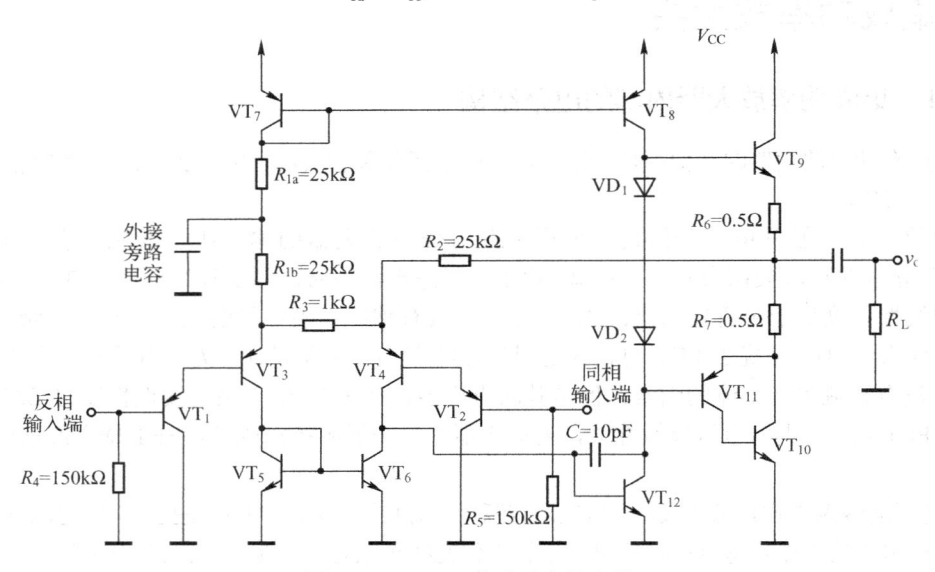

$$I_3 \approx \frac{V_{CC} - V_{EB7} - V_{EB3} - V_{EB1}}{R_{1a} + R_{1b}} = \frac{V_{CC} - 3V_{EB}}{R_1} \tag{7.37}$$

图 7.20 LM380 集成功率放大器

VT_4 上发射极的静态电流 I_4 为

$$I_4 = \frac{V_O - V_{EB4} - V_{EB2}}{R_2} = \frac{V_O - 2V_{EB}}{R_2} \tag{7.38}$$

由于 $I_3 = I_4$，故

$$V_O = \frac{1}{2}V_{CC} + \frac{1}{2}V_{EB} \tag{7.39}$$

输出的偏置电压约等于电源电压的一半，符合输出最大摆幅的要求。

第 7 章 功率放大器

在第二级中间放大级中,VT_{12} 的静态电流由恒流源 VT_8 提供。二极管 VD_1、VD_2 作为功放输出级的偏置电路,同时起到消除交越失真的作用。

负反馈的作用在 LM380 中得到了体现。在图 7.20 所示的内部电路中,引入了交直流两种反馈。R_2 引入的直流反馈的作用是稳定输出电压 V_O。分析:若 V_O 增大,导致流入 R_2 的电流增大,即 VT_4 的射极电流和集电极电流增大,使 VT_{11} 基极上产生一个增量电压,导致 VT_{11} 的集电极电流增加,使 VT_9 的基极电流减小,从而使 V_O 减小,抑制 V_O 的变化。R_2 和 R_3 是跨接在前置放大器和功率输出级之间的交流反馈电阻。由于引入的是串联-并联反馈类型,故可以稳定放大器的电压增益。

7.6.3 大功率集成功率放大器 TDA2040

TDA2040 是具有较大输出功率的音频功率放大器,它广泛应用于汽车立体声、收录音机、音响设备等领域,具有体积小、输出功率大、失真小等特点,并且内部包含各种保护电路。① 负载泄放电压反冲保护电路,如电源峰值电压为 40V,在引脚 5 和电源之间必须插入 LC 滤波器,以保证引脚 5 上的脉冲串维持在规定的幅值内。② 热保护。热保护有以下优点:在承受输出过载或环境温度超时时起到保护作用。

TDA2040 采用 V 形 5 脚单列直插式封装结构,如图 7.21 所示。TDA2040 的主要参数如表 7.3 所示。

图 7.21 TDA2040 集成功放引脚图

表 7.3 TDA2040 的主要参数

电源电压	±2.5~±20V	差分输入电压(极限)	±15V
峰值输出电流	4A	耗散功率(极限)	24V
工作结温	−40℃~150℃	存储结温	−40℃~150℃
开环增益	80dB	功率带宽	100kHz
输入电阻	50kΩ	失真度	0.5%

由 TDA2040 组成的功放电路,其外围电路使用的器件较少,电路简单。在设计印刷电路板时,必须考虑地线与输出的去耦,因为有些线路存在大的电流通过。装配时散热片之间不需要绝缘,引线长度尽可能短,焊接温度不要超过 260℃,时间不要超过 12 秒。

由 TDA2040 组成的功放电路既可以采用双电源供电,也可以采用单电源供电。采用双电源供电和单电源供电的功放电路如图 7.22 所示。

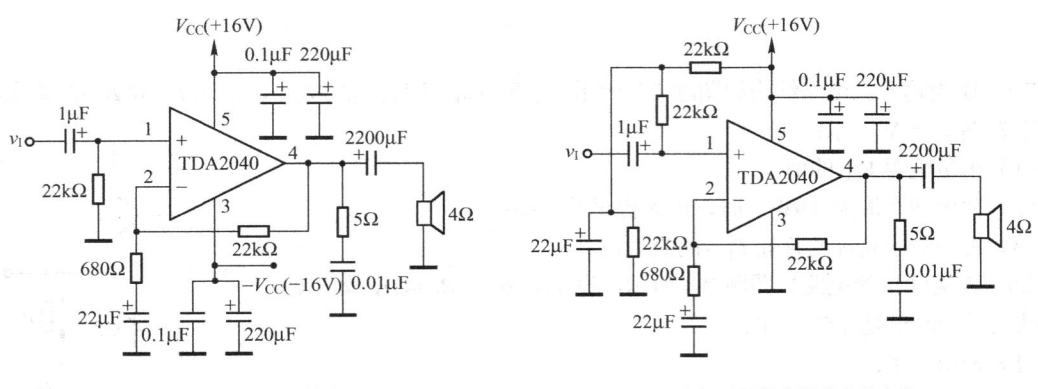

(a)采用双电源供电的电路   (b)采用单电源供电的电路

图 7.22 由 TDA2040 组成的功放电路

第 7 章习题

7.1 A 类、B 类和 AB 类 3 种功率输出级中功率管电流的导通角分别为多少？它们中哪一类放大器的转换效率最高？

7.2 A 类输出级的电路结构如图题 7.1 所示。假设 V_{CC}=5V，$R=R_L$=1kΩ，VT_1、VT_2 和 VT_3 型号相同。$V_{BE(on)}$=0.7V，$V_{CE(sat)}$=0.3V，β 很大。求线性工作时，输出电压的上限和下限分别是多少？相应的输入电压为多少？如果晶体管 VT_3 的发射结面积是 VT_2 的两倍，重复求解上述问题。

7.3 设计如图题 7.1 所示的射极跟随器电路，使之能够得到 ±5V 的输出电压，给定的电源电压 V_{CC}=10V。要求电路在负载低到 100Ω 时晶体管 VT_1 电路的电流变化率不超过 10%，问电阻 R 应该取何值？在 v_O=+5V，0V，-5V 时，射极跟随器的小信号电压增益是多少？负载仍为 100Ω，在电压 v_O 的变化范围内，增益变化的百分比是多少？

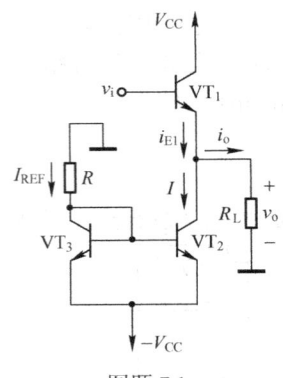

图题 7.1

7.4 如图题 7.1 所示的射极跟随器电路，V_{CC}=15V，$V_{CE(sat)}$=0.2V，V_{BE}=0.7V 为常数压降，β 很大。求电阻 R 的值，使得电路建立的偏置电流足够大，允许输出电流在负载电阻 R_L=1kΩ 时有最大摆幅。确定输出信号的摆幅以及发射极电流的最大值和最小值。

7.5 电路如图题 7.1 所示，假设 V_{CC}=10V，I=100mA，R_L=100Ω。如果输出是峰值为 8V 的正弦波，求：（1）负载上得到的功率；（2）电源提供的平均功率；（3）功率转换效率。

7.6 （1）功率放大器采用 B 类输出级的目的是为了提高（　　）。

A．输出功率　　　　B．电压增益　　　　C．转换效率　　　　D．驱动负载的能力

（2）交越失真是一种（　　）失真。

A．截止失真　　　　B．饱和失真　　　　C．非线性失真

7.7 如图题 7.2 所示的由两管组成的复合管，可以等效为 NPN 型复合管的是（　　）。

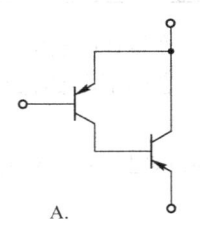

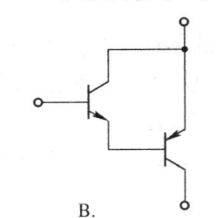

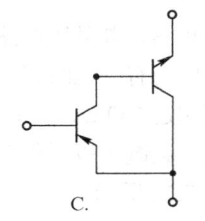

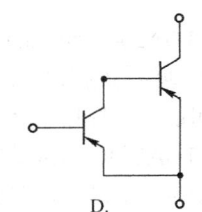

A.　　　　　　B.　　　　　　C.　　　　　　D.

图题 7.2

7.8 B 类输出级电路结构如图题 7.3 所示。忽略 V_{BE} 和 $V_{CE(sat)}$ 的大小，已知 R_L=8Ω，要求最大输出功率为 P_{Lmax}=9W，求：

（1）正负电源 V_{CC} 的值；

（2）输出功率最大（9W）时，电源提供的功率；

（3）每个管子允许的管耗 P_{DM} 的最大值。

7.9 B 类输出级电路如图题 7.3 所示，设 V_{CC}=6V，R_L=4Ω，如果输出正弦信号的峰值是 4.5V，求：

（1）输出功率；

（2）每个电源提供的平均功率；

（3）该电压下的功率转换效率；

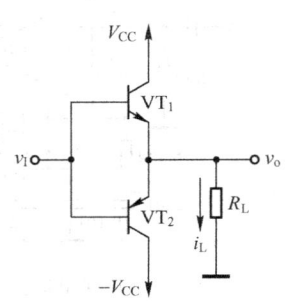

图题 7.3

（4）由 v_I 提供的峰值电流，假设 $\beta_N=\beta_P=50$；

（5）每个晶体管能够安全消耗的最大功率。

7.10 如图题 7.3 所示的 B 类功率放大电路，为使之能给 8Ω 负载电阻提供 16W 的平均功率，要求直流电源电压比输出电压峰值高 5V，求：

（1）电源电压 V_{CC} 的值；

（2）每个电源提供的电流峰值为多少？

（3）该电路的功率转换效率 η 为多少？

7.11 电路如图题 7.4 所示，请完成下列选择题。

（1）当输入信号为正弦波时，若 R_2 开路，则输出电压 v_O（　　）。

  A．为零   B．完整的正弦波 C．只有正半波 D．只有负半波

（2）若 VD_1 虚焊开路，则 VT_1（　　）。

  A．始终饱和 B．始终截止   C．因功率过大而烧坏

（3）电路中的二极管 VD_1 和 VD_2 的作用是消除（　　）。

  A．交越失真 B．饱和失真   C．截止失真   D．非线性失真

图题 7.4

7.12 电路如图题 7.5 所示。已知 VT_1 和 VT_2 的饱和压降 $|V_{CE(sat)}|=2V$，集成运放为理想运放，直流功耗可忽略不计，求：

（1）VD_1 和 VD_2 的作用是什么？

（2）负载上可能获得的最大输出功率 P_{Lmax}，以及电路的转换效率 η。

（3）电路中引入了哪种组态的交流反馈？其闭环电压增益 A_{vf} 为多少？

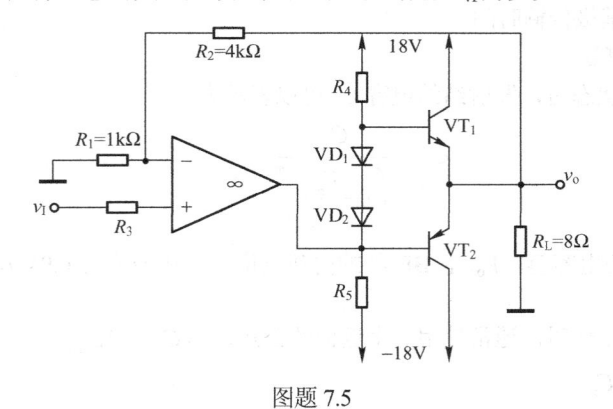

图题 7.5

7.13 在选择功率电路中的晶体管时，应关注（　　）参数。

  A．f_T B．I_{CM} C．$v_{CE(sat)}$ D．P_{DM} E．$v_{(BR)CEO}$ F．I_{CEO}

7.14 有一个 BJT 的热阻为 $\theta_{JA}=2℃/W$，工作的环境温度为 30℃，集射电压为 20V。长时间工作允许的最高结温为 130℃，求相应的晶体管耗，集电极电流的最大平均值是多少？

7.15 某功率管在 25℃ 时的功耗为 200mW，最大结温为 150℃，求它的热阻 θ_{JA}。如果工作在 70℃ 的环境温度下，它的功耗应该是多少？若环境温度为 50℃，此时的管耗是 100mW，求此时的结温。

第8章 放大器的频率响应

到目前为止，我们都假设晶体管的响应是和时间无关的，不会产生任何延迟，即晶体管的输出和输入之间的响应与输入信号的频率无关。但是实际晶体管有电荷存储现象，这就限制了晶体管的工作速度和频率。因此，在考虑晶体管频率响应时，在混合π模型中应增加电容来考虑电荷存储效应。扩展后的混合π模型可以分析放大器增益和频率的关系，以及晶体管工作在开关状态时出现的时间延迟现象。

8.1 晶体管高频参数和高频等效电路

8.1.1 BJT 内部电容与高频模型

（1）基区电荷和扩散电容 C_{de}

当晶体管工作在放大模式和饱和模式时，少子电荷存储在基区，随着电压 V_{BE} 的变化而变化。可以定义小信号扩散电容

$$C_{de} = \frac{dQ_n}{dV_{BE}} = \tau_F g_m = \tau_F \frac{I_C}{V_T} \tag{8.1}$$

式中，τ_F 为载流子正向基极传输时间。

（2）发射结结电容 C_{je}

当发射结处在截止状态时，发射结结电容 C_{je} 可以表示为

$$C_{je} = \frac{C_{je0}}{\left(1 - \frac{V_{BE}}{V_{oe}}\right)^m} \tag{8.2}$$

式中，C_{je0} 为 $V_{BE}=0$ 时的电容值，V_{oe} 是 BE 结的内建电位差（典型值为 0.9V），m 为 BE 结的变容指数（典型值为 0.5）。

当发射结处于正向工作时，通常使用一个近似的公式，即 $C_{je} \approx 2C_{je0}$。

（3）集电结结电容 C_μ

当晶体管工作在放大状态时，BC 结处于反偏状态，它的结电容

$$C_\mu = \frac{C_{\mu 0}}{\left(1 + \frac{V_{CB}}{V_{oc}}\right)^m} \tag{8.3}$$

式中，$C_{\mu 0}$ 为 C_μ 在零电压时的值，V_{oc} 为 BC 结的内建电位差（典型值为 0.75V），m 是它的变容指数（典型值为 0.2～0.5）。

（4）高频混合π模型

图 8.1 所示为 BJT 的高频混合π模型。其中，$C_\pi = C_{de} + C_{je}$，C_μ 为 BC 结的耗尽区电容，C_π 的典型值为几 pF～几十 pF，C_μ 的范围为零点几 pF～几 pF。引入的一个电阻 r_x 处于基极和虚构的内部基极端子 B'之间，典型值为几十欧姆，它的值和基极电流大小无关，低频时可以忽略。

(5) 截止频率

晶体管手册表上通常只给定 β 和 C_μ 的值，而不给定 C_π 的值，为了确定 C_π 的值，可以利用混合 π 模型进行推导，如图 8.2 所示。

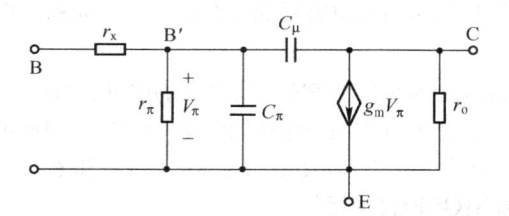

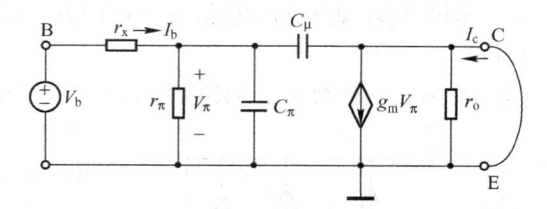

图 8.1　高频混合 π 模型　　　　　图 8.2　推导 $\beta(s)$ 的表达式电路

$$V_\pi = I_b\left(r_\pi // \frac{1}{sC_\pi} // \frac{1}{sC_\mu}\right) = \frac{I_b}{\frac{1}{r_\pi} + sC_\pi + sC_\mu} \tag{8.4}$$

$$\beta = \frac{I_c}{I_b} = \frac{g_m - sC_\mu}{\frac{1}{r_\pi} + sC_\pi + sC_\mu} \tag{8.5}$$

通常情况下，$g_m \gg \omega C_\mu$，忽略分子中 sC_μ 项，则

$$\beta = \frac{g_m r_\pi}{1 + s(C_\pi + C_\mu)r_\pi} = \frac{\beta_0}{1 + s(C_\pi + C_\mu)r_\pi} \tag{8.6}$$

β_0 为 $s=0$ 时的 β 值，即 $\beta_0 = g_m r_\pi$。这是一个单极点函数，它的 3dB 频率位于 $\omega = \omega_\beta$ 处，即 $\omega_\beta = \frac{1}{(C_\mu + C_\pi)r_\pi}$，$\beta$ 的波特图如图 8.3 所示。

$$\beta = \frac{\beta_0}{1 + s/\omega_\beta} \tag{8.7}$$

放大电路的单位增益带宽 $\omega_T = \beta_0 \omega_\beta = \frac{g_m}{C_\pi + C_\mu} \tag{8.8}$

$$f_T = \frac{\omega_T}{2\pi} = \frac{g_m}{2\pi(C_\mu + C_\pi)} \tag{8.9}$$

式中，f_T 称为特征频率，它是 $|\beta|=1$ 时对应的频率，即 $|\beta(s)|_{f=f_T} = 1$。β 是 I_C、V_{CE} 的函数，处于一定的范围内时是常数，如图 8.4 所示。

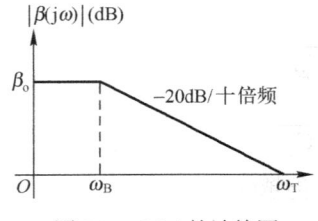

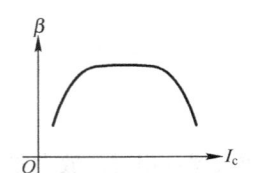

图 8.3　$\beta(j\omega)$ 的波特图　　　　　图 8.4　β 随 I_c 的关系曲线

f_T 的典型值为 100MHz～几十 GHz，视不同类型的管子而有所区别。

最后说明，混合 π 模型的准确性是受频率限制的。当 $f<0.2f_T$ 时，模型的准确度较高。在更高频率时，必须在模型中增加其他寄生元素，这超出了本书的范围。

8.1.2 MOSFET 内部电容与高频模型

1. MOSFET 中有两类基本的内部电容

① 栅极电容：栅极与沟道组成一个平板电容器，氧化层作为该电容器的电介质。单位面积的电容记为 C_{ox}。

② 源-衬底、漏-衬底耗尽层电容，即 P 型衬底和 N$^+$ 源区及 N$^+$ 漏区的 PN 结反向偏置形成的电容。这两类电容效应通过 MOSFET 模型中的 4 个电极之间增加电容来建模，共有 5 个电容：C_{gs}、C_{gd}、C_{gb}、C_{sb} 和 C_{db}。

2. 高频 MOSFET 模型

图 8.5 所示为 MOSFET 的小信号模型，其中包括 4 个电容 C_{gs}、C_{gd}、C_{sb} 和 C_{db}。该模型用于人工分析时相当复杂，常用在计算机仿真分析中。当源极和衬底相连，即 $V_{bs}=0$ 时，模型变得相当简单，如图 8.6 所示（C_{db} 很小，影响可以忽略不计）。

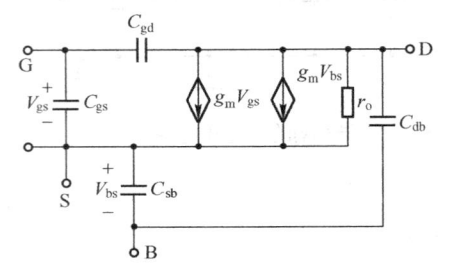

图 8.5　MOSFET 高频小信号等效电路

3. MOSFET 单位增益频率 f_T

当放大器工作在高频时，定义一个技术指标 f_T。它是共源组态的短路电流增益为 1 时对应的频率，图 8.7 所示为确定短路电流增益的简化电路。

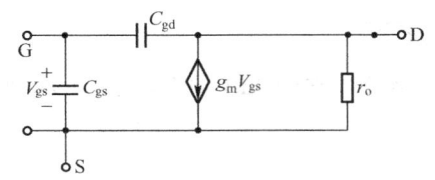

图 8.6　简化的 MOSFET 高频小信号模型

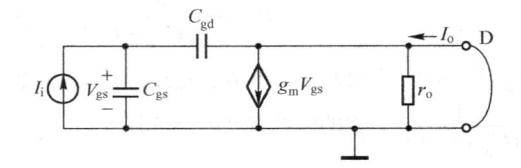

图 8.7　求 I_o/I_i 的电路图

$$I_o = g_m V_{gs} - sC_{gd}V_{gs} \tag{8.10}$$

因为 C_{gd} 很小，可以忽略。

故
$$I_o \approx g_m V_{gs} \tag{8.11}$$

又因为
$$V_{gs} = I_i / [s(C_{gs} + C_{gd})] \tag{8.12}$$

故
$$\frac{I_o}{I_i} = \frac{g_m}{s(C_{gs} + C_{gd})} \tag{8.13}$$

令 $s = j\omega$，定义
$$|I_o/I_i|\big|_{\omega=\omega_T} = 1$$

所以
$$\omega_T = \frac{g_m}{C_{gs} + C_{gd}} \tag{8.14}$$

$$f_T = \frac{g_m}{2\pi(C_{gs} + C_{gd})} \tag{8.15}$$

f_T 越高，用做放大器使用时，放大器频带越宽，性能越好。

8.2　单级放大器的频率响应

8.2.1　频率响应概论

本书介绍的放大电路通常是基于集成电路技术实现的。它们不使用旁路电路和耦合电容，而采用直接耦合方式，故在低频段没有增益损失，但在高频段增益下降，如图 8.8 所示。

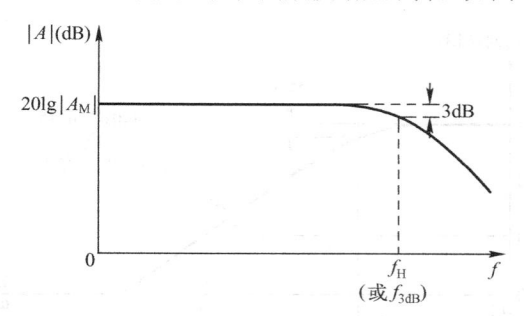

图 8.8 直接耦合放大电路频率响应

1．高频增益函数

放大电路增益的一般形式

$$A(s)=A_M F_H(s) \tag{8.16}$$

$F_H(s)$ 由零点和极点组成，通常用以下形式描述

$$F_H(s) = \frac{(1+s/\omega_{z1})(1+s/\omega_{z2})\cdots(1+s/\omega_{zn})}{(1+s/\omega_{p1})(1+s/\omega_{p2})\cdots(1+s/\omega_{pm})} \tag{8.17}$$

对于一个稳定的电子系统，$\omega_{p1},\omega_{p2},\cdots,\omega_{pm}$ 为正数，$\omega_{z1},\omega_{z2},\cdots,\omega_{zn}$ 可正可负，且 $m \geqslant n$。当 $s\to 0$ 时，$F_H \to 1$，$F_H(s)$ 为归一化函数。

2．一阶 RC 电路频率响应

只由一个独立的储能元件构成的电路称为单时间常数电路。这类电路求解的关键是电路的时间常数 τ。很多问题的求解都和时间常数有关。在 RC 电路中，$\tau=RC$，在 LR 电路中，$\tau=L/R$。

（1）时间常数快速计算法

当只有一个电抗元件和多个电阻时，可求出电抗元件两端视入的等效电阻 R_{eq}，则时间常数为 $R_{eq}C$ 或 L/R_{eq}。

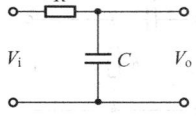

图 8.9 一阶 RC 低通电路

（2）一阶低通 RC 电路的频率响应

一阶 RC 低通电路如图 8.9 所示。电路的传输函数 $T(s)$ 可写成如下形式

$$T(s) = \frac{V_o}{V_i} = \frac{1/sC}{R+\dfrac{1}{sC}} = \frac{1}{1+sRC} \tag{8.18}$$

令 $s=\mathrm{j}\omega$，并且定义 $\omega_0 = \dfrac{1}{RC} = \dfrac{1}{\tau}$

则

$$T(s) = \frac{1}{1+s/\omega_0}$$

$$T(\mathrm{j}\omega) = \frac{1}{1+\mathrm{j}\omega/\omega_0} \tag{8.19}$$

其幅频响应

$$|T(\mathrm{j}\omega)| = \frac{1}{\sqrt{1+(\omega/\omega_0)^2}} \tag{8.20}$$

相频响应

$$\phi(\omega) = -\mathrm{tg}^{-1}(\omega/\omega_0) \tag{8.21}$$

其幅频响应曲线和相频响应曲线如图 8.10 所示。当 $\omega = \omega_0$ 时，$|T(\mathrm{j}\omega)| = \dfrac{1}{\sqrt{2}}$，$\phi(\omega) = -45°$。图中渐近线的误差当 $\omega = \omega_0$ 时，$T(\mathrm{j}\omega)$ 的最大误差为 3dB。相频特性的最大误差则出现在离 ω_0 十倍频的地

方，最大误差为 5.7°。

(a) 低通网络的幅频响应曲线

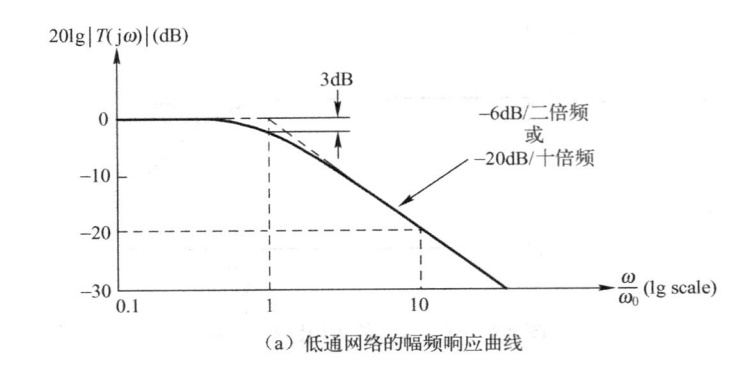

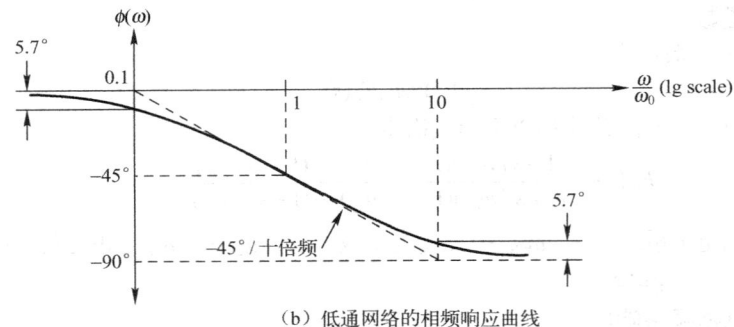

(b) 低通网络的相频响应曲线

图 8.10 频率响应曲线

由于误差可控，因此在人工分析时常用渐近线替代真实曲线来进行估算。

(3) 一阶 RC 高通电路的频率响应

一阶 RC 高通电路如图 8.11 所示。该电路的传输函数为

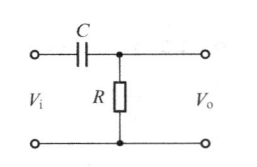

图 8.11 一阶 RC 高通电路

$$T(s) = \frac{R}{R + \frac{1}{sC}} = \frac{sRC}{1+sRC} \tag{8.22}$$

令 $\omega_0 = \frac{1}{RC}$，则

$$T(s) = \frac{s/\omega_0}{1+s/\omega_0} = \frac{1}{1+\frac{\omega_0}{s}} \tag{8.23}$$

令 $s=\mathrm{j}\omega$，则

$$T(\mathrm{j}\omega) = \frac{1}{1-\mathrm{j}\frac{\omega_0}{\omega}} \tag{8.24}$$

$$|T(\mathrm{j}\omega)| = \frac{1}{\sqrt{1+(\omega_0/\omega)^2}} \tag{8.25}$$

$$\phi(\omega) = \arctan(\omega_0/\omega) \tag{8.26}$$

其频率响应曲线如图 8.12 所示，和低通一样也可以用渐近线来描述。

3. 3dB 频率 f_H 的确定

对于主极点响应类型的放大电路，设 ω_{p1} 为主极点，则

$$F_H(s) \approx \frac{1}{1+s/\omega_{p1}}, \quad \omega_{p1} \ll \omega_{p2} \cdots \omega_{pm} \quad （一般要求相差 4 倍以上）$$

若主极点不存在，可利用计算机进行仿真确定 3dB 频率，在此不做说明，估算的方法可参考相关的参考书。

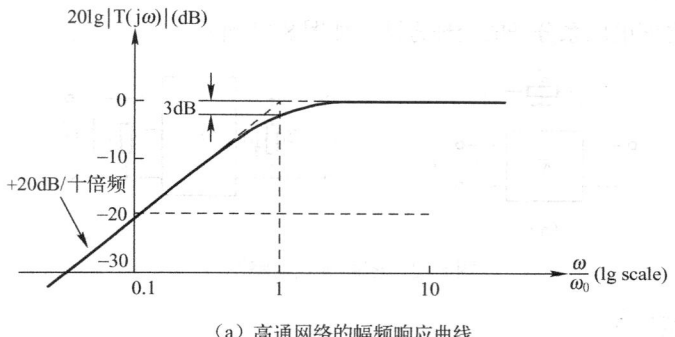

（a）高通网络的幅频响应曲线

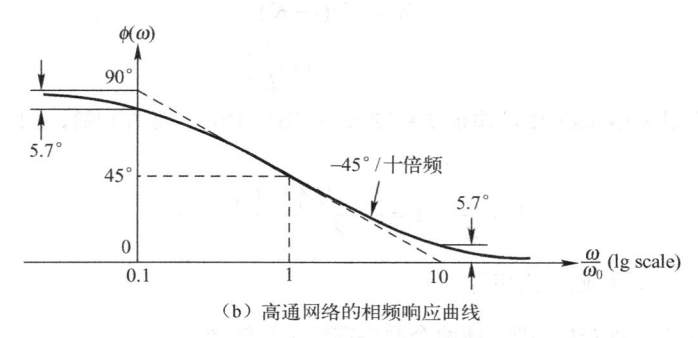

（b）高通网络的相频响应曲线

图 8.12　一阶 RC 高通电路的频率响应

4. 开路时间常数法估算 f_H

通常情况下，放大电路的零、极点很难确定，故不可能确定 $F_H(s)$。人工估算通常用近似的方法，开路时间常数法是最常用的一种估算 f_H 的方法。

根据网络分析的理论，$F_H(s)$ 的极点数目由独立的储能元件数目决定。在集成电路中由独立的电容数目决定。由于各电容之间相互影响，一般很难确定各零、极点的值。

将 $F_H(s)$ 展开

$$F_H(s) = \frac{1 + a_1 s + a_2 s^2 + \cdots a_n s^n}{1 + b_1 s + b_2 s^2 + \cdots b_m s^m} \quad (8.27)$$

利用相关理论可以证明

$$b_1 = \frac{1}{\omega_{p1}} + \frac{1}{\omega_{p2}} + \cdots + \frac{1}{\omega_{pm}} \quad (8.28)$$

b_1 的值可以通过如下方法得到：依次考虑高频等效电路中的电容，考虑一个电容 C_i 作用时，其他电容和信号源设为零，求出从 C_i 看进去的等效电阻 R_{io}。将所有的时间常数相加，得到开路时间常数 b_1，即

$$b_1 = \sum_{i=1}^{m} C_i R_{io} \quad (8.29)$$

利用 b_1 估算

$$\omega_H \approx \frac{1}{b_1} = \frac{1}{\sum_{i=1}^{m} C_i R_{io}} \quad (8.30)$$

开路时间常数法的优点是能告诉设计人员哪个电容在放大电路频率响应中起重要作用，从而采取相应的措施消除其影响。但该方法对含电感的电路无效。

5. 密勒定理

在分析共源和共射放大电路频率响应时，将跨接在输入和输出之间的电容替换成等效的输入电容和输出电容，这种方法源自密勒定理。密勒定理是处理跨接在双端口网络输入和输出之间的阻抗时

的一种将输入和输出之间的联系分开的处理方法，如图 8.13 所示。

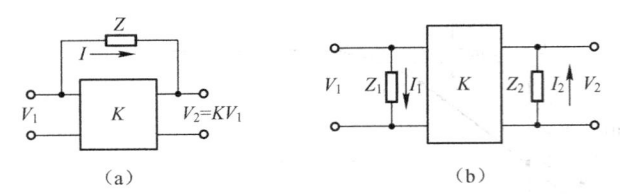

图 8.13 密勒等效电路图

其参数之间的等效关系如下

$$Z_1 = Z/(1-K) \tag{8.31}$$

$$Z_2 = Z/\left(1-\frac{1}{K}\right) \tag{8.32}$$

证明：只要证明图 8.13（a）中的电流 I 和图 8.13（b）中的电流 I_1 相等，则上述两个网络在输入端等效。

令

$$I_1 = \frac{V_1}{Z_1} = I = \frac{V_1 - KV_1}{Z} = \frac{V_1(1-K)}{Z}$$

则选择合适的 $Z_1 = \dfrac{Z}{1-K}$，可使上式相等。

同理只要选择合适的 Z_2，使 $I=I_2$，则上述两个网络在输出端等效。

$$I_2 = \frac{0-V_2}{Z_2} = \frac{0-KV_1}{Z_2} = I = \frac{V_1 - KV_1}{Z} = \frac{V_1(1-K)}{Z}$$

即 $Z_2 = Z/\left(1-\dfrac{1}{K}\right)$，从而证明密勒定理的正确。

6. 短路时间常数法估算 f_L

在由分立元件构成的放大电路中，常采用耦合电容和旁路电容来隔离直流工作点。这些电容会引起低频响应函数的变化。当电容多于两个时，人工精确分析变得非常困难，故经常采用近似方法进行估算。短路时间常数法是比较简便的方法之一。

该方法的关键点是求出多个电容对应的时间常数。每次只考虑一个电容的作用，其他电容做短路处理，得到一个时间常数 $R_{ip}C_i$。该时间常数将引入一个低端转折极点频率 $\omega_{pi} = \dfrac{1}{R_{ip}C_i}$，引入的频率响应因子为 $\dfrac{1}{1+\dfrac{\omega_{pi}}{s}} = \dfrac{s}{s+\omega_{pi}}$。

当有多个电容共同作用时，引入的频率响应因子为

$$\frac{s}{s+\omega_{p1}} \cdot \frac{s}{s\omega_{p2}} \cdots \frac{s}{s+\omega_{pn}} = \prod_{i=1}^{n} \frac{s}{s+\omega_{pi}} \tag{8.33}$$

当电路出现主极点情况时，即其中一个极点频率 ω_{p1} 高于其他极点频率 4 倍以上时，即可认为电路的 ω_L 由该主极点确定，即 $\omega_L = \omega_{p1}$。

8.2.2 MOSFET 放大电路频率响应

分立元件 MOSFET 共源放大电路如图 8.14 所示。

在分析放大电路的增益时，通常认为耦合电容 C_1、C_2 和旁路电容 C_3 容量很大，对信号呈现短路关系；而 MOS 管的 C_{gs}、C_{gd} 很小，可以认为开路。这样放大电路的增益与频率无关。实际上，只有

在一定频率范围内，上述结论才成立，这一频率范围称为中频段。

若工作频率在该区域内，上述结论是正确的，但在工作频率很低时，C_1、C_2、C_3 的作用不能忽略，该工作区称为低频段；而工作频率很高时，MOS 内部电容的作用也不能忽略，此工作区称为高频段。故实际放大电路的完整频率响应特性由 3 个频段的工作特性共同构成，这个频段对应于两个频率分界点 f_L 和 f_H。放大电路的带宽 BW=f_H-f_L≈f_H。增益带宽积 GB=|A_M|·BW 是放大器的一个重要指标，通常是一个常数。若提高增益，则牺牲带宽。

共源放大电路的频率响应曲线如图 8.15 所示。

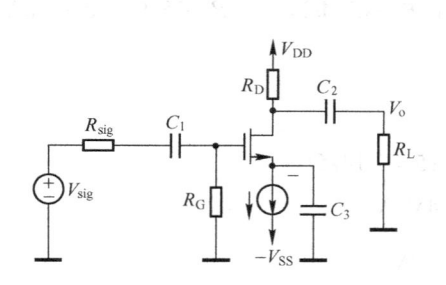

图 8.14 共源放大电路

图 8.15 共源放大电路的频率响应

（1）高频响应

当工作频率 $f>f_H$ 时，可以用高频模式来代替 MOSFET，得到图 8.16 所示的高频等效电路，令 $R_L'=r_o // R_D // R_L$。

为了求得 f_H 的值，将 C_{gd} 用密勒等效的方法折合到输入和输出端。

其输入端的等效电容
$$C_{eq}=(1+g_m R_L')C_{gd} \tag{8.34}$$

输出端的等效电容
$$C_{eq}' = \left(1+\frac{1}{g_m R_L'}\right)C_{gd} \tag{8.35}$$

由于输出端等效电容产生的极点远大于输入端电容产生的极点，故可以忽略不计，只需考虑输入端的频率响应即可。

图 8.17 所示为密勒等效后的高频等效电路。

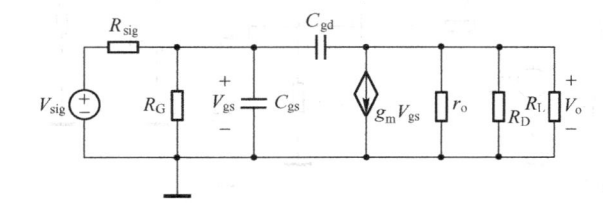

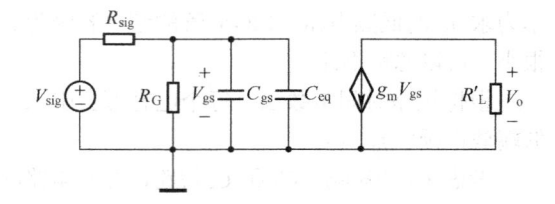

图 8.16 高频等效电路图

图 8.17 密勒等效后的高频等效电路

通过对一阶 RC 电路的分析，令 $C_{in}=C_{gs}+C_{eq}$，$R_{sig}'=R_{sig} // R_G$，从图中可以求出高端转折频率

$$f_H = \frac{1}{2\pi(C_{gs}+C_{eq})R_{sig}//R_G} = \frac{1}{2\pi C_{in} R_{sig}'} \tag{8.36}$$

中频增益
$$A_M = -g_m R_L' \frac{R_G}{R_{sig}+R_G} \tag{8.37}$$

最后画出放大电路的高频响应如图 8.18 所示。

图 8.18 放大电路频率响应电路

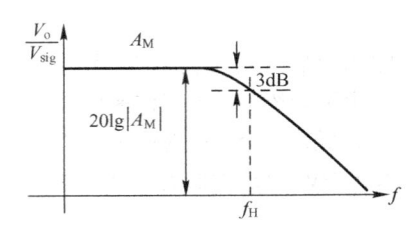

令 $\omega_H = 2\pi f_H$，则
$$\frac{V_o}{V_{sig}} = \frac{A_M}{1+s/\omega_H} \quad (8.38)$$

综上所述，通过对式（8.36）的分析可以得出如下几条结论。

① 上限 3dB 频率由 R_{sig} 和 C_{in} 共同决定，R_{sig} 越大，f_H 越小。

② C_{in} 通常由 C_{eq} 决定，而 C_{eq} 和 $g_m R_L$ 关系极大。$(1+g_m R'_L)$ 称为倍增因子。减少中频增益 $g_m R'_L$，可以提高 f_H 的值。

【例 8.1】 求图 8.14 所示共源放大电路的中频增益 A_M 和上限 3dB 频率 f_H。放大器有 $R_{sig}=100\text{k}\Omega$ 的信号源输入，并且有 $R_G=4.7\text{M}\Omega$，$R_D=R_L=15\text{k}\Omega$，$g_m=1\text{mA/V}$，$r_o=150\text{k}\Omega$，$C_{gs}=1\text{pF}$，$C_{gd}=0.4\text{pF}$。

解：$A_M = -\dfrac{R_G}{R_G+R_{sig}} g_m R'_L$

其中
$$R'_L = r_o // R_D // R_L = 150//15//15 = 7.14\text{k}\Omega$$
$$g_m R'_L = 1\times 7.14 = 7.14\text{V/V}$$

因此，
$$A_M = -\frac{4.7}{4.7+0.1}\times 7.14 = -7\text{V/V}$$

等效电容 C_{eq} 为
$$C_{eq} = (1+g_m R'_L)C_{gd}$$
$$= (1+7.14)\times 0.4 = 3.26\text{pF}$$

可以得到总输入电容 C_{in} 为
$$C_{in} = C_{gs} + C_{eq} = 1+3.26 = 4.26\text{pF}$$

上限 3dB 频率 f_H 为
$$f_H = \frac{1}{2\pi C_{in}(R_{sig}//R_G)}$$
$$= \frac{1}{2\pi \times 4.26\times 10^{-12}\times (0.1//4.7)\times 10^6}$$
$$= 382\text{kHz}$$

（2）低频响应

为了确定共源放大电路的低频响应，图 8.19 所示为求 f_L 的低频电路。MOS 管的结电容因为其值很小，可以忽略不计。

根据短路时间常数法，每个电容都会引入一个低端截止频率 f_p。

考虑 C_1 的影响，C_2 和 C_s 短路，此时电路的时间常数 $\tau_1=(R_{sig}+R_G)C_1$，引入的截止角频率

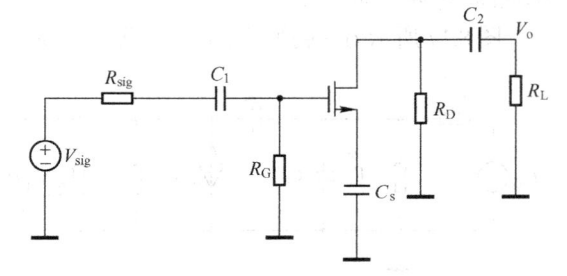

图 8.19 求解 f_L 的低频电路

$$\omega_{p1} = \frac{1}{(R_{sig}+R_G)C_1} \quad (8.39)$$

考虑 C_s 的作用，C_1、C_2 短路，此时电路的时间常数 $\tau_2 = \dfrac{1}{g_m}C_s$，则引入的截止角频率

$$\omega_{p2} = \frac{g_m}{C_s} \quad (8.40)$$

当只考虑 C_2 的影响时，C_1、C_s 短路，电路的时间常数 $\tau_3 = \dfrac{1}{(R_D+R_L)C_2}$（$r_o$ 影响可以忽略），

引入的截止角频率
$$\omega_{p3} = \frac{1}{(R_D + R_L)C_2} \tag{8.41}$$

合成的频率响应函数为
$$\frac{V_o}{V_{sig}} = A_M \left(\frac{s}{s+\omega_{p1}}\right)\left(\frac{s}{s+\omega_{p2}}\right)\left(\frac{s}{s+\omega_{p3}}\right) \tag{8.42}$$

当 ω_{p1}、ω_{p2}、ω_{p3} 中的某一个远大于其他两个 4 倍以上时，其他两个转折频率的影响可以忽略不计。通常情况：$\omega_{p2} \gg \omega_{p1}$、$\omega_{p3}$，则 $\omega_L \approx \omega_{p2}$。

总的放大电路频率响应函数为
$$A_{vsig} = \frac{V_o}{V_{sig}} = A_M \frac{1}{1+s/\omega_H} \cdot \frac{s}{s+\omega_L} = -\frac{R_G}{R_G + R_{sig}} \cdot g_m R_L' \frac{1}{1+s/\omega_H} \cdot \frac{s}{s+\omega_L} \tag{8.43}$$

8.2.3 BJT 共射放大电路的频率响应分析

对应图 8.20（a）所示的由分立元件组成的共射放大电路，其频率响应曲线如图 8.20（b）所示。从图中可以看出，其响应曲线分为 3 个频段。

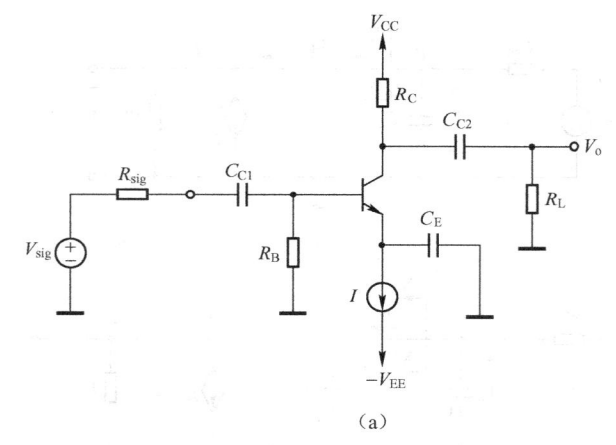

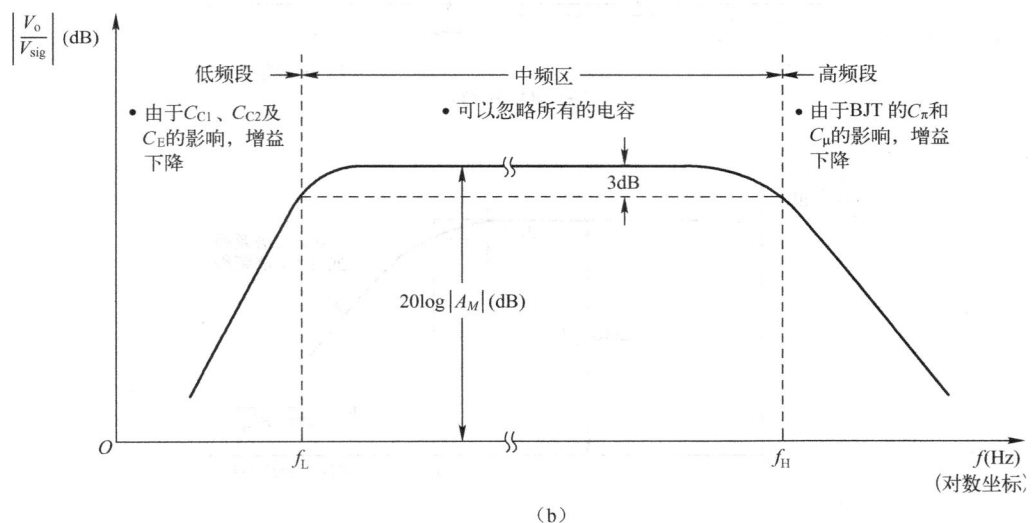

（a）

（b）

图 8.20 共射放大电路

1. 中频段

将所有耦合电容和旁路电容短路，晶体管结电容开路，得到放大电路的增益为

$$A_{\mathrm{M}} = \frac{-R_{\mathrm{B}} /\!/ r_{\pi}}{R_{\mathrm{B}} /\!/ r_{\pi} + R_{\mathrm{sig}}} g_{\mathrm{m}}(r_{\mathrm{o}} /\!/ R_{\mathrm{C}} /\!/ R_{\mathrm{L}}) \tag{8.44}$$

2. 高频响应

为了得到放大电路的 f_{H} 值，用高频π型等效电路替代图 8.20（a）中的晶体管，得到图 8.21（a）所示的高频等效电路。其中，C_{C1}、C_{C2} 及 C_{E} 由于其值很大，相当于短路。

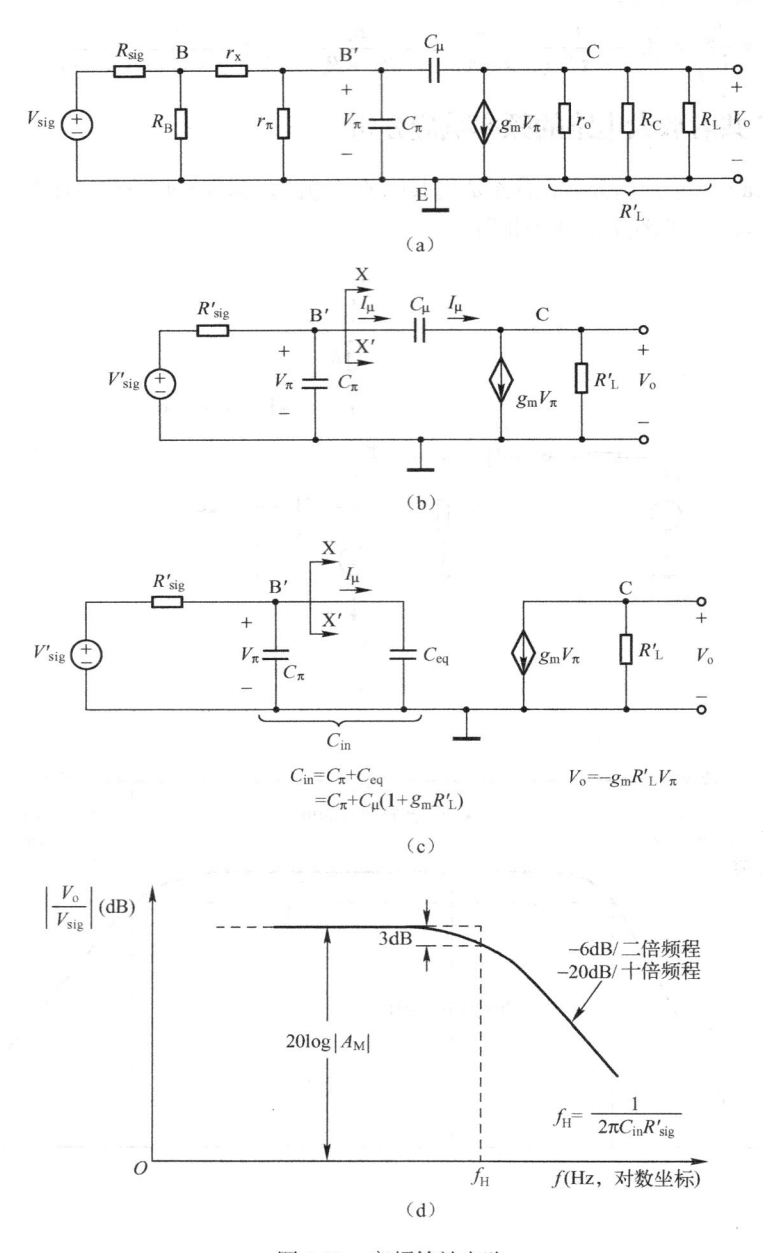

图 8.21 高频等效电路

其中
$$V'_{sig} = V_{sig} \frac{R_B}{R_B + R_{sig}} \cdot \frac{r_\pi}{r_\pi + r_x + (R_{sig} // R_B)} \tag{8.45}$$

利用密勒定理，令 $K = -g_m R'_L$，$R'_{sig} = r_\pi // (r_x + (R_B // R_{sig}))$，且忽略输出端的极点，则得到图 8.21（c）所示的简化等效电路。

米勒等效电容
$$C_{eq} = C_\mu (1 + g_m R'_L)$$

放大电路输入端总电容
$$C_{in} = C_\pi + C_\mu (1 + g_m R'_L) \tag{8.46}$$

借用一阶 RC 电路频率响应的分析结论，从图 8.21（c）中可以得到

$$\omega_H = \frac{1}{R'_{sig} C_{in}} \tag{8.47}$$

$$A(s) = \frac{V_o}{V_{sig}} = \frac{A_M}{1 + \frac{s}{\omega_H}} \tag{8.48}$$

$$f_H = \frac{\omega_H}{2\pi} = \frac{1}{2\pi C_{in} R'_{sig}} \tag{8.49}$$

3．低频响应

图 8.22 所示为求低频响应的等效电路。利用短路时间常数法可以求出 3 个时间常数。

$$\omega_{p1} = \frac{1}{C_{C1}((R_B // r_\pi) + R_{sig})} \tag{8.50}$$

$$\omega_{p2} = \frac{1}{C_E \left(r_e + \frac{R_B // R_{sig}}{1 + \beta} \right)} \tag{8.51}$$

$$\omega_{p3} = \frac{1}{C_{C2}(R_C + R_L)} \tag{8.52}$$

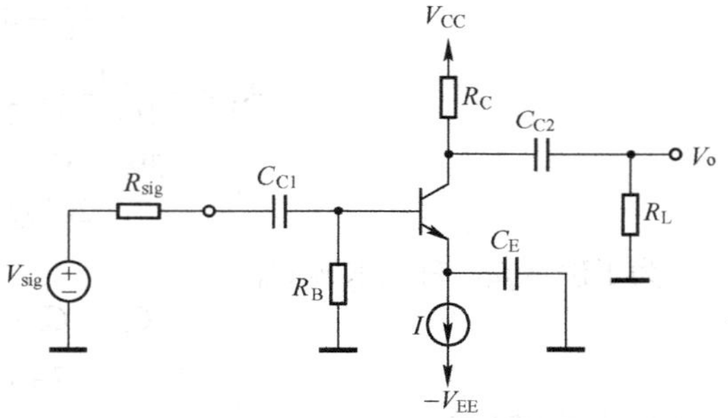

图 8.22 低频响应的等效电路

最后得到
$$\frac{V_o}{V_{sig}} = A_M \left(\frac{s}{s + \omega_{p1}} \right) \left(\frac{s}{s + \omega_{p2}} \right) \left(\frac{s}{s + \omega_{p3}} \right) \tag{8.53}$$

当 ω_{p1}、ω_{p2}、ω_{p3} 中有一个为主极点时，放大电路的 f_L 由频率最高者决定。

当三者非常接近时，则需要通过计算 $\left| \frac{V_o}{V_{sig}} \right| = \frac{|A_M|}{\sqrt{2}}$ 时的频率来决定。

通常情况下，若 C_{C1}、C_{C2}、C_E 处在同一个数量级，则 f_L 主要由 C_E 引起的转折频率决定，这是由于从 C_E 看进去的等效电阻最小，此时 $\omega_L = \omega_{p2}$。

放大电路的频率响应
$$\frac{V_o}{V_{sig}} = A_M \frac{1}{1 + s/\omega_H} \cdot \frac{s}{s + \omega_L} \tag{8.54}$$

【例 8.2】 求图 8.20（a）所示共射极放大器的中频增益 A_M 和上限 3dB 频率。

给定的条件如下：$V_{CC} = V_{EE} = 10V$，$I = 1mA$，$R_B = 100k\Omega$，$R_C = 8k\Omega$，$R_{sig} = 5k\Omega$，$R_L = 5k\Omega$，$\beta_0 = 100$，$V_A = 100V$，$C_\mu = 1pF$，$f_T = 800MHz$，$r_x = 50\Omega$。

解：晶体管被偏置在 $I_C = 1mA$ 处，因此它的混合 π 模型参数值为

$$g_m = \frac{I_C}{V_T} = \frac{1mA}{25mA} = 40mA/V$$

$$r_\pi = \frac{\beta_0}{g_m} = \frac{100}{40mA/V} = 2.5k\Omega$$

$$r_o = \frac{V_A}{I_C} = \frac{100\text{V}}{1\text{mA}} = 100\text{k}\Omega$$

$$C_\pi + C_\mu = \frac{g_m}{\omega_T} = \frac{40 \times 10^{-3}}{2\pi \times 800 \times 10^6} = 8\text{pF}$$

$$C_\mu = 1\text{pF}$$

$$C_\pi = 7\text{pF}$$

$$r_x = 50\Omega$$

中频增益为

$$A_M = -\frac{R_B}{R_B + R_{sig}} \frac{r_\pi}{r_\pi + r_x + (R_B // R_{sig})} g_m R_L'$$

式中

$$R_L' = r_o // R_C // R_L$$
$$= (100 // 8 // 5)\text{k}\Omega = 3\text{k}\Omega$$

因此，

$$g_m R_L' = 40 \times 3 = 120\text{V/V}$$

$$A_M = -\frac{100}{100+5} \times \frac{2.5}{2.5 + 0.05 + (100 // 5)} \times 120$$
$$= -39\text{V/V}$$

$$20\log|A_M| = 32\text{dB}$$

为了确定 f_H，首先求解 C_{in}

$$C_{in} = C_\pi + C_\mu(1 + g_m R_L')$$
$$= 7 + 1(1 + 120) = 128\text{pF}$$

以及等效源电阻 R_{sig}'

$$R_{sig}' = r_\pi //[r_x + (R_B // R_{sig})]$$
$$= 2.5 //[0.05 + (100 // 5)]$$
$$= 1.65\text{k}\Omega$$

因此，

$$f_H = \frac{1}{2\pi C_{in} R_{sig}'} = \frac{1}{2\pi \times 128 \times 10^{-12} \times 1.65 \times 10^3} = 754\text{kHz}$$

8.3 多级放大器和宽带放大器的频率响应

对于一般放大器的频率响应分析，由于人工计算非常复杂，通常采用计算机仿真的方法得到仿真的频率响应曲线，其仿真精度取决于分析软件的质量。

人工估算可以通过计算每个传输节点上的时间常数来估算放大器的 f_H 值。某个节点的时间常数越小（如低阻节点），所对应的 f_H 越大。所以在多级放大电路中，对 f_H 影响最大的是高阻节点。在设计电路时，要使 f_H 增加，则必须尽量减少高阻节点对频率特性的影响。

组合放大单元电路可以看成是两级放大电路的级联来进行分析。

8.3.1 多级放大电路的高频响应

设各级的中频增益分别为 $A_{vM1}, A_{vM2}, \cdots, A_{vMn}$，上限截止频率分别为 $f_{H1}, f_{H2}, \cdots, f_{Hn}$，则多级放大电路的增益为

$$A_v = \frac{A_{vM1} \cdot A_{vM2} \cdots A_{vMn}}{(1+jf/f_{H1})(1+jf/f_{H2})\cdots(1+jf/f_{Hn})} \tag{8.55}$$

$$= \frac{A_{vM}}{(1+jf/f_{H1})(1+jf/f_{H2})\cdots(1+jf/f_{Hn})}$$

式中，$A_{vM} = A_{vM1} \cdot A_{vM2} \cdots A_{vMn}$ 为多级放大电路的中频增益。电压增益的幅频特性为

$$|A_v| = |A_{vM}| \frac{1}{\sqrt{[(1+jf/f_{H1})^2][(1+jf/f_{H2})^2]+\cdots+[(1+jf/f_{Hn})^2]}} \tag{8.56}$$

根据定义，当 $f=f_H$ 时，式（8.56）分母根号内的值等于 2，可得

$$\frac{1}{f_H} \approx \sqrt{\frac{1}{f_{H1}^2} + \frac{1}{f_{H2}^2} + \cdots + \frac{1}{f_{Hn}^2}} \tag{8.57}$$

如果希望结果准确一些，可在式（8.57）右边乘以 1.1 的修正系数，即

$$\frac{1}{f_H} \approx 1.1\sqrt{\frac{1}{f_{H1}^2} + \frac{1}{f_{H2}^2} + \cdots + \frac{1}{f_{Hn}^2}} \tag{8.58}$$

8.3.2 多级放大电路的低频响应

设各级放大电路的下限截止频率分别为 $f_{L1}, f_{L2}, \cdots, f_{Ln}$，则总的低频增益可写成

$$A_v = A_{vM} \frac{1}{(1-jf_{L1}/f)(1-jf_{L2}/f)\cdots(1-jf_{Ln}/f)} \tag{8.59}$$

幅频特性为

$$|A_v| = |A_{vM}| \frac{1}{\sqrt{[1+(f_{L1}/f)^2][1+(f_{L2}/f)^2]\cdots[(1+(f_{Ln}/f)^2]}} \tag{8.60}$$

当 $f=f_L$ 时，

$$[1+(f_{L1}/f)^2][1+(f_{L2}/f)^2]+\cdots+[(1+(f_{Ln}/f)^2] = 2 \tag{8.61}$$

将式（8.61）展开，并忽略高次项，可得

$$f_L = \sqrt{f_{L1}^2 + f_{L2}^2 + \cdots + f_{Ln}^2} \tag{8.62}$$

同样，为使结果更准确些，可乘以 1.1 的修正系数，即

$$f_L = 1.1\sqrt{f_{L1}^2 + f_{L2}^2 + \cdots + f_{Ln}^2} \tag{8.63}$$

通过以上分析可以看出，多级放大电路的上限截止频率 f_H 比其中任何一级的上限截止频率都低；而下限频率 f_L 比其中任何一级的下限截止频率都高。因此，将几级放大电路级联起来，增益提高了，但通频带却变窄了。级数越多，增益越高，其通带也越窄。这是多级放大电路的一个重要概念。

第 8 章习题

8.1 一个工作在 I_C=2mA 的晶体三极管，C_μ=1pF，C_π=10pF，β=150。求 f_T 和 f_β 的值。

8.2 一个 BJT 工作在 I_C=0.5mA 时，f_T=5GHz，C_μ=0.1pF。计算 C_π、g_m 的值。当 β=150 时，求 r_π 和 f_β。

8.3 对于单位增益频率为 1GHz 和 β_0=200 的 BJT，在什么频率处 β 的大小变为 20？f_β 为多少？

8.4 求 MOSFET 工作在 I_D=100μA 和 V_{OV}=0.25V 时的 f_T 值。已知该 MOSFET 的 C_{gs}=20fF，C_{gd}=5fF。

8.5 一个放大器的直流增益为 60dB，属于单极点情况，3dB 频率为 10kHz。试：

（1）写出增益函数 $A(s)$ 的表达式。

(2) 画出增益幅度和相位的波特图。

(3) 增益带宽积为多少？

(4) 单位增益频率是多少？

(5) 如果放大电路有某种变化，使得传输函数在 100kHz 处多出一个极点，试画出新的增益幅度波特图，确定单位增益频率。

8.6 考虑一个放大器，其 $F_H(s)$ 为

$$F_H(s) = \frac{1}{\left(1+\dfrac{s}{\omega_{p1}}\right)\left(s+\dfrac{1}{\omega_{p2}}\right)}$$

其中，$\omega_{p1} < \omega_{p2}$。试求当使得用主极点近似方法求出的 3dB 频率 ω_H 的值，与用平方—求和—开方公式 $\omega_H \approx 1\big/\sqrt{\left(\dfrac{1}{\omega_{p1}^2}+\dfrac{1}{\omega_{p2}^2}+\cdots\right)-2\left(\dfrac{1}{\omega_{z1}^2}+\dfrac{1}{\omega_{z2}^2}+\cdots\right)}$ 求出的值之间相差分别为 10% 和 1% 时 ω_{p2}/ω_{p1} 的比值。

8.7 一个直接耦合的放大器在 $\omega = 100\text{rad/s}$ 处有一个主极点，在较高的频率有一个三重极点。这些非主极点使得放大器在高频时的相位滞后超过了 90°，而在这其中，主极点产生的相位为 -90°。现在要求在 $\omega = 10^6 \text{rad/s}$ 时将总的相位角限制在 -120° 以内，求出非主极点对应的频率值。

8.8 一个 MOS 共源放大器的等效电路如图题 8.1 所示，分析其高频响应。在这个设计中，$R_{sig} = 1\text{M}\Omega$，$R_{in} = 5\text{M}\Omega$，$R_L' = 100\text{k}\Omega$，$C_{gs} = 0.2\text{pF}$，$C_{gd} = 0.1\text{pF}$，$g_m = 0.3\text{mA/V}$。试估算中频增益和 3dB 频率。

8.9 放大器的模型如图题 8.1 所示，已知 $g_m = 5\text{mA/V}$，$R_{sig} = 150\text{k}\Omega$，$R_{in} = 0.65\text{M}\Omega$，$R_L' = 10\text{k}\Omega$，$C_{gs} = 2\text{pF}$，$C_{gd} = 0.5\text{pF}$。电路中还有一个输出引线电容为 3pF。试求对应的中频电压增益、开路时间常数和 3dB 频率的估计值。

8.10 考虑图题 8.2 所示的共发射极放大器，$R_{sig} = 5\text{k}\Omega$，$R_1 = 33\text{k}\Omega$，$R_2 = 22\text{k}\Omega$，$R_E = 3.9\text{k}\Omega$，$R_C = 4.7\text{k}\Omega$，$R_L = 5.6\text{k}\Omega$，$V_{CC} = 5\text{V}$。当 $\beta_0 = 120$，$r_o = 300\text{k}\Omega$ 以及 $r_x = 50\Omega$ 时，发射极直流电流 $I_E \approx 0.3\text{mA}$。求输入电阻 R_i 和中频增益 A_M。如果指定晶体管 $f_T = 700\text{MHz}$，$C_\mu = 1\text{pF}$，求上限 3dB 频率 f_H。

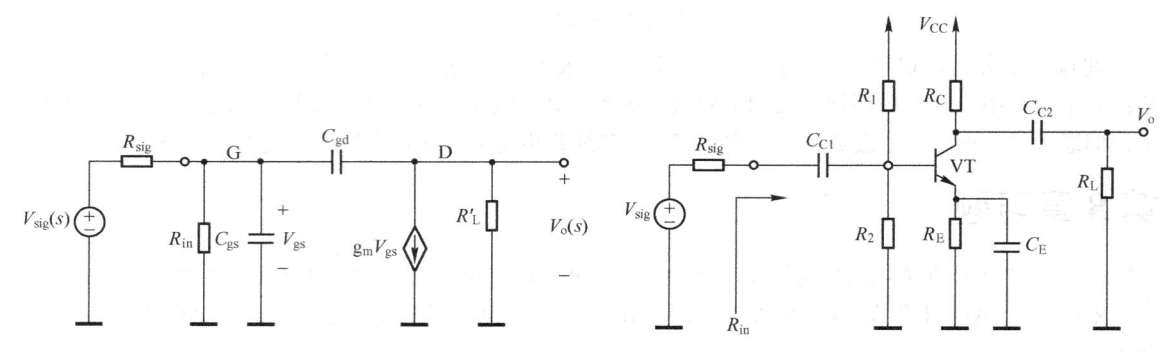

图题 8.1 共源放大器的等效电路

图题 8.2 共发射极放大器

8.11 对于图题 8.2 所示的 CE 放大器电路，$R_{sig} = 10\text{k}\Omega$，$R_1 = 68\text{k}\Omega$，$R_2 = 27\text{k}\Omega$，$R_E = 2.2\text{k}\Omega$，$R_C = 4.7\text{k}\Omega$，$R_L = 10\text{k}\Omega$。集电极电流为 0.8mA，$\beta = 200$，$f_T = 1\text{GHz}$，$C_\mu = 0.8\text{pF}$。忽略 r_x 和 r_o 的影响，求中频电压增益和上限 3dB 频率 f_H。

8.12 一个分立 MOSFET 共源放大器如图题 8.3 所示，图中 $R_G = 2\text{M}\Omega$，$g_m = 4\text{mA/V}$，

$r_o = 100\text{k}\Omega$，$R_D = 10\text{k}\Omega$，$C_{gs} = 2\text{pF}$，$C_{gd} = 0.5\text{pF}$。该放大器由内阻为 500kΩ的电压源激励，并连接到一个 10kΩ的负载。求：

(1) 总中频增益 A_M；

(2) 上限 3dB 频率 f_H。

8.13 在图题 8.4 所示的分立 CS 放大器电路中，NMOS 晶体管被偏置在 $g_m = 1\text{mA/V}$ 上。求 A_{VM}、f_{p1}、f_{p2}、f_{p3} 和 f_L。

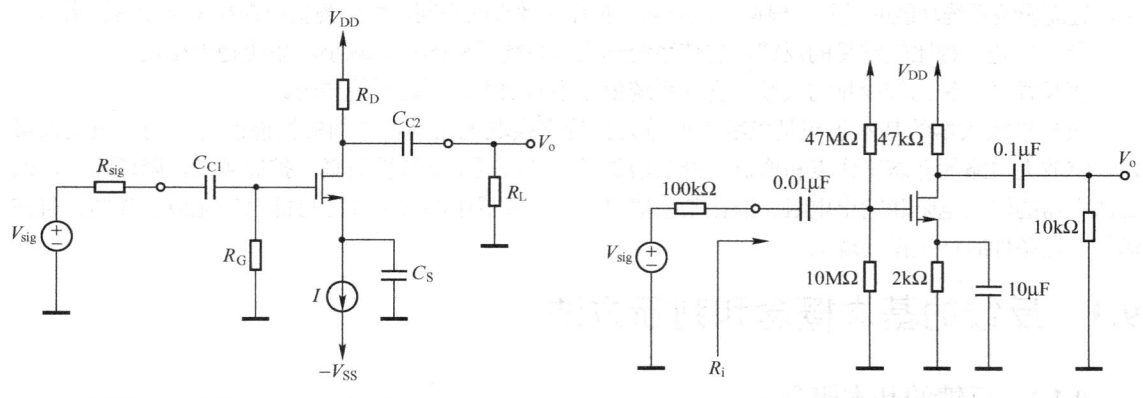

图题 8.3 分立 MOSFET 共源放大器

图题 8.4 CS 放大器电路

8.14 考虑一个由两级相同电路构成的放大器的高频响应。每一级电路的输入电阻为 10kΩ，输出电阻为 2kΩ。这个两级放大器由内阻为 5kΩ的电压源激励，还要驱动一个 1kΩ的负载。与每一级相连的是一个 10pF 的寄生输入电容（对地）和一个 2pF 的寄生输出电容（对地）。同样，5pF 和 7pF 的寄生电容分别与信号源和负载相连。在这个电路中，试求 3 个极点的值，并估算 3dB 频率 f_H。

8.15 已知一个三极无零系统的中频电压增益为 10^4，3 个极点的角频率均为 10^6rad/s。

(1) 试写出该系统的传输函数，并画出它的波特图。

(2) 计算 $\omega=10^6\text{rad/s}$ 及 $\omega=10^7\text{rad/s}$ 的实际电压增益及相位值。

(3) 求上限截止频率 f_H。

8.16 设放大电路的电压增益为 $A_v = -\dfrac{104(jf/20)}{(1+jf/20)(1+jf/10^6)}$。频率单位为 Hz，试指出它的中频电压增益、上限截止频率与下限截止频率各为多少，并画出它的波特图。

第 9 章 负反馈放大器及其稳定性分析

反馈（feedback）又称为回馈，是指将系统的输出量送回到输入部分，并以某种方式改变输入大小，进而影响系统功能的过程。根据反馈对输入量作用效果的不同，可分为负反馈和正反馈两种类型。

负反馈是一种比较常见的反馈，它使系统输出与系统目标的误差减小，系统趋于稳定。

正反馈是一种比较少见的反馈，它使系统偏差不断增大，引起系统振荡。

负反馈放大器的基本思想是以牺牲增益为代价来换取电路其他方面的性能改善。利用负反馈可以稳定放大电路的静态工作点和增益，降低增益灵敏度，减小非线性失真，扩展频带，降低噪声，改变放大器的输入电阻和输出电阻。但在某些情况下，放大器中的负反馈还可能会转化成正反馈，且在满足一定条件时产生振荡现象。

9.1 反馈的基本概念和判断方法

9.1.1 反馈的基本概念

1. 什么是反馈

在电子电路中，将放大器输出信号（电压或电流）的一部分或全部通过一定的网络送回到输入部分，与输入信号进行比较（相加或相减），并用比较所得的有效输入信号去控制输出的过程称为反馈。

按照电路的功能模块，反馈放大器可以分为基本放大器和反馈网络两部分，其基本结构框图如图 9.1 所示，其中，基本放大器的信号是正向传输的，反馈网络的信号是反向传输的，如图 9.1 中箭头所示。

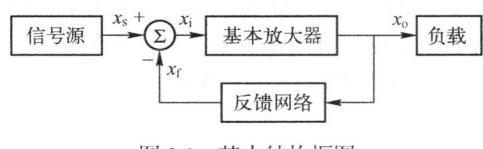

图 9.1 基本结构框图

图 9.1 中，x_s 称为输入信号，x_i 称为净输入信号，x_o 称为输出信号，x_f 称为反馈信号。它们之间的关系是：$x_o = Ax_i$，$x_f = \beta x_o$，$x_i = x_s - x_f$。其中，A 称为基本放大器的开环增益，β 称为反馈系数。

由上述分析可知，反馈放大器的闭环增益为

$$A_f = \frac{x_o}{x_s} = \frac{Ax_i}{x_i + x_f} = \frac{Ax_i}{x_i + A\beta x_i} = \frac{A}{1 + A\beta} \tag{9.1}$$

由式（9.1）可知，施加了反馈之后的放大器，其闭环增益 A_f 与开环增益 A 相比减小了$(1+A\beta)$倍。其中，$A\beta$ 称为环路增益，$1+A\beta$ 称为反馈深度。

由图 9.1 可见，在信号的输入部分有一个输入比较环节，即反馈信号 x_f 与输入信号 x_s 进行的比较。在信号的输出端有一个输出取样环节，取的是输出信号 x_o，该框图通过反馈网络将输出信号 x_o 的一部分或全部送回到输入端。以上所有信号可以是电压信号也可以是电流信号。闭环增益 A_f、开环增益 A 以及反馈系数 β 均可以是电压增益、电流增益、互阻增益或互导增益。

2. 正反馈和负反馈

若送回到放大器输入部分的反馈信号起到加强原输入信号的作用，或者说使净输入信号 x_i 增大，即 $x_i = x_s - x_f > x_s$，该反馈称为正反馈。

若送回到放大器输入部分的反馈信号起到削弱原输入信号的作用，或者说使净输入信号 x_i 减小，即 $x_i=x_s-x_f<x_s$，该反馈称为负反馈。

另外，也可从式（9.1）判断反馈的极性。

（1）当满足 $|1+A\beta|>1$ 条件时，$|A_f|<|A|$，即施加了反馈之后，放大器的增益减小了，该反馈称为负反馈。

（2）当满足 $|1+A\beta|>>1$ 条件时，$A_f \approx \dfrac{1}{\beta}$，称为深度负反馈。在深度负反馈情况下，放大器的增益几乎仅由反馈网络的反馈系数 β 决定，与开环增益 A 几乎无关。由于反馈网络通常是由无源器件构成的，因此负反馈可以获得可预见性的、精确且稳定的增益。

（3）当满足 $|1+A\beta|<1$ 条件时，$|A_f|>|A|$，即施加了反馈之后，放大器的增益增大了，该反馈称为正反馈。

（4）当满足 $|1+A\beta|=0$ 条件时，$|A_f| \to \infty$，称为自激振荡。这表明，放大器在输入信号 $x_s=0$ 的情况下，会有输出信号 x_o 产生。自激振荡使放大器不能正常工作，在负反馈放大器中必须加以消除。

3．开环和闭环

在放大电路中，若信号只有正向传输路径，没有反向传输路径，称放大器为开环状态，如图9.2所示。在放大电路中，若信号既有正向传输路径，又有反向传输路径，称放大器为闭环状态，如图9.3所示。

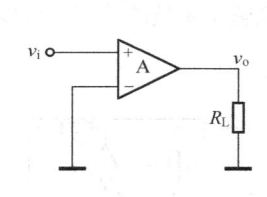

图 9.2　开环状态 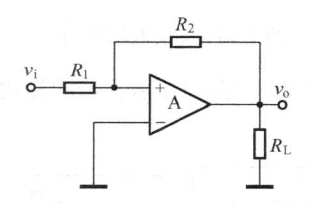　　　　图 9.3　闭环状态

4．直流反馈和交流反馈

在放大电路中既有直流信号分量又有交流信号分量，故存在两种不同类型的反馈。直流通路中的反馈称为直流反馈，交流通路中的反馈称为交流反馈。交直流反馈的判断可以通过画出放大电路的交流通路和直流通路来进行，其中直流负反馈可以稳定放大器的静态工作点，交流负反馈可以改善放大器的交流性能。

5．内部反馈和外部反馈

如果反馈过程存在于器件内部，则称为内部反馈。如果反馈过程是通过外部元器件产生的，则称为外部反馈。本章主要讨论的是外部反馈。

6．本级反馈和级间反馈

在电子线路中，负反馈放大器通常是由多级放大器组成的。本级反馈指的是反馈只存在于某一级放大器中。级间反馈指的是反馈存在于两级及以上的放大器中，如图 9.4 所示。其中，R_5 是本级反馈元件，R_2 是级间反馈元件。

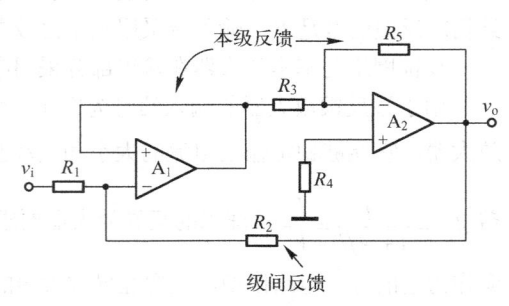

图 9.4　本级反馈和级间反馈

【例 9.1】 已知某负反馈放大器在中频区的反馈系数 $\beta=0.01$，输入信号 $v_s=10\text{mV}$，开环电压增益 $A=10^4$，试求该电路的闭环电压增益 A_f、反馈电压 v_f 和净输入电压 v_i。

$$A_f = \frac{A}{1+A\beta} = \frac{10^4}{1+10^4 \times 0.01} \approx 99\text{V/V}$$

$$v_\mathrm{f} = \beta v_\mathrm{o} = \beta A_\mathrm{f} v_\mathrm{s} = 0.01 \times 99 \times 10\mathrm{mV} \approx 9.9\mathrm{mV}$$
$$v_\mathrm{i} = v_\mathrm{s} - v_\mathrm{f} = 10\mathrm{mV} - 9.9\mathrm{mV} = 0.1\mathrm{mV}$$

9.1.2 负反馈放大器的 4 种基本组态

根据反馈网络与基本放大器在输入部分和输出部分的连接方式是串联还是并联，可以将负反馈放大器分为 4 种基本组态，分别是电压-并联、电压-串联、电流-并联、电流-串联负反馈放大器。若不加特殊说明，本章都是在频域中进行电路分析的。

1．电压-串联负反馈

电压-串联负反馈放大器的拓扑结构如图 9.5 所示。反馈网络与基本放大器在输入部分采用串联结构，反馈信号是 V_f，输入部分采用电压比较方式。理想情况当 $R_\mathrm{S}=0$ 时，串联负反馈的效果最好，反馈电压 V_f 对净输入电压 V_i 的自动调节作用最强，此时 $V_\mathrm{i}=V_\mathrm{s}-V_\mathrm{f}$。

反馈网络与基本放大器在输出部分采用并联结构，输出回路的取样方式为电压采样。

由于该反馈放大电路的输入和输出信号均为电压信号，故电压-串联负反馈放大器又称为电压放大器，它能够稳定输出电压的大小和闭环电压增益。在图 9.5 中，$A = \dfrac{V_\mathrm{o}}{V_\mathrm{i}}$，$\beta = \dfrac{V_\mathrm{f}}{V_\mathrm{o}}$，闭环电压增益 $A_\mathrm{vf} = \dfrac{A}{1+A\beta} = \dfrac{V_\mathrm{o}}{V_\mathrm{s}}$。理想电压放大器要求具有高输入阻抗和低输出阻抗的特点，可以用压控电压源作为它的等效电路模型，理想电压放大器的等效电路如图 9.6 所示。

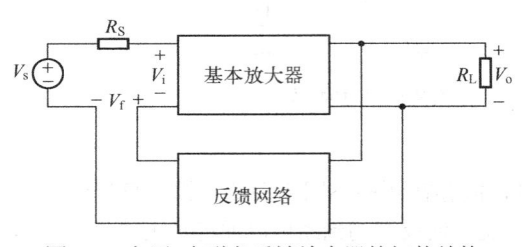

图 9.5 电压-串联负反馈放大器的拓扑结构 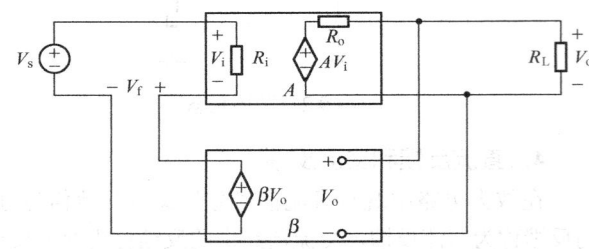　　图 9.6 理想电压放大器的等效电路

2．电流-串联负反馈

电流-串联负反馈放大器的拓扑结构如图 9.7 所示。反馈网络与基本放大器在输入部分采用串联结构。反馈信号是 V_f，输入端采用电压比较方式。

反馈网络与基本放大器在输出部分采用串联结构，输出回路的取样方式为电流采样。

由于该反馈放大器的输入信号为电压，输出信号为电流，故电流-串联负反馈放大器又称为互导放大器，它能够稳定输出电流的大小和闭环互导增益。在图 9.7 中，$A = \dfrac{I_\mathrm{o}}{V_\mathrm{i}}$，$\beta = \dfrac{V_\mathrm{f}}{I_\mathrm{o}}$，闭环互导增益 $A_\mathrm{gf} = \dfrac{A}{1+A\beta} = \dfrac{I_\mathrm{o}}{V_\mathrm{s}}$。理想的互导放大器要求具有高输入阻抗、高输出阻抗的特点，可以用压控电流源作为它的等效电路模型，理想互导放大器的等效电路如图 9.8 所示。

3．电流-并联负反馈

电流-并联负反馈放大器的拓扑结构如图 9.9 所示。反馈网络与基本放大器在输入部分采用并联结构，反馈信号是 I_f，输入部分采用电流比较方式。当 $R_\mathrm{S} \to \infty$ 时，并联负反馈的效果最好，反馈电流 I_f 对净输入电流 I_i 的自动调节作用最强，此时 $I_\mathrm{i}=I_\mathrm{s}-I_\mathrm{f}$。

反馈网络与基本放大器在输出部分采用串联结构，输出回路的取样方式为电流采样。

由于该反馈放大电路的输入输出信号均为电流，故电流-并联负反馈放大器又称为电流放大器，它能够稳定输出电流的大小和闭环电流增益。在图 9.9 中，$A = \dfrac{I_o}{I_i}$，$\beta = \dfrac{I_f}{I_o}$，闭环电路增益 $A_{if} = \dfrac{A}{1+A\beta} = \dfrac{I_o}{I_s}$。理想的电流放大器要求具有低输入阻抗、高输出阻抗的特点，可以用流控电流源作为它的等效电路模型，理想电流放大器的等效电路如图 9.10 所示。

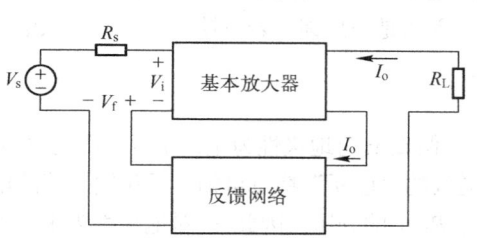

图 9.7 电流-串联负反馈放大器的拓扑结构 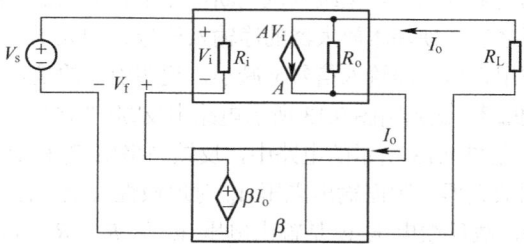　　　　图 9.8 理想互导放大器的等效电路

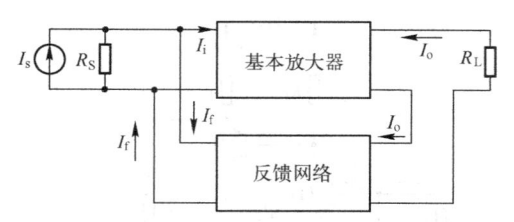

图 9.9 电流-并联负反馈放大器的拓扑结构 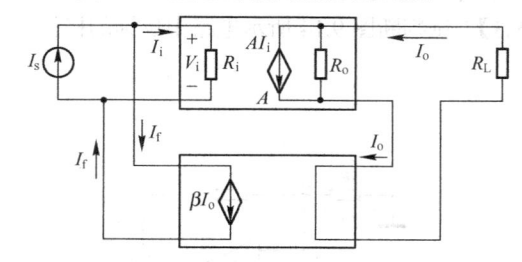　　　　图 9.10 理想电流放大器的等效电路

4. 电压-并联负反馈

电压-并联负反馈放大器的拓扑结构如图 9.11 所示。反馈网络与基本放大器在输入部分采用并联结构。反馈信号是 I_f，输入部分采用电流比较方式。

反馈网络与基本放大器在输出部分采用并联结构，输出回路的取样方式为电压采样。

由于该反馈放大电路的输入信号为电流，输出信号为电压，故电压-并联负反馈又称为互阻放大器，它能够稳定输出电压的大小和闭环互阻增益。在图 9.11 中，$A = \dfrac{V_o}{I_i}$，$\beta = \dfrac{I_f}{V_o}$，闭环互阻增益 $A_{rf} = \dfrac{A}{1+A\beta} = \dfrac{V_o}{I_s}$。理想的互阻放大器要求具有低输入阻抗、低输出阻抗的特点，理想互阻放大器的等效电路如图 9.12 所示。

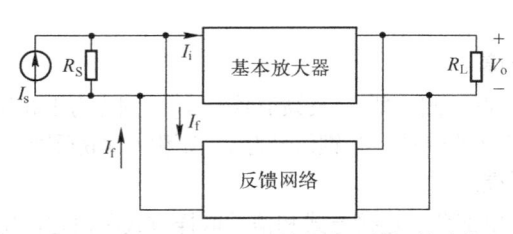

图 9.11 电压-并联负反馈放大器的拓扑结构 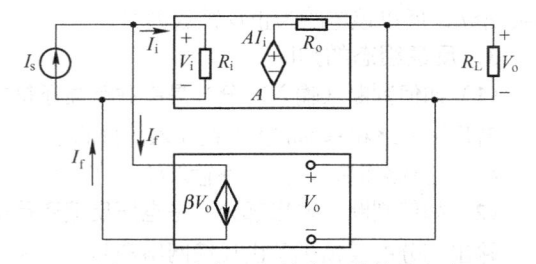　　　　图 9.12 理想互阻放大器的等效电路

9.1.3 反馈的判断

1. 有无反馈的判断

在放大电路的输入和输出回路之间有无直接连接的元件或网络，并能否提供反馈通路，且影响

放大电路的净输入信号。如有，必存在反馈；如没有，则无反馈。

2．反馈极性的判断

反馈极性判断的基本方法叫"瞬时极性法"。分析步骤如下：先假设输入端电压信号 v_s 在某一时刻对地的极性为正，使信号沿着正向传输路径向后传输到输出部分，再从输出部分通过反向传输路径送回到输入回路，逐级依次判断电路中各节点信号的对地电压极性。若反馈信号 x_f 与输入信号 x_s 相作用之后，使基本放大器的净输入信号 x_i 增大了，说明引入的是正反馈。若反馈信号 x_f 与输入信号 x_s 相作用之后，净输入信号 x_i 减小，说明引入的是负反馈。

【例 9.2】 试判断图 9.13 所示电路中反馈的极性。

在图 9.13 所示的电路中，反馈网络由 R_1 和 R_2 组成。假设 v_s 对地极性为正，由于集成运放 A 是同相放大器，因而输出电压 v_o 对地极性为正。由集成运放的"虚断"特点可知，反相输入端的电流 $i_-=0$，故反馈电压 v_f 是输出电压 v_o 在 R_1、R_2 串联支路 R_1 上的分压，因此 v_f 对地极性为正。因为 $v_i=v_s-v_f<v_s$，所以该电路为负反馈放大器。

【例 9.3】 试判断图 9.14 所示电路中反馈的极性。

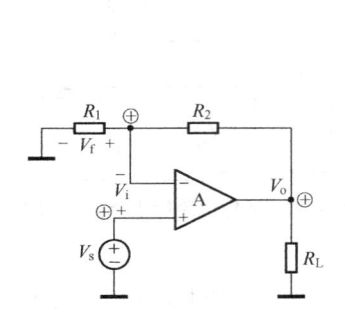

图 9.13　例 9.2 电路图　　　图 9.14　例 9.3 电路图

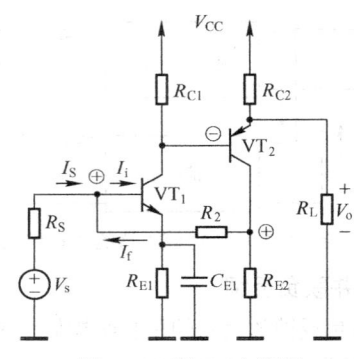

在图 9.14 所示的两级放大电路中，级间反馈网络由电阻 R_2 和 R_{E2} 组成。由于反馈网络与基本放大器在输入端有公共交点，故输入端的连接方式为并联，因此反馈信号为 I_f。此处信号源 V_s 和 R_s 应做诺顿等效变换，等效为电流源 I_s 和电阻 R_s 并联。假设输入端对地电压极性为正，由于 VT$_1$ 是共射放大器（反相放大器），故 VT$_1$ 的集电极（即 VT$_2$ 的基极）对地电压极性为负。由于第二级放大器 VT$_2$ 是从集电极将信号送入反馈网络的，故 VT$_2$ 也是共射放大器，因此 VT$_2$ 集电极的对地电压极性为正。由于 VT$_2$ 集电极的电位高于输入端信号的对地电位，因此反馈信号 I_f 应流入 VT$_1$ 的基极。因为 $I_i=I_s+I_f>I_s$，所以该电路为正反馈放大器。

3．反馈组态的判断

（1）如何判断（输入部分）是串联反馈还是并联反馈

若反馈网络和基本放大器在输入部分的连接方式是串联（回路型），反馈信号为 V_f，则称为串联反馈。若反馈网络和基本放大器在输入部分的连接方式是并联（节点型），反馈信号为 I_f，则称为并联反馈。

（2）如何判断（输出部分）是电压反馈还是电流反馈

输出部分的反馈类型由反馈网络和基本放大器在输出部分的连接方式和信号取样方式所决定，电压取样（节点型）是电压反馈，电流取样（回路型）是电流反馈。另一种判断方法是输出短路法。令输出端（负载 R_L）短路，即 $V_o=0$。若 $V_f=0$ 或 $I_f=0$，即反馈消失，判断为电压反馈，否则为电流反馈。

【例 9.4】 试判断图 9.15 所示电路的反馈组态。

在图 9.15 所示的电路中，反馈网络由电阻 R_1 和 R_2 组成。输出信号 V_o 通过反馈网络被送回到差分对 VT$_2$ 的基极，而信号源 V_s 从差分对的 VT$_1$ 基极进入电路，两者在差分放大器的输入端无公共交点，因此该反馈在放大器的输入部分为串联反馈，反馈信号为 V_f。输出端则令 $V_o=0$（即 $R_L=0$），则 $V_f=0$，即反馈消失，说明该反馈在输出端为电压反馈，电压采样方式。综上所述：该电路为电压-串联反馈。

【例 9.5】 试判断图 9.16 所示电路的反馈组态。

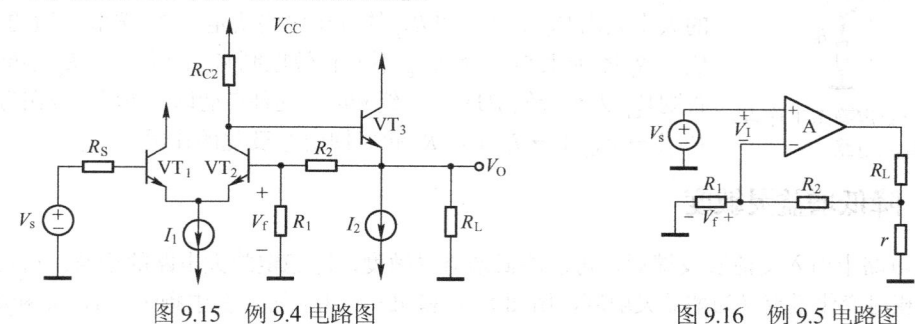

图 9.15 例 9.4 电路图   图 9.16 例 9.5 电路图

在图 9.16 所示的电路中，反馈网络由电阻 R_1、R_2 和 r 组成。输出信号通过反馈网络从运放的反相输入端进入电路，信号源 V_s 从运放同相输入端进入电路，两者在输入端无公共交点，因此该反馈在放大器的输入部分为串联反馈，反馈信号为 V_f。输出端令 $V_o=0$（即 $R_L=0$），但此时 $V_f\neq 0$，即反馈没有消失。说明该反馈在输出部分为电流反馈，电流采样方式。综上所述：该电路为电流-串联反馈。

【例 9.6】 试判断图 9.17 所示电路的反馈组态。

在图 9.17 所示的电路中，反馈网络由电阻 R_f 和 R_{E2} 组成。输出信号通过反馈网络从 VT_1 的基极进入电路，信号源也从 VT_1 的基极进入电路，两者在输入部分有一个公共交点。因此该反馈在放大器的输入部分为并联反馈，反馈信号为 I_f。输出端令 $V_o=0$（即 $R_L=0$），但是 $I_f\neq 0$，即反馈没有消失。说明该反馈在输出部分为电流反馈，电流采样方式。综上所述：该电路为电流-并联反馈。

【例 9.7】 试判断图 9.18 所示电路的反馈组态。

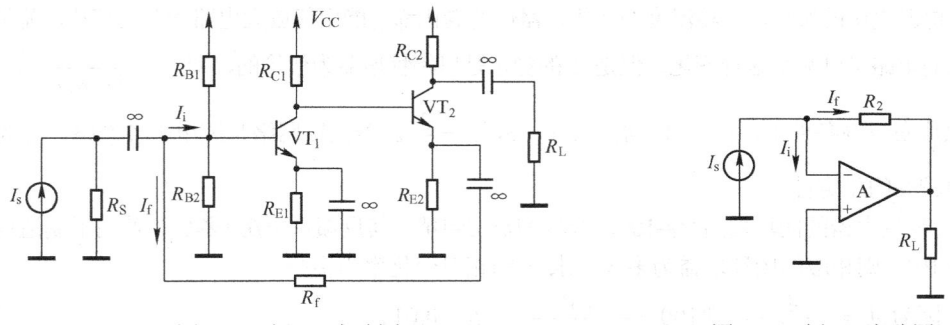

图 9.17 例 9.6 电路图   图 9.18 例 9.7 电路图

在 9.18 所示的电路中，反馈网络由电阻 R_2 组成。输出信号通过反馈网络从运放的反相输入端进入电路，信号源也从运放的反相输入端进入电路，两者在放大器的输入端有一个公共交点，因此该反馈在输入部分为并联反馈，反馈信号为 I_f。输出端令 $V_o=0$（即 $R_L=0$），则 $I_f=0$，即反馈消失。说明该反馈在输出部分为电压反馈，电压采样方式。综上所述：该电路为电压-并联反馈。

9.2 负反馈对放大电路性能的影响

9.2.1 稳定静态工作点

在放大电路中引入直流负反馈后，可以稳定放大电路的静态工作点，如图 9.19 所示。

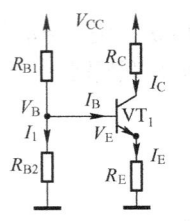

图 9.19 用于稳定静态工作点的直流电路

该电路中反馈网络由反馈元件 R_E 组成。这种分压式偏置电路之所以能够有效稳定静态工作点，关键就在于 R_E 对 I_C 的自动调节作用。要提高这种自动调节作用，必须满足以下两个条件。① $I_1 \gg I_B$，即 V_B 的大小只由 V_{CC}、R_{B1} 和 R_{B2} 的分压电路决定。② 选取合适的 R_E 电阻值。R_E 不能太小，否则 V_E 不能有效控制 V_{BE} 的大小。R_E 不能太大，否则 V_{CE} 太小会使 BJT 进入饱和区。这种自动调节作用体现在为 $I_C \uparrow \to V_E \uparrow \to V_{BE} \downarrow \to I_C \downarrow$，$R_E$ 起着抑制 I_C 变化的作用。

9.2.2 降低增益灵敏度

在放大电路中引入交流负反馈后，可以降低增益灵敏度，即稳定放大电路的增益。通常把放大电路增益的相对变化量定义为增益灵敏度，用 dA_f/A_f 和 dA/A 来表示。在中频区，A、A_f 和 β 均为常数，三者之间的关系为

$$A_f = \frac{A}{1+A\beta} \tag{9.2}$$

方程两边对 A 求导得

$$\frac{dA_f}{dA} = \frac{(1+A\beta) - A\beta}{(1+A\beta)^2} = \frac{1}{(1+A\beta)^2} \tag{9.3}$$

将式（9.3）除以式（9.2）得

$$\frac{dA_f}{A_f} = \frac{1}{1+A\beta} \frac{dA}{A} \tag{9.4}$$

式（9.4）表明 A_f 的相对变化比 A 的相对变化减小了 $(1+A\beta)$ 倍，即放大器被施加了交流负反馈后增益的灵敏度明显降低了，相当于增益的稳定性提高了，其中 $(1+A\beta)$ 又称为灵敏度衰减因子。在实际电路中，电源电压的波动、环境温度的变化、器件的老化都可能引起放大电路增益的变化，施加了交流负反馈后的电路可以减小这种变化，但是 A_f 的稳定是以牺牲增益为代价的，即 $A_f = \frac{1}{1+A\beta} A$。

在深度负反馈条件下，由于 $|1+A\beta| \gg 1$，故 $A_f = \frac{1}{\beta}$。若反馈网络是纯电阻性网络，A_f 为常数，可以获得较高的稳定性。

【例 9.8】 某放大器的闭环增益 $A_f = 100$，开环增益 $A = 10^6$，其反馈系数 β 为多少？若由于制造误差导致 A 减小为 10^4，则相应的闭环增益为多少？求 A_f 的相对变化率为多少？

解：因为 $A_f = \frac{A}{1+A\beta}$，则 $100 = \frac{10^6}{1+10^6 \times \beta}$，$\beta = 0.01$。

当 $A = 10^4$ 时，$A_{f2} = \frac{A}{1+A\beta} = \frac{10^4}{1+10^4 \times 0.01} = 99.01$。

A_f 的相对变化率为 $\frac{A_{f1} - A_{f2}}{A_{f1}} = 0.99\%$。

9.2.3 减小非线性失真

由于组成放大电路的半导体器件（BJT、场效应管等）具有非线性的特性，因而由它们组成的基本放大电路的传输特性也是非线性的。当输入信号的幅度较大时，器件可能会工作在它传输特性的非线性部分，使输出波形产生非线性失真。这种失真的波形可以用傅里叶级数展开，分解为基波分量和各次谐波分量。波形失真的程度可以用总谐波失真来度量。

由 9.2.2 节可知，负反馈可以稳定放大器的增益。因此，施加了负反馈的放大器，其放大电路传输特性曲线斜率的变化将明显减小，闭环传输特性曲线趋于平缓，线性范围明显拓宽，如图 9.20 所示。

在深度负反馈条件下，若反馈网络由纯电阻构成，$A_f = \dfrac{1}{\beta}$ 为常数，则闭环传输特性在很宽的范围内接近于直线，即拓宽了线性范围，减小了非线性失真。需要说明的是，负反馈只能减小反馈环内产生的非线性失真，如果输入信号本身存在失真，负反馈也就无能为力了。

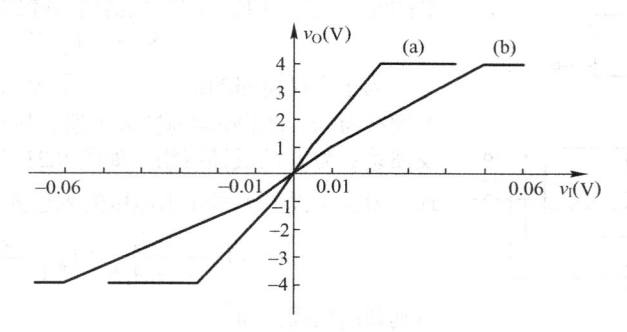

图 9.20 施加负反馈前后的传输特性曲线

9.2.4 扩展放大器的带宽

假设反馈网络 β 为纯电阻网络，基本放大器的中频增益为 A_M，放大器的高频响应在高频段只有一个拐点，上限角频率为 ω_H，则高频增益表达式为

$$A(s) = \frac{A_M}{1+s/\omega_H} \tag{9.5}$$

引入负反馈后，放大器高频段的增益为

$$A_f(s) = \frac{A}{1+A\beta} = \frac{\dfrac{A_M}{1+s/\omega_H}}{1+\dfrac{A_M}{1+s/\omega_H}\beta} = \frac{A_M}{1+s/\omega_H+A_M\beta} \tag{9.6}$$

将分子、分母同除 $(1+A_M\beta)$，可得

$$A_f(s) = \frac{\dfrac{A_M}{1+A_M\beta}}{1+\dfrac{s}{\omega_H(1+A_M\beta)}} \tag{9.7}$$

从式（9.7）可知，负反馈放大器的中频增益为 $A_M/(1+A_M\beta)$，上限角频率为 $\omega_{Hf}=\omega_H(1+A_M\beta)$。同理可以证明，若负反馈放大器的低频响应在低频段只有一个拐点，则下限角频率 $\omega_{Lf} = \dfrac{\omega_L}{1+A_M\beta}$。

假设施加负反馈前后放大器的通频带分别为 BW 和 BW_f，分别表示为

$$BW = \omega_H - \omega_L \approx \omega_H \tag{9.8}$$
$$BW_f = \omega_{Hf} - \omega_{Lf} \approx \omega_{Hf} \tag{9.9}$$

可见，引入负反馈后，通频带变为原来的 $(1+A_M\beta)$ 倍，中频增益降为原来的 $1/(1+A_M\beta)$，而两者的乘积即增益带宽积是常数。若放大电路在高频段或低频段有多个拐点，且反馈网络为非纯电阻网络，这样问题的分析就较为复杂了。但是不管怎样，施加反馈前后通频带以及增益的变化趋势是保持不变的。

9.2.5 降低噪声

对放大电路来说，噪声或干扰是有害的。负反馈能够有效地抑制环内噪声，提高放大器的信噪比。本节将介绍负反馈抑制噪声的原理。

如图 9.21（a）所示，假设放大器的增益为 A_1，输入信号为 V_s，由放大器内部产生并折合到输入端的噪声信号为 V_n，则放大器的信噪比为

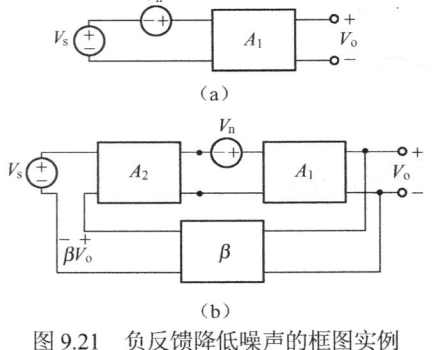

$$S/N = V_s/V_n \tag{9.10}$$

为了提高电路的信噪比，在图 9.21（a）的基础上增加一个增益为 A_2 的无噪声前置放大器。然后在整体电路中加一个反馈系数为 β 的反馈网络，如图 9.21（b）所示。根据叠加原理，得到反馈放大器输出电压的表达式为

$$V_o = V_s \frac{A_1 A_2}{1 + A_1 A_2 \beta} + V_n \frac{A_1}{1 + A_1 A_2 \beta} \tag{9.11}$$

得到新的信噪比为

$$S/N = A_2 V_s / V_n \tag{9.12}$$

图 9.21 负反馈降低噪声的框图实例

它比原有的信噪比提高了 A_2 倍。但是值得注意的是，无噪声放大器在实际中是很难做到的，但可以通过精选器件、调整参数、改进工艺等方法使噪声尽可能小。

9.2.6 对放大器的输入输出电阻的影响

负反馈对输入电阻的影响取决于反馈网络与基本放大电路在输入回路的连接方式。在推导的过程中，只需画出两者在输入回路的等效电路模型即可。

1. 输入部分采用串联负反馈

电路框图如图 9.22 所示，假设负反馈放大电路的输入电阻为 R_{if}，基本放大电路的输入电阻为 R_i，两者关系由图 9.22 可得到

$$R_{if} = \frac{V_s}{I_i} = \frac{V_s}{V_i / R_i} = R_i \frac{V_i + V_f}{V_i} = R_i \frac{V_i + A\beta V_i}{V_i} = (1 + A\beta) R_i \tag{9.13}$$

可见，闭环输入电阻 R_{if} 是开环输入电阻 R_i 的 $(1+A\beta)$ 倍，即输入部分引入串联负反馈后将增大输入电阻。

2. 输入部分采用并联负反馈

电路框图如图 9.23 所示，R_{if} 和 R_i 的关系由图 9.23 可得到

$$R_{if} = \frac{V_i}{I_s} = \frac{V_i}{I_i + I_f} = \frac{V_i}{I_i + A\beta I_i} = \frac{V_i / I_i}{1 + A\beta} = \frac{R_i}{1 + A\beta} \tag{9.14}$$

可见，闭环输入电阻 R_{if} 是开环输入电阻 R_i 的 $1/(1+A\beta)$ 倍，即输入部分引入并联负反馈后将减小输入电阻。

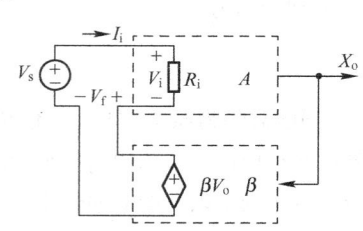

图 9.22 输入部分采用串联负反馈的电路框图

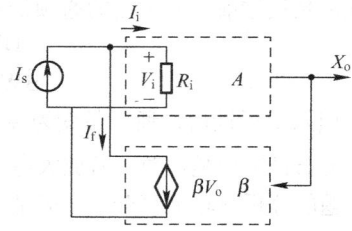

图 9.23 输入部分采用并联负反馈的电路框图

负反馈对输出电阻的影响取决于反馈网络与基本放大电路在输出回路的连接方式。在推导的过程中，只需画出两者在输出回路的等效电路模型即可。

3. 输出部分采用电流负反馈

电路框图如图 9.24 所示，假设负反馈放大电路的输出电阻为 R_{of}，基本放大电路的输出电阻为 R_o。假设反馈网络 β 在输出端对基本放大电路的负载效应为零。采用外加电源法（将信号源 X_s 置零）可知

$$R_{of} = \frac{V}{I_t} = \frac{(I_t - AV_i)R_o}{I_t} = \frac{(I_t + A\beta I_t)R_o}{I_t} = (1+A\beta)R_o \tag{9.15}$$

可见，闭环输出电阻 R_{of} 是开环输出电阻 R_o 的 $(1+A\beta)$ 倍，即输出部分引入电流负反馈后将增大输出电阻。

4. 输出部分采用电压负反馈

电路框图如图 9.25 所示，假设反馈网络 β 在输出部分对基本放大电路的负载效应为零，采用外加电源法可知

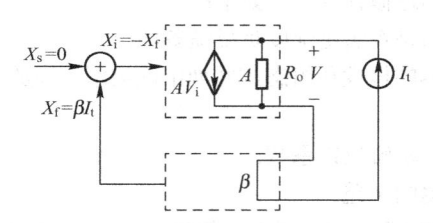

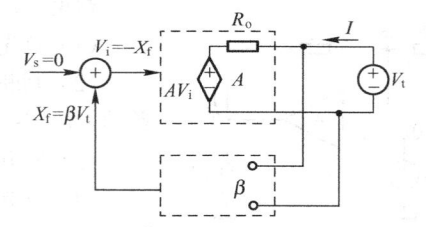

$$R_{of} = \frac{V_t}{I} = \frac{V_t}{(V_t - AV_i)/R_o} = \frac{V_t}{(V_t + A\beta V_t)/R_o} = \frac{R_o}{1+A\beta} \tag{9.16}$$

图 9.24 输出部分采用电流负反馈的电路框图　　图 9.25 输出部分采用电压负反馈的电路框图

可见，闭环输出电阻 R_{of} 是开环输出电阻 R_o 的 $1/(1+A\beta)$ 倍，即输出部分引入电压负反馈后将减小输出电阻。

负反馈对各类放大电路性能的影响如表 9.1 所示。

表 9.1　负反馈对放大电路性能的影响

反馈类型	放大器类型	稳定的增益	稳定的输出信号	R_{if}	R_{of}
电压-串联	电压放大器	$A_{vf} = \dfrac{v_o}{v_s}$	v_o	增大	减小
电流-并联	电流放大器	$A_{if} = \dfrac{i_o}{i_s}$	i_o	减小	增大
电流-串联	互导放大器	$A_{gf} = \dfrac{i_o}{v_s}$	i_o	增大	增大
电压-并联	互阻放大器	$A_{rf} = \dfrac{v_o}{i_s}$	v_o	减小	减小

9.3　深度负反馈放大器的分析与近似计算

9.3.1　深度负反馈的实质

当 $|1+A\beta| \gg 1$ 时，称负反馈放大电路满足深度负反馈条件。此时，放大电路的增益为

$$A_{\mathrm{f}} = \frac{A}{1+A\beta} \approx \frac{1}{\beta} \tag{9.17}$$

式（9.17）表明负反馈放大器的增益近似等于反馈系数的倒数，与 A 无关。若反馈网络是纯电阻网络，则 A_{f} 为常数。

由于 $A_{\mathrm{f}} = \frac{x_{\mathrm{o}}}{x_{\mathrm{s}}}$，$\frac{x_{\mathrm{o}}}{x_{\mathrm{f}}} = \frac{1}{\beta}$，而 $A_{\mathrm{f}} \approx \frac{1}{\beta}$，因此 $x_{\mathrm{s}} \approx x_{\mathrm{f}}$，即净输入信号 $x_{\mathrm{i}} \approx 0$。当电路的输入部分引入深度串联负反馈时，$v_{\mathrm{s}} \approx v_{\mathrm{f}}$，$v_{\mathrm{i}} \approx 0$。当电路的输入部分引入深度并联负反馈时，$i_{\mathrm{s}} \approx i_{\mathrm{f}}$，$i_{\mathrm{i}} \approx 0$，即在深度负反馈条件下，放大器输入部分存在"虚短"和"虚断"现象。

一般情况下，由集成运放或多级放大电路所组成的负反馈电路都能满足深度负反馈条件。

9.3.2 深度负反馈条件下的近似计算

负反馈放大器的电路形式多种多样，由于包含了反馈网络，这会给电路的计算带来了一定的困难。如果按照之前几章介绍的，通过画小信号等效电路模型的方法去一一求解，得出输出信号与输入信号的比值关系，将会使求解变得非常复杂。本节介绍的深度负反馈条件下的近似计算法，虽然难以得到精确的数值，但是方法简单，所得结果具有一定的实用价值，因此这种计算方法在工程中被广泛采纳和应用。

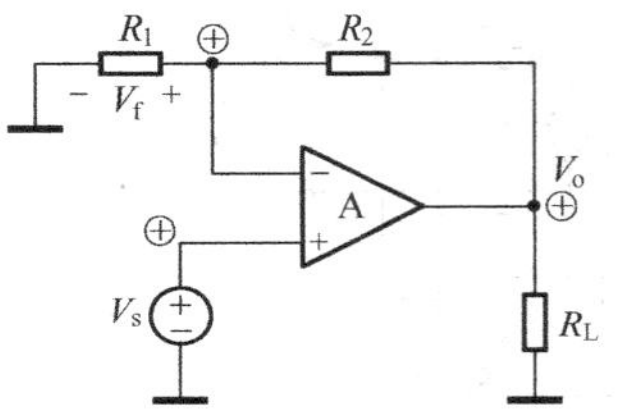

深度负反馈条件下的近似计算步骤如下：

（1）首先判断放大器是否满足深度负反馈条件；

（2）判断反馈放大器的极性和组态，并列出该类型反馈放大器增益的表达式；

（3）断开反馈网络，求解反馈系数；

（4）推导反馈放大器的增益。

图 9.26　例 9.9 电路图

【**例 9.9**】 负反馈放大器如图 9.26 所示。假设运放 A 为理想运放，$R_1 = 10\mathrm{k\Omega}$，$R_2 = 20\mathrm{k\Omega}$，求该放大电路电压增益 A_{vf}。

分析：理想运放的开环增益为无穷大，因此由它组成的电路一般都满足深度负反馈条件。

反馈网络由电阻 R_1 和 R_2 组成。输出信号通过反馈网络从运放的反相输入端进入电路，信号源从运放的同相端进入电路，两者无公共交点，故输入部分是串联反馈。输出端令 $V_{\mathrm{o}}=0$（即 $R_{\mathrm{L}}=0$），则 $V_{\mathrm{f}}=0$，即反馈消失。说明该反馈在输出端为电压反馈，电压采样方式。由瞬时极性法判断为负反馈，因此该电路为电压-串联负反馈放大器。

该反馈放大器电压增益的表达式为

$$A_{\mathrm{vf}} = \frac{V_{\mathrm{o}}}{V_{\mathrm{s}}} \approx \frac{1}{\beta}$$

由虚断可得，输入端口电流 $I=0$，因此

$$\beta = \frac{V_{\mathrm{f}}}{V_{\mathrm{o}}} = \frac{R_1}{R_1+R_2}$$

$$A_{\mathrm{vf}} \approx 1 + \frac{R_2}{R_1} = 1 + \frac{20\mathrm{k\Omega}}{10\mathrm{k\Omega}} = 3\mathrm{V/V}$$

【**例 9.10**】 多级放大器电路如图 9.27 所示，求该电路电压增益 A_{vf}。

分析：三级放大器级联，增益比较高，因此它组成的电路一般都满足深度负反馈条件。

在图 9.27 中，反馈网络由电阻 R_{E1}、R_{E2} 和 R_{F} 组成。输出信号通过反馈网络从 $\mathrm{VT_1}$ 的发射极进入电路，输入信号 V_{s} 从 $\mathrm{VT_1}$ 基极进入电路，两者在输入端无公共交点，因此该反馈在输入部分为串联反馈，反馈信号为 V_{f}。输出端令 $V_{\mathrm{o}}=0$（即 $R_{\mathrm{L}}=0$），但 $I_{\mathrm{o}}\neq 0$，因此 $V_{\mathrm{f}}\neq 0$，即反馈未消失。说明该反馈在输出部分为电流反馈，电流采样方式。

第 9 章 负反馈放大器及其稳定性分析 ·165·

假设 V_s 对地极性为正。由于 VT_1 为共射连接方式,所以 VT_1 集电极对地极性为负。由于 VT_2 为共射连接方式,所以 VT_2 集电极对地极性为正。由于反馈网络从 VT_3 的发射极取样输出信号,因此 VT_3 为共集连接方式,所以 VT_3 发射极对地极性为正,故 V_f 对地极性为正。由于 $V_i = V_s - V_f < V_s$,因此该电路为负反馈放大电路。综上所述:该电路为电流-串联负反馈放大电路。

互导增益表达式为

$$A_{gf} = \frac{I_o}{V_s}$$

由虚短可得,$V_i = V_{be} \approx 0$,所以 $V_s \approx V_f$;

又由于 $V_o \approx -I_o R_{C3}$,$V_f \approx I_o \frac{R_{E2}}{R_{E1}+R_{E2}+R_F} R_{E1}$,所以 $\beta = \frac{V_f}{I_o} = \frac{R_{E2} R_{E1}}{R_{E1}+R_{E2}+R_F}$。

因此

$$A_{vf} = \frac{V_o}{V_s} \approx \frac{-I_o R_{C3}}{V_f} = -\frac{R_{C3}(R_{E1}+R_{E2}+R_F)}{R_{E2} R_{E1}} = -\frac{600 \times (100+100+640)}{100 \times 100} = -50.4 \text{V/V}$$

【例 9.11】 多级放大器电路如图 9.28 所示,已知 $R_S = 10\text{k}\Omega$,$R_{B1} = 100\text{k}\Omega$,$R_{B2} = 15\text{k}\Omega$,$R_{C1} = 10\text{k}\Omega$,$R_{E1} = 870\Omega$,$R_{C2} = 8\text{k}\Omega$,$R_{E2} = 3.4\text{k}\Omega$,$R_L = 1\text{k}\Omega$,$R_f = 10\text{k}\Omega$,求该电路电压增益 A_{vf}。

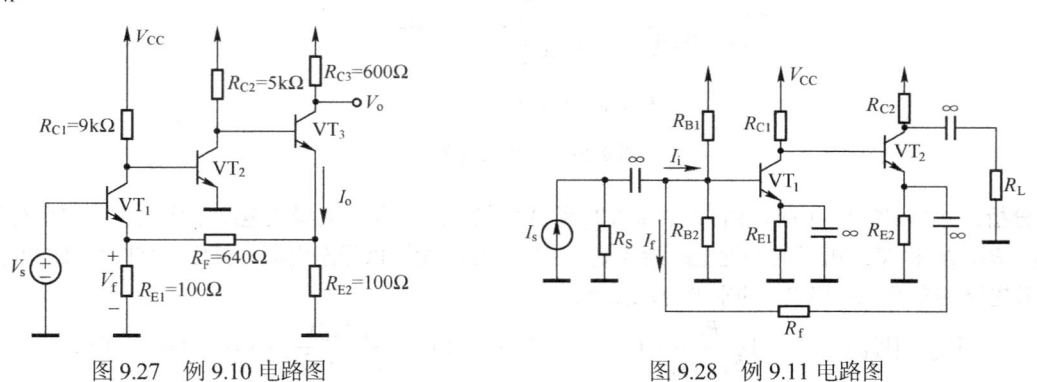

图 9.27 例 9.10 电路图 图 9.28 例 9.11 电路图

分析:该电路为两级级联放大器,增益比较高,因此由它组成的电路一般都满足深度负反馈条件。

在例 9.6 中,已证明该电路为电流-并联反馈放大器,反馈信号为 I_f。假设输入端即 VT_1 的基极对地极性为正。由于 VT_1 为共射连接方式,所以 VT_1 集电极对地极性为负。由于反馈网络从 VT_2 的发射极取样输出信号,因此 VT_2 为共集连接方式,所以 VT_2 发射极对地极性为负。由于 VT_1 基极对地电压高于 VT_2 发射极,因此反馈信号 I_f 将流入 VT_2 发射极。由于 $I_i = I_s - I_f < I_s$,因此该电路为负反馈放大电路。综上所述:该电路为电流-并联负反馈放大电路。

电流增益表达式为

$$A_{if} = \frac{I_o}{I_s} = \frac{1}{\beta}$$

由"虚断"可知 $I_i \approx 0$,故 $I_s \approx I_f$。由于 $V_o = -I_o (R_{C2} // R_L)$ 且 $I_f = -I_o \frac{R_{E2}}{R_{E2}+R_f}$,

$$\beta = \frac{I_f}{I_o} = -\frac{R_{E2}}{R_{E2}+R_f}$$

$$A_{vf} = \frac{V_o}{V_s} = \frac{V_o}{I_s R_S} = \frac{-I_o (R_{C2} // R_L)}{I_f R_S} = \frac{(R_{E2}+R_f)(R_{C2} // R_L)}{R_{E2} R_S}$$

$$= \frac{(8\text{k}\Omega // 1\text{k}\Omega) \times (3.4\text{k}\Omega + 10\text{k}\Omega)}{3.4\text{k}\Omega \times 10\text{k}\Omega} = 0.35\text{V}/\text{V}$$

【例 9.12】 由差分放大器和集成运放构成的反馈放大器如图 9.29 所示。

（1）当 $V_i=0$ 时，$V_{C1}=V_{C2}=$？假设 $V_{BE}=0.7\text{V}$，β_1、β_2 和 β_3 均很大。

（2）要使级间反馈为电压-串联负反馈，则 C_1 和 C_2 分别应接到运放哪个输入端？

（3）引入电压-串联负反馈后，闭环电压放大器的增益 A_{vf} 为多少？假设 A 为理想运放。

（4）若要引入电流-并联负反馈，则 C_1 和 C_2 分别应接到运放哪个位置？R_8 应如何连接？此时 A_{gf} 为多少？

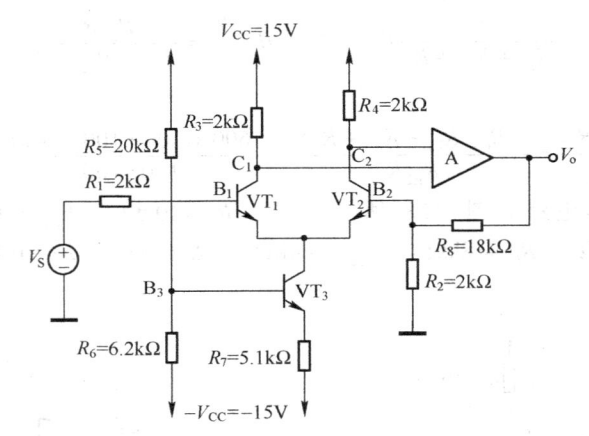

图 9.29 例 9.12 电路图

分析：（1）当 $V_i=0$ 时，由 VT_1 和 VT_2 组成的第一级差分放大器从电路结构上来看完全对称。由 R_5、R_6、R_7 和 VT_3 组成的偏置电路给 VT_1、VT_2 差分对管提供静态电流。其中，VT_3 基极端的戴维南等效电路的参数 V_{BB} 和 R_{BB} 的求解方法如下：

$$V_{BB} = [V_{CC}-(-V_{CC})]\frac{R_6}{R_5+R_6} + (-V_{CC}) = [15-(-15)]\frac{6.2\text{k}\Omega}{20\text{k}\Omega+6.2\text{k}\Omega} + (-15) = -7.9\text{V}$$

$$R_{BB} = R_5 // R_6 = 20\text{k}\Omega // 6.2\text{k}\Omega = 4.733\text{k}\Omega$$

列 VT_3 发射结回路的 KVL 方程，可得

$$V_{BB} - I_{B3}R_{BB} - V_{BE} - I_{E3}R_7 - (-V_{CC}) = 0$$

∵ β_3 很大　∴ $I_{E3} \gg I_{B3}$，即忽略 I_{BC}

故

$$I_{E3} \approx 1.255\text{mA}$$

因此

$$I_{C1} = I_{C2} \approx I_{E1} = I_{E2} = \frac{1}{2}I_{E3} = 0.627\text{mA}$$

所以

$$V_{C1} = V_{C2} = V_{CC} - I_{C1}R_3 = 15 - 0.627\text{mA} \times 2\text{k}\Omega = 13.75\text{V}$$

（2）根据瞬时极性法判断：假设 V_S 对地极性为正，则集电极 C_1 对地极性为负，集电极 C_2 对地极性为正。只有当 C_1 接集成运放 A 的反相输入端"−"，C_2 接集成运放 A 的同相输入端"+"时，运放的输出端电压 V_o 的对地极性为正。级间反馈电压即电阻 R_2 两端的电压 V_f 的对地极性为正，判断为负反馈。反馈网络由 R_2 和 R_8 组成。反馈网络将输出信号从差分对的 VT_2 基极送回到输入回路中，而

信号源从差分对的 VT$_1$ 基极进入电路，两者在输入端无公共交点，因此该反馈在输入端为串联反馈。输出端令 V_o=0，则 V_f=0，即反馈消失，说明该反馈在输出端为电压反馈。

（3）$A_{vf} = \dfrac{V_o}{V_S} \approx \dfrac{V_o}{V_f} = \dfrac{R_2 + R_8}{R_2} = \dfrac{2k\Omega + 18k\Omega}{2k\Omega} = 10V/V$

（4）若要引入电流-并联负反馈，连接方法如图 9.30 所示。将 R_2 和 R_8 组成的反馈网络与 VT$_2$ 的基极以及集成运放的输出端断开。R_2 和 R_8 的交点与负载 R_L 相连，R_L 的另一端与运放输出端相连，R_8 的另一端接 VT$_1$ 的基极 B$_1$，并将信号的输入端用诺顿电路进行等效。反馈网络由 R_2 和 R_8 组成，由于反馈网络与信号输入端有公共交点，故该反馈在输入端为并联反馈。输出端令 V_o=0，由于 $I_o \neq 0$，则 $I_f \neq 0$，即反馈没有消失，说明该反馈在输出端为电流反馈。

假设 V_{B1} 对地极性为正，则 VT$_2$ 集电极 C$_1$ 对地极性为负，VT$_2$ 集电极 C$_2$ 对地极性为正。当 C$_1$ 接集成运放 A 的同相输入端"+"，C$_2$ 接集成运放 A 的反相输入端"-"时，运放的输出端电压 V_o 的对地极性为负。由于 B$_1$ 电位高于 V_o，反馈信号 I_f 由 B$_1$ 流向 V_o，故为负反馈。
因为
$$I_f = -\dfrac{R_2}{R_2 + R_8} I_o$$
所以
$$A_{gf} = \dfrac{I_o}{V_s} = \dfrac{I_o}{I_i R_1} \approx \dfrac{I_o}{I_f R_1} = -\dfrac{R_2 + R_8}{R_2 R_1} = -\dfrac{2k\Omega + 8k\Omega}{2k\Omega \times 2k\Omega} = 2.5mA/V$$

在 4 种基本组态放大器中，反馈放大器的输入输出电阻也可以采用近似计算的方法进行求解。反馈放大器输入电阻的定义如图 9.31 所示。

在图 9.31 中，从外部信号源 V_s 视入的等效电阻称为反馈放大器的输入电阻 R_{if}。而在某些反馈放大器中，有些电阻并不在反馈环内，如晶体管的基极偏置电阻 R_b。除去反馈环外的电阻，反馈环内的输入电阻称为 R'_{if}。

图 9.31 的反馈放大器输入部分采用的是串联结构，$R'_{if} = (1+A\beta)R_i$。由 9.2 节可知，输入端采用串联反馈可以提高反馈放大器的输入电阻。理想情况下，$1+A\beta \to \infty$，可以近似认为 $R'_{if} \to \infty$，由于基极电阻 R_b 没有包含在反馈环内，故

$$R_{if} = R'_{if} // R_b \approx R_b \tag{9.18}$$

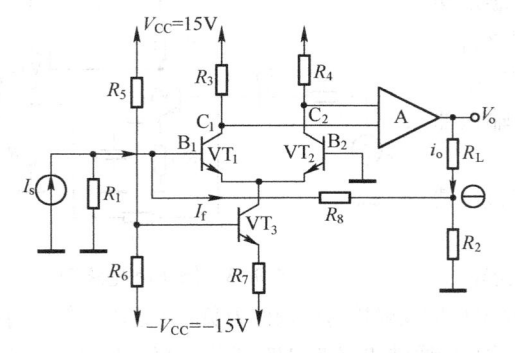

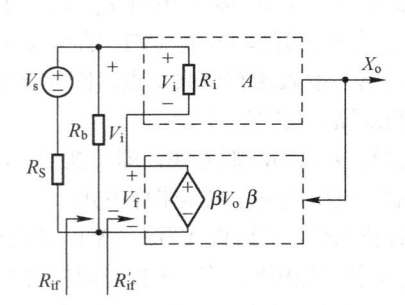

图 9.30 电流-并联负反馈的连接方式　　图 9.31 反馈放大器输入电阻的定义

若输入端采用的是并联结构，$R'_{if} = \dfrac{R_i}{1+A\beta}$。由 9.2 节可知，输入端采用并联反馈可以降低反馈放大器的输入电阻。理想情况下，$1+A\beta \to \infty$，可以近似认为 $R'_{if} \to 0$。假设反馈环外的串联电阻为 R_1，则反馈放大器的输入电阻为

$$R_{if} = R'_{if} + R_1 \approx R_1 \tag{9.19}$$

在求解输出电阻时，从负载电阻 R_L 端视入的等效电阻称为 R_{of}。若输出端采用电流反馈，可以提高反馈放大器的输入电阻，近似认为 $R_{of} \to \infty$。若输出端采用电压反馈，可以降低反馈放大器的输入电阻，近似认为 $R_{of} \to 0$。

【**例 9.13**】 估算图 9.32 所示电路的电压增益 A_{vf}、输入电阻 R_{if} 和输出电阻 R_{of}。

图 9.32 是由集成运放 A 构成的反馈放大器，满足深度负反馈条件。交流耦合电容 C_1 和 C_2 对输入信号 V_S 的容抗可以忽略不计。反馈网络由 R_1 和 R_f 组成。

反馈网络将输出信号送回到集成运放 A 的反相输入端，而输入信号则加在运放 A 的同相输入端，反馈网络与基本放大器在输入部分没有公共交点，因此该反馈在输入部分为串联反馈，反馈信号为 V_f。

图 9.32 例 9.13 电路图

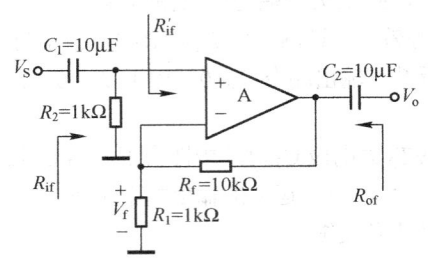

输出端令 $V_o=0$，则 $V_f=0$，即反馈消失，说明该反馈在输出部分为电压反馈，电压采样方式。

假设 V_S 对地极性为正，则 V_o 对地极性为正，V_f 对地极性为正，故该放大器为负反馈放大器，因此该反馈放大器为电压-串联负反馈放大器。

该放大器的电压增益为

$$A_{vf} = \frac{V_o}{V_S} \approx \frac{V_o}{V_f} = \frac{R_1 + R_f}{R_1} = \frac{1+10}{1} = 11\text{V}/\text{V}$$

由于该电路满足深度负反馈，且输入部分是串联结构，故 $R'_{if} \to \infty$，而 R_2 是反馈环外的电阻，因此反馈放大器的输入电阻为

$$R_{if} = R_2 // R'_{if} \approx R_2 = 1\text{k}\Omega$$

该反馈放大器在输出端是并联结构，且电路满足深度负反馈条件，故反馈放大器的输出电阻 $R_{of} \to 0$。

【**例 9.14**】 图 9.33 所示的电路满足深度负反馈条件。求反馈放大器的电压增益 A_{vf}、输入电阻 R_{if} 和输出电阻 R_{of}。

图 9.33 所示为共射-共集两级组合放大器，满足深度负反馈条件。反馈网络由电阻 R_f 组成，反馈网络将输出信号送回到信号的输入端（VT_1 的基极），反馈网络与基本放大器在输入端有公共交点，因此该反馈在输入部分为并联反馈，反馈信号为 i_f。

输出端令 $V_o=0$，则 $I_f=0$，即反馈消失，说明该反馈在输出端为电压反馈，电压采样方式。

假设输入信号对地极性为正。VT_1 是反相放大器，故

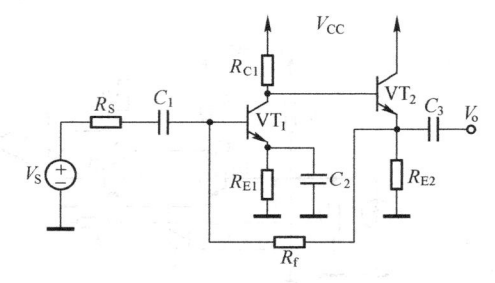

图 9.33 例 9.14 电路图

VT_1 的集电极对地极性为负。VT_2 是同相放大器，故 VT_2 的发射极对地极性为负。由于输入信号对地电位高于输出信号的对地电位，因此反馈电流 I_f 由 VT_1 的基极通过 R_f 流向 VT_2 的发射极，$I_i = I_S - I_f < I_S$，故该组合放大器为负反馈放大器，综上所述：该电路为电压-并联负反馈放大器。

根据"虚断"可得 $I_f = I_i$。该反馈放大器的电压增益为

$$A_{vf} = \frac{V_o}{V_S} = \frac{-I_f R_f}{I_i R_S} = -\frac{R_f}{R_S}$$

由于该放大器是电压-并联负反馈放大器，故放大器的输入电阻 $R_{if} \to 0$，输出电阻 $R_{of} \to 0$。

9.3.3 负反馈放大器的设计

负反馈之所以能够改善放大电路多方面的性能，是因为它将电路的输出量送回到输入回路，并与输入量进行比较，从而对输出量进行调整。反馈越深，即$(1+A\beta)$的值越大，自动调节作用的效果越好。然而反馈深度并非越深越好，当反馈深度$(1+A\beta)$的值被无限增大时，在多极点的放大电路中会产生自激现象，造成放大电路的不稳定，并丧失放大能力。因此在设计负反馈放大电路的时候，要根据实际需求和设计目标引入合适的反馈。

1．反馈类型的选择

反馈网络和基本放大器在输入部分的连接方式取决于信号源的类型。若信号源是内阻较小的电压源，为了提高放大器输入信号的吸收幅度，必须增大反馈放大器的输入阻抗，因此输入部分应采用串联反馈。若信号源是内阻较大的电流源，为了提高放大器输入信号的吸收幅度，必须减小反馈放大器的输入阻抗，因此输入部分应采用并联反馈。

如果要求稳定的是放大电路的输出电压或电压增益，反馈网络和基本放大器在输出部分的连接方式应采用并联方式。反之，如果要求稳定的是输出电流或电流增益，应采用串联方式。不管哪种方式，都是为了提高放大器驱动负载的能力。

2．反馈网络的确定

通常情况下，反馈网络是由电阻和电容元件组成的。在电路设计时，必须选择合适的电阻值，以减小反馈网络对基本放大电路输入和输出端的负载效应。当反馈类型不同时，对反馈网络中电阻值的取值要求也是不同的。例如，输入端采用串联反馈时，反馈网络的输出端阻抗必须小，才能忽略反馈网络对基本放大电路输入端的负载效应。输入端采用并联反馈时，反馈网络的输出端阻抗必须大，才能忽略负载效应。同理，在输出端采用电流反馈时，反馈网络的输入阻抗必须小，才能忽略反馈网络对基本放大电路输出端的负载效应。采用电压反馈时，反馈网络的输入阻抗必须大，才能忽略负载效应。

9.4 负反馈放大器的稳定性分析

9.4.1 负反馈放大电路产生自激振荡的条件

1．自激振荡产生的原因

到目前为止，所有讨论过的放大器都认为是稳定工作的。在此前提下，交流负反馈除了降低放大器的增益外，可以改善放大电路众多方面的性能。理论上反馈越深，性能改善的效果越好，但是如果电路设计不合理，反馈过深，反而会使放大电路产生自激振荡而不能稳定工作。

之前讨论的放大电路都假定其工作在中频区，此时电路中的电抗性元件的影响可以忽略，但是到了高频区和低频区，在多极点系统中，电路中各种电抗性元件的影响不能被忽略。A和β是频率的函数，因而A和β的幅值和相位会随频率的变化而变化。相位的改变使x_f和x_i不再同相，产生了附加相移。若在某一频率下，A和β的附加相移达到$180°$，x_f和x_i必然由中频区的同相变为反相。因此在中频区施加的负反馈有可能在高频区或低频区变为正反馈，形成高频振荡或低频振荡，且反馈越深，产生自激振荡的可能性越大。

2．产生自激振荡的条件

假设反馈放大器的传递函数形式为

$$A_f(s) = \frac{A(s)}{1 + A(s)\beta(s)} \qquad (9.20)$$

令 $s=j\omega$，反馈放大器的频率特性为

$$A_f(j\omega) = \frac{A(j\omega)}{1+A(j\omega)\beta(j\omega)} \quad (9.21)$$

由于环路增益 $A(j\omega)\beta(j\omega)$ 是 ω 的函数，其频率特性的表达式可写为

$$L(j\omega) = |A(j\omega)\beta(j\omega)|\angle\varphi(\omega) \quad (9.22)$$

环路增益对频率的依赖性决定了反馈放大器是否是稳定的。假设在中频区 $L(j\omega)$ 为正值，满足负反馈条件。进入高频区后，若在某一频率点 ω_o 上，环路增益为负实数且等于-1，即

$$L(j\omega_o) = L(\omega_o)\angle\varphi(\omega_o) = -1 \quad (9.23)$$

或

$$L(\omega_o) = 1 \quad (9.24)$$

$$\varphi(\omega_o) = \pm\pi \quad (9.25)$$

式（9.24）称为自激的振幅条件，式（9.25）称为自激的相位条件。若同时满足振幅条件和相位条件，放大器将产生自激振荡。事实上，当同时满足这两个条件时，$A_f(j\omega) \to \infty$。这表明即使没有外加激励，反馈放大器也会有一个角频率为 ω_o 的正弦信号输出，而维持输出所需的输入信号由同频同相的反馈信号提供。电路一旦发生自激现象，放大器无法再对输入信号进行正常放大。

反之，放大器不产生自激的条件为：

$$当 \varphi(\omega) = \pm\pi 时，L(\omega) < 1 或 L(\omega) < 0dB \quad (9.26)$$

或

$$当 L(\omega) = 1 或 0dB 时，|\varphi(\omega)| < \pi \quad (9.27)$$

9.4.2 反馈对放大器极点的影响

对于一个稳定的系统而言，其极点应位于 s 平面的左半侧。当极点位于 s 平面的右半侧时，会导致系统的不稳定。当极点位于 s 平面的虚轴时，会形成持续的正弦振荡。

接下来讨论放大电路的极点个数和系统稳定性之间的关系。为了简化电路的分析，假设放大电路有实数极点而无有限零点，放大电路采用的是直接耦合方式。由于反馈网络大多数是由阻容元件构成的，在高频情况下，电容可视为短路，其附加相位差 $\Delta\varphi_\beta=0$。这时产生自激振荡的附加相位差主要是由基本放大器产生的，而基本放大器 A 的相位差 $\Delta\varphi_A$ 是由器件的内部电容引起的。

（1）单极点放大电路。对于只由一个极点组成的负反馈放大电路而言，其产生的最大附加相移为-90°，因此环路增益不可能达到使反馈为正所需的 180° 相移，故不可能产生自激振荡，单极点系统是无条件稳定的。

（2）双极点放大电路。在两级直接耦合的负反馈放大电路中，其产生的最大附加相移为-180°。虽然理论上存在满足相位条件的频率 ω_o，但此时的 $\omega_o \to \infty$，因此不存在使相移达到 180° 的有限频率，因此双极点系统也是稳定的。

（3）三极点和多极点放大电路。在三级直接耦合的负反馈放大电路中，当频率从零变化到无穷大时，附加相移的变化范围是 0°～-270°。因此存在使相移等于-180°的角频率 ω_o，有可能产生高频自激振荡。如果是超过三级以上的放大电路，级数越多，引入负反馈后越容易产生高频自激振荡。此时的放大器具有不稳定的放大性能。

若放大电路中的耦合电容、旁路电容越多，引入负反馈后就越容易产生低频自激振荡，而且负反馈越深，幅值条件越容易满足，电路越容易自激。

9.4.3 负反馈放大电路的稳定性分析

从自激振荡条件可知，只要放大器满足不自激的条件，负反馈放大电路便不会产生自激振荡，

可以借助波特图进行有效分析。基于环路增益 $L(j\omega)$ 的波特图稳定性分析如图 9.34 所示。图 9.34 所示为某一反馈放大器的频率特性曲线：图 9.34（a）是幅频特性曲线，图 9.34（b）是相频特性曲线。

由图 9.34 可知，ω_1 是 $L(\omega)=0$dB 处的频率点，而 $|\varphi(\omega_1)|<180°$，说明该放大器是稳定的。定义：$\gamma_\varphi = 180°-|\varphi(\omega_1)|$，$\gamma_\varphi$ 称为相位裕量。

由图 9.34 可知，当 $\varphi(\omega_{180})=-180°$ 时，$L(\omega)<0$dB，同样说明该放大器是稳定的。定义 $\gamma_g = 0-L(\omega_{180})$，$\gamma_g$ 称为增益裕量。

γ_φ 和 γ_g 越大，负反馈放大电路就越稳定，但是一个负反馈放大器仅仅满足不自激条件是远远不够的，必须远离自激才能保证放大器的稳定工作，一旦接近自激，性能就会严重恶化。工程上认为当 γ_φ 超过 45°，γ_g 超过 6dB 时，放大电路是稳定的。

当负反馈放大电路的反馈网络 β 是纯电阻网络时，还可以利用开环增益 $A(j\omega)$ 的波特图对放大器的稳定性进行分析。图 9.35（a）和图 9.35（b）分别是基本放大电路 A 的幅频和相频特性曲线。由于 β 是常数，则 $L(\omega)=A(\omega)\beta=1$，因此

$$A(\omega)=1/\beta \text{ 或 } 20\lg A(\omega)=20\lg 1/\beta \tag{9.28}$$

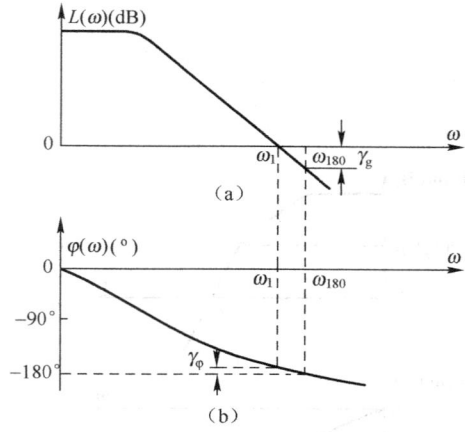

图 9.34 基于 $L(j\omega)$ 的波特图稳定性分析

在开环增益 A 的幅频特性坐标系中，作高度为 $20\lg 1/\beta$ 的水平线，该水平线与 $20\lg A(\omega)$ 的曲线相交于一点，该频率点必定满足振幅条件 $L(\omega)=A(\omega)\beta=1$。再根据该交点所对应的相移 $|\varphi(\omega)|$ 是否小于 180°，来判定电路的稳定性。由于 $A(\omega)$ 在第二个极点角频率处的相移为-135°，刚好符合 $\gamma_\varphi \geqslant 45°$ 的稳定性条件。第一和第二个极点角频率之间的波特图斜率为-20dB/十倍频，故只要 $20\lg 1/\beta$ 的水平线落在 1、2 两个极点角频率之间-20dB/十倍频的线段上时，闭环放大器一定是稳定的。

下面结合具体实例在幅频特性渐近波特图中判别放大电路的稳定性。假设某一放大器的开环增益可表示为

$$A=\frac{10^4}{(1+jf/10^4)(1+jf/10^5)(1+jf/10^6)}$$

3 个极点频率分别为 $f_{p1}=10^4$Hz，$f_{p2}=10^5$Hz，$f_{p3}=10^6$Hz，其中 $f_{p1}=10^4$ 最低，称为主极点频率，即基本放大器的上限截止频率。

列出幅频特性表达式：

$$20\lg A(f)=80-20\lg\sqrt{1+(f/10^4)^2}-20\lg\sqrt{1+(f/10^5)^2}-20\lg\sqrt{1+(f/10^6)^2}$$

列出相频特性表达式：

$$\varphi(f)=-\arctan(f/10^4)-\arctan(f/10^5)-\arctan(f/10^6)$$

根据以上两个表达式分别画出该放大电路幅频特性曲线和相频特性曲线的渐近波特图，如图 9.36 所示。

图 9.36 中 3 个极点频率满足关系：$f_{p3}=10f_{p2}=100f_{p1}$。一般认为两个频率满足 $f_{p3}=10f_{p2}$ 的 10 倍关系时，可以认为 $f_{p3} \gg f_{p2}$。

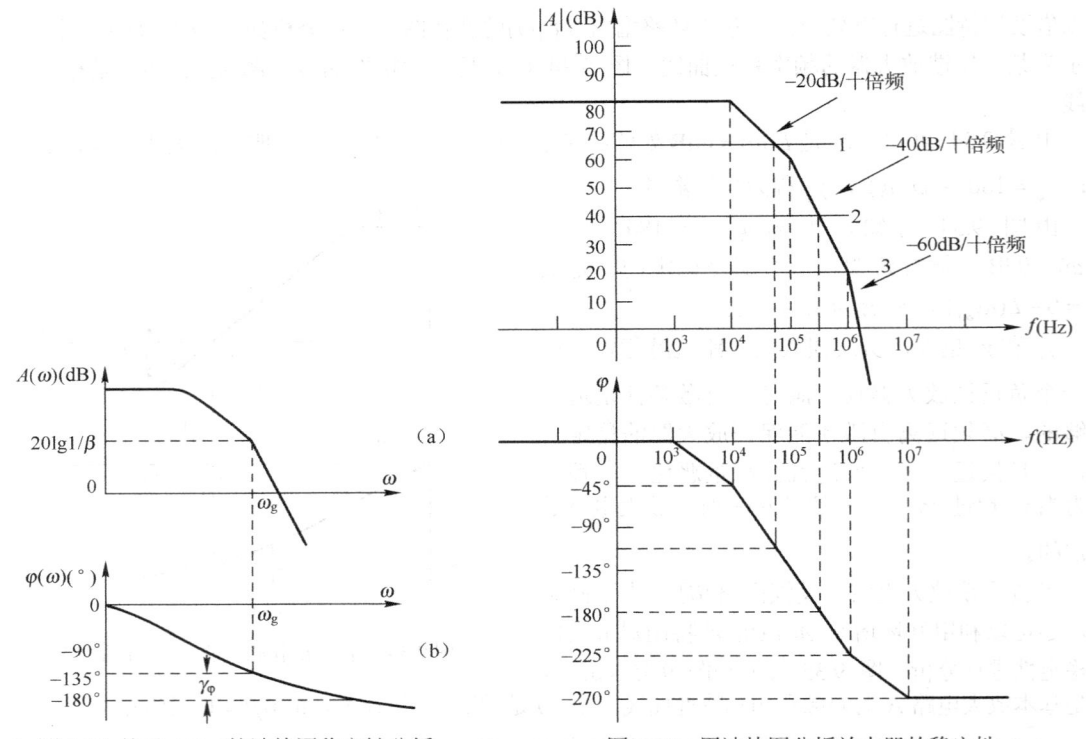

图 9.35 基于 $A(\mathrm{j}\omega)$ 的波特图稳定性分析　　图 9.36 用波特图分析放大器的稳定性

幅频特性曲线分析：当 $f \ll f_{p1}$ 时，幅频特性近似为一条 80dB 的水平线，80dB 即放大器的中频增益；当 $f_{p1} < f < f_{p2}$ 时，为一斜率为-20dB/十倍频的直线；当 $f_{p2} < f < f_{p3}$ 时，为一斜率为-40dB/十倍频的直线；当 $f \gg f_{p3}$ 时，为一斜率为-60dB/十倍频的直线。

相频特性曲线分析：当 $f \ll f_{p1}$ 时，$\varphi(f)=0°$；当 $0.1f_{p1} < f < f_{p1}$ 时，为一斜率为-45°/十倍频的直线；当 $f_{p1} < f < f_{p3}$ 时，为一斜率为-90°/十倍频的直线；当 $f_{p3} < f < 10f_{p3}$ 时，为一斜率为-45°/十倍频的直线；当 $f \gg 10f_{p3}$ 时，为一条-270°的水平线。

假设反馈网络 β 由阻容元件组成。高频时 $20\lg(1/\beta)$ 是一条水平线，$20\lg(1/\beta)$ 和 $20\lg A(f)$ 相交于一点，该点上 $A(f)\beta = 1$。在图 9.36 中给出了 3 条不同标识的水平线 1、2 和 3。试在施加 3 种不同反馈网络的情况下分析放大电路稳定性。

水平线 1：该水平线表明反馈系数 $20\lg(1/\beta) = 65\mathrm{dB}$，其对应的频率点所对应的相移小于 $135°$，故相位裕量大于 $45°$，闭环增益为 65dB 的放大器将保持稳定工作。

水平线 2：该水平线表明反馈系数 $20\lg(1/\beta) = 40\mathrm{dB}$，其对应的频率点所对应的相移等于 $180°$，故相位裕量等于 $0°$。由于没有多余的相位裕量，闭环增益为 40dB 的放大器有可能产生振荡。

水平线 3：该水平线表明反馈系数 $20\lg(1/\beta) = 20\mathrm{dB}$，其对应的频率点所对应的相移大于 $180°$，因此闭环增益为 20dB 的放大器将不能稳定工作。

可见，反馈系数 β 越小，系统的稳定性越好，越不容易产生自激振荡。

9.4.4　频率补偿

从以上几节的分析可知，在反馈放大电路中，反馈系数 β 越大，对于改善放大电路的交流性能越有利，但同时β越大，$20\lg 1/\beta$的水平线位置越低，相位裕量γ_φ越小，放大电路的稳定性能越差。为了解决这一矛盾，通常采用频率补偿的方法。频率补偿的基本思想是：在反馈环路中添加电抗性元件，改变环路增益的频率特性，破坏自激振荡的条件，从而消除自激振荡。由于集成运放通常是多极点系统，因此对其进行频率补偿是十分必要的。

频率补偿的方式很多，本节主要介绍以下几种方式。

1. 滞后补偿

如图 9.37 所示，在传递函数 $A(s)$ 中引入频率足够低的极点 f_p'，而 f_{p1} 保持不变，使 $20\lg(1/\beta)$ 水平线和 $A(s)$ 曲线相交于-20dB/十倍频的斜线上，拓宽了-20dB/十倍频线段的长度，提高了反馈放大器稳定性。该补偿方式的缺点在于上限截止频率 f_H 大大降低，频带宽度 BW 变窄，补偿后的放大器性能下降。

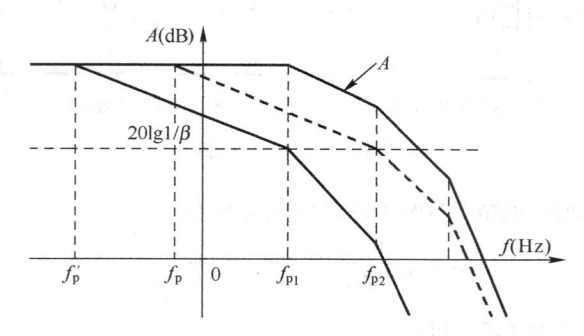

图 9.37 经频率补偿后的 $A(\omega)$

为了避免引入频率更低的极点频率，通常采用以下方法进行频率补偿。

实例电路如图 9.38 所示。增加了 C_φ 后的第一级差分放大器输出端的等效电路如图 9.39 所示。其中电流源 I_S、输出电阻 R_S 和输出电容 C_S 是第一级差分放大器输出端的等效电路，差分放大器的主极点频率由 C_S 产生。在第一级放大器的输出端并接电容 C_φ 后，主极点频率由 $f_{p1} = 1/2\pi R_S C_S$ 降为 $f_p = 1/2\pi R_S (C_S + C_\varphi)$。

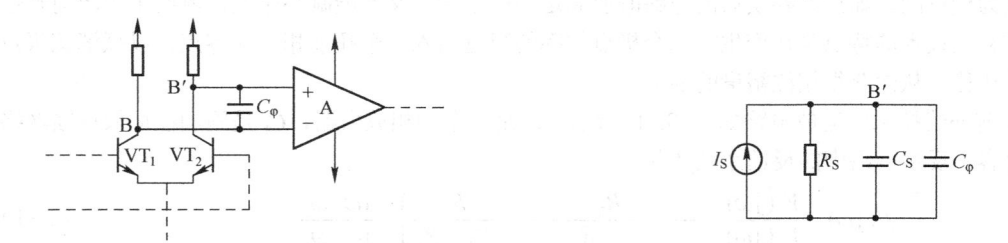

图 9.38 增加了补偿电容 C_φ 后的两级级联放大器　　图 9.39 增加 C_φ 后的第一级差分放大器输出端的等效电路

在如图 9.37 所示的 $A(\omega)$ 的幅频特性曲线中，最右边的实线是补偿前的 $A(\omega)$ 的幅频特性曲线。中间的虚线是经过 C_φ 补偿后的 $A(\omega)$ 的幅频特性曲线。由此可见，在新的幅频特性曲线中，第一和第二个极点间的-20dB/十倍频的曲线明显加长了。当β增大时，$20\lg 1/\beta$水平线下降。补偿前 $20\lg 1/\beta$ 水平线交在-40dB/十倍频线段上，反馈放大器处于不稳定状态。补偿后 $20\lg 1/\beta$ 水平线仍交在-20dB/十倍频线段上，反馈放大器处于稳定状态。

该方法的优点在于无须引入新的更低的极点频率，缺点在于补偿电容 C_φ 的取值较大，而在 IC 工艺中制作大容量的电容十分困难，因此在实际应用中，通常是在放大电路的反馈回路中通过添加补偿电容进行频率补偿的。该补偿方法称为米勒补偿。

米勒补偿电路如图 9.40（a）所示，在共源放大器的反馈回路中施加了补偿电容 C_f。该级放大器的小信号等效电路如图 9.40（b）所示。其中 I_S 和 R_S 并联电路是前一级电路的诺顿等效形式，C_1 是前一级电路的等效输出电容，并且包含了 FET 的内部电容 C_π 和 C_μ 的米勒等效电容。R_2 和 C_L 是漏极对地的等效电阻和电容。

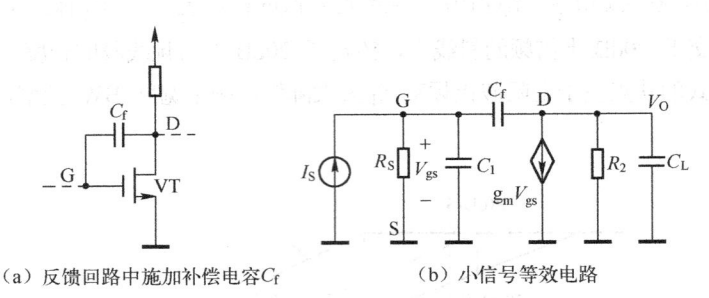

（a）反馈回路中施加补偿电容C_f　　　（b）小信号等效电路

图 9.40　米勒补偿电路

在施加反馈电容 C_f 之前，电路中有两个极点频率 f_{p1} 和 f_{p2}。

$$f_{p1} = \frac{1}{2\pi R_S C_1} \qquad f_{p2} = \frac{1}{2\pi R_2 C_L} \tag{9.29}$$

施加反馈电容 C_f 之后，经过推导之后可得：

$$f'_{p1} \approx \frac{1}{2\pi g_m R_S R_2 C_f} \qquad f'_{p2} \approx \frac{1}{2\pi} \frac{g_m C_f}{C_1 C_L + C_f(C_1 + C_2)} \tag{9.30}$$

当 C_f 增大时，f'_{p1} 减小，f'_{p2} 增大，使它们之间的间隔即-20dB/十倍频的斜线段变长。这种补偿方法又称为极点分离技术，它可以提高负反馈放大电路的稳定性。

2．超前补偿

从以上分析可知，滞后补偿技术是通过降低第一个极点频率来满足相位裕量的要求，但是它是以牺牲带宽为代价的。如果经补偿后的电路既要满足相位裕量，又不能减小带宽，就要采用超前补偿技术。超前补偿技术的特点是在产生第二个极点频率的附近引入一个超前相位的零点，以抵消该极点带来的滞后相移，从而获得相位裕量的要求。

采用超前补偿技术的运放电路如图 9.41 所示。这是一个同相放大器，C_f 是施加在运放反馈网络中的补偿电容。反馈网络中的反馈系数β为

$$\beta(j\omega) = \frac{V_f(j\omega)}{V_o(j\omega)} = \frac{R_2}{R_2 + \dfrac{R_f}{1+j\omega R_f C_f}} = \frac{R_2}{R_2 + R_f} \frac{1+j\omega/\omega_z}{1+j\omega/\omega_p} \tag{9.31}$$

式中，$\omega_z = 1/R_f C_f$，$\omega_p = 1/(R_f // R_2)C_f$。

从式（9.30）可知，反馈网络有一个零点 ω_z 和一个极点 ω_p，且$\omega_z < \omega_p$。假设集成运放是无零三极系统，3 个极点角频率分别为 ω_{p1}、ω_{p2} 和 ω_{p3}。选择合适的补偿电容 C_f，使$\omega_z = \omega_{p2}$。这样在不影响第一个极点角频率的前提下，增长了-20dB/十倍频的线段长度，增大了β的变化范围，提高了放大电路的稳定性。超前补偿前后的环路增益 $L(\omega)$ 的幅频特性渐近波特图如图 9.42 所示。

图 9.41 采用超前补偿技术的运放电路

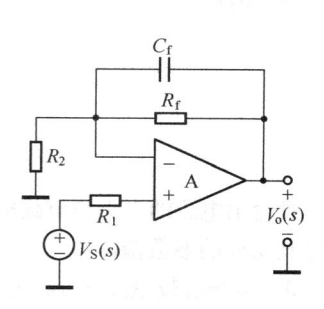

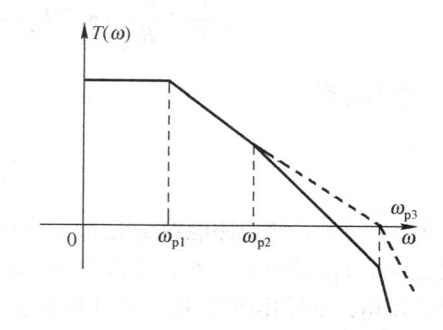

图 9.42 超前补偿前后 $L(\omega)$ 的幅频特性渐近波特图

9.4.5 其他形式的反馈在放大器中的应用

在放大器的设计过程中，负反馈的引入可以稳定放大器的静态工作点，改善放大器的交流性能，因此一个稳定的系统必须引入合适的负反馈。正反馈的引入不仅不能稳定输出信号，而且会加剧信号的变化，甚至产生自激振荡使放大器无法正常工作，因此在放大器中很少使用。实际上，任何事物都具有两面性，正反馈也是如此。正反馈在放大器中有一些特殊的应用，此节做简要介绍。

（1）正弦波振荡器

正弦波振荡器是一个带选频网络的正反馈放大器。不少实际电路将选频网络和正反馈网络合二为一，如经典的 RC 正弦波振荡器。此处的正反馈是人为引入的反馈，它的作用是保证反馈信号和输入信号是同相位的，这样才能使振荡维持下去。正弦波振荡器将在第 12 章中进行详细介绍，本节不介绍。

（2）电压-电流转换电路

在放大器中引入电流-串联负反馈，可以实现电压-电流的转换。图 9.43 所示为豪兰德电流源电路，这是一种实用的电压-电流转换电路。

假设集成运放 A 是理想的，根据集成运放的"虚断"可得 $i_N = i_P = 0$。因为流过 R_1 和 R_2 的电流相等，可得

$$\frac{V_S - V_N}{R_1} = \frac{V_N - V_o}{R_2}$$

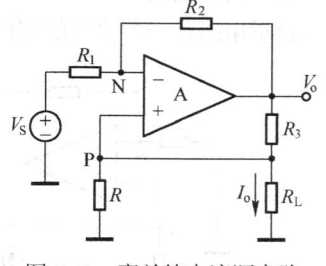

图 9.43 豪兰德电流源电路

则

$$V_N = \left(\frac{V_S}{R_1} + \frac{V_o}{R_2}\right)(R_1 /\!/ R_2) \tag{9.32}$$

由 P 节点的 KCL 方程可得

$$\frac{V_P}{R} + I_o - \frac{V_o - V_P}{R_3} = 0$$

则

$$V_P = \left(\frac{V_o}{R_3} - I_o\right) \times (R /\!/ R_3) \tag{9.33}$$

根据集成运放的"虚短"可得 $V_N = V_P$，故

$$\left(\frac{V_\text{i}}{R_1}+\frac{V_\text{o}}{R_2}\right)(R_1//R_2)=\left(\frac{V_\text{o}}{R_3}-I_\text{o}\right)\times(R//R_3)$$

令 $\dfrac{R_2}{R_1}=\dfrac{R_3}{R}$，整理可得

$$I_\text{o}=-\frac{V_\text{i}}{R} \tag{9.34}$$

从式（9.33）可知，该电路能够实现电压-电流转换功能，且输出电流的大小与负载电阻 R_L 的大小无关，仅受控于 V_i。既然是一个恒流源电路，输出电阻 R_o 是其重要的参数指标。

求解恒流源电路的输出电阻 R_o，采用外加电源法。令 $V_\text{i}=0$，断开负载 R_L，在原 R_L 处外加交流电源 V_t，产生电流 I_t，如图 9.44 所示。

根据集成运放"虚短"可得 $V_\text{N}=V_\text{P}=V_\text{t}$。

根据负反馈网络的分压关系可得

$$V_\text{t}=\frac{R_1}{R_1+R_2}V_\text{o} \tag{9.35}$$

列节点 P 的 KCL 方程可得

$$\frac{V_\text{o}-V_\text{t}}{R_3}+I_\text{t}-\frac{V_\text{t}}{R}=0 \tag{9.36}$$

把式（9.34）代入式（9.35），并令 $\dfrac{R_2}{R_1}=\dfrac{R_3}{R}$，可得

$$R_\text{o}=\frac{V_\text{t}}{I_\text{t}}=\frac{1}{\dfrac{1}{R}-\dfrac{R_2}{R_1R_3}}\to\infty \tag{9.37}$$

（3）自举电路

自举电路是一种典型的利用交流正反馈提高输入电阻的电路，如图 9.45 所示。

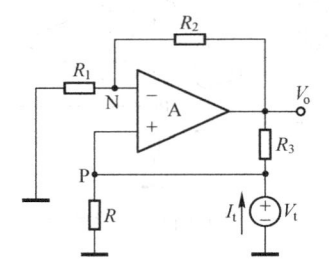

图 9.44 求豪兰德电流源电路的输出电阻 R_o　　　　图 9.45 自举电路

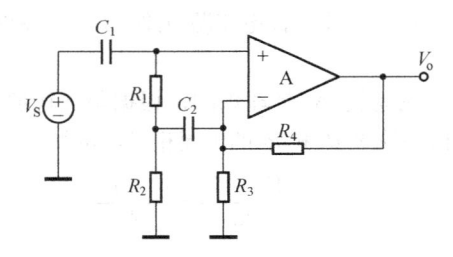

在图 9.45 所示电路中，电容 C_1 和 C_2 对交流信号视为短路。第 1 路反馈网络由 R_4 电阻和 $R_2//R_3$ 并联电阻组成，是一个电压-串联负反馈网路，可以增大反馈放大器的输入电阻。第 2 路反馈网络由 R_4 和 R_1 电阻组成，是一个正反馈网络。它的作用是增大输入电阻和净输入电流，且正反馈对输入电阻的影响远大于负反馈。

若断开电容 C_2，正反馈网络消失。由于集成运放的同相输入端的等效电阻趋于无穷大，因此该电路的等效输入电阻为 R_1+R_2。引入正反馈后，电阻 R_1 的电流 I_{R1} 大大减小，为

$$I_{R1}=\frac{V_+-V_-}{R_1}=\frac{V_\text{S}-V_\text{f}}{R_1} \tag{9.38}$$

将 R_1 等效到整个电路的输入端和地之间，则等效电阻为

$$R_1' = \frac{V_S}{I_{R1}} = \frac{V_S}{V_S - V_f} R_1 \tag{9.39}$$

在深度负反馈条件下，$V_S \approx V_f$，则 $R_1' \to \infty$，则电路的输入电阻为

$$R_i = R_1' // R_1' \to \infty \tag{9.40}$$

可见，正反馈可以使输入电阻大大提高。

由上述分析可知：引入正反馈后，自身的输入端电位升高，故称为自举电路。自举电路中的正反馈是通过耦合电容实现的。

第9章习题

9.1 一个电压-串联负反馈放大器，在闭环工作时，输入信号为 50mV，输出信号为 2V。在开环工作时，输入信号为 50mV，输出信号为 4V，试求电路的反馈深度和反馈系数。

9.2 某负反馈放大器的闭环增益 A_f=100，开环增益 A=10^5，其反馈系数 β 为多少？若由于制造误差导致 A 减小为 10^3，则相应的闭环增益为多少？与减小 100 倍的 A 相对应的 A_f 的相对变化数值为多少？

9.3 已知某反馈放大器的开路电压增益 A_v=1000V/V，反馈系数 β=0.5V/V。若输出电压 v_o=2V，求输入电压 v_S、净输入电压 v_i 和反馈电压 v_f。

9.4 某反馈放大器的组成框图如图题 9.1 所示。试写出电路的总闭环增益 A_f 的表达式。

9.5 由集成运放构成的反馈放大器如图题 9.2 所示，

（1）假设集成运放的输入电阻为无穷大，输出电阻为零。求反馈系数 β 的大小。

（2）如果开环增益 A=10^4，求当闭环电压增益 A_f=10 时的 R_2/R_1。

（3）求反馈深度分贝大小。

（4）若 V_S=1V，求 V_o、V_f 和 V_i 大小。

（5）若 A 下降了 20%，相应的 A_f 下降了多少？

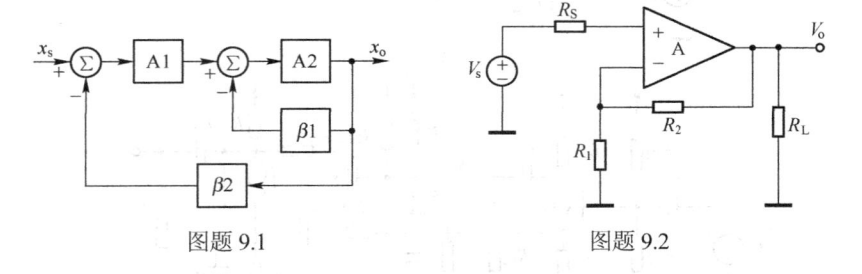

图题 9.1　　　　图题 9.2

9.6 试判断图题 9.3 所示电路中反馈放大器的反馈极性、反馈元件和反馈类型。

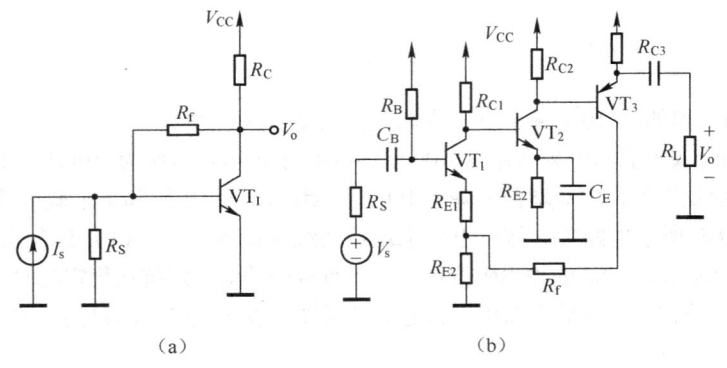

(a)　　　　(b)

图题 9.3

(c) (d)

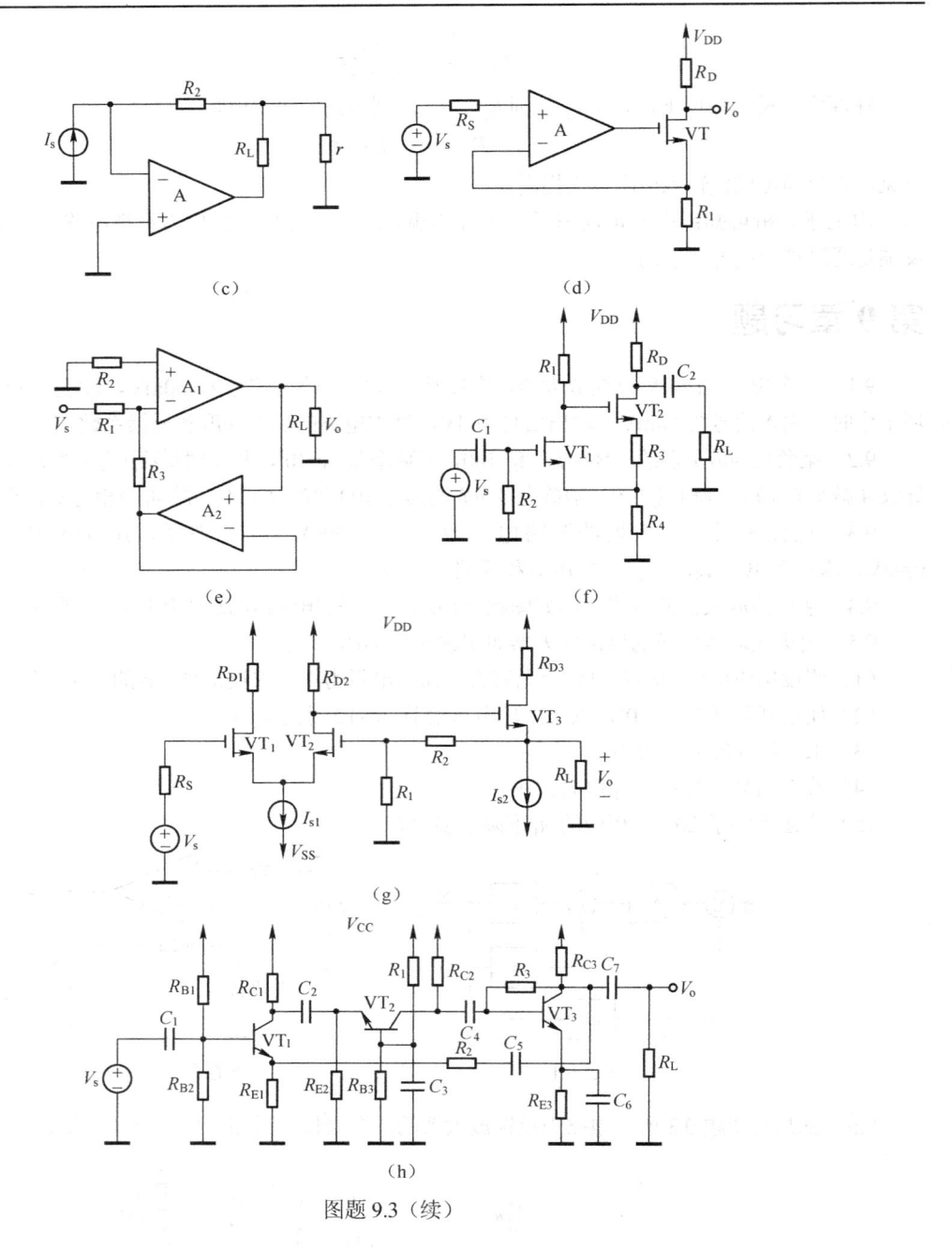

(e) (f)

(g)

(h)

图题9.3（续）

9.7 某反馈放大器的 $A=10^5$，$A_f=10^3$，求增益灵敏度衰减因子。

9.8 某阻容耦合放大器的中频增益为 1000，高频区上限截止频率为 10kHz，低频区下限截止频率为 100Hz。引入负反馈后，中频增益下降为 100，求闭环增益的上限和下限截止频率。

9.9 在图题 9.4 所示电路中，按以下要求连接两级反馈放大器。（1）具有稳定的源电流增益；（2）具有较高的输入阻抗和较低的输出阻抗；（3）具有较低的输入阻抗和稳定的输出电压。

9.10 以集成运放作为基本放大器引入合适的负反馈，以实现以下的目的。要求设计具体的负反馈放大电路。

(1) 实现电压-电流的转换电路；

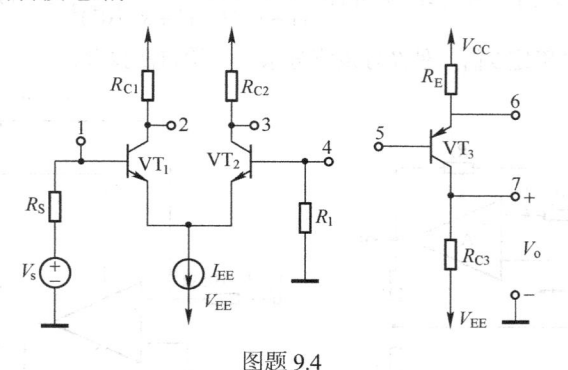

图题 9.4

(2) 实现电流-电压的转换电路；
(3) 实现具有高输入阻抗、能稳定电压增益的放大电路；
(4) 实现具有低输入阻抗、能稳定输出电流的放大电路。

9.11 判断题

(1) 直流负反馈只存在于直接耦合的电路中，交流负反馈只存在于阻容耦合的电路中。（   ）
(2) 当输入的信号是一个失真的正弦波时，加入负反馈后能使失真减小。（   ）
(3) 要提高反馈放大器的输入阻抗，降低反馈放大器的输出阻抗，应引入电压-并联负反馈。（   ）
(4) 输出端采用电压负反馈可以稳定输出电压，流过负载的电流也必定是稳定的，因此输出端采用电压负反馈和电流负反馈都可以稳定输出电流。（   ）
(5) 在负反馈放大器中，放大器的开环增益越大，闭环增益就越稳定。（   ）
(6) 直流负反馈在放大器中的主要作用是稳定静态工作点。（   ）

9.12 反馈放大器如图题 9.3(g) 所示。已知：$R_S = 10\text{k}\Omega$，$R_1 = 2\text{k}\Omega$，$R_2 = 8\text{k}\Omega$，$R_{D1} = R_{D2} = 20\text{k}\Omega$，$R_L = 1\text{k}\Omega$，在满足深度负反馈的条件下，求 A_{vf}。

9.13 反馈放大器如图题 9.5 所示，已知 BJT 参数 $g_m = 77\text{mS}$，$\beta = 100$，$A_v = 500$，$R_{E1} = 51\Omega$，$R_f = 1.2\text{k}\Omega$，$R_B = 10\text{k}\Omega$。在满足深度负反馈的条件下，求 A_{vf}。

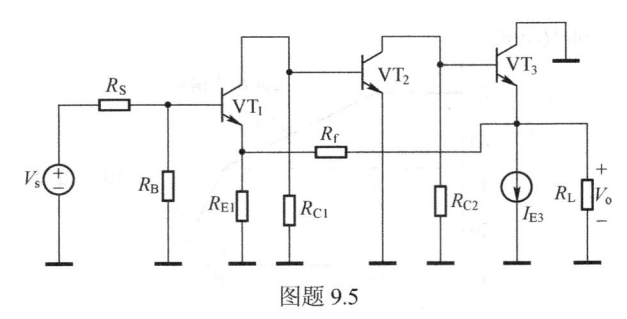

图题 9.5

9.14 如图题 9.6 所示的深度负反馈放大器。(1) 判断其反馈性质和组态；(2) 写出电压增益 $A_{vf} = \dfrac{V_o}{V_i}$ 的表达式。

9.15 如图题 9.7 所示的反馈放大器。(1) 判断反馈极性和组态；(2) 假设反馈放大器满足深度负反馈条件，估算电压增益 A_{vf}、输入阻抗 R_{if} 和输出阻抗 R_{of}。

9.16 负反馈放大器产生自激振荡的原因是什么？应如何预防或消除？

9.17 考虑某反馈放大器，开环增益 $A(s)=\dfrac{1000}{(1+s/10^3)(1+s/10^4)^2}$。若反馈系数与 β 无关，确定相移为 180° 时的频率，并确定 β 值，使 β 为该值时系统开始自激振荡。

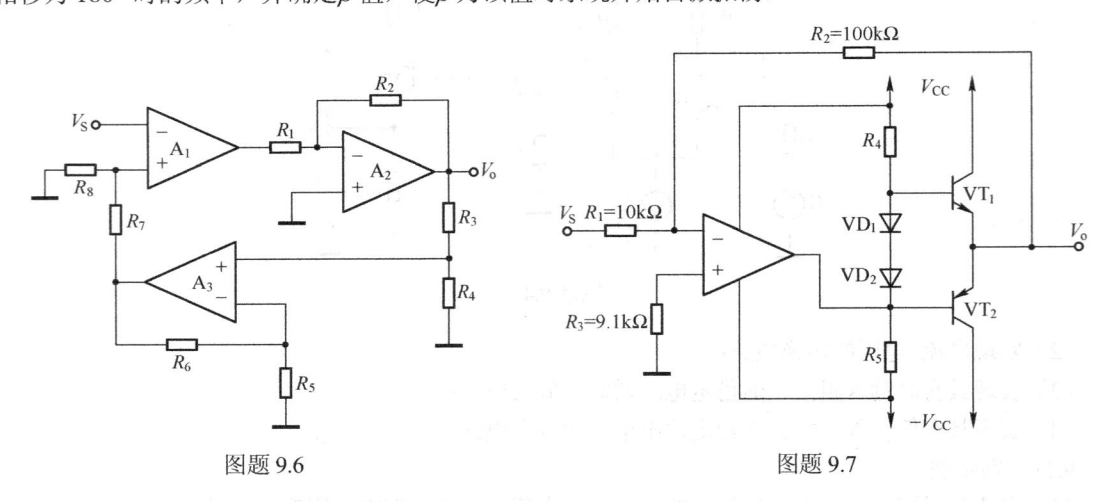

图题 9.6

图题 9.7

9.18 已知一负反馈放大器的 $\beta=0.001$，开环增益为

$$A(f)=\dfrac{10^5}{\left(1+\mathrm{j}\dfrac{f}{10^3}\right)\left(1+\mathrm{j}\dfrac{f}{10^4}\right)\left(1+\mathrm{j}\dfrac{f}{10^5}\right)}$$

（1）画出渐近波特图；
（2）判断电路是否产生自激振荡，如不自激，求相位裕度。

9.19 一个反馈放大器在 $\beta=0.1$ 的幅频特性曲线如图题 9.8 所示。
（1）求基本放大器的开环增益 $|A|$ 以及闭环增益 $|A_\mathrm{f}|$。
（2）写出基本放大器开环增益 A 的幅频特性表达式。
（3）已知 $A\beta$ 在 $f<10^4\mathrm{Hz}$ 时为正数，当电路按负反馈连接时，若不加补偿环节是否会产生自激现象？原因是什么？

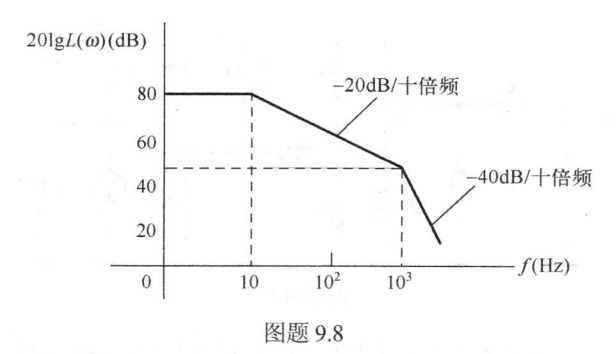

图题 9.8

第 10 章 特殊运放的应用

10.1 特殊运放芯片简介

运算放大器分为通用型和专用型两类。通用型运放如 μA741、LM324 等，性能较为普通，但价格较为便宜。专用型运放按不同的应用分为很多种，常见的有超高精度运放 OP177、高速宽带运放 LT1226、低功耗 CMOS 运放 CF7613 等，根据实际需要选用，价格比较高。

10.1.1 高精度运放 OP177

高精度集成运放是指直流和低频参数优良的集成运放。一般要求 $A_{vd} \geqslant 120\text{dB}$，$\text{CMRR} \geqslant 110\text{dB}$，$K_{SVR} \geqslant 110\text{dB}$，$V_{IO}$ 小到 μV 量级，I_{IO} 小到 nA 量级，$dV_{IO}/dT < 1\mu\text{V}/\text{℃}$，$dI_{IO}/dT < 100\text{pA}/\text{℃}$。

这种类型的运放通常用于毫伏级或更低微弱信号的精密检测、精密模拟运算、高精度稳压电源及自动控制仪器仪表中。OP177 高精度集成运放的典型电路结构如图 10.1 所示。

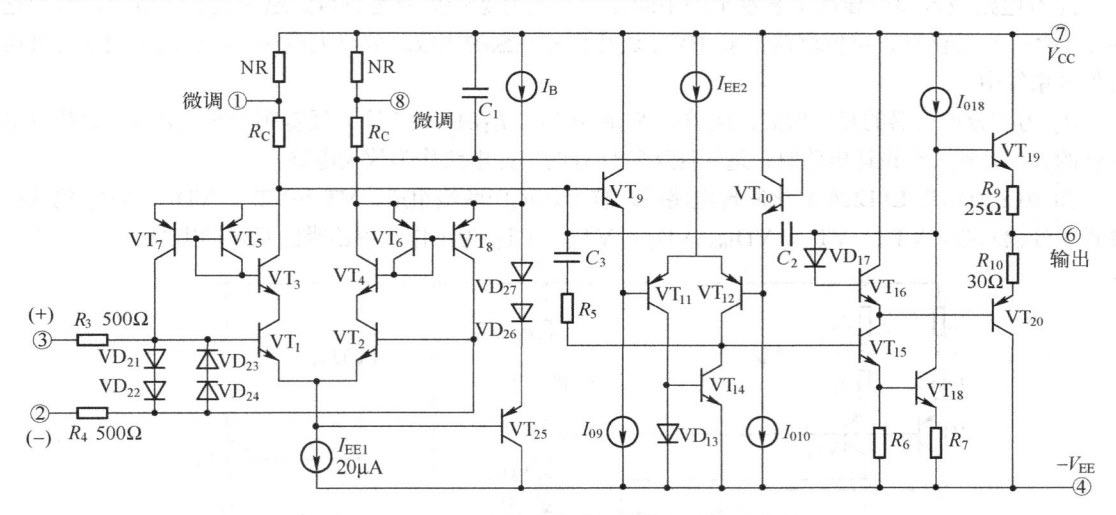

图 10.1 OP177 高精度集成运放的典型电路结构

工作原理如下。

差分输入级由 VT_1～VT_8、VT_{25}、VD_{21}～VD_{27} 及偏置电流源 I_{EE}、I_B 等部分组成。其中 VT_1～VT_4 为共发射极-共基极差分放大管，电阻 R_C+NR 为集电极电阻。

VD_{25}～VD_{27} 及 I_B 组成偏置及共模自举电路。VT_5～VT_8 组成偏流补偿电路。VD_{21}～VD_{24} 及电阻 R_3、R_4 为输入保护电路，使得差模输入电压小于 $1.4V_{IO}$，保证输入级的安全。

VT_9～VT_{14} 及相应的电流源组成差分放大级，其中 VT_9、VT_{10} 为射极跟随器，起级间隔离缓冲的作用。VT_{11}、VT_{12} 是横向 PNP 差分放大管，VD_{13}、VT_{14} 为镜像电流源，作为有源负载。该级具有较高的电压增益，并完成电平移动和双端输入-单端输出的转换。

VT_{15}、VT_{18} 及电流源 I_{018} 组成共发射极放大器。

VT_{16}、VD_{17} 及 VT_{19}、VT_{20} 组成互补输出级。

电容 C_2 构成米勒电容补偿。

OP177 的主要技术指标（典型值）如下（$T_A = 25℃$，$V_{VV} = V_{EE} = 15V$）。

- 输入失调电压 V_{IO}：4μV
- 输入失调电压的温漂 dV_{IO}/dT：0.03μV/℃
- 输入失调电流 I_{IO}：0.3nA
- 输入失调电流的温漂 dI_{IO}/dT：1.5pA/℃
- 开环差模电压增益 A_{vd}：142dB
- 共模抑制比 CMRR：140dB
- 电源电压抑制比 K_{SVR}：125dB
- 差模输入电阻 R_{id}：45MΩ
- 输入偏置电流 I_{IB}：0.5nA
- 单位增益带宽 BW_G：0.6MHz
- 转换速率 S_R：0.3V/μs

从中可以看出，该运放的直流和低频参数特性非常优良。

10.1.2 高速宽带集成运放 LT1226

随着电路技术和半导体工艺水平的不断提高，高速宽带集成运放得到迅速发展。目前，转换速率 S_R 达几千伏/微秒、单位增益带宽 BW_G 达几百兆赫兹的集成运放已大量涌现，广泛应用于各种信号处理系统中。

A_{g1} 为差分放大器的互导增益。运放的 S_R 和 BW_G、I_{EE}/A_{g1} 成正比。展宽频带的主要途经是提高晶体管的 f_T。另外，在设计电路时，选用频率特性好的单元电路作为放大电路。

图 10.2 所示为 LT1226 简化原理电路图。整个运放由两级组成，$VT_1 \sim VT_{11}$、VD_{12}、VD_{13} 构成折叠式差分输入级，VT_{14}、VT_{15}、VD_{16}、VD_{17}、VT_{18}、VT_{19} 为工作于甲乙类的互补输出级。

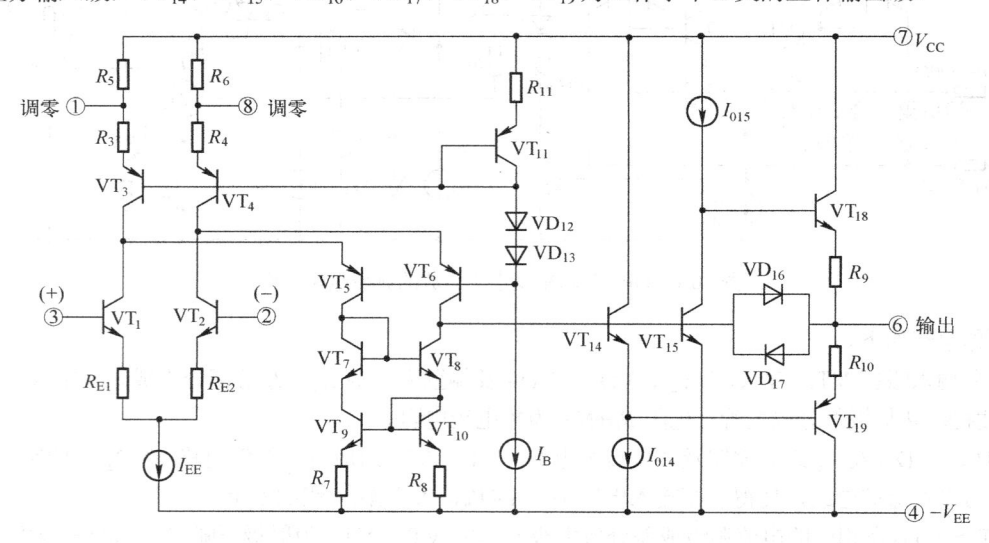

图 10.2 LT1226 简化原理电路图

在输入级中，VT_1、VT_2 为 NPN 型共发射极差分放大管，VT_3、VT_4 组成电流源作为其集电极有源负载。信号由 VT_1、VT_2 基极输入，由它们的集电极（双端）输出，加至 VT_5、VT_6 的射极。$VT_5 \sim VT_{10}$ 组成共基极接法的差分放大电路，其中 VT_5、VT_6 为 PNP 型差分放大管，$VT_7 \sim VT_{10}$ 组成威尔逊电流源,作为 VT_5、VT_6 的集电极有源负载。信号由 VT_6 的集电极(单端)输出,加至输出级 VT_{14}、VT_{15} 的基极。在输出级中,VT_{14}、VT_{15} 为射极跟随器,它们发射结的直流压降为互补输出管 VT_{18}、VT_{19} 提供偏置。VD_{16}、VD_{17} 是输出级的过流保护晶体管。

VT_{11}、VD_{12}、VD_{13} 及电流源 I_B 组成主偏置支路,其参考电流决定了电流源 VT_3、VT_4 的电流 I_{C3}、I_{C4}。VT_1、VT_2 的集电极电流为 $I_{C1}=I_{C2}\approx I_{EE}/2$,所以,$VT_5$、$VT_6$ 的射极电流分别为 $I_{E5}=I_{C3}-I_{C1}\approx I_{C3}-I_{EE}/2$,$I_{E6}=I_{C4}-I_{C2}\approx I_{C4}-I_{EE}/2$。

很明显,由 $VT_1\sim VT_{10}$ 构成的电路是 CE-CB 组合差分放大单元的一种变形电路,它以 PNP 型晶体管代替 NPN 型晶体管组成共基极电路,改变了共发射极晶体管和共基极晶体管串联的连接方式。这种折叠式结构减少了正、负电源之间串接晶体管的数目,提高了共模输入电压范围及输出电压摆幅,并兼有电平移动作用。采用 CE-CB 组合放大单元,改善了该级的高频响应特性,展宽了频带。由于 VT_5、VT_6 的输入电阻很低,所以 VT_1、VT_2 输出的差模信号电流 $i_{c1}=i_{c2}\approx g_{m1}v_{id}$,基本上全部注入 VT_5、VT_6 的射极,这一点和由 NPN 管组成的 CE-CB 组合差分放大电路是相似的。经过电流源($VT_7\sim VT_{10}$)将双端输入转换成单端输出。该级差模电压增益 $A_{vd}\approx g_{m1}R'_L$,式中 g_{m1} 为 VT_1 的跨导,R'_L 为 VT_6 集电极节点总的动态电阻,它等于从 VT_6 集电极往上看的动态电阻、电流源($VT_7\sim VT_{10}$)的输出电阻以及输出级输入电阻的并联值。显然,R'_L 的值很大,所以该级的差模电压增益很高,近似为 104dB。

在 VT_1、VT_2 的射极串入负反馈电阻 R_{E1}、R_{E2},以减少差分输入级的互导增益 A_{g1},提高转换速率 S_R。

由于省略了中间放大级,从而减少了整个电路传输函数的极点数目,使得相位补偿比较容易。电路中只有 VT_6 集电极节点是高阻节点,在该节点上接入相位补偿电容 C_C 即可实现简单的电容补偿,且 C_C 的容量较小。

LT1226 的主要技术指标(典型值)如下。
- 输入失调电压 V_{IO}: 0.3mV
- 输入失调电压的温漂 dV_{IO}/dT: 6mV/℃
- 输入失调电流 I_{IO}: 100nA
- 开环差模电压增益 A_{vd}: 104dB
- 共模抑制比 CMRR: 103dB
- 电源电压抑制比 K_{SVR}: 110dB
- 最大输出电流: 40mA
- 转换速率 S_R: 400V/μs
- 增益带宽积 $G\cdot BW$: 1000MHz($G\geqslant 25$)

10.1.3　CMOS 集成运放 CF7613

随着 CMOS 集成工艺的迅速发展和 CMOS 模拟集成电路技术的不断进步,CMOS 电路的性能取得了重大突破。目前 CMOS 电路的工作频率已达几十 GHz,打破了 CMOS 电路工作速度低的传统观念。

CMOS 运放的优点是功耗低、线性好、温度特性好,缺点是工艺复杂、占用芯片面积较大。单片 CMOS 低功耗集成运放 CF7613 的电路原理图如图 10.3 所示。它由输入级、输出级和偏置电路组成。

差分输入级由 $VT_1\sim VT_5$ 组成。其中,NMOS 管 VT_1、VT_2 为差分放大管,PMOS 管 VT_3、VT_4 为镜像电流源,作为有源负载,VT_5 为输入级提供偏置电流。电阻 R_6、R_7 接于 VT_3、VT_4

的源极，以增加有源负载的动态电阻，提高输入级的电压增益，并可由 1、5 脚外接电位器实现失调调零。输入信号分别由 3、2 脚加至 VT_1、VT_2 的栅极，放大后由 VT_1 的漏极输出，加至输出级 VT_{19} 和 VT_{14} 的栅极。

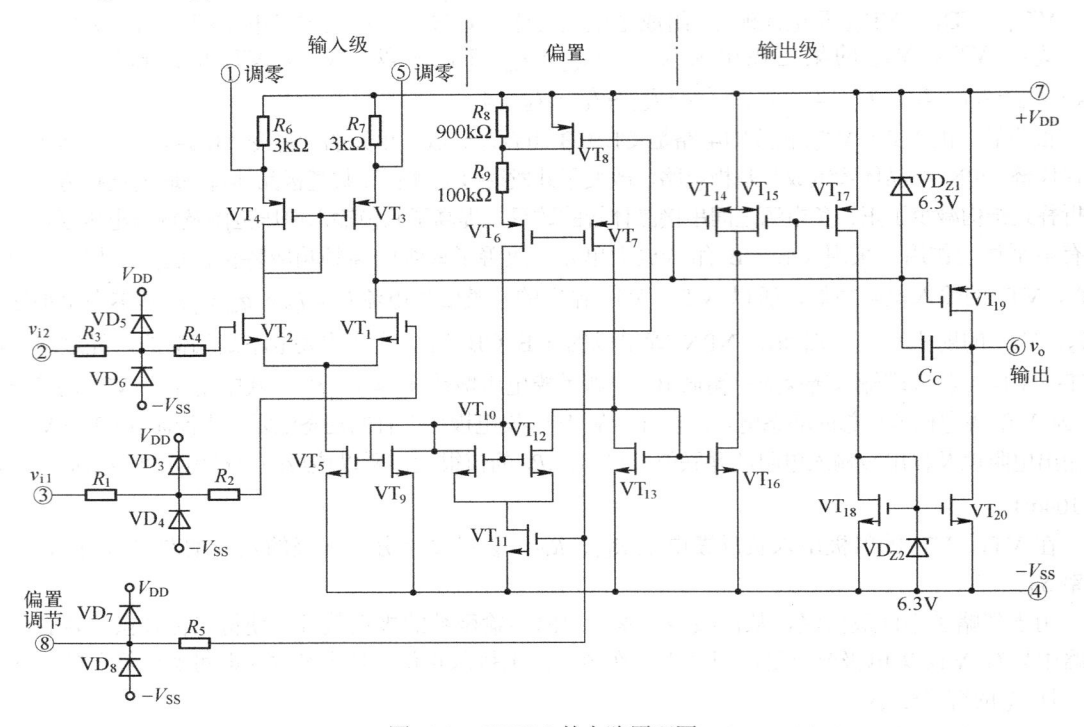

图 10.3　CF7613 的电路原理图

输出级由 VT_{14}～VT_{20} 组成。其中，VT_{19}、VT_{20} 为 CMOS 共源极放大电路，VT_{19} 的栅极偏压由 VT_1 漏极电压提供，VT_{20} 的偏置电流由 VT_7 的静态电流，经 VT_{13} 和 VT_{16}、VT_{15} 和 VT_{17}、VT_{18} 和 VT_{20} 组成的 3 个电流源得到。假设 8 脚外加偏置调节电压固定不变，则流过 VT_{16} 的电流也是不变的。当输入级的输出电压 v_{D1} 上升时，一方面 VT_{19} 的栅极电压 v_{G19} 上升，使 VT_{19} 的漏极电流 i_{D15} 增加，经 VT_{15}、VT_{17} 及 VT_{18}、VT_{20} 两个电流源的传输，使 VT_{20} 的漏极电流 i_{D20} 随之上升。i_{D19} 减少，i_{D20} 增加，则 6 脚输出电压负向增加。反之，当输入级的输出电压 v_{D1} 下降时，i_{D19} 增加，i_{D20} 下降，6 脚输出电压正向增加。由于 VT_{19}、VT_{20} 的电流同时反向变化，所以该级具有较高增益。电容 C_C 为相位补偿电容。VD_{Z1}、VD_{Z2} 是输出保护管。

偏置电路由 VT_6～VT_8（PMOS 管）、VT_9～VT_{13}（NMOS 管）等组成。VT_6 的源极接有大电阻 R_8、R_9，故 VT_7 的电流 I_{D7} 远远大于 VT_6 的电流 I_{D6}。VT_6 的电流作为输入级偏置的基准电流，VT_7 的电流作为输出级偏置的基准电流。输入级和输出级偏置电流的大小由 8 脚外加偏置调节电压控制。当该电压接近于 $+V_{DD}$ 时，VT_8 截止，VT_6 的电流减至最小。与此同时，VT_{11} 的电流较大，使 VT_{10}、VT_{12} 的电流增加，VT_9、VT_{13} 的电流相应地下降，于是 VT_5、VT_{16} 的电流也随之减小，即输入级和输出级的偏置电流都减小。当 8 脚外加电压接近于 $-V_{SS}$ 时，VT_8 导通，且电流较大，VT_6 电流增加。同时，VT_{11} 截止，VT_{10}、VT_{12} 亦不导通，从而使 VT_9、VT_{13} 的电流增加，输入级、输出级的偏置电流相应地增大。

该电路的输入端和偏置调节端都设有片内保护电路，它们由 R_1～R_5、VD_3～VD_8 组成。其作用是将 VT_1、VT_2 及 VT_8、VT_{11} 各管栅极所加电压限制在正、负电源电压范围之内，以保护电路安全。

主要技术指标（典型值）如下。
- 输入失调电压 V_{IO}：2mV
- 输入偏置电流 I_{IB}：1.0pA
- 输入失调电流 I_{IO}：0.5pA
- 开环差模电压增益 A_{vd}：102dB（R_L=100kΩ，I_S=100μA）
- 共模抑制比 CMRR：91dB（I_S=100μA）
- 差模输入电阻 R_{id}：10^{12}Ω
- 单位增益带宽 BW_G：0.48MHz（I_S=100μA）
- 转换速率 S_R：0.16V/μs（R_L=100kΩ，I_S=100μA，C_L=100pF）
- 电源电压变化范围：±0.5～0.8V

10.2 集成运放性能参数对运算误差的影响

根据以前章节对模拟运算电路进行的分析，运放输出和输入的函数关系仅取决于反馈网络元件的参数，而与运放参数无关。将运放看成理想器件：$A_{vd}=\infty$，CMRR=∞，$R_{id}=\infty$，$R_o=0$，I_{IB}、V_{IO}、I_{IO} 及温漂均为零，$f_H=\infty$，$S_R=\infty$。

由于实际运放不具有上述理想参数，因而不满足 $V_+=V_-$，$i_N=i_P=0$ 的条件，故实际的运放和理想运放结果之间就会产生误差。

集成运放的各项参数对运算精度都会产生不同程度的影响，但是在每种特定的应用电路中，起主要作用的可能是其中的某几项参数。例如，在直流运算电路中，运放的 I_{IB}、I_{IO}、V_{IO} 及它们的温漂影响是主要的；在交流小信号放大电路中，A_{vd}、R_{id} 及 f_H 是产生闭环增益误差的主要原因；而在同相放大电路中，CMRR 的有限值将影响输出电压。因此，常根据实际情况来决定应当考虑的参数类型，而把其他参数理想化，使误差分析得以简化。

10.2.1 A_{vd}、R_{id} 为有限值引起闭环增益的误差

只考虑 A_{vd} 和 R_{id} 为有限值所产生的影响，其他参数按理想情况考虑，对于图 10.4 所示的运算电路，可用图 10.5 所示的电路来等效。

图 10.4 运算电路　　　图 10.5 运算电路等效电路

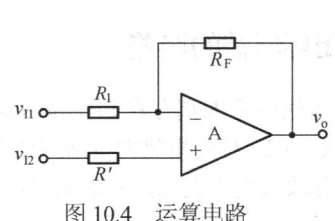

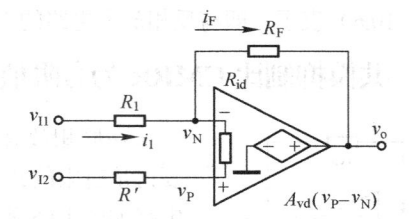

由图 10.5 运算电路等效电路，可列出如下方程组

$$\begin{cases} v_P = v_{I2} + (i_1 - i_F)R' \\ v_N = v_{I1} - R_1 i_1 \\ v_o = A_{vd}(v_P - v_N) \\ v_N - v_P = (i_1 - i_F)R_{id} \\ v_N - v_o = i_F R_F \end{cases} \quad (10.1)$$

解之得

$$v_o = \frac{R_F}{1 + \dfrac{R_F(R_1' + R' + R_{id})}{A_{vd} R_{id} R_1'}} \left(\frac{v_{I2}}{R_1'} - \frac{v_{I1}}{R_1} \right) \tag{10.2}$$

式中，$R_1' = R_1 // R_F$。

若令 $v_{I2} = 0$，图 10.4 电路即为反相放大电路。此时，式（10.2）变成

$$v_o = -\frac{R_F}{R_1} \cdot \frac{1}{1 + \dfrac{R_F(R_1' + R' + R_{id})}{A_{vd} R_{id} R_1'}} \cdot v_{I1} \tag{10.3}$$

通常 $A_{vd} R_{id} R_1' \gg R_F(R_1' + R' + R_{id})$，利用近似公式 $1/(1+x) \approx 1 - x$，式（10.3）变成

$$v_o = -\frac{R_F}{R_1} \left[1 - \frac{R_F(R_1' + R' + R_{id})}{A_{vd} R_{id} R_1'} \right] v_{I1} \tag{10.4}$$

闭环电压增益为

$$A_{vf} = \frac{v_o}{v_{I1}} = -\frac{R_F}{R_1} \left[1 - \frac{R_F(R_1' + R' + R_{id})}{A_{vd} R_{id} R_1'} \right] \tag{10.5}$$

按理想情况，它的闭环电压增益为

$$A_{vf}' = -\frac{R_F}{R_1}$$

因而闭环增益的相对误差为

$$\delta = \frac{A_{vf} - A_{vf}'}{A_{vf}'} \approx -\frac{R_F(R_1' + R' + R_{id})}{A_{vd} R_{id} R_1'} = -\frac{1}{A_{vd} R_1 / (R_1 + R_F)} \left(1 + \frac{R_1' + R'}{R_{id}} \right) \tag{10.6}$$

式（10.6）说明，A_{vd}、R_{id} 及反馈系数越大，产生的误差越小。同时，运放两输入端外接电阻 $R_1' = R_1 // R_F$ 和 R' 小些，也有利于减小误差。此外，$\delta < 0$，说明忽略其他因素后增益的实际值比理想（绝对）值小。

若令 $v_{I1} = 0$，图 10.4 即为同相放大电路，此时式（10.2）变成

$$v_o = \frac{R_F}{R_1} \cdot \frac{1}{1 + \dfrac{R_F(R_1' + R' + R_{id})}{A_{vd} R_{id} R_1'}} \cdot v_{I2} \tag{10.7}$$

显然，该式与式（10.4）具有相同的形式，类似推导可得，A_{vd}、R_{id} 为有限值产生的增益相对误差也可用式（10.6）表示，即与反相放大电路的误差相同。

10.2.2 共模抑制比 CMRR 为有限值引起的闭环增益的误差

在同相放大电路中，运放两输入端存在共模输入信号，所以需要讨论有限的共模抑制比 CMRR 对同相放大电路闭环增益的影响，电路如图 10.6 所示。与差分放大电路类似，其输出电压为

$$v_o = A_{vd} v_{ID} + A_{vc} v_{IC} \tag{10.8}$$

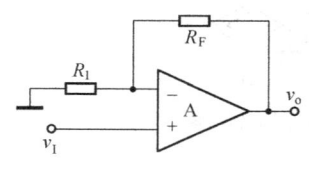

图 10.6 同相放大电路

式中，A_{vd}、A_{vc} 分别为运放的差模电压增益和共模电压增益，v_{ID}、v_{IC} 分别为运放的差模输入电压和共模输入电压。

由图 10.6 可知，$v_P = v_I$，$v_N = R_1 / (R_1 + R_F) \cdot v_o$，因而运放的差模输入电压、共模输入电压分别为

$$v_{ID} = v_P - v_N = v_I - \frac{R_1}{R_1 + R_F} v_o \tag{10.9}$$

$$v_{IC} = \frac{1}{2}(v_P + v_N) = \frac{1}{2} v_I + \frac{R_1}{2(R_1 + R_F)} v_o \tag{10.10}$$

输出电压为

$$v_o = A_{vd}\left(v_I - \frac{R_1}{R_1+R_F}v_o\right) + A_{vc}\left[\frac{1}{2}v_I + \frac{R_1}{2(R_1+R_F)}\cdot v_o\right] \tag{10.11}$$

整理后可得

$$A_{vf} = \frac{v_o}{v_I} = \frac{A_{vd} + A_{vc}/2}{1 + A_{vd}\cdot R_1/(R_1+R_F) - A_{vc}/2\cdot R_1/(R_1+R_F)}$$

$$= \left(1 + \frac{R_F}{R_1}\right)\cdot\frac{1+1/(2\text{CMRR})}{1+(R_1+R_F)/R_1\cdot 1/A_{vd} - 1/(2\text{CMRR})} \tag{10.12}$$

理想情况下，$A_{vf} = 1 + \frac{R_F}{R_1}$，因而相对误差为

$$\delta = \frac{1+1/(2\text{CMRR})}{1+(R_1+R_F)/R_1\cdot 1/A_{vd} - 1/(2\text{CMRR})} - 1 = \frac{1/\text{CMRR} - 1/(A_{vd}F_v)}{1+1/(A_{vd}F_v) - 1/(2\text{CMRR})} \tag{10.13}$$

其中

$$F_v = \frac{R_1}{R_1+R_F} \tag{10.14}$$

为电压反馈系数。通常 $\frac{R_1+R_F}{R_1}\cdot\frac{1}{A_{vd}} = \frac{1}{A_{vd}} \ll 1$，$\frac{1}{2\text{CMRR}} \ll 1$，因此式（10.14）可简化为

$$\delta \approx \frac{1}{\text{CMRR}} - \frac{1}{A_{vd}F_v} \tag{10.15}$$

若只考虑 CMRR 单独产生的误差，则

$$\delta \approx \frac{1}{\text{CMRR}} \tag{10.16}$$

可见，CMRR 和 A_{vd} 越大，产生的运算误差越小。

10.2.3 输入失调参数 I_{IB}、V_{IO} 及 I_{IO} 引起输出电压的误差

考虑输入偏置 I_{IB}、输入失调电压 V_{IO} 及输入失调电流 I_{IO} 不为零对运算结果的影响如图 10.7 所示，运放可用图 10.8 所示的电路来等效，它是根据 I_{IB}、V_{IO} 及 I_{IO} 的定义画出的，图中的三角符号代表理想运放。

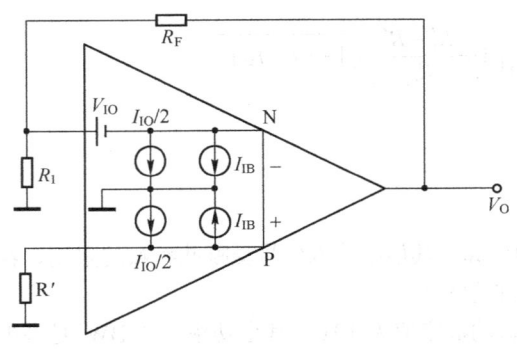

图 10.7 考虑失调参数的运放电路　　图 10.8 失调参数等效电路

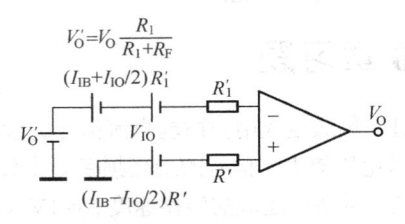

利用戴维南定理和诺顿定理可将图 10.7 等效为图 10.8 的形式，图中 $R_1' = R_1 // R_F$，则

$$V_P = -\left(I_{IB} - \frac{I_{IO}}{2}\right)R' \tag{10.17}$$

$$V_{\rm N} = \frac{R_1}{R_1+R_{\rm F}}V_{\rm o} - \left(I_{\rm IB}+\frac{I_{\rm IO}}{2}\right)R_1' - V_{\rm IO} \qquad (10.18)$$

因为 $A_{\rm vd} \to \infty$,有 $V_{\rm P} \approx V_{\rm N}$,则由式（10.17）和式（10.18）可求得

$$V_{\rm O} = \left(1+\frac{R_{\rm F}}{R_1}\right)\left[V_{\rm IO}+I_{\rm IB}(R_1'-R') + \frac{1}{2}I_{\rm IO}(R_1'+R')\right] \qquad (10.19)$$

在图 10.8 中，运放两输入端的输入信号均为零，在 $I_{\rm IB}$、$V_{\rm IO}$ 及 $I_{\rm IO}$ 作用下产生的输出电压 $V_{\rm O}$ 即是绝对误差，它与 $I_{\rm IB}$、$V_{\rm IO}$、$I_{\rm IO}$ 及外接电阻均有关系。

若满足 $R_1' = R_1 // R_{\rm F} = R'$,即运放两输入端外接直流电阻平衡，由 $I_{\rm IB}$ 引起的误差可以消除，这时式（10.19）变成

$$V_{\rm O} = \left(1+\frac{R_{\rm F}}{R_1}\right)(V_{\rm IO}+I_{\rm IO}R') \qquad (10.20)$$

由式（10.20）可以看出，$(1+R_{\rm F}/R_1)$ 和 R' 越大，$V_{\rm IO}$ 及 $I_{\rm IO}$ 引起的误差电压也越大。因此，为了减小误差电压，除了选用失调小的集成运放外，$(1+R_{\rm F}/R_1)$ 和 R' 应尽可能小。当然，$(1+R_{\rm F}/R_1)$ 小了，其闭环电压增益也就小了。当 $I_{\rm IO}R' \ll V_{\rm IO}$ 时，输出误差电压主要由 $V_{\rm IO}$ 引起；当 $I_{\rm IO}R' \gg V_{\rm IO}$ 时，$I_{\rm IO}$ 成为引起输出误差的主要因素。

$I_{\rm IB}$、$V_{\rm IO}$ 及 $I_{\rm IO}$ 的影响可由调零电路予以补偿。但要注意，它们的温漂是不能用调零或补偿方法来抵消的，当温度变化时，同样也会产生误差输出电压。

10.2.4 运放的开环带宽对闭环增益的影响

假设集成运放的开环增益函数只有一个极点起主要作用（即主极点），则它的开环电压增益函数可写成

$$A_{\rm vd} \approx \frac{A_{\rm vdM}}{1+{\rm j}f/f_{\rm H}} \qquad (10.21)$$

式中，$A_{\rm vdM}$ 是运放直流或低频开环差模电压增益，$f_{\rm H}$ 是运放的开环带宽（即上限截止频率）。开环增益的幅值为

$$|A_{\rm vd}| = \frac{A_{\rm vdM}}{\sqrt{1+(f/f_{\rm H})^2}} \qquad (10.22)$$

用 $|A_{\rm vd}|$ 代替式（10.6）中的 $A_{\rm vd}$,则

$$\delta = -\frac{1}{A_{\rm vdM}R_1/(R_1+R_{\rm F})}\left(1+\frac{R_1'+R'}{R_{\rm id}}\right)\sqrt{1+(f/f_{\rm H})^2}$$

该式表明，信号频率越高，产生的误差也越大。

第 10 章习题

10.1 集成运放用做微弱直流信号的检测和运算，其最小输入信号受哪些参数的限制？若运放用于小信号电压放大，信号的最高频率受什么参数的限制？

10.2 某集成运放的转换速度 $S_{\rm R}=1{\rm V}/{\rm \mu s}$,$V_{\rm om}$ 的额定值为 10V,其全功率带宽 ${\rm BW}_{\rm p}$ 是多少？若保持 $V_{\rm om}$ 的额定值不变，要求 ${\rm BW}_{\rm p}$ 为 50kHz,运放的 $S_{\rm R}$ 应不小于多少？

10.3 图题 10.1 所示电路是高速集成运放 LM118 的简化电路。它的主要技术指标如下：$V_{\rm IO}=2{\rm mV}$,$I_{\rm IB}=200{\rm nA}$,$I_{\rm IO}=20{\rm nA}$,$A_{\rm vd}=200000$,$V_{\rm ICM}=\pm 11.5{\rm V}$,${\rm BW}_{\rm G}=15{\rm MHz}$,$S_{\rm R}=70{\rm V}/{\rm \mu s}$。试分析它的工作原理。

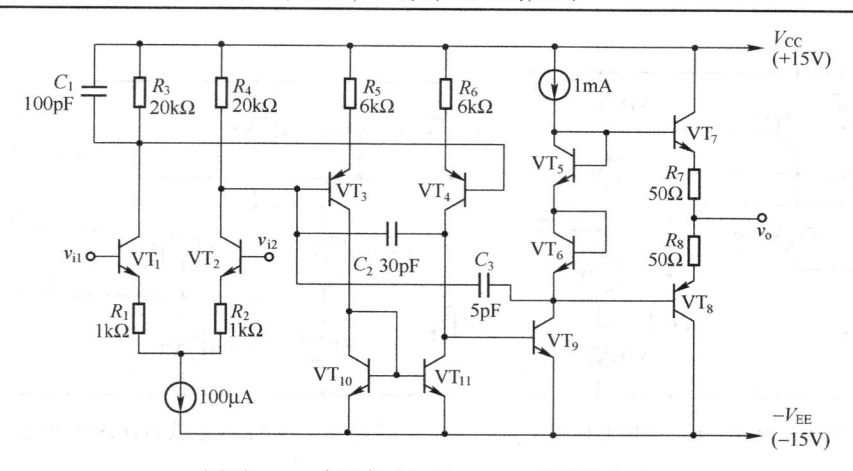

图题 10.1 高速集成运放 LM118 的简化电路

10.4 图题 10.2 所示电路为超低噪声运放 OP27 的简化原理电路。输入差分级对管并联可降低等效输入噪声电压。试分析电路的组成及工作原理。

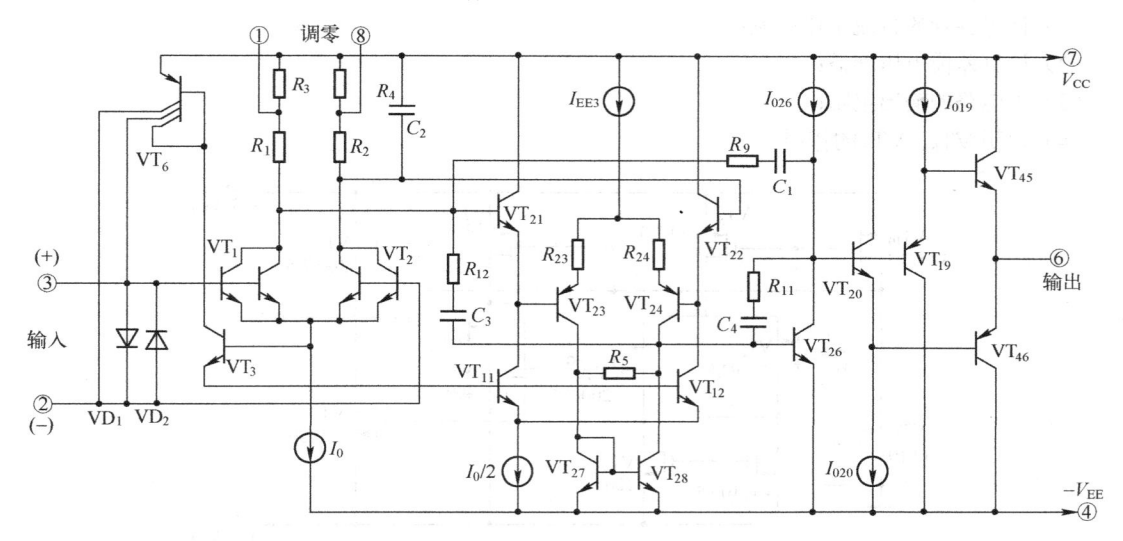

图题 10.2 超低噪声运放 OP27 的简化原理电路

10.5 图题 10.3 所示为集成互导运算放大器的原理图。其输出与输入的函数关系为 $i_o = g_m(v_{i1} - v_{i2})$。偏置电流 I_B 由外电路提供，忽略各管的输出电阻 r_{ce}。

（1）试分析电路的组成及工作原理。
（2）推导出互导增益 $A_g = i_o / (v_{i1} - v_{i2})$ 的表达式。

10.6 5G14573 CMOS 运放如图题 10.4 所示。设 NMOS 管的 $V_t = 1.5V$，$k_n' = 13.8\mu A/V^2$；PMOS 管的 $V_t = -1V$，$k_p' = 4.6\mu A/V^2$，两管的 $V_A = 500V$，电阻 $R = 140k\Omega$。各管的 W/L 分别为：VT_1、VT_2：30/20；VT_3、VT_4：50/12；VT_5：80/20；VT_6：40/20；VT_7：198/12；VT_8：158/20。

（1）计算各管的静态工作电流。
（2）求差模电压增益。
（3）求电路的输出电阻。

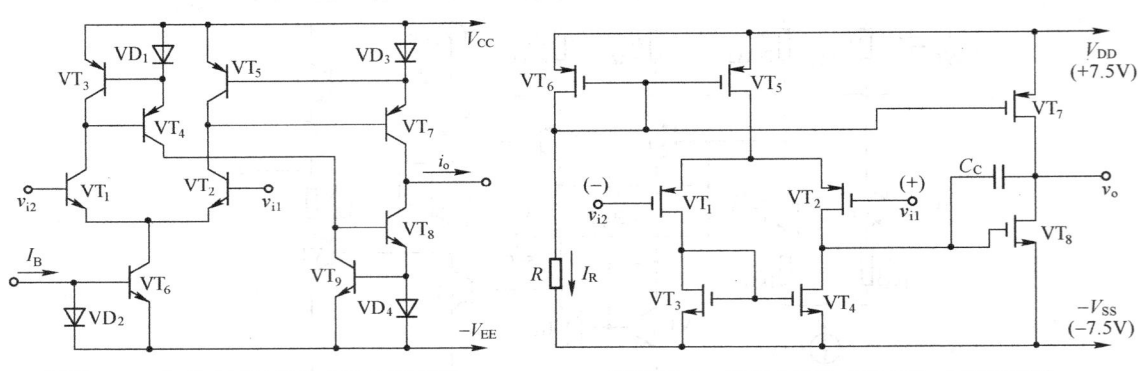

图题 10.3 集成互导运算放大器的原理图

图题 10.4 CMOS 运放 5G14573 电路原理图

10.7 图题 10.5 所示电路是大规模集成电路中的一个 CMOS 运放单元。设 NMOS 管的 $V_t=1.5\text{V}$，$k_n'=8\mu\text{A}/\text{V}^2$，$V_A=50\text{V}$；PMOS 管的 $V_t=-1.5\text{V}$，k_p' 及 V_A 同 NMOS 管。各管的 W/L 标在图中。

（1）计算各管的直流工作电流；
（2）计算差模电压增益；
（3）求电路的输出电阻；
（4）说明 VT_6、VT_7 的作用。

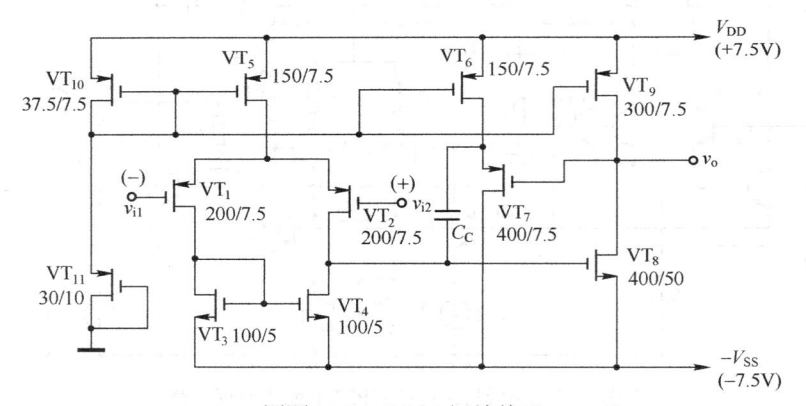

图题 10.5 CMOS 运放单元

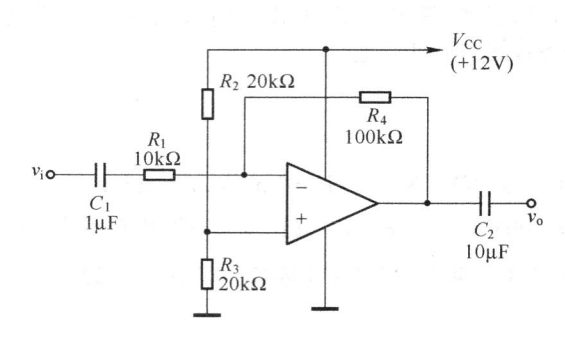

图题 10.6 为单电源供电的阻容耦合交流放大电路

10.8 图题 10.6 所示电路为单电源供电的阻容耦合交流放大电路。
（1）说明电路的直流偏置方法；
（2）计算电压增益和输入电阻；
（3）计算下限截止频率 f_L。

10.9 电路如图题 10.7 所示。设运放的参数为 $A_{vd}=2\times10^5$，$R_{id}=1\text{M}\Omega$，CMRR$=1\times10^4$。
（1）计算由 A_{vd}、R_{id} 为有限值产生的运算误差；
（2）求 CMRR 为有限值产生的运算误差。

10.10 在图题 10.8 所示电路中，设集成运放的 $V_{IO}=2\text{mV}$，$I_{IB}=0.1\mu\text{A}$，$I_{IO}=20\text{nA}$。试估算

输出电压 v_o 的值，并说明上述参数中哪一项产生的输出电压值最大。

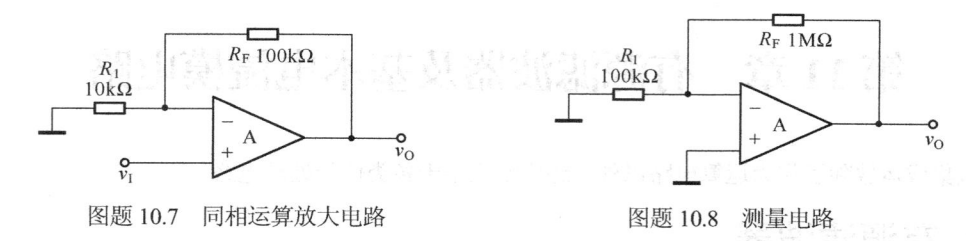

图题 10.7 同相运算放大电路

图题 10.8 测量电路

10.11 由输入失调电压分别为 V_{IO1}、V_{IO2} 的两个集成运放组成的电路如图题 10.9 所示。设两个运放的输入电阻均为无穷大，输出电阻均为零，差模电压增益分别为 A_{vd1} 和 A_{vd2}，试求输出电压 v_o 的表达式。

10.12 在图题 10.10 所示电路中，设集成运放的 A_{vd}、R_{id} 及 CMRR 均为无穷大。若已知 $V_{IO}=3\text{mV}$，由 V_{IO} 和 I_{IO} 共同作用产生的输出电压为 4V，试求 I_{IO} 的值。

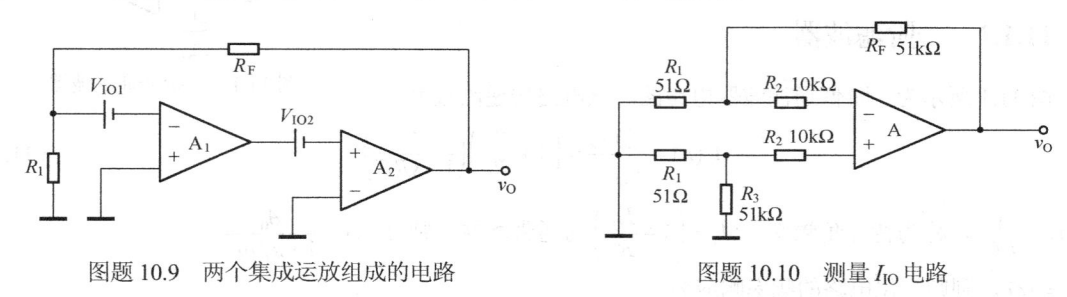

图题 10.9 两个集成运放组成的电路

图题 10.10 测量 I_{IO} 电路

10.13 设反相比例放大电路中的集成运放的 $f_H=10\text{Hz}$，当正弦输入信号的频率为 100Hz、有效值为 300mV 时，它产生的相对误差为 0.1%。现将输入信号的频率分别提高到 1kHz、10kHz，其幅度不变，试估算它们的相对误差将变为多少。

10.14 测量 CMRR 的电路如图题 10.11 所示。集成运放的 A_{vd} 及 R_{id} 均足够大，试证明其共模抑制比为 $\text{CMRR} \approx \dfrac{R_F}{R_1} \cdot \dfrac{v_i}{v_o}$。

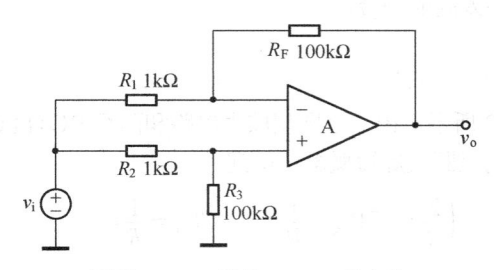

图题 10.11 测量 CMRR 的电路

第 11 章 有源滤波器及基本电流模电路

模拟集成运放除了作为运算电路以外，还广泛应用于各类信号处理电路。

11.1 有源滤波器

对信号频率有选择性地传输的电路称为滤波器。根据滤波器电路的工作频带，通常分为以下几种类型：低通、高通、带通、带阻和全通滤波器。按组成的元件的不同，可分为有源滤波器和无源滤波器两大类。由于集成运算放大器的飞速发展，有源滤波器逐渐取代了无源滤波器。

11.1.1 一阶滤波器

图 11.1 所示为一阶低通滤波器电路图。该电路传递函数为

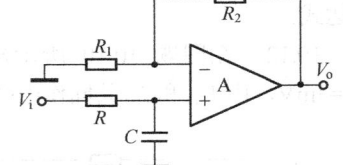

图 11.1 一阶低通滤波器

$$A_v(s) = \frac{V_o(s)}{V_i(s)} = \left(1 + \frac{R_2}{R_1}\right)\left(\frac{1}{1+sRC}\right) \tag{11.1}$$

令 $\omega_C = \frac{1}{RC}$，称为特征角频率；$A_0 = \left(1 + \frac{R_2}{R_1}\right)$ 为通带增益，则 $A_v(s) = \frac{A_0}{1+s/\omega_C}$。

令 $s = j\omega$，则归一化电路的频率响应为

$$\frac{A(j\omega)}{A_0} = \frac{1}{1+j\omega/\omega_C} \tag{11.2}$$

当 $\omega = \omega_C$ 时，幅频响应为-3dB，相频响应为-45°。阻带衰减速度为-20dB/十倍频。

将图 11.1 中的 R、C 互换，即得到一阶高通滤波器。

一阶有源滤波器的优点是负载的变化不会影响滤波器的性能，缺点是阻带衰减太慢，频率选择性差，一般用于对滤波要求不太高的场合。

11.1.2 二阶滤波器

二阶低通滤波器如图 11.2 所示，由一个同相放大电路和两级 RC 滤波电路组成。

利用节点电压法和运放的虚断及虚短概念，得到

$$\left(\frac{2}{R} + sC\right)V_A - \frac{1}{R}V_P - sCV_O = \frac{1}{R}V_i \tag{11.3}$$

$$-\frac{1}{R}V_A + \left(\frac{1}{R} + sC\right)V_P = 0 \tag{11.4}$$

$$V_O = \frac{R_1 + R_2}{R_1}V_P \tag{11.5}$$

联立可解得

$$A_v(s) = \frac{V_O(s)}{V_i(s)} = \frac{1 + R_2/R_1}{1 + (2 - R_2/R_1)sRC + (sRC)^2} \tag{11.6}$$

第 11 章 有源滤波器及基本电流模电路

令

$$\omega_C = \frac{1}{RC}, \quad A_0 = 1 + \frac{R_2}{R_1},$$

$$Q = \frac{1}{2 - R_2/R_1} = \frac{1}{3 - A_0}$$

则

$$A_v(s) = \frac{A_0 \omega_C^2}{S^2 + \frac{\omega_C}{Q}s + \omega_C^2} \tag{11.7}$$

电路的幅频响应如图 11.3 所示。

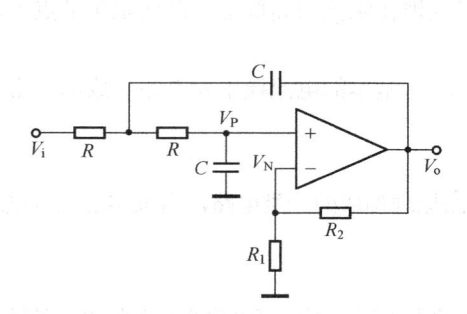

图 11.2 二阶低通滤波器

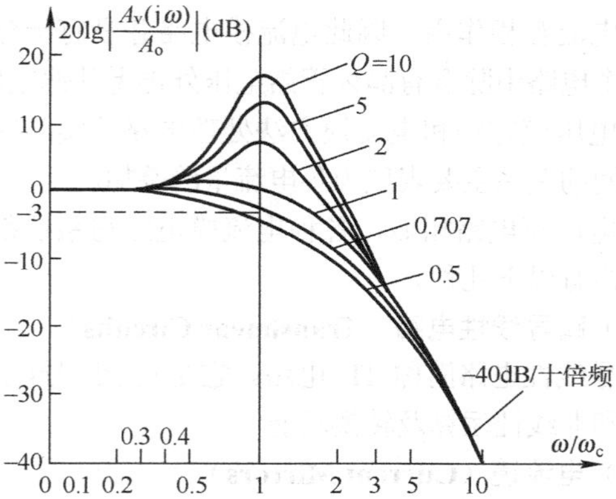

图 11.3 二阶低通滤波器幅频响应

随着 Q 值的变化，曲线将出现尖峰，这是由于电容 C 引入正反馈的结果。当 $\frac{R_2}{R_1} > 2$ 时，电路将出现自激。通带增益变化最平坦的 Q 值为 $\frac{1}{\sqrt{2}} = 0.707$。此时，$\frac{R_2}{R_1} = 0.586$，$A_0 = 1.586$。

在阻带，当 $\omega \gg \omega_C$ 时，将以-40dB/十倍频的斜率衰减。

将低通电路中的 R、C 互换，即为二阶高通。它的特性和二阶低通具有对偶关系，即将 $\frac{1}{s}$ 替换低通滤波器特性中的 s，可获得高通的频率响应，即

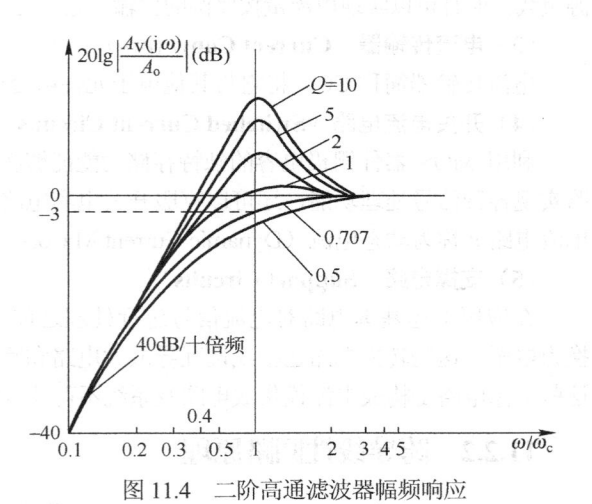

图 11.4 二阶高通滤波器幅频响应

$$A_v(s) = \frac{A_0 s^2}{s^2 + \frac{\omega_C}{Q}s + \omega_C^2} \tag{11.8}$$

频率响应曲线如图 11.4 所示。

有关其他滤波器的设计可参考相应的参考书，在此不做说明。

11.2 电流模电路基础

电流模技术是指电流模集成电路的设计制造工艺及其应用技术。电流模电路理论和技术是与高速集成工艺相伴发展的新兴电路技术分支。用电流模技术设计的高性能模拟集成电路容量大、速度快、精度高、频带宽、线性好、效率高，是模拟集成电路设计的重大突破。

11.2.1 电流模电路的基本概念

在电子系统中，需要处理的信号经常是以电压或电流的形式反映出来的，其中，以电压为参量进行处理的电路称为电压模电路，以电流为参量进行处理的电路则称为电流模电路。由于实际电路中电压、电流互相作用，因此电流模电路并没有十分严格的定义。通常将输入信号和输出信号均是电流、整个电路中除含有晶体管结电压外再无其他电压参量的电路称为"严格"的电流模电路。

用电压模方法和电流模方法处理电路的实际区别仅表现在阻抗的高低上。在低阻抗节点上，各电量之间的关系主要表现为各电流量的叠加。

与电压模电路相似，各种电流模电路与系统都是由一些基本的电流模单元电路组成的。常用的基本电路有以下几种。

（1）跨导线性电路（Translinear Circuits）

跨导线性电路简称 TL 电路。它是基于跨导线性回路原理构成的一类电路，用来实现电流量之间的线性和非线性运算及转换功能。

（2）电流镜（Current Mirrors）

电流镜简称 CM。由 BJT 或 FET 等组成的各种形式的电流镜，不仅可以作为电路的直流偏置、有源负载，而且可以实现电流量按比例的传输，它作为一个基本单元电路广泛应用于各种电流模电路中。

（3）电流传输器（Current Conveyors）

电流传输器简称 CC。将它与其他电子元件组合可以实现众多对模拟信号处理的功能。

（4）开关电流电路（Switched Current Circuits）

利用 MOS 器件栅极电容的独特存储功能能够实现电流的存储和转移，它不仅可替代开关电容电路实现各种信号处理功能，还可以克服开关电容电路中由悬浮电容、电容比值误差带来的缺陷。开关电流电路又称为动态电流（Dynamic Current Mirrors）。

（5）支撑电路（Support Circuits）

在应用上述基本电路对电流信号进行处理之前或之后，往往需要将电压转换为电流或将电流转换为电压，这些转换电路包括线性互导放大电路和互阻放大电路。此外，还需要有精密偏置电路等。这些支撑电路是构成电流模集成电路及系统不可缺少的基本电路。

11.2.2 跨导线性回路原理

跨导线性（Translinear）这个术语是基于 BJT 的跨导与它的集电极电流成线性比例关系而提出的。

跨导线性原理是许多线性和非线性模拟集成电路的理论基础。图 11.5 所示的是由 n 个 BJT 发射结组成的 TL 回路原理图，设每个发射结均为正向导通，每个发射结可能有不同的发射区面积，也可以是不同类（PNP 或 NPN）的发射结。该回路必须满足以下两个条件：

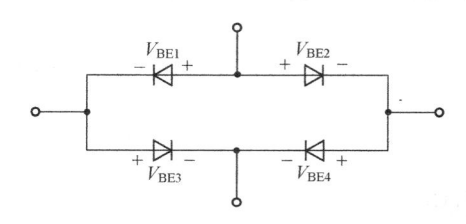

图 11.5 跨导线性回路

(1) 回路中正偏发射结的个数为偶数；
(2) 顺时针方向（CW）排列的正偏发射结的数目等于逆时针方向（CCW）排列的正偏发射结的数目。

设第 j 个发射结正向压降为 $V_{\text{BE}j}$，则回路中所有发射结正向电压之和恒等于零。

$$\sum_{j=1}^{n} V_{\text{BE}j} = 0 \tag{11.9}$$

也可以这样描述，顺时针方向排列的发射结正向电压之和等于逆时针方向排列的发射结正向电压之和

$$\left(\sum_{k=1}^{n/2} V_{\text{BE}k}\right)_{\text{CW}} = \left(\sum_{k=1}^{n/2} V_{\text{BE}k}\right)_{\text{CCW}} \tag{11.10}$$

BJT 工作在放大状态下，V_{BE} 和 i_C 关系为 $V_{\text{BE}} \approx V_T \ln(i_c/I_{\text{ES}})$。设各管的 V_T 相等，则

$$\left(\sum_{k=1}^{n/2} \ln \frac{i_{ck}}{I_{\text{ES}k}}\right)_{\text{CW}} = \left(\sum_{k=1}^{n/2} \ln \frac{i_{ck}}{I_{\text{ES}k}}\right)_{\text{CCW}} \tag{11.11}$$

或写成

$$\left(\prod_{k=1}^{n/2} \frac{i_{ck}}{I_{\text{ES}k}}\right)_{\text{CW}} = \left(\prod_{k=1}^{n/2} \frac{i_{ck}}{I_{\text{ES}k}}\right)_{\text{CCW}} \tag{11.12}$$

在相同工艺条件下，$I_{\text{ES}k}$ 和发射区面积成正比，即

$$\left(\prod_{k=1}^{n/2} \frac{i_{ck}}{A_k}\right)_{\text{CW}} = \left(\prod_{k=1}^{n/2} \frac{i_{ck}}{A_k}\right)_{\text{CCW}} \tag{11.13}$$

令 $J_k = \dfrac{i_{ck}}{A_k}$ 为发射极电流密度，则式（11.13）可写成紧凑形式

$$\left(\prod J\right)_{\text{CW}} = \left(\prod J\right)_{\text{CCW}} \tag{11.14}$$

跨导线性回路原理可简述为：在一个包含偶数个发射结的闭合回路中，若顺时针方向排列的结的数目等于逆时针方向排列的结的数目，则顺时针方向发射结电流密度之积等于逆时针方向发射结电流密度之积。

设 $\lambda = \dfrac{(\prod A_k)_{\text{CW}}}{(\prod A_k)_{\text{CCW}}}$ 为发射区面积比例系数，则

$$\left(\prod_{k=1}^{n/2} i_{ck}\right)_{\text{CW}} = \lambda \left(\prod_{k=1}^{n/2} i_{ck}\right)_{\text{CCW}} \tag{11.15}$$

常见情况下，各管的发射结面积相等，$\lambda = 1$，则

$$\left(\prod i_{ck}\right)_{\text{CW}} = \left(\prod i_{ck}\right)_{\text{CCW}} \tag{11.16}$$

这表明，在 TL 回路中，当发射区面积比例系数 $\lambda=1$ 时，发射结顺时针方向排列的各管集电极电流之积恒等于逆时针方向排列的各管集电极电流之积。

11.2.3 TL 回路构成的电流放大电路

1. 可变增益电流放大单元

图 11.6 所示为常用的基本电流放大单元的原理电路。

工作原理如下：图中 VT_1、VT_4 的发射结为顺时针方向，VT_2、VT_3 的发射结为逆时针方向，它们构成 TL 回路。信号电流分别由 VT_3、VT_4 集电极输入，放大后由 VT_1、VT_2 的集电极输出。静态

时 $x=0$，VT_3、VT_4 两管集电极电流均近似为 I，VT_1、VT_2 两管集电极电流近似为 $I_E = \dfrac{I_{EE}}{2}$。动态时，两路信号输入分别为 xI 和 $-xI$。

差模输入电流
$$i_{id} = 2xI$$

式中，x 为信号电流调制系数，为信号电流与偏置电流的比值，范围是 $-1 < x < 1$。

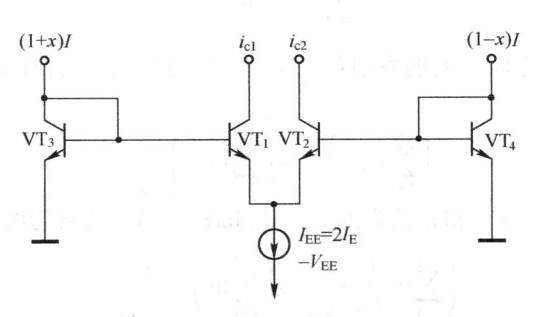

图 11.6 可变增量电流放大电路

设晶体管 $VT_1 \sim VT_4$ 具有相同的发射区面积，$\lambda = 1$ 具有相同的结温，且 $\beta \gg 1$，按 TL 回路原理

$$i_{c1} \cdot i_{c4} = i_{c2} \cdot i_{c3} \tag{11.17}$$

即

$$(1-x)I \cdot i_{c1} = (1+x)I \cdot i_{c2} \tag{11.18}$$

$$\begin{cases} \dfrac{i_{c1}}{i_{c2}} = \dfrac{1+x}{1-x} \\ i_{c1} + i_{c2} \approx 2I_E \end{cases} \tag{11.19}$$

解上述两个方程，得

$$i_{c1} = (1+x)I_E \tag{11.20}$$
$$i_{c2} = (1-x)I_E \tag{11.21}$$

电路的差模输出电流
$$i_{od} = i_{c1} - i_{c2} = 2xI_E \tag{11.22}$$

差模电流增益
$$A_{id} = \dfrac{i_{od}}{i_{id}} = \dfrac{I_E}{I} \tag{11.23}$$

差模电流增益取决于差分管偏置电流和输入管偏置电流的比值。该电路的另一个突出优点是晶体管 β 的大小对上述电路传输关系没有影响。

另一个可变增量电流放大电路如图 11.7 所示，电路中 VT_1、VT_3 的发射结为顺时针方向，VT_2、VT_4 的发射结为逆时针方向，它们构成 TL 回路。

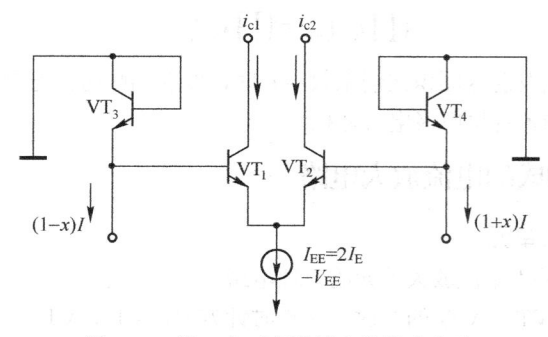

图 11.7 另一个可变增量电流放大电路

通过类似的分析可得

$$i_{c1} = (1+x)I_E \tag{11.24}$$
$$i_{c2} = (1-x)I_E \tag{11.25}$$

电路特性与图 11.6 类似，但输出极性相反，该电路的缺点是 A_{id} 和晶体管 β 有关。

2. 吉尔伯特电流增量单元

图 11.8 所示为吉尔伯特电流增量单元。

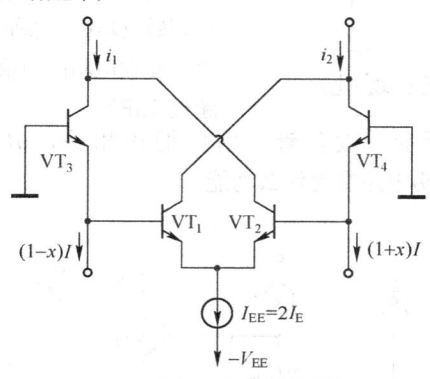

图 11.8 吉尔伯特电流增量单元

电路结构和图 11.7 电路类似，只是输出端有所变化。

$$i_1 = i_{c3} + i_{c2} = (1-x)I + (1-x)I_E = (1-x)(I+I_E) \tag{11.26}$$
$$i_2 = i_{c4} + i_{c1} = (1+x)I + (1+x)I_E = (1+x)(I+I_E) \tag{11.27}$$

电流增益
$$A_{id} = \frac{i_{od}}{i_{id}} = \frac{i_1 - i_2}{(1-x)I - (1+x)I} = \left(1 + \frac{I_E}{I}\right) \tag{11.28}$$

该电路电流增益不宜太大，一般小于 10，该电路的突出优点是特别适合级联，可组成多级电流放大电路。

第 11 章习题

11.1 设计一阶反相输入的运算放大器 RC 低通滤波器，其 3dB 频率为 10kHz，直流增益的幅度为 10，输入电阻为 10kΩ。

11.2 设计一阶反相输入的运算放大器 RC 高通滤波器，其 3dB 频率为 100Hz，高频输入电阻为 100kΩ，高频增益幅度为 1。

11.3 把一个一阶运算放大器 RC 低通电路和一个一阶运算放大器 RC 高通电路级联在一起，可以得到一个宽带的带通滤波器。假设滤波器的中频增益是 12dB，3dB 带宽从 100Hz 到 10kHz。求电路的元件参数，要求采用的电阻值不超过 100kΩ，输入电阻要尽可能大。

11.4 分别推导图题 11.1 所示电路的电压放大倍数，并说明它们是哪种类型的滤波电路。

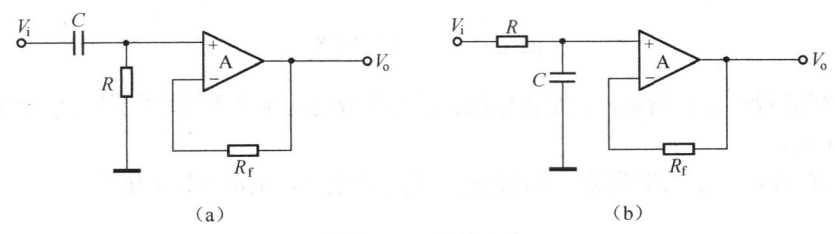

(a)　　　　　　　　　　　　　(b)

图题 11.1　滤波电路

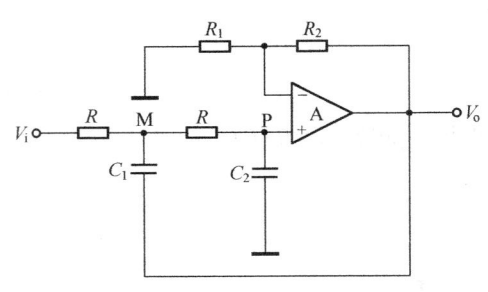

图题 11.2　二阶压控电压源低通滤波电路

11.5　已知图题 11.1（a）和图题 11.1（b）所示电路的通带截止频率分别为 100Hz 和 200kHz。试用它们构成一个带通滤波器，并画出幅频特性。

11.6　图题 11.2 所示为二阶压控电压源低通滤波电路，已知 $C_1=C_2$，通带截止频率为 100Hz，品质因数 $Q=1$，试确定电路中各电阻的阻值和电容的值（要求电阻的阻值不能超过 100kΩ，电容值不能超过 1μF）。

11.7　电路如图题 11.3 所示。设各管发射区面积相等，$\beta \gg 1$。分别求 $i_o = f(i_X, i_Y)$ 或 $i_o = f(i_X, i_Y, i_Z)$ 的表达式，并说明电路实现什么功能。

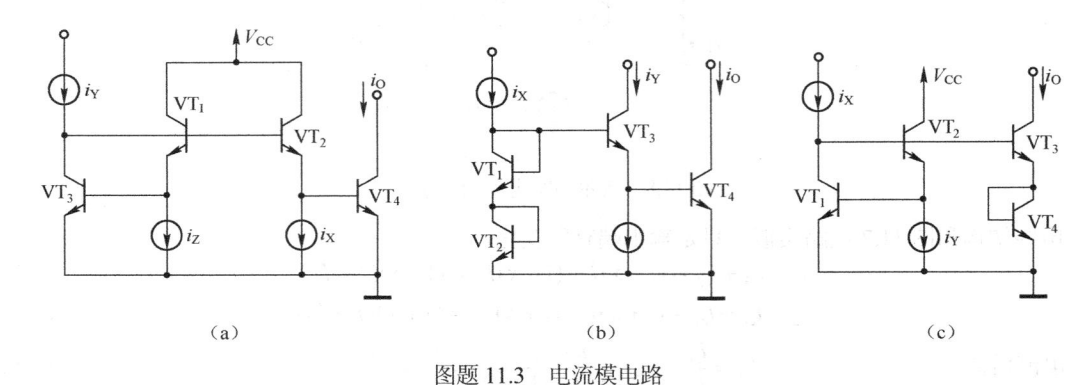

图题 11.3　电流模电路

11.8　电路如图题 11.4 所示。设各管发射区面积相等，$\beta \gg 1$。求 i_o 的表达式，并说明电路所实现的功能。

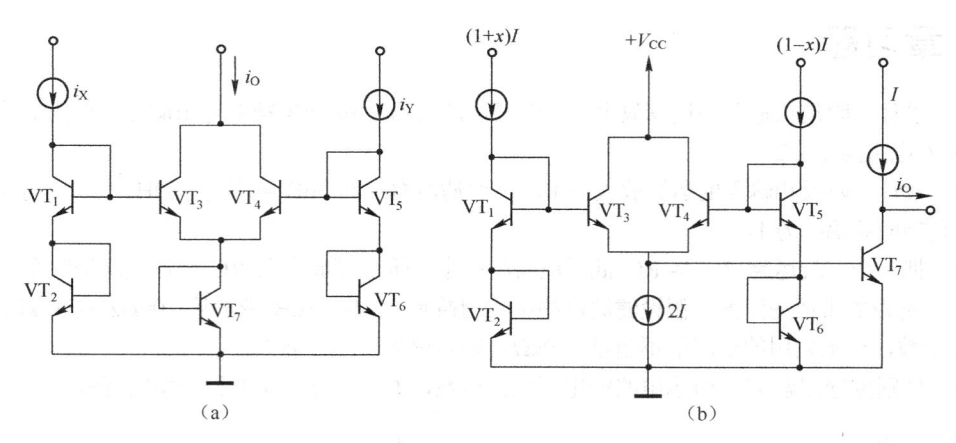

图题 11.4　电流模电路

11.9　电路如图题 11.5 所示，它是由电流传输器组成的反相电压放大电路，R_2 为反馈电阻。求电压增益 $A_{vf} = v_o/v_i$。

11.10　图题 11.6 所示的电路是一个电流模数据放大电路，试说明其工作原理，求差模电压增益 $A_{vd} = v_{i2} - v_{i1}$。

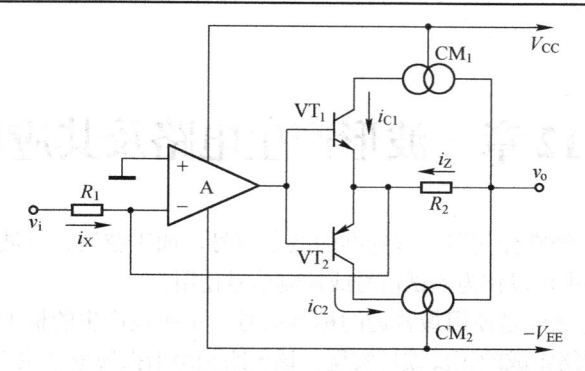

图题 11.5 电流传输器组成的反相电压放大电路

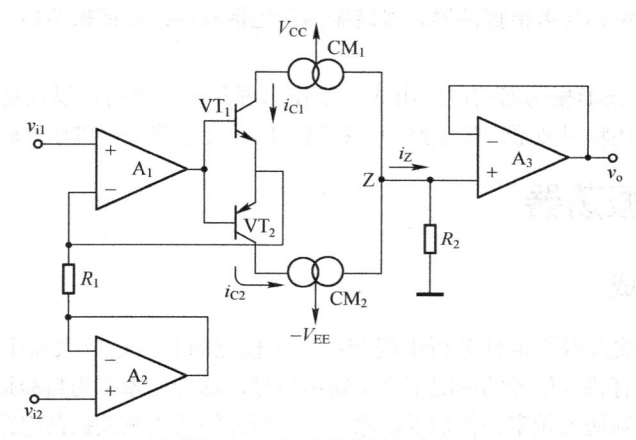

图题 11.6 电流模数据放大电路

第12章 波形产生电路及其应用

在电子系统设计时，经常会使用一些标准的波形信号，如正弦波、方波、脉冲波和锯齿波。这些波形在实际的电子电路中可以作为测试信号或控制信号使用。

在所有的波形中，正弦波是使用最普遍的标准信号。正弦波产生的机理主要有两种。（1）由放大器和 LC 或 RC 选频网络组成的正反馈环实现。该电路利用谐振现象产生正弦波，亦称为线性振荡器。（2）对三角波进行整形得到正弦波。除了正弦波之外，方波、脉冲波和锯齿波由于包含丰富的谐波成分，其产生电路通常称为多谐振荡器。多谐振荡器包括双稳态多谐振荡器、非稳态多谐振荡器和单稳态多谐振荡器 3 种。

本章将叙述这两类波形振荡器的电路组成、工作原理和实际应用，以及电路振荡与否的判断和振荡频率的计算，同时还将对波形产生电路中一种基本的单元电路——电压比较器进行详细的介绍。

12.1 正弦波振荡器

12.1.1 电路组成

在第 9 章负反馈放大器稳定性分析中提到：在多极点的负反馈放大器中，由于附加相移的影响，可能使放大器在没有输入信号的情况下产生输出信号，这种现象称为自激振荡。自激振荡会使放大器丧失放大能力，必须通过频率补偿加以消除。本节所介绍的正弦波振荡电路正是利用自激振荡产生一定幅度和频率的正弦波信号，但是正弦波振荡电路的自激振荡并不是由于附加相移引起的，而是由于在电路中引入正反馈所产生的。

正弦波振荡电路由基本放大器、正反馈网络、选频网络和稳幅环节 4 部分组成。

（1）基本放大器：对振荡器输入端所加的输入信号予以放大。把直流电源的能量转换为交流信号能量，补充振荡过程中消耗的能量，以获得持续等幅的正弦波。由于集成运放的开环增益很大，远远超过了维持振荡所需的大小，故通过负反馈将放大器的增益调整到合适的大小，负反馈一般都看做是基本放大器的一部分。

（2）正反馈网络：保证向振荡器输入端提供的反馈信号与输入信号是同相位的，只有施加正反馈才能使振荡维持下去。

（3）选频网络：只允许某一特定频率为 f_0 的信号通过，使振荡器产生单一频率的输出。它可以设置在基本放大器中，也可以设置在反馈网络中。正弦波振荡电路的振荡频率取决于选频网络的参数。根据振荡器选频网络的类型不同，可以分为 RC 振荡器、LC 振荡器和石英晶体振荡器。

（4）稳幅环节：当输出信号的幅值增大到一定程度时，振幅平衡条件从 $|A\beta|>1$ 回到 $|A\beta|=1$。虽然晶体管本身的非线性特性具有稳幅作用，但是该非线性特性会使波形失真。实际电路常采用限幅电路实现稳幅。

12.1.2 正弦波振荡器的振荡条件

正弦波振荡电路的方框图如图 12.1 所示。A 是基本放大器的开环增益，β 是正反馈网络的反馈系数，x_i、x_i' 和 x_f 分别称为放大器的输入信号、净输入信号和反馈信号。当输入信号 $x_i=0$ 时，净输入信号 $x_i'=x_i+x_f=x_f$ 等于反馈信号。

若电路接通瞬间存在电扰动 x_i'（该电扰动可能是窄脉冲或放大器内部的热噪声），电路中会产生一个幅值很小且频率丰富的输出量 x_o。电路通过选频网络只对频率为 f_o 的正弦波产生正反馈过程，其他频率信号被抑制。刚起振时 x_o 很小，经过多次正反馈后逐渐放大，将振荡由弱到强建立起来。由于晶体管的非线性特性，当 x_o 的幅值过大时，增益将减小，直到环路增益为 1 时，振荡幅度不再增加，实现了自动稳幅。此时 $x_o = Ax_i' = Ax_f = A\beta x_o$，正弦波维持等幅振荡的条件为

$$A\beta = 1 \tag{12.1}$$

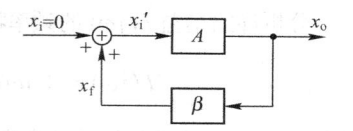

图 12.1　正弦波振荡电路的方框图

写成模和相位的形式

$$|A\beta| = 1 \tag{12.2}$$

$$\varphi_A + \varphi_f = 2n\pi \quad (n \text{ 为 } 0, 1, 2\cdots) \tag{12.3}$$

式（12.2）称为振幅平衡条件，式（12.3）称为相位平衡条件。式（12.1）与负反馈放大器产生自激振荡的条件 $A\beta = -1$ 相比，相差了一个负号，原因是两者引入的反馈极性不同。前者是特地引入正反馈，使反馈信号和净输入信号相位一致。后者原本引入的是负反馈，由于附加相移才转变为正反馈。

式（12.2）中的振幅平衡条件是在正弦波已经产生且电路进入稳定状态时得出的。在电路刚接通瞬间，振荡电路中的输入信号、输出信号和反馈信号都等于零。若起振时就满足条件 $|A\beta| = 1$，这些物理量的状态是不会改变的。那么在没有外加激励的情况下电路是如何起振的呢？振荡刚开始时，反馈信号必须大于原输入信号，这样输出信号才能由小逐渐变大，自激振荡才能建立起来，因此正弦波振荡电路的起振条件为

$$|A\beta| > 1 \tag{12.4}$$

当电路产生持续振荡之后，振荡频率的稳定性取决于环路增益的相频特性。相频特性曲线的斜率越大，即 $\dfrac{\Delta\phi}{\Delta\omega}$ 越大，当电路参数变化引起 $\Delta\phi$ 变化时，$\Delta\omega$ 的变化越小。

12.1.3　文氏电桥振荡器

文氏电桥振荡器又称为 RC 串并联式正弦波振荡器，是结构最简单的振荡电路之一，如图 12.2 所示。由于集成运放 A1 的开环增益很大，远远超过维持振荡所需的大小，故采用负反馈的方式将运放的增益调整到所需的大小，此时的负反馈应视为基本放大器的一部分。该运算放大器是一个闭环增益为 $1+R_2/R_1$ 的同相放大器。在正反馈网络上接一个 RC 串并联网络，该网络作为振荡器的选频网络，同时起到反馈作用。

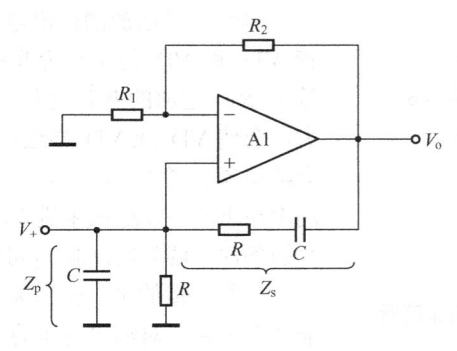

图 12.2　文氏电桥振荡电路

分析环路增益 $L(j\omega)$ 的频率特性：

$$L(j\omega) = A(j\omega)\beta(j\omega) = \left(1 + \frac{R_2}{R_1}\right)\frac{V_f}{V_o} = \left(1 + \frac{R_2}{R_1}\right)\frac{Z_p(j\omega)}{Z_p(j\omega) + Z_s(j\omega)} \quad (12.5)$$

式中，$Z_p(j\omega)$ 为 RC 并联电路的等效阻抗，$Z_s(j\omega)$ 为 RC 串联电路的等效阻抗。
整理得

$$L(j\omega) = \left(1 + \frac{R_2}{R_1}\right)\frac{R // \frac{1}{j\omega C}}{R // \frac{1}{j\omega C} + R + \frac{1}{j\omega C}} = \frac{1 + \frac{R_2}{R_1}}{3 + j\left(\omega RC - \frac{1}{\omega RC}\right)} \quad (12.6)$$

可见，当 $\omega RC - \frac{1}{\omega RC}$，即 $\omega = \frac{1}{RC}$ 时，环路增益 $L(j\omega)$ 为实数，且 $|L(j\omega)|$ 最大。由振幅平衡条件 $|L(j\omega)| = 1$ 可得，$1 + R_2/R_1 = 3$，因此元件参数需满足条件 $R_2/R_1 = 2$。为保证振荡器能够起振，应使 R_2/R_1 的取值略大于 2。当开始稳幅振荡后，$R_2/R_1 = 2$。文氏电桥振荡器可以输出几赫兹至几百千赫兹频率范围的正弦波信号。电路的振荡频率

$$\omega = \frac{1}{RC} \text{ 或 } f = \frac{1}{2\pi RC} \quad (12.7)$$

由式（12.7）可知：改变串并联选频网络中的电阻 R 和 C 的值，就可以调节电路的振荡频率。

12.1.4　带稳幅环节的文氏电桥振荡器

振荡电路在起振阶段会导致输出信号幅度的增大，但是随着输出信号幅度的增大，运放内部的晶体管将进入非线性区。此时电压增益下降，直到增益下降为 1，波形振荡幅度不再增大，进入稳定状态。通常这种稳幅方法称为内稳幅。通过外接非线性环节进行稳幅的方法称为外稳幅。设计外稳幅环节的目的是引入一种幅度控制机制。当幅度增大时，由限幅电路自动调节使波形不进入饱和区和截止区。本节将介绍两种具有稳幅环节的文氏电桥振荡器。

方案一：如果将图 12.2 中负反馈支路中的电阻 R_2 换成具有负温度系数的热敏电阻，不但可以使振荡电路起振容易，还可以改善振荡波形。分析如下：当该振荡器起振时 $v_o = 0$，流过 R_2 的电流 $I_2 = 0$，热敏电阻 R_2 处于冷却状态，阻值相对较大，运放的增益较高，迅速建立振荡。随着振荡幅度的增大，流经 R_2 的电流 I_2 也随之增大，热敏电阻 R_2 的阻值相对减小，运放的增益减小。在运放未进入非线性工作区域前，已达到振幅平衡条件，此时的输出振荡波形失真较小。

方案二：在图 12.2 所示的负反馈支路中采用两个二极管反向并联的方式，该反馈支路可以用来稳定输出信号的幅度，如图 12.3 所示。

刚起振时运放的输出电压 v_o 的幅度很小，此时二极管 VD_1 和 VD_2 近似认为开路。R_2 的并联支路等效电阻约等于 R_2，运放的增益较大，易于起振。随着 v_o 幅值的增大，会使 VD_1 或 VD_2 导通。由于 VD_1 或 VD_2 的导通电阻会随电流的增大而减小，与 R_2 并联之后，使负反馈网络的增益下降，在运放未进入非线性工作区域前，达到振幅平衡条件。调节电位器 R_1 可以改变输出信号的幅度。

值得一提的是，在二极管刚导通时，其伏安特性处于非线性区域，对输出电压的限幅具有比较"软"的特性，这种特性会使波形失真更小。

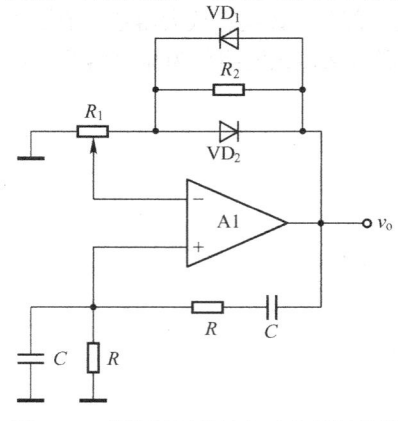

图 12.3　带稳幅环节的文氏电桥振荡器

12.1.5 RC 移相式振荡器

RC 移相式振荡器的电路结构如图 12.4 所示。该电路由一个反相放大器和一个三阶 RC 移相电路组成。放大电路的输入和输出信号相位差$\varphi_A=180°$，三阶 RC 移相电路也容易产生 180°的相移，这样在振荡频率点上回路的总相移$\varphi_A+\varphi_f$可以达到 360°，满足相位平衡条件。合理选择元器件参数，使之满足起振条件和振幅平衡条件。

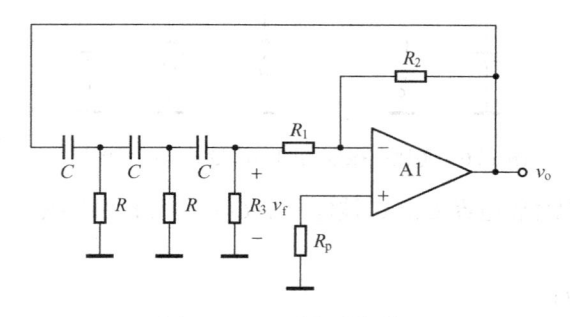

图 12.4 RC 移相式振荡器

RC 移相振荡电路具有结构简单的特点，但是它的选频效果较差，频率调节不方便，而且输出信号的幅度不稳定，输出波形较差，其输出信号频率范围从几赫兹到几十千赫兹。

12.1.6 LC 振荡器

采用 LC 谐振回路作为选频网络的振荡电路称为 LC 振荡电路，该振荡器主要用于产生一百千赫兹到几百兆赫兹的高频振荡信号。由于该振荡器的品质因素 Q 高于 RC 振荡器，因此 LC 振荡器的调频范围不宽。

1. 三点式 LC 振荡器

该电路的特点是 LC 振荡回路 3 个端点与晶体管 3 个电极相连，故称为三点式振荡器。常见的三点式 LC 振荡器有两种：考比兹振荡器（Colpitts Oscillator）和哈特雷振荡器（Hartley Oscillator）。考比兹振荡器采用电容分压，哈特雷振荡器采用电感分压。

（1）考比兹振荡器

正反馈选频网络由电感 L 和电容 C_1 和 C_2 组成。R 是晶体管输出电阻、振荡器负载电阻和电感损耗电阻的等效值。为了分析 LC 并联电路的相位关系，将与相位分析无关的元件略去，得到图 12.5 所示的考比兹振荡器的交流通路。

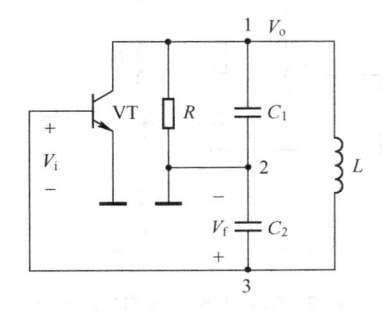

图 12.5 考比兹振荡器的交流通路

反馈信号 V_f 取自电容 C_2 两端。假设线圈 L 的 1 端电位为"+"，3 端电位为"-"，此电压经 C_1、

C_2 分压后，2 端电位低于 1 端，而高于 3 端，即 V_f 与 V_o 反相，而晶体管 VT 是反相放大器，V_i 和 V_o 反相，V_f 和 V_i 同相，这样 $\varphi_A+\varphi_f=360°$，满足相位平衡条件，可以产生正弦振荡。

考比兹振荡器交流通路的小信号等效电路模型如图 12.6 所示。

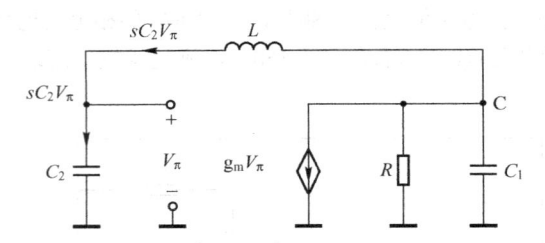

图 12.6 考比兹振荡器的小信号等效电路模型

在振荡电路中，忽略晶体管电容 C_μ，C_π 被包含在 C_2 中。假设振荡频率上 $r_\pi \gg (1/\omega C_2)$，则晶体管输入电阻 r_π 可以忽略。

列写节点 C 的 KCL 方程：

$$g_m V_\pi + s C_2 V_\pi + \left(\frac{1}{R} + s C_1\right) V_c = 0 \tag{12.8}$$

式中，$V_\pi = \dfrac{1/sC}{sL+1/sC} V_c$。因为 $V_\pi \neq 0$，故

$$LC_1 C_2 s^3 + (LC_2/R) s^2 + (C_1+C_2) s + (g_m+1/R) = 0 \tag{12.9}$$

令 $s = j\omega$，则

$$[(g_m + 1/R) - (LC_2/R)\omega^2] + j[(C_1+C_2)\omega - LC_1 C_2 \omega^3] = 0 \tag{12.10}$$

为了能起振，令实部和虚部分别等于零。其中由虚部等于零可以得到考比兹振荡器的振荡频率为

$$\omega_0 = \dfrac{1}{\sqrt{L\left(\dfrac{C_1 C_2}{C_1+C_2}\right)}} \tag{12.11}$$

该电路特点：振荡频率较高，可达几百兆赫兹以上。由于电容对高次谐波的阻抗较小，因此反馈电压中的谐波分量很小，输出波形好。缺点：频率调节不方便。

（2）哈特雷振荡器

正反馈选频网络由电容 C 和电感 L_1 及 L_2 组成。为了分析 LC 并联电路的相位关系，将与相位分析无关的元件略去，得到图 12.7 所示的哈特雷振荡器的交流通路。

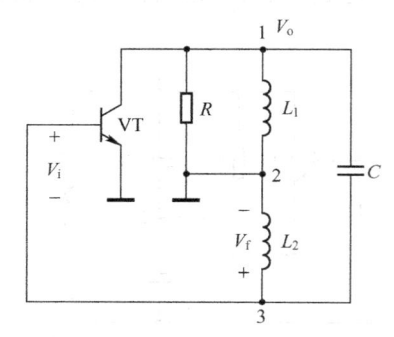

图 12.7 哈特雷振荡器的交流通路

反馈信号 V_f 取自电容 L_2 两端。假设电容 C 的 1 端电位为"+"，3 端电位为"-"。此电压经 L_1、

L_2 分压后，2 端电位低于 1 端，而高于 3 端，即 V_f 与 V_o 反相，而 VT 是反相放大器，V_i 和 V_o 反相，V_f 和 V_i 同相，这样 $\varphi_A + \varphi_f = 360°$，满足相位平衡条件，可以产生正弦振荡。

哈特雷振荡器交流通路的小信号等效电路模型如图 12.8 所示。

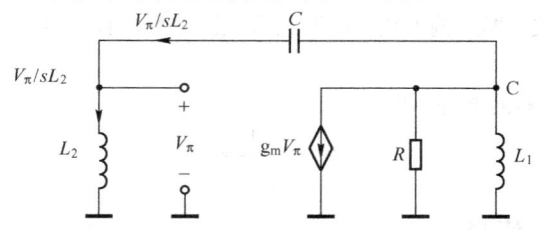

图 12.8 哈特雷振荡器交流通路的小信号等效电路模型

在振荡电路中，忽略晶体管电容 C_π，C_μ 被包含在 C 中。假设振荡频率上 $r_\pi \gg \omega L_2$，则晶体管输入电阻 r_π 可以忽略。

列写节点 C 的 KCL 方程：

$$g_m V_\pi + V_\pi / sL_2 + \left(\frac{1}{R} + \frac{1}{sL_1}\right) V_c = 0 \tag{12.12}$$

式中，$V_\pi = \dfrac{sL_2}{sL_2 + 1/sC} V_c$。因为 $V_\pi \neq 0$，故

$$s^3(RL_1L_2g_mC + L_1L_2C) + s^2(RL_1C + RL_2C) + sL_1 + R = 0 \tag{12.13}$$

令 $s = j\omega$，则

$$(R - R\omega^2 LC - R\omega^2 L_2 C) + j(\omega L_1 - \omega^3 RL_1L_2g_mC - \omega^3 L_1L_2 C) = 0 \tag{12.14}$$

为了能起振，令实部和虚部等于零。其中由实部等于零可以得到哈特雷振荡器的振荡频率为

$$\omega_0 = \frac{1}{\sqrt{(L_1 + L_2)C}} \tag{12.15}$$

该电路特点：可以通过电容 C 来调节振荡频率，产生频率在几十兆赫兹以下的波形。由于电感对高次谐波的阻抗较大，因此反馈电压中的高次谐波分量很多，输出波形较差，且频率的稳定度不高。

2. 变压器反馈式 LC 振荡器

图 12.9 所示为变压器反馈式 LC 振荡器。L_1C 并联电路构成选频网络，反馈网络由变压器组成。R_{B1}、R_{B2} 和 R_E 是 BJT 的直流偏置电阻，C_E 为旁路电容，C_B 为耦合电容。对于振荡频率而言，C_E 和 C_B 可视为短路。

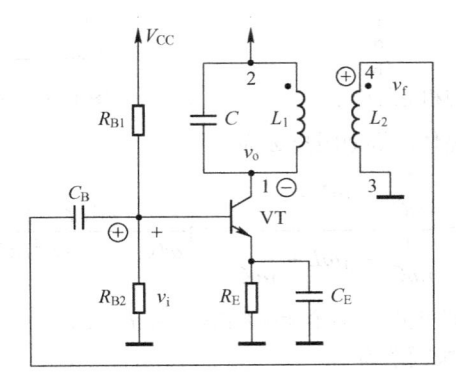

图 12.9 变压器反馈式 LC 振荡器

从基极断开反馈环路,假设输入信号为 v_i。负载 L_1C 并联电路谐振时等效为一纯电阻,阻值最大,故此时输出电压 v_o 最大,且与 v_i 反相。当 v_i 的频率大于或小于谐振频率时,L_1C 回路阻抗变小,v_o 减小并产生附加相移。因此,该放大器具有选频特性,亦称为 LC 调谐放大器。v_o 经过变压器耦合后,输出电压 v_f 将反馈到放大器的输入端,v_f 和 v_o 成正比关系,且 v_f 和 v_o 反相,故 v_f 和 v_i 同相,满足振荡的相位条件。

变压器反馈式 LC 振荡器的振荡频率为

$$\omega_0 = \frac{1}{\sqrt{L_1 C}} \tag{12.16}$$

12.1.7 石英晶体振荡器

在实际应用中,不但要求振荡器的输出信号幅度稳定,还要求振荡频率具有一定的稳定性。通常频率的稳定度用该频率点附近的频率相对变化量来表示,即 $\Delta f/f_o$。

在一般的 RC 和 LC 振荡器中,由于选频网络中 R、L、C 参数以及晶体管的参数对温度的敏感性、电源电压的波动、谐振回路中 Q 值的大小等因素都有可能造成振荡频率的不稳定,因此在设计电路的时候,很难做到高稳定度的振荡。在实际应用中,目前使用最广泛的谐振器是具有高 Q 值 ($10^4 \sim 10^6$) 的石英晶体振荡器,其频率稳定度达到 $10^{-10} \sim 10^{-11}$,带宽可达 100MHz 以上。

1. 石英晶体的物理特性

石英晶体是一种各向异性的结晶体,其化学成分是 $SiO2$。将切割成形的石英晶片的两面涂上银层,引出两个电极,焊接上引线,再经过外壳封装后,就组成了石英晶体,其结构和电路符号如图 12.10 所示。

在石英晶体的两个电极上施加电场,晶体就会产生机械变形,形变方向与外电场极性有关。反之,在晶体两端施加机械压力,在其表面会产生等量异性电荷,电荷量与机械压力所产生的形变成正比,这种现象称为压电效应。

石英晶体的压电效应可以用微分方程来描述,这个微分方程与 LC 谐振回路动态过程的微分方程十分相似,故可以用 LC 回路的参数来模拟石英晶体。石英晶体的等效电路模型如图 12.11 所示。

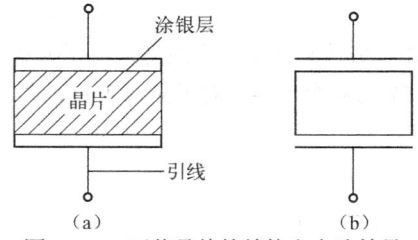

图 12.10 石英晶体的结构和电路符号

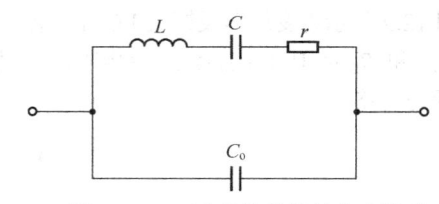

图 12.11 石英晶体的等效电路模型

忽略 r 的影响,可得石英晶体的等效阻抗 Z 为

$$Z = \frac{\frac{1}{j\omega C_o}\left(j\omega L + \frac{1}{j\omega C}\right)}{\frac{1}{j\omega C_o} + j\omega L + \frac{1}{j\omega C}} = j\frac{\omega^2 LC - 1}{\omega(C_o + C - \omega^2 LC_o C)} \tag{12.17}$$

由式(12.17)可知:该并联电路有两个谐振频率。当 L、C、r 串联支路发生串联谐振时,并联电路的等效阻抗最小 $Z=0$,谐振频率为

$$\omega_o = \frac{1}{\sqrt{LC}} \tag{12.18}$$

当 $\omega > \omega_o$ 时，L、C、r 串联支路可等效为一个电感。它与电容 C_o 发生并联谐振时，阻抗 Z 最大。忽略 r 的影响，此时电路的谐振频率为

$$\omega'_o = \frac{1}{\sqrt{L\dfrac{C_oC}{C_o+C}}} = \frac{1}{\sqrt{LC}}\sqrt{1+\frac{C}{C_o}} \tag{12.19}$$

由于 $C \ll C_o$，$\omega_o \approx \omega'_o$，当 $\omega'_o < \omega < \omega_o$ 时，等效电路呈电感特性，当 $\omega > \omega_o$ 或 $\omega < \omega'_o$ 时，等效电路呈电容特性。

2. 石英晶体振荡电路

让石英晶体工作在 $\omega'_o < \omega < \omega_o$ 频段之间，晶体相当于一个电感元件，用这个石英晶体取代考比兹振荡器中的电感元件，就得到了并联型石英晶体振荡器。该电路的振荡频率基本上是由石英晶体的振荡频率决定的，因此振荡频率的稳定度较高。

串联型石英晶体振荡器如图 12.12 所示，当电路的频率等于石英晶体的振荡频率 ω_o 时，晶体的等效阻抗最小，为纯电阻，此时正反馈最强，相移为零，电路满足自激振荡条件。通过调节可变电阻 R 的大小，可以改变反馈的强弱，获得较好的正弦波输出。当 $\omega \neq \omega_o$ 时，相移不为零，不满足自激振荡条件。

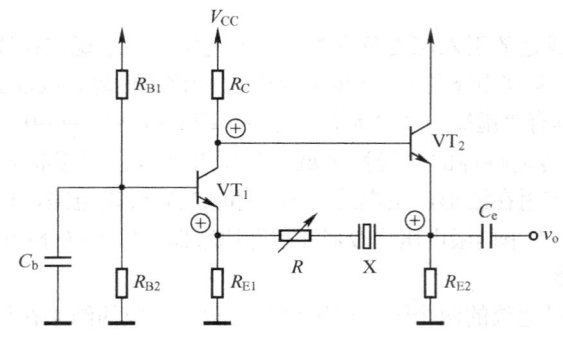

图 12.12 串联型石英晶体振荡器

各种正弦波振荡器的基本性能比较如表 12.1 所示。

表 12.1 各种正弦波振荡器的基本性能比较

选频网络	频率				价 格
	调整	稳定性	变化范围	精度	温度系数	
RC 振荡器	需要	差	宽	差（与 RC 元件精度有关）		低
LC 振荡器	需要	差	中等	差（与 LC 元件精度有关）		低
石英晶体振荡器	不需要	非常好	窄	±0.001%	≤1ppm/℃	高

12.2 非正弦波振荡器

非正弦波振荡器亦称为多谐振荡器，包括双稳态多谐振荡器、单稳态多谐振荡器和非稳态多谐振荡器 3 种。本节重点介绍双稳态多谐振荡器。

多谐振荡器是指能够产生丰富谐波成分波形的振荡器，如矩形波、三角波、锯齿波和阶梯波等。所谓双稳态指的是该振荡器有两个稳定状态，且电路可以稳定在任一状态。当有外界触发时，可能从一个稳定状态进入另一个稳定状态，如图 12.13 所示。

假设电路中微弱的干扰信号叠加在运放的同相输入端 v_+，且 $v_+>0$。由于运放的开环增益 A 很

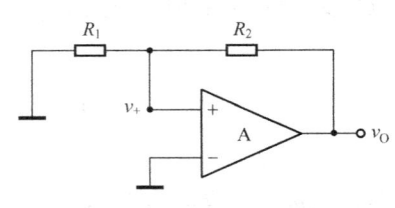

图 12.13 具有双稳态功能的电路

大，干扰信号被同相放大，得到输出信号 v_O，且 $v_O=Av_+$。v_O 经过 R_1 和 R_2 组成的正反馈网络分压之后，使 $v'_+ = v_O \dfrac{R_1}{R_1+R_2} > v_+$。假如该反馈放大器的环路增益 $A\beta$ 大于 1，这种放大反馈作用会一直持续，直到输出达到正饱和状态，且 $v_O=L_+$ 保持不变。此时 $v_+=L_+R_1/(R_1+R_2) > 0$，即 $v_{ID} > 0$，因此 v_O 始终处于正饱和状态。

若施加在运放同相端的干扰信号 $v_+ < 0$，经过运放同相放大后的 $v_O=Av_+<0$。v_O 经过 R_1 和 R_2 组成的正反馈网络分压之后，使 $v'_+ = v_O \dfrac{R_1}{R_1+R_2} < v_+$。这种放大反馈作用会一直持续，直到输出达到负饱和状态，且 $v_O=L_-$ 保持不变。此时 $v_+=L_-R_1/(R_1+R_2)<0$，即 $v_{ID}<0$，因此 v_O 始终处于负饱和状态。

$v_O=L_+$ 和 $v_O=L_-$ 是该电路的两个稳定状态，任何干扰信号都可以使电路从一个状态过渡到另一个状态，并稳定在新的状态。

12.2.1 集成电压比较器

在实际应用中，当集成运放引入深度负反馈时，就能保证运放稳定在线性工作区域。工作在线性区域的集成运放可以用来实现电路的某些功能，如信号的比例运算、线性放大、电压电流转换和有源滤波器等。此时的运放具有"虚短"和"虚断"特点，即 $v_+=v_-$ 和 $i_+=i_-=0$。

若集成运放工作在其传输特性的非线性区域，处于开环或正反馈状态时，就构成了电压比较器。电压比较器被广泛地应用在波形产生电路、A/D 和 D/A 转换电路，以及信号处理和检测电路中。电压比较器的典型应用有单门限电压比较器和迟滞比较器，以下将分别进行介绍。

1. 单门限电压比较器

电压比较器的作用是对运放的两个输入电压进行比较，比较的结果在运放的输出端将以正负饱和电平的形式出现，如图 12.14 所示。

图 12.14 中，输入信号 v_I 加在集成运放 A 的同相输入端，v_{REF} 是参考电压，此时运放 A 处于开环状态，具有很高的开环电压增益。当 $v_I > v_{REF}$，即 $v_{ID}=v_I-v_{REF}>0$ 时，运放进入正饱和状态，$v_O=L_+$。当 $v_I < v_{REF}$，即 $v_{ID}=v_I-v_{REF}<0$ 时，运放进入负饱和状态，$v_O=L_-$。该单门限电压比较器的传输特性曲线如图 12.15 中实线所示。

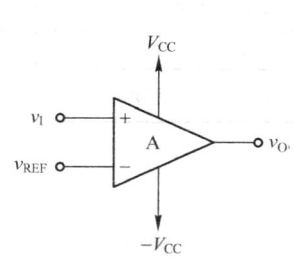

图 12.14 单门限电压比较器

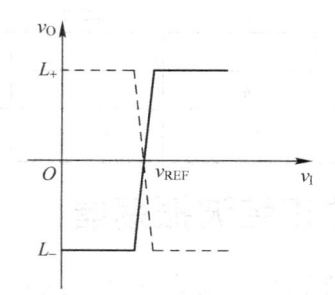

图 12.15 单门限比较器的传输特性

由图 12.15 可知，由于运放 A 处于开环状态，具有很高的电压增益，因此传输特性曲线的线性部分斜率很大，近似地认为 $v_I=v_{REF}$ 是输出产生跳变的关键点。当集成运放的输出电压 v_O 从一个稳定状态跳变到另一个稳定状态时，对应的输入电压 v_I 值称为门限电压 v_T。该电路的门限电压 $v_T=v_{REF}$，且只有一个门限电压，故称为单门限电压比较器。

若交换输入电压 v_I 和参考电压 v_{REF} 的位置,得到电路的传输特性曲线如图 12.15 中的虚线所示。若将集成运放 A 的反相输入端接地,即参考电压 $v_{REF}=0$,此时的比较器称为过零比较器。

单门限电压比较器除了可以检测输入信号的电平之外,还具有波形变换的作用。在图 12.14 所示电路中施加的输入信号 v_I 是幅值为 v_{OM} 的正弦波,参考电压 v_{REF} 为直流正电压,且 $v_{REF}<v_{OM}$。当输入信号 $v_I>v_{REF}$ 时,输出电压 v_O 由负饱和电平 L_- 跳变为正饱和电平 L_+。当输入信号 $v_I<v_{REF}$ 时,输出电压 v_O 由正饱和电平 L_+ 跳变为负饱和电平 L_-。波形由正弦波变换为矩形波,如图 12.16 所示。改变 v_{REF} 的大小,即可改变矩形波的占空比。

2. 迟滞比较器

单门限电压比较器的电路虽然简单,灵敏度高,但是抗干扰能力差。迟滞比较器在单门限电路的基础上对电路进行了改进,克服了抗干扰能力差的缺点。

迟滞比较器电路结构的一大特点是将电压比较器的输出电压通过反馈网络送回到集成运放的同相端,构成了正反馈网络,成为一个具有迟滞回环传输特性的比较器。

(1) 具有同相传输特性的迟滞比较器

如图 12.17 所示,该电路为具有同相传输特性的迟滞比较器。其中,v_I 为输入信号,v_{REF} 为参考电压。

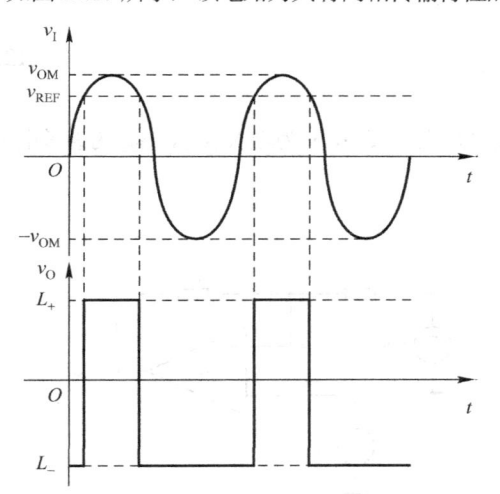

图 12.16 单门限电压比较器的波形变换作用 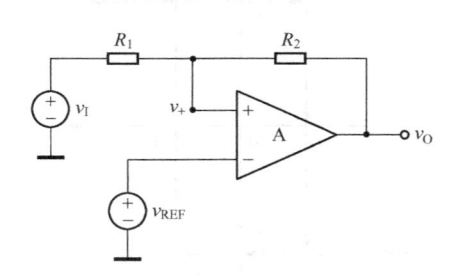   图 12.17 具有同相传输特性的迟滞比较器

由叠加性可知

$$v_+ = v_I \frac{R_2}{R_1+R_2} + v_O \frac{R_1}{R_1+R_2} \tag{12.20}$$

而

$$v_- = v_{REF} \tag{12.21}$$

假设 $v_+>v_-=v_{REF}$,电路处于正饱和状态,输出电压 $v_O=L_+$。若增大 v_I 的数值,即增大 v_+ 的数值,则 v_+ 始终大于 v_-,因此 v_+ 的正向增大不会改变电路的输出状态。要使运放的输出状态发生改变,v_+ 应向减小方向变化,即 v_I 必须减小。假设减小 v_I,使 $v_+=v_-$,即 $v_{ID}=v_+-v_-=0$,此时运放的输出状态将发生改变,输出电压 v_O 由 L_+ 跳变为 L_-。由此可见:输出发生跳变的关键在于 $v_+=v_-$。把 $v_+=v_-$ 时对应的 v_I 值的大小称为下门限电压 V_{TL}。

因为 $v_+=v_-$,所以

$$v_I \frac{R_2}{R_1+R_2} + v_O \frac{R_1}{R_1+R_2} = v_{REF} \tag{12.22}$$

把 $v_I = V_{TL}$、$v_O = L_+$ 代入式（12.22），得下门限电压 V_{TL}

$$V_{TL} = \frac{R_1 + R_2}{R_2} v_{REF} - \frac{R_1}{R_2} L_+ \tag{12.23}$$

假设 $v_+ < v_- = v_{REF}$，电路处于负饱和状态，输出电压 $v_O = L_-$。若减小 v_I 的数值，即减小 v_+ 的数值，则 v_+ 始终小于 v_-，因此 v_+ 的减小不会改变电路的输出状态。要使运放的输出状态发生改变，v_+ 应向增大方向变化，即 v_I 必须增大。假设增大 v_I，使 $v_+ \geq v_-$，即 $v_{ID} = v_+ - v_- \geq 0$，此时运放的输出状态将发生改变，输出电压 v_O 由 L_- 跳变为 L_+。由此可见：输出发生跳变的关键在于 $v_+ = v_-$。把 $v_+ = v_-$ 时对应的 v_I 值的大小称为上门限电压 V_{TH}。

把 $v_I = V_{TH}$、$v_O = L_-$ 代入式（12.22），得上门限电压 V_{TH}

$$V_{TH} = \frac{R_1 + R_2}{R_2} v_{REF} - \frac{R_1}{R_2} L_- \tag{12.24}$$

通过上述分析，可以得到该迟滞比较器的传输特性曲线，如图 12.18 所示。从图中可知，电路两次输出状态发生跳变时，对应的输入电压 v_I 是不同的。v_I 增大时输出发生跳变所对应的 v_I 称为上门限电压 V_{TH}，v_I 减小时输出发生跳变所对应的 v_I 称为下门限电压 V_{TL}。将上、下门限电压的差值定义为迟滞宽度 ΔV

$$\Delta V = V_{TH} - V_{TL} \tag{12.25}$$

（2）具有反相传输特性的迟滞比较器

如图 12.19 所示，该电路为具有反相传输特性的迟滞比较器，其中，v_I 为输入信号，v_{REF} 为参考电压。

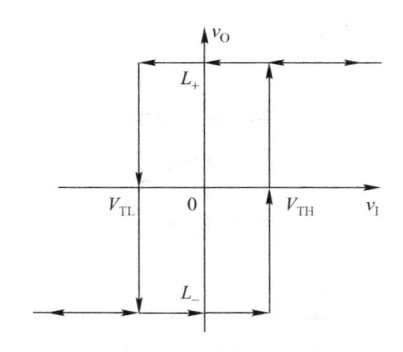

图 12.18 同相传输特性曲线 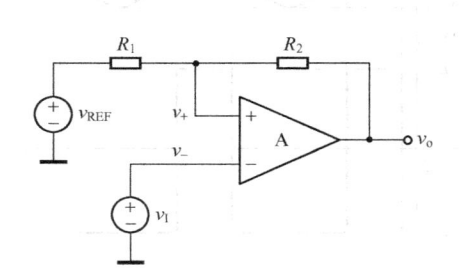　　　　图 12.19 具有反相传输特性的迟滞比较器

由叠加性可知，

$$v_+ = v_{REF} \frac{R_2}{R_1 + R_2} + v_O \frac{R_1}{R_1 + R_2} \tag{12.26}$$

而

$$v_- = v_I \tag{12.27}$$

假设 $v_+ > v_- = v_I$，电路处于正饱和状态，输出电压 $v_O = L_+$。若减小 v_I 的数值，即减小 v_- 的数值，由于 v_+ 始终大于 v_-，因此 v_- 即 v_I 的减小不会改变电路的输出状态。要使运放的输出状态发生改变，v_- 应向增大方向变化，即 v_I 必须增大。假设增大 v_I，使 $v_+ = v_-$，即 $v_{ID} = v_+ - v_- = 0$，此时运放的输出状态将发生改变，输出电压 v_O 由 L_+ 跳变为 L_-。由此可见：输出发生跳变的关键在于 $v_+ = v_-$。把 $v_+ = v_-$ 时 v_I 的大小称为上门限电压 V_{TH}。

因为 $v_+ = v_-$，所以

$$v_{REF} \frac{R_2}{R_1 + R_2} + v_O \frac{R_1}{R_1 + R_2} = v_I \tag{12.28}$$

把 $v_I = V_{TH}$、$v_O = L_+$ 代入式（12.28），得上门限电压 V_{TH}

$$V_{TH} = \frac{R_2}{R_1 + R_2} v_{REF} + \frac{R_1}{R_1 + R_2} L_+ \tag{12.29}$$

假设 $v_+ < v_- = v_I$，电路处于负饱和状态，输出电压 $v_O = L_-$。若增大 v_I 的数值，即增大 v_- 的数值，由于 v_+ 始终小于 v_-，因此 v_- 的正向增大不会改变电路的输出状态。要使运放的输出状态发生改变，v_- 应向减小方向变化，即 v_I 必须减小。假设减小 v_I，使 $v_+ = v_-$，即 $v_{ID} = v_+ - v_- = 0$，此时运放的输出状态将发生改变，输出电压 v_O 由 L_- 跳变为 L_+。由此可见：输出发生跳变的关键在于 $v_+ = v_-$。把 $v_+ = v_-$ 时 v_I 的大小称为下门限电压 V_{TL}。

把 $v_I = V_{TL}$、$v_O = L_-$ 代入式（12.28），得下门限电压 V_{TL}

$$V_{TL} = \frac{R_2}{R_1 + R_2} v_{REF} + \frac{R_1}{R_1 + R_2} L_- \tag{12.30}$$

通过上述分析，可以得到该迟滞比较器的传输特性曲线，如图 12.20 所示。

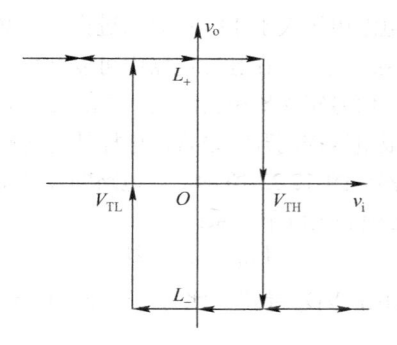

图 12.20 反相传输特性曲线

迟滞比较器由于其迟滞特性，可以有效地抑制干扰信号对电路的影响，起到对输出信号进行"边沿整形"的作用。单门限电压比较器和迟滞比较器对带有干扰的输入信号进行边沿整形的效果如图 12.21 所示。

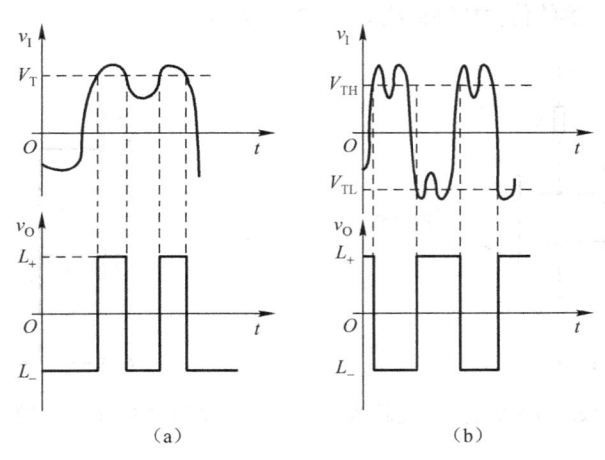

图 12.21 单门限电压比较器和迟滞比较器对干扰信号的响应

由图 12.21（a）可知，由于单门限电压比较器只有一个门限电压 V_T，当 $v_I > V_T$ 时，输出为高电平 L_+；当 $v_I < V_T$ 时，输出为低电平 L_-。若输入波形 v_I 在门限电平附近存在干扰，经过单门限比较器之

后，输出端将产生一系列不规则的脉冲信号，这些脉冲序列在时序逻辑电路中是非常致命的。

由图 12.21（b）可知，迟滞比较器有两个门限电压 V_{TL} 和 V_{TH}。当 $v_I>V_{TH}$ 时，输出为低电平 L_-，这种输出状态一直持续到当 $v_I<V_{TL}$ 时才发生翻转，变为高电平 L_+。反之，当输出为高电平 L_+ 时，这种输出状态会一直持续到 $v_I>V_{TH}$ 时才发生翻转，变为低电平 L_-。虽然输入波形 v_I 在两个门限电压附近存在干扰，但是经过迟滞比较器之后，在输出端可以得到纯净的脉冲信号，这说明迟滞比较器对带有干扰的输入信号能起到边沿整形的作用。

3．窗口比较器

窗口比较器主要用于判断输入电压是否处于两个指定电压之间。假设两个指定电压分别是上门限电压 V_{TH} 和下门限电压 V_{TL}。若输入电压 v_I 位于两个门限电压之间，窗口比较器的输出为某一种状态，若低于下门限电压或高于上门限电压，输出为另一种状态。

窗口比较器的应用十分广泛。例如，用窗口比较器作为蓄电池电压监视或充电控制器。假设蓄电池的电压在 11.5～14.5V 范围内为正常。当蓄电池电压小于 11.5V 时为过放电，必须充电，此时继电器吸合，接通充电电路。当蓄电池电压大于 14.5V 时为过充电，必须放电，此时继电器吸合，断开充电电路，这样就实现了自动控制的过程。在脉冲电路中可以利用窗口比较器作脉冲信号源。在概率密度分析仪中，利用它给出的 ΔV 信号实现概率密度随 ΔV 的变化而变化。还可以利用窗口比较器的上门限电压控制降温设备，下门限电压控制升温设备，这样就能达到自动控温的目的。

由集成运放组成的窗口比较器如图 12.22 所示。该电路的设计中要求二极管的正向导通压降和外接基准电压 V_{TH} 及 V_{TL} 三者之间必须满足以下关系：

$$V_{TH} - V_{TL} > 2V_{D(on)} \tag{12.31}$$

（1）当 $v_I \geqslant V_{TH}$ 时，VD_1 截止，VD_2 导通。此时，$v_+=v_I$，$v_-=v_{TH}$，且 $v_-<v_+$，故输出电压为高电平，$v_O=L_+$。

（2）当 $v_I \leqslant V_{TL}$ 时，VD_1 导通，VD_2 截止。此时，$v_+=V_{TL}$，$v_-=v_I$，且 $v_-<v_+$，故输出电压为高电平，$v_O=L_+$。

（3）当 $V_{TL}<v_I<V_{TH}$ 时，VD_1、VD_2 均导通。此时，$v_+=v_I-V_{D(on)}$，$v_-=v_I+V_{D(on)}$，且 $v_->v_+$，故输出电压为低电平，$v_O=L_-$。

经分析：该窗口比较器的传输特性曲线如图 12.23 所示。

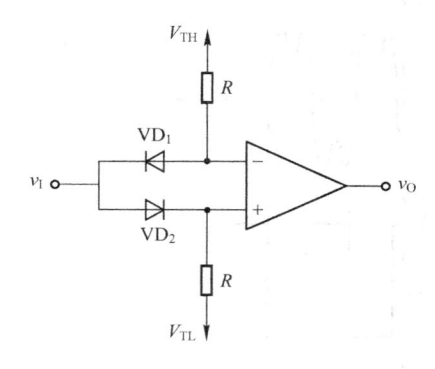

图 12.22　由集成运放组成的窗口比较器 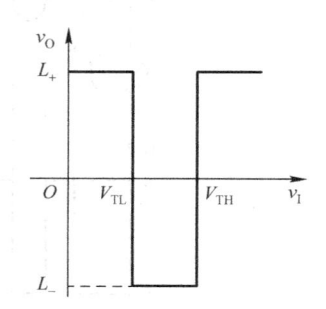　　　图 12.23　窗口比较器的传输特性曲线

由两个集成运放构成的窗口比较器如图 12.24 所示。在电路连接时，集成运放的输出端千万不能并联。这是由于两个运放的输出电压不同，若直接相连，就会形成类似电源短路的效应，产生很大的电流，致使运放内部烧坏。为了避免这种情况的出现，通常在两个运放的输出端接二极管，如图 12.24 所示。

第 12 章 波形产生电路及其应用

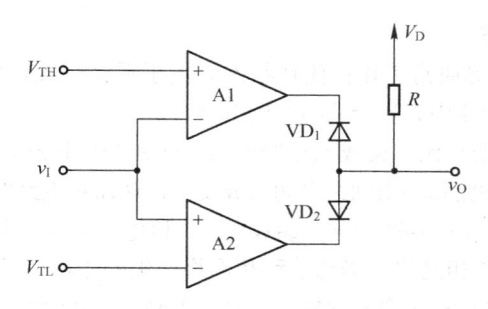

图 12.24 由两个集成运放构成的窗口比较器

当 $v_I > V_{TH}$ 时，$A1$ 输出端为低电平，$A2$ 输出端为高电平。VD_1 导通，VD_2 截止，输出端电压 v_O 为低电平。

当 $v_I < V_{TL}$ 时，$A1$ 输出端为高电平，$A2$ 输出端为低电平。VD_1 截止，VD_2 导通，输出端电压 v_O 为低电平。

当 $V_{TL} < v_I < V_{TH}$ 时，$A1$ 输出端为高电平，$A2$ 输出端为高电平。VD_1 截止，VD_2 截止，输出端电压 v_O 为高电平。

经分析：该窗口比较器的传输特性曲线如图 12.25 所示。

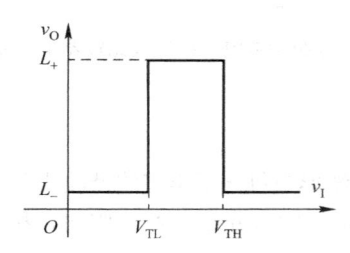

图 12.25 由两个集成运放构成的窗口比较器的传输特性曲线

4．电压比较器的可靠性分析

电压比较器在开环或正反馈状态下的电压增益是很高的，因此由噪声或电源电压的波动引起的输出状态的改变是一个误动作。为了提高电压比较器工作时的可靠性，在设计电路时需考虑以下几方面的问题。

（1）采用迟滞比较器

在迟滞比较器设计的过程中，选择合适的门限电压和回差电压可以有效地防止运放在临界点附近的噪声对输出的影响，提高输出信号的稳定性。

（2）电源去耦

为了减小电源波动或噪声对输出的影响，比较器的供电电源必须采取去耦措施。具体的方法是在运放的正负电源与地之间接入去耦电容，或者直接采用直流稳压电源芯片对比较器进行供电。

（3）比较器的响应速度应与负载的响应速度匹配

比较器的输出通常用于驱动数字逻辑电路，其响应速度必须与数字逻辑电路的响应速度匹配。当比较器的响应速度较慢时，其输出信号的上升沿或下降沿时间太长，会造成数字逻辑电路的输出振荡。如果出现这种情况，一般采用输入端具有施密特性质的数字逻辑电路，或者采用高速的集成电压比较器来设计电路。

(4) 避免自激现象的产生

由集成运放构成的比较器通常工作在闭环状态。由于反馈较深，集成运放可能会产生自激现象。为了避免自激，通常在电路中添加合适的补偿电容。

与集成运放构成的比较器相比，集成比较器通常工作在开环状态。但是，由于电路中存在着分布参数电容，可能会在输入回路和输出回路之间形成反馈，从而对电路的频率特性产生很大的影响。如图 12.26 所示，电容 C 是实际存在的分布参数电容，该电容在电路中形成负反馈，C 与基准电源 V_R 的内阻 R 组成一个超前移相网络。当超前移相网络产生的相移与集成比较器的相移满足自激条件，且增益足够大时，电路就会产生自激现象，此时就需要设计补偿电路以消除自激。

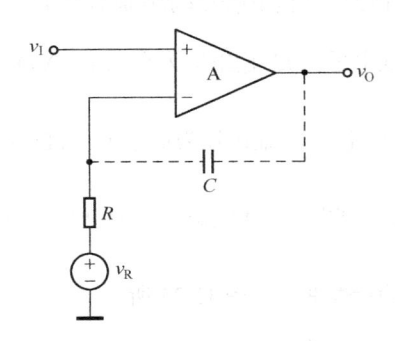

图 12.26 分布参数电容在集成比较器中形成的反馈

12.2.2 矩形波振荡器

由于矩形波振荡器的输出信号波形中包含了丰富的谐波成分，因此这一类振荡器又称为多谐振荡器。当矩形波的占空比（信号占周期的百分比）为 50%时，称为方波。首先介绍方波信号发生器的电路结构，如图 12.27 所示。

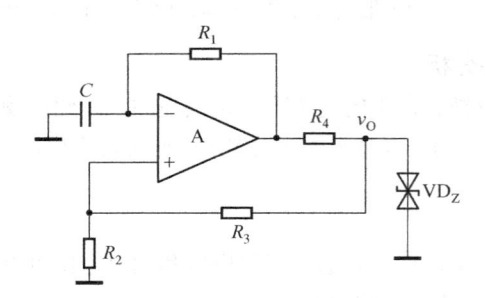

图 12.27 方波产生电路

该电路在迟滞比较器的基础上增加了 R_1 和 C 这个具有延迟作用的反馈网络。在迟滞比较器的输出端接限流电阻 R_4 和双向稳压管 VD_Z，构成了具有双向限幅功能的方波产生电路。

在电源接通的瞬间，电容 C 两端的电压 $v_C=0$，而迟滞比较器的输出电压 v_O 趋于正饱和电平还是负饱和电平纯属偶然。假设 $v_O=V_Z$，则运放 A 同相输入端的电压 v_+ 为

$$v_+ = V_Z \frac{R_2}{R_2 + R_3} = \beta V_Z \tag{12.32}$$

运放反相输入端的电压 v_- 即电容电压 v_C 将从零开始，由输出电压 v_O 通过 R_1 电阻以指数规律向 C 充电来建立电场。当 $v_- \geqslant v_+$ 时，迟滞比较器的输出电压由 V_Z 跳变为 $-V_Z$，而运放 A 的同相端输入电

压 v_+ 立刻跳变为

$$v_+ = -V_Z \frac{R_2}{R_2+R_3} = -\beta V_Z \tag{12.33}$$

由于运放反相输入端的电压 v_- 不能跃变，故 v_O 将通过 R_1 对 C 进行反向充电，v_- 将以指数规律下降，直到 $v_+ \geqslant v_-$ 时，v_O 又从 $-V_Z$ 跳变为 V_Z。由于电容 C 充放电的时间常数 $\tau = R_1 C$ 相同，因此反复循环之后，产生一系列方波输出。方波产生电路的 v_C 和 v_O 波形如图 12.28 所示。

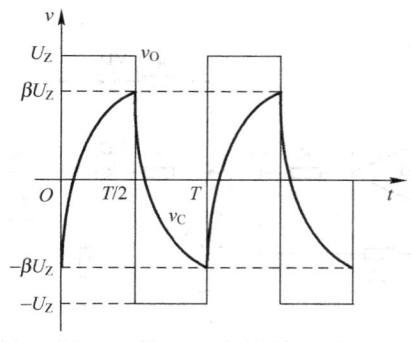

图 12.28 方波产生电路的电压波形

方波振荡周期和频率的求解要借助于电容 C 的充放电规律。由图 12.28 所示的波形可知，选取 t 从 $T/2$ 到 T 这半个周期，讨论电容电压 v_C 的变化规律。根据一阶动态电路的三要素法可得

$$v_C = v_C(\infty) + [v_C(0_+) - v_C(\infty)] e^{-\Delta t/\tau} \tag{12.34}$$

在本例中，初始值 $v_C(0_+) = \beta U_Z$，稳态值 $v_C(\infty) = -U_Z$，时间常数 $\tau = R_1 C$，$v_C = -\beta U_Z$，$\Delta t = T/2$，将以上表达式代入式（12.34）可得：

$$-\beta U_Z = -U_Z + [\beta U_Z + U_Z] e^{-T/2R_1 C} \tag{12.35}$$

求解式（12.35）可得

$$T = 2R_1 C \ln\left(1 + \frac{2R_2}{R_3}\right) \tag{12.36}$$

$$f = \frac{1}{T} = \frac{1}{2R_1 C \ln(1 + 2R_2/R_3)} \tag{12.37}$$

如果对充放电回路进行改进，使该电路的充放电时间常数不同，这样的信号产生电路称为矩形波产生电路。如图 12.29 所示。当 R_1 和 R_5 取值相同时，输出是方波电压。当 $R_1 > R_5$ 时，反向充电时间长于正向充电时间，输出的是占空比小于 50% 的矩形波。当 $R_1 < R_5$ 时，正向充电时间长于反向充电时间，输出的是占空比大于 50% 的矩形波。

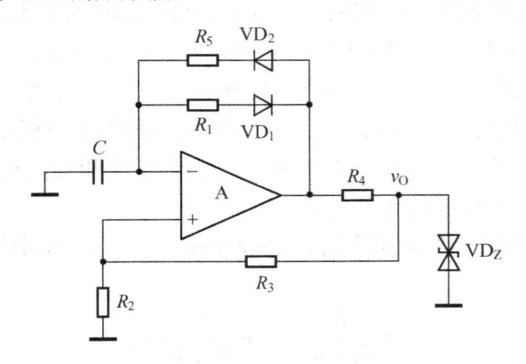

图 12.29 矩形波产生电路

12.2.3 锯齿波振荡器

锯齿波是最基本的测试信号之一，被广泛地应用于各种显示屏和示波器中。把锯齿波电流加在水平偏转的线圈上，或把锯齿波电压加在示波管水平偏转的电极中，使电子束沿水平方向匀速扫过荧光屏。对于示波器，在锯齿波的扫描下可形成一条亮线，如果在 Y 轴上加有信号，可观测信号波形。

锯齿波信号发生器由同相输入的迟滞比较器 A1 和充放电时间常数不等的反相积分器 A2 组成，如图 12.30 所示。

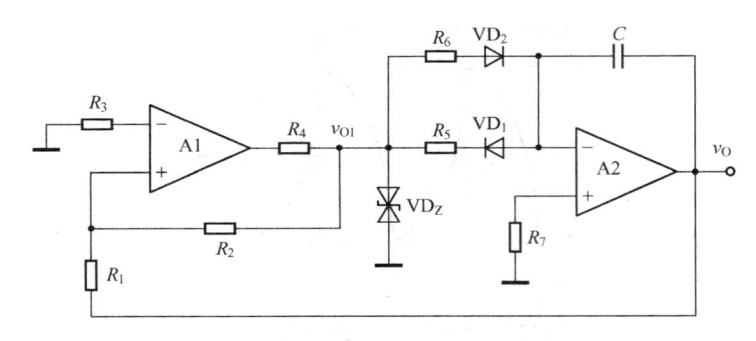

图 12.30　锯齿波产生电路

迟滞比较器 A1 的输出电压 v_{O1} 发生跳变的时刻是 A1 的 $v_+ = v_- = 0$。A1 的 v_+ 由图 12.30 可知：

$$v_+ = v_O - \frac{v_O - v_{O1}}{R_1 + R_2} R_1 \tag{12.38}$$

当 $v_+ = v_- = 0$，即 $v_O - \frac{v_O - v_{O1}}{R_1 + R_2} R_1 = 0$ 时，

$$v_O = -\frac{R_1}{R_2} v_{O1} \tag{12.39}$$

由于 $v_{O1} = \pm V_Z$，而 v_O 就是 A1 的输入信号 v_I，故迟滞比较器 A1 的上、下门限电压和磁滞宽度分别为

$$V_{TL} = -\frac{R_1}{R_2} V_Z \tag{12.40}$$

$$V_{TH} = \frac{R_1}{R_2} V_Z \tag{12.41}$$

$$\Delta V = V_{TH} - V_{TL} = 2\frac{R_1}{R_2} V_Z \tag{12.42}$$

假设电源接通瞬间，迟滞比较器 A1 的输出电压 $v_{O1} = V_Z$，此时 v_{O1} 通过 R_6、D_2 支路向 C 按指数规律正向充电。当 v_O 下降到 V_{TL} 时，A1 的 $v_+ = v_- = 0$，v_{O1} 从 V_Z 跳变到 $-V_Z$，同时门限电压跳变到 V_{TH}。此后 v_{O1} 通过 R_5、D_1 支路向 C 按指数规律反向充电。当 v_O 上升到 V_{TH} 时，$v_+ = v_- = 0$，v_{O1} 从 $-V_Z$ 跳变到 V_Z，同时门限电压跳变到 V_{TL}。由于反相积分器的输入和输出呈积分关系，如此周而复始地振荡后，会在输出端产生锯齿波信号，如图 12.31 所示。假如正向和反向充放电的时间常数相等，即 $R_5C = R_6C$，则反相积分器的输出信号 v_O 为三角波。

忽略二极管的正向导通电阻，推导该锯齿波振荡器的振荡周期。迟滞比较器 A1 的同相输入端电压 v_+ 为

$$v_+ = \frac{R_1}{R_1 + R_2} v_{O1} + \frac{R_2}{R_1 + R_2} v_O \tag{12.43}$$

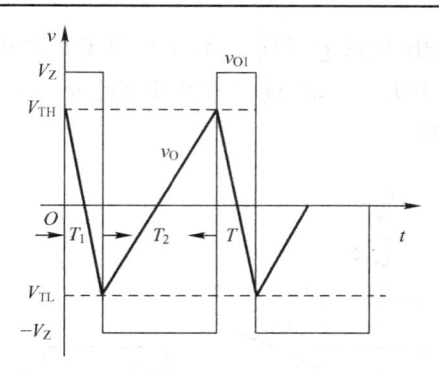

图 12.31 锯齿波产生电路的电压波形

当 $v_+=v_-=0$ 时,迟滞比较器 A1 输出端 v_{O1} 发生翻转,$\dfrac{R_1}{R_1+R_2}v_{O1}+\dfrac{R_2}{R_1+R_2}v_O=0$。

$$v_O=-\dfrac{R_1}{R_2}v_{O1}=\pm\dfrac{R_1}{R_2}V_Z \tag{12.44}$$

反相积分器 A2 的输入输出满足积分关系,$0\sim T_1$ 时间内有

$$-\dfrac{1}{R_6C}\int_0^{T_1}V_Z\mathrm{d}t=V_{TL}-V_{TH}=-2\dfrac{R_1}{R_2}V_Z \tag{12.45}$$

$$T_1=\dfrac{2R_1R_6C}{R_2} \tag{12.46}$$

同理可得:

$$T_2=\dfrac{2R_1R_5C}{R_2} \tag{12.47}$$

因此锯齿波产生电路的周期 T 为

$$T=T_1+T_2=\dfrac{2R_1C}{R_2}(R_6+R_5) \tag{12.48}$$

若 $R_5=R_6$,输出信号变为三角波,周期

$$T=\dfrac{4R_1CR_5}{R_2} \tag{12.49}$$

12.2.4 由 555 定时器构成的多谐振荡器

555 定时器是一种模数混合的中规模集成电路芯片。在芯片的外部加上少量的元器件,就可以构成单稳态触发器和多谐振荡器,以及施密特触发器。555 定时器被广泛地应用在波形产生、变换、测量与控制等领域。

1. 555 定时器的内部电路结构及工作原理

555 定时器的内部电路结构如图 12.32 所示。该电路由分压器、两个比较器 C1 和 C2、一个 RS 触发器和一个集电极开路的放电三极管 VT 4 部分组成。分压器由 3 个 5kΩ 的等值电阻串联而成。分压器为两个比较器提供参考电压,比较器 C1 的参考电压为 $\dfrac{2}{3}V_{CC}$,加在同相输入端。比较器 C2 的参考电压为 $\dfrac{1}{3}V_{CC}$,加在反相输入端。比较器由两个结构相同的集成运放组成。高电平触发信号加在 C1 的反相输入端,与同相端的参考电压 V_{R1} 比较之后,其结果作为 RS 触发器 R 端的输入信号。低电平触发信号加在 C2 的同相输入端,与反相输入端的参考电压 V_{R2} 比较之后,其结果作为 RS 触发器 S

端的输入信号。RS 触发器的输出状态 Q 和 $\overline{Q}$ 受到 C1 和 C2 输出端的控制。在置位状态时（即 $S=1$），输出 Q 为高电平（约等于 V_{CC}），输出 $\overline{Q}$ 为低电平（约等于零）。在复位状态时（即 $R=1$），输出 Q 为低电平，输出 $\overline{Q}$ 为高电平。

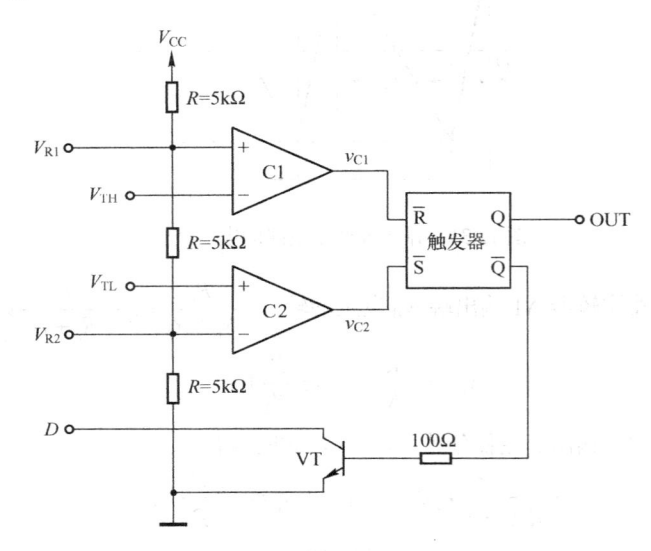

图 12.32　555 定时器的内部电路结构和引脚图

2. 由 555 定时器构成的非稳态多谐振荡器

由 555 定时器构成的非稳态多谐振荡器如图 12.33 所示。

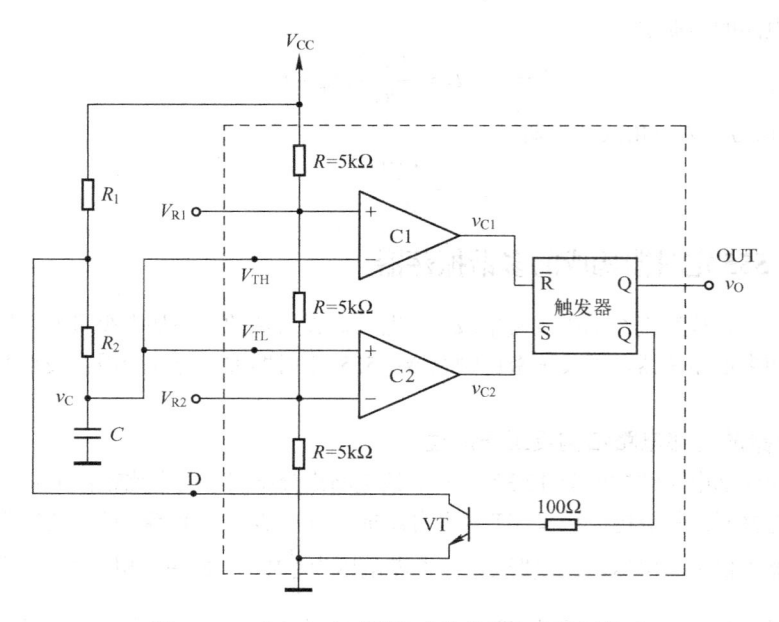

图 12.33　由 555 定时器构成的非稳态多谐振荡器

其中，R_1、R_2 和 C 为外电路元件，各节点的电压波形如图 12.34 所示。

(1) 假设电容 C 的初始电压 v_C 为零，$t=0$ 时接通电源。由于电容电压 v_C 不能跃变，因此 $V_{TH}=V_{TL}=0$ 小于 V_{R1} 和 V_{R2}，比较器 C1 输出为高电平，C2 输出为低电平。此时 $\bar{R}=1$，$\bar{S}=0$，RS 触发器置 1，即 $Q=1$，$\bar{Q}=0$，$v_O=1$。此时 555 定时器内部放电三极管 VT 截止，V_{CC} 通过 R_1、R_2 向 C 充电，v_C 按照指数规律增大。

(2) 当 $t=t_1$，v_C 增大到 $\frac{1}{3}V_{CC}$ 时，比较器 C2 的输出为高电平。此时 $\bar{R}=\bar{S}=1$，RS 触发器的输出状态保持不变。在 v_C 未达到 $\frac{2}{3}V_{CC}$ 之前，RS 触发器的输出 $Q=1$，$v_O=1$。

(3) 当 $t=t_2$，v_C 上升到 $\frac{2}{3}V_{CC}$ 时，比较器 C1 的输出由高电平跳变为低电平。此时 $\bar{R}=0$，$\bar{S}=1$，RS 触发器复零，即 $Q=0$，$\bar{Q}=1$，$v_O=0$。由于 $\bar{Q}=1$，放电三极管 VT 导通。电容 C 通过 R_2 放电，v_C 按照指数规律下降。

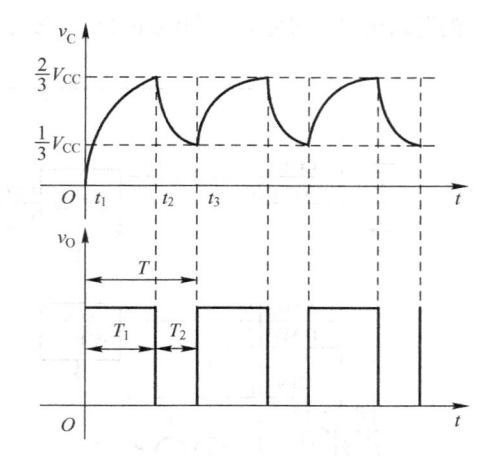

图 12.34 各节点的电压波形

(4) 当 $t=t_3$，v_C 下降到 $\frac{1}{3}V_{CC}$ 时，比较器 C2 的输出由高电平跳变为低电平。此时 $\bar{R}=1$，$\bar{S}=0$，触发器置 1，即 $Q=1$，$\bar{Q}=0$，$v_O=1$。此时电源再次向电容 C 放电，重复上述过程。

从上述的分析过程可知：通过对电容的反复充放电，在 555 定时器的输出端可以获得矩形波。多谐振荡器虽然无外部信号输入，却能产生矩形波，其本质是将直流形式的能量转换为矩形波形式的能量。

555 定时器构成的多谐振荡器的振荡周期为

$$T=T_1+T_2=(R_1+R_2)C\ln 2+R_2 C\ln 2=\ln 2(R_1+2R_2)C \tag{12.50}$$

式中，T_1 和 T_2 分别是电容的充电时间和放电时间。通过式（12.50）可知：改变 R_1、R_2 和 C 的值可以改变矩形波的振荡周期 T。

矩形波的占空比 D 为

$$D=\frac{T_1}{T}=\frac{T_1}{T_1+T_2}=\frac{R_1+R_2}{R_1+2R_2} \tag{12.51}$$

12.3 集成函数信号发生器

12.1 和 12.2 节主要介绍了采用分立元件构成的振荡器，这种信号振荡器的输出频率范围较窄，电路参数设定较烦琐，其频率大小的测量往往需要通过硬件电路的切换来实现，操作不便。而采用单片集成芯片实现的信号振荡器能够产生多种波形信号，达到较高的频率，易于调试。本节主要介绍美国 Maxim 公司推出的高频波形振荡器 MAX038 集成芯片的工作原理和典型应用。

12.3.1 工作原理

MAX038 芯片的内部结构图如图 12.35 所示。主要包括主振器、主振控制器、2.5V 的基准电压源、正弦波形成器、方波形成器、比较器、相位检测器、多路选择器和输出级几个部分。

在 COSC 与 GND 之间接上振荡电容 C，利用恒定电流 I_{IN} 向 C 充电和放电，即可形成振荡，产生一个三角波和两个矩形波。图中，振荡器输出的三角波经正弦波形成器变换成等幅、低失真的正弦波。多路选择器则从输入的正弦波、三角波和矩形波中选择一种作为输出。波形种类由地址 A0 和

A1 的逻辑电平来设定。三角波还经过比较器从 SYNC 端输出，可以作为外部振荡器的同步信号。

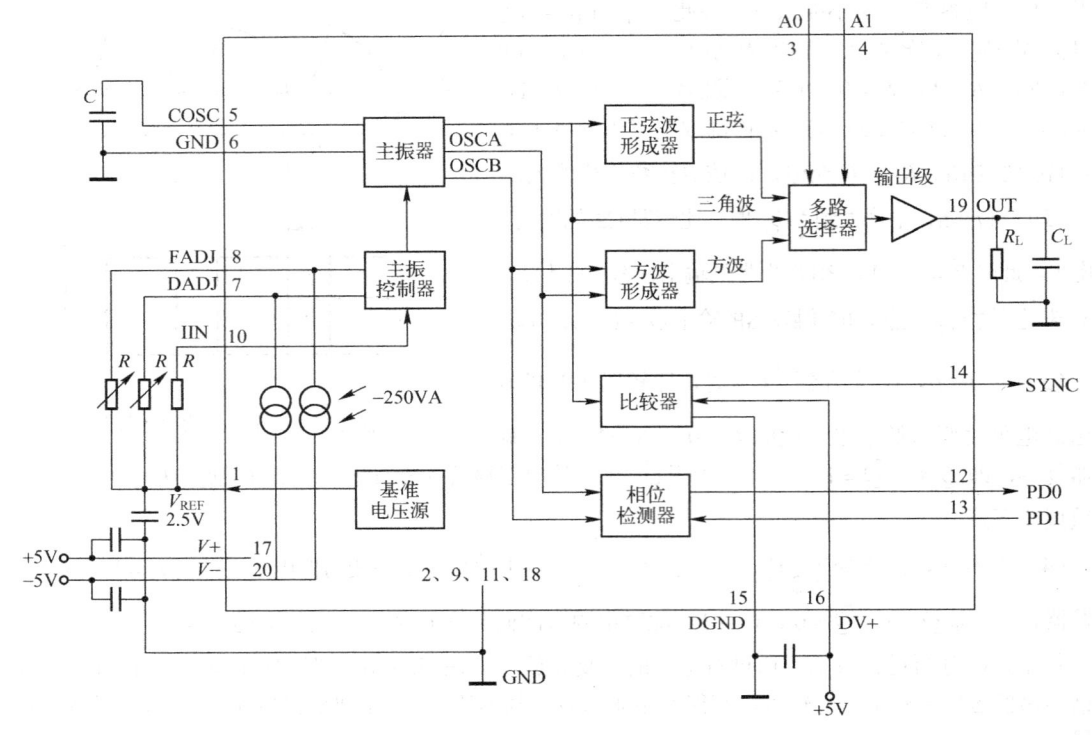

图 12.35 MAX038 芯片的内部结构图

MAX038 中相位检测器可用在使其输出与外部信号同步的锁相环中。外部信号源接到相位检测器的输入端（PDI），由 PDO 得到相位检测输出。由 PDO 引脚输出的电流平均值变化范围为 0～500μA。当 PDO 与 PDI 相位正交时，有 50% 的占空比。PDO 通常接 FADJ 引脚以相连，并且对地接一个电阻 R_{PD} 和一个电容 C_{PD}。R_{PD} 用于控制相位检测器的增益大小，C_{PD} 用于滤除电流中的高频成分。

12.3.2 典型应用

MAX038 集成芯片的引脚如图 12.36 所示。

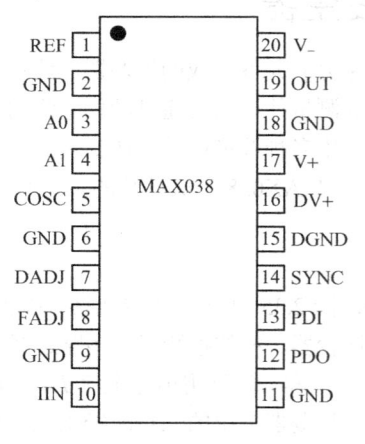

图 12.36 MAX038 集成芯片的引脚图

MAX038 的主要特性如下：(1) 工作频率范围为 0.1Hz～20MHz；(2) 频率扫描范围 350 倍；(3) 频率和占空比可调；(4) 输出电阻为 0.1Ω；(5) 非线性失真小于 0.75%；(6) 温度系数为 200ppm/℃；(7) 输出波形有正弦波、三角波、锯齿波、矩形波和脉冲波；(8) 输出波形峰-峰值 V_{P-P}=2V。

1. 占空比的调节

MAX038 集成芯片的核心部分是一个电流控制的振荡器，通过恒定电流对外部电容 C_F 的充放电，获得三角波和方波信号的输出。充放电的电流由 MAX038 的 I_{IN} 引脚的电流控制，由加在引脚 FADJ、DADJ 上的电压调整。

MAX038 输出波形的占空比 D 为

$$D = 0.5 - 0.174 V_{DADJ} \tag{12.52}$$

由 v_{DADJ} 控制外部电容 C_F 的充放电比值。当 $v_{DADJ}=0V$ 时，波形的占空比为 50%。当 $v_{DADJ} = \pm 2.3V$ 时，占空比为 10%～90%。在引脚 FADJ 和 DADJ 的内部，设置了 250μA 的下拉电流源。仅用电阻 R_F（连接引脚 FADJ 和 2.5V 基准电压的可变电阻）和 R_D（连接引脚 DADJ 和 2.5V 基准电压的可变电阻）就可以对占空比进行调整。

2. 频率的调节

频率的调节取决于引脚 IIN 端的电流、引脚 COSC 的电容量 C_F，以及引脚 FADJ 端的电压。当 FADJ = 0 时，振荡频率为

$$f = I_{IIN}/C_F \tag{12.53}$$

MAX038 输出信号的频率和 C_F 电容以及 IIN 引脚的电流之间的关系如表 12.2 所示。

表 12.2 输出信号频率范围与 C_F 的关系表

频段号	C_F	f_1(2μA)	f_2(750μA)	Δf	f_3	f_4
1	10pF	200kHz	65MHz	1kHz	600kHz	10MHz
2	1nF	2kHz	650kHz	10Hz	6kHz	600kHz
3	100nF	20Hz	6.5kHz	0.1Hz	60Hz	6kHz
4	10μF	0.2Hz	65Hz	0.001Hz	0.2Hz	60Hz

固定一个 C_F 值，当 IIN 端的电流从 2μA 变化到 750μA，对应产生一个频段范围。芯片通过 DAC 控制 IIN 端的电流和 FADJ 端的电压，将各频段的频率范围划分为 65535 级间隔，因此各频段的输出误差 $\Delta f = (f_1 - f_2)/65535$。考虑到相邻频段的重叠性和各频段的误差大小，设定各频段的实际起止频率为 $f_3 \sim f_4$。

当 FADJ≠0 时，输出频率还可以通过调节引脚 FADJ 的电压大小以实现微调。v_{FADJ} 的电压变化范围为 -2.4～2.4V，如果超出 ±2.4V，会导致输出频率的不稳定。由 FADJ 调节的频率输出范围是 FADJ=0 时的 0.3～1.7 倍。

此时电路的振荡频率为

$$f = f_o(1 - 0.2915 v_{FADJ}) = v_{IN}(1 - 0.2915 v_{FADJ})/C_F \tag{12.54}$$

3. 输出波形的选择

输出波形的种类由引脚 A0 和 A1 的逻辑电平来设定。当 A1=1、A0=X 时，输出为正弦波。当 A1=0、A0=0 时，输出为方波。当 A1=0、A0=1 时，输出为三角波。

4. 幅度调节和输出驱动电路的设计

由于 MAX038 的输出信号幅度恒为 $2V_{P-P}$，且输出电流不高，故实际应用时，必须进行幅度调节和输出驱动电路的设计。由于输出信号的最大基频为 20MHz，要在输出端得到不失真的三角波和矩

形波，要求放大器具有很高的频宽，例如采用高速宽带运放 LM6361 作为电压放大器。其次，要求输出信号的幅度在一定的范围内可调，可以采用数控的方式实现。另外，作为一个信号源，输出驱动能力是个重要的指标。由于 LM6361 的输出电流的典型值只有 5mA，无法直接驱动 50Ω的负载。通常在电压放大器后级再单独设计由 VT_1 和 VT_2 组成的互补对称功率放大电路，这样能大大提高输出级驱动负载的能力，当负载为50Ω时，驱动电流能达到 200mA 以上。

5. MAX038 的外围电路设计

由单片机控制 MAX038 芯片的信号发生器，其外围电路的原理图如图 12.37 所示。波形选择引脚 A0 和 A1 与单片机的引脚相连，在单片机的控制下可以输出 3 种不同种类的波形：正弦波、矩形波和三角波。OUT 为信号波形的输出端，后续需通过放大驱动和幅值调节电路对输出波形进行幅度调节、负载驱动以及减小波形失真。

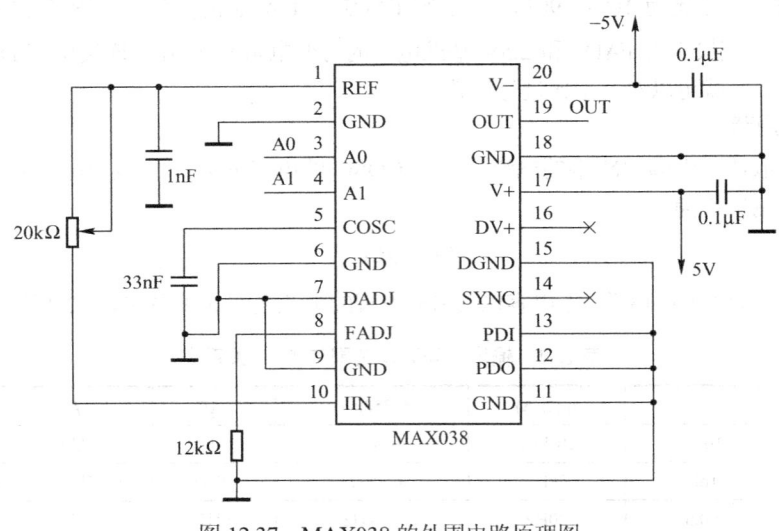

图 12.37 MAX038 的外围电路原理图

引脚 REF 的内部是一个 2.5V 带隙基准电压源，通过调节 12kΩ可变电阻器的大小，改变引脚 I_{IN} 的电流大小，从而实现对频率的微调。引脚 COSC 外接电容的大小决定了输出信号的频段范围。如果要拓宽输出信号的频段范围，可以利用多路模拟开关，如 8 通道的 CD4501，通过地址码的选择，改变外接电容的大小。图 12.37 中，引脚 DADJ 直接接地，意味着本次设计的输出波形占空比被固定在 50%。若引脚 FADJ 通过 12kΩ的电阻接地，则该引脚无须对频率进行微调。若要使用该引脚，则在引脚 8 和引脚 1 之间接可变电阻器，来调节振荡频率。引脚 PDI 为内部鉴相器参考时钟输入端，引脚 PDO 为内部鉴相器输出端，在不使用鉴相器时，以上两引脚均接地。

由MAX038 实现的模数混合信号发生器，在电路设计和PCB板布局时要注意以下几个方面的问题。

（1）MAX038 的数字电源和模拟电源必须分开，以防止数字信号通过电源线干扰模拟部分。数字地和模拟地的处理也要谨慎，PCB 板要用低阻地平面分别将模拟地和数字地连接，再在某一点上将两地相连。

（2）不同的电阻具有不同的寄生电容和寄生电感，设计时应选择寄生电容和寄生电感较小的电阻，一般使用 1%以上精度的金属膜电阻。

（3）在高频电路中，通常在电源引脚和地之间加上适当的去耦电容，以消除由于电源波动所产生的谐波分量。一般使用 1μF 以上的电容，或者再并联一个 0.1μF 的电容，使去耦效果更佳。

(4) 在双面板中，信号线要尽量布在焊接面上，元器件为地平面，这样可减少信号间的干扰。由于系统性能受引脚 I_{IN}、FADJ、COSC、DADJ 周围分布电容及信号环境变化的影响特别敏感，因此引脚引线的长度和面积应尽量短小。

第 12 章习题

12.1 填空题

（1）正弦波振荡电路由_____、_____、_____、_____4 部分组成。

（2）假设放大电路的开环增益为 A，正反馈网络的反馈系数为 β，则正弦波振荡器的振幅平衡条件是_____，相位平衡条件是_____。

（3）文氏电桥振荡器中，放大器的电压增益 $A=$_____，若 RC 串并联网络中的电阻均为 R，电容均为 C，则振荡频率 $f=$_____。

（4）常见的正弦波振荡器中，频率稳定度最高的是_____（文氏电桥振荡器、LC 振荡器、石英晶体振荡器）。

12.2 用相位平衡条件判断图题 12.1 所示的电路是否有可能产生振荡，并说明理由。

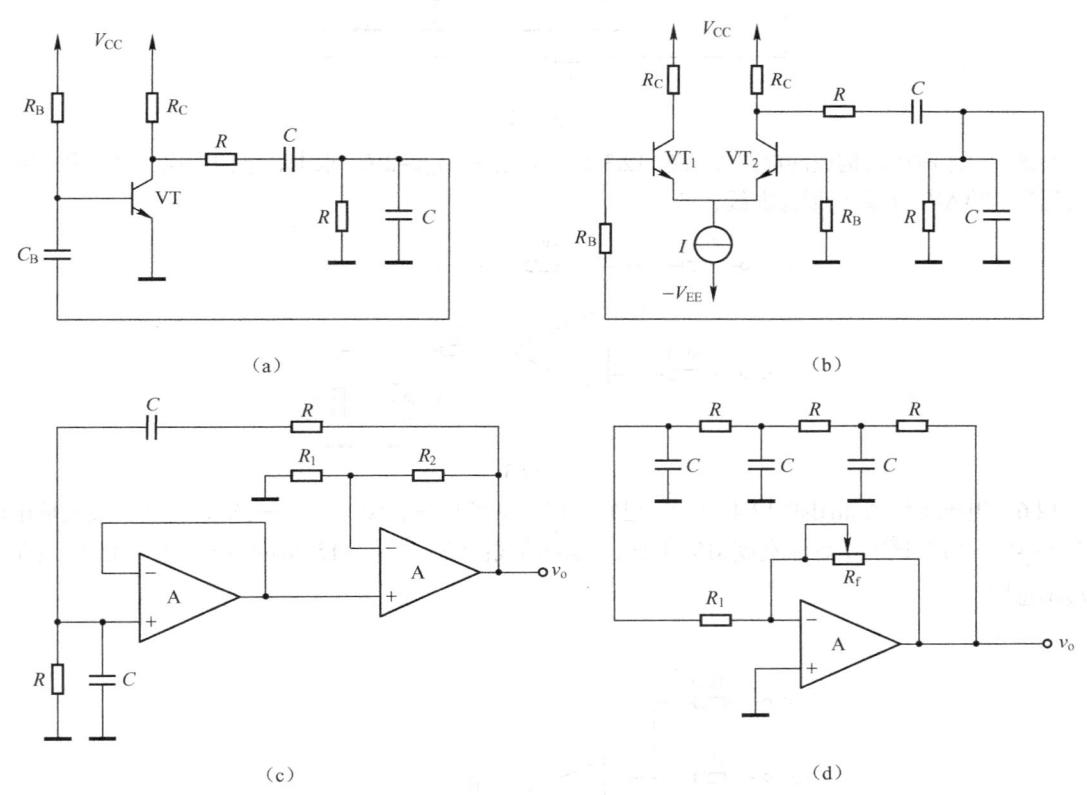

图题 12.1

12.3 试分析下列各种情况，应采用哪种类型的正弦波振荡器，它们的放大电路一般采用哪种元件？（a. RC 振荡器；b. LC 振荡器；c. 石英晶体振荡器）

（1）振荡频率在 100Hz～1kHz 范围内可调。（　　）

（2）振荡频率在 10Hz～20MHz 范围内可调。（　　）

（3）产生 100MHz 的正弦波，要求振荡频率的稳定性好。（　　）

12.4　电路如图题 12.2 所示。

（1）简要说明该电路能够产生正弦波振荡的理由；

（2）写出电路的振荡频率 f 的表达式；

（3）若电阻 R_5 过大或过小，会出现什么现象？

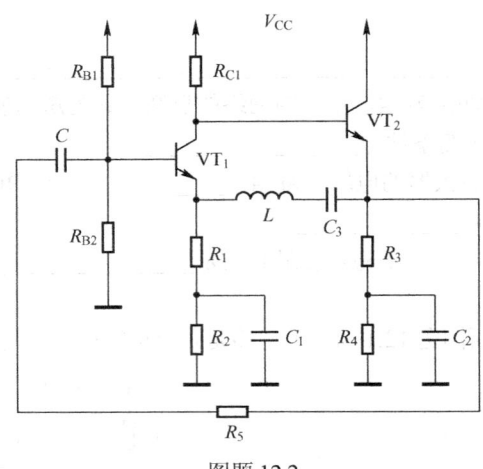

图题 12.2

12.5　由集成运放构成的电路如图题 12.3 所示，已知 $v_{REF}=2V$，求上、下门限电压 V_{TL} 和 V_{TH}，以及迟滞宽度 ΔV，并画出迟滞曲线。

图题 12.3

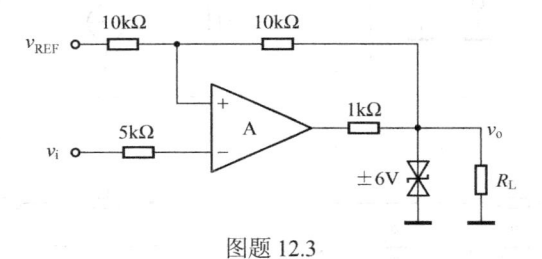

12.6　电压比较器如图题 12.4 所示，已知双向稳压管 $V_Z = \pm 9V$，$v_{REF} = 3V$，运放的最大输出电压为 $\pm 14V$。（1）试求出迟滞宽度 ΔV，并画出迟滞曲线；（2）当 $v_i = 15\sin\omega t$（V）时，画出 $v_o(t)$ 的波形示意图。

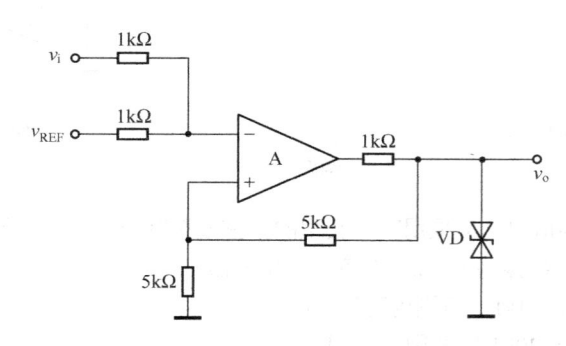

图题 12.4

12.7 考虑图题 12.5 所示的双稳态电路。

(1) 推导门限电压 V_{TL} 和 V_{TH} 的表达式，用运放的饱和电平 L_+ 和 L_-、电阻 R_1、R_2 和 v_{REF} 表示；

(2) 设 $L_+ = -L_- = 10V$，$R_1 = 10k\Omega$，求 R_2 和 v_{REF} 的值，使门限电压等于 0V 和 1V。

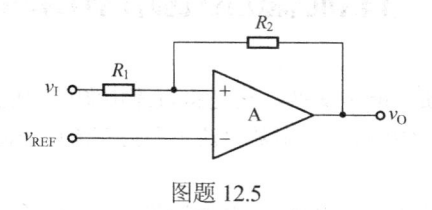

图题 12.5

12.8 图题 12.6 所示电路为三角波产生电路，求：

(1) 其振荡频率 ω_o；

(2) 画出 v_{O1} 和 v_{O2} 的波形（标明参数）；

(3) 若要改变三角波的幅度和频率，应如何修改电路？

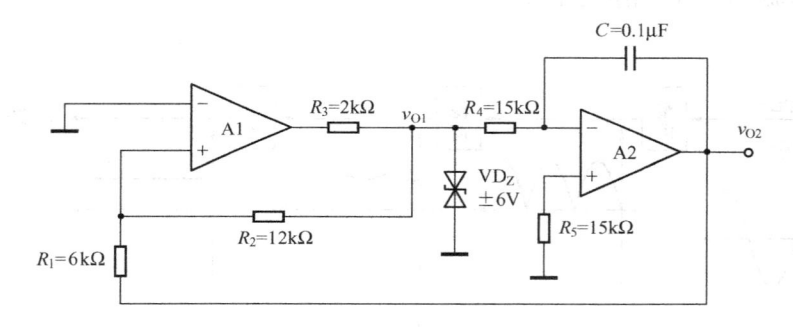

图题 12.6

12.9 图题 12.7 所示为三角波振荡器，请说明其工作原理，并证明三角波的频率为：

$$f = \frac{R_1 + R_2}{4R_3 R_4 C}$$

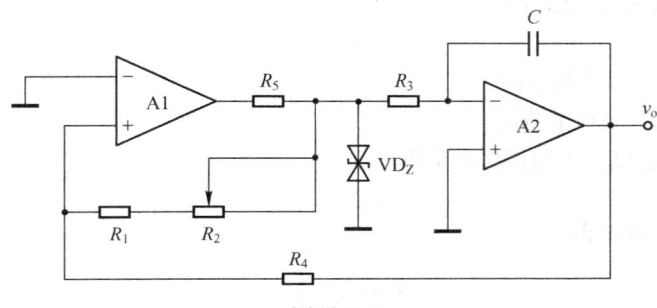

图题 12.7

12.10 设计具有同相传输特性的双稳态电路，设 $L_+ = -L_- = 10V$，$V_{TH} = -V_{TL} = 5V$。假如 v_I 是均值为 0V、幅度为 10V 的三角波，周期是 1ms，画出输出信号 v_O 的波形。求 v_I 和 v_O 过零点之间的时间间隔。

第13章 直流稳压电路和集成稳压器

信号处理和信号产生的实质是能量交换。它是将直流电源的电能转换为信号能量,直流电源是一切信号处理电路稳定工作的基本条件。大多数直流电源为直流电压源,对它的基本要求是能够输出稳定的直流电压和足够的功率。

直流稳压电源通过电子电路将电网的交流电能转换为直流电能,并且维持稳定的直流输出电压,绝大多数电子设备都采用直流稳压电源。

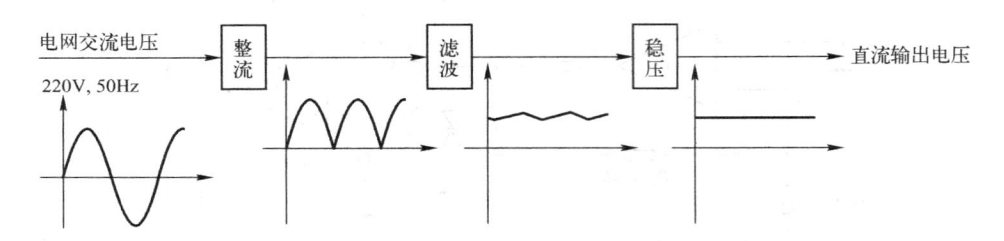

13.1 直流稳压电源概述

直流稳压电源组成框图如图13.1所示

图 13.1 直流稳压电源组成框图

13.1.1 直流稳压电源主要指标

直流稳压电源的技术指标可以分为两大类:一类是特性指标,反映直流稳压电源的固有特性;另一类是质量指标,反映直流稳压电源的优劣。

1. 特性指标

(1) 输入电压(V_i)及变化范围
(2) 输出电压(V_o)及调节范围
(3) 额定输出电流(I_o)及过流保护电流

2. 质量指标

(1) 稳压系数 S_r 定义为

$$S_r = \frac{\Delta V_o / V_o}{\Delta V_i / V_i}\bigg|_{\substack{\Delta I_o = 0 \\ \Delta T = 0}}$$

工程上常用电压调整率 S_v 表征稳压电路的稳压性能

$$S_v = \frac{\Delta V_o / V_o}{\Delta V_i} \times 100\%\bigg|_{\substack{\Delta I_o = 0 \\ \Delta T = 0}}$$

(2) 输出电阻 R_o 定义为

$$R_o = \frac{\Delta V_o}{\Delta I_o}\bigg|_{\substack{\Delta V_i = 0 \\ \Delta T = 0}}$$

(3) 温度系数 S_t 定义为

$$S_t = \frac{\Delta V_o}{\Delta T}\bigg|_{\substack{\Delta V_i=0 \\ \Delta I_o=0}}$$

(4) 纹波系数 K_r 定义为

$$K_r = \frac{V_r}{|V_o|}$$

式中，V_r 为输出电压中交流分量的有效值

$$V_r = \frac{1}{T}\sqrt{\int_0^T v_r^2 dt}$$

13.1.2 单相整流电路

1. 单相半波整流电路

(1) 电路如图 13.2 所示。

设 $v_2=\sqrt{2}V_2\sin\omega t$，VD 为理想二极管，当 $v_2>0$ 时，VD 导通，$v_o=\sqrt{2}V_2\sin\omega t$；当 $v_2<0$ 时，VD 截止，$v_o=0$。

(2) 输出直流电压 V_o

$$V_o = \frac{1}{2\pi}\int_0^{2\pi} v_o d\omega t = \frac{1}{2\pi}\int_0^{\pi} \sqrt{2}V_2\sin\omega t d\omega t = \frac{\sqrt{2}}{\pi}V_2 = 0.45V_2 \tag{13.1}$$

(3) 整流二极管选择

流过二极管的平均电流

$$I_D = \frac{V_o}{R_L} = \frac{0.45V_2}{R_2} \tag{13.2}$$

二极管承受的最大反向电压 $\quad V_{DR}=\sqrt{2}V_2 \tag{13.3}$

选择二极管，一般会选择参数 V_{DR} 的 1.5～2 倍。

2. 单相全波整流电路

电路如图 13.3 所示。

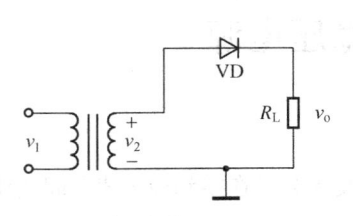

图 13.2 单相半波整流电路　　图 13.3 单相全波整流电路

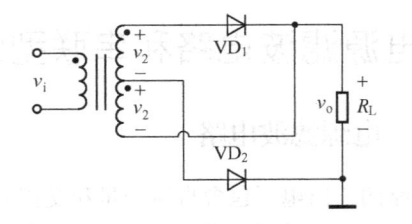

全波整流为两个半波整流电路的合成。当 V_2 工作在正半周时，VD_1 导通，VD_2 截止；当 V_2 工作在负半周时，VD_2 导通，VD_1 截止。

故

$$V_o = \frac{1}{2\pi}\int_0^{2\pi} v_o d\omega t = \frac{1}{\pi}\int_0^{\pi}\sqrt{2}V_2\sin\omega t d\omega t = \frac{2\sqrt{2}}{\pi}V_2 = 0.9V_2 \tag{13.4}$$

$$I_D = \frac{1}{2}\frac{V_o}{R_L} = 0.45\frac{V_2}{R_L} \tag{13.5}$$

和半波整流电路相同。

$$V_{DR}=2\sqrt{2}\,V_2 \tag{13.6}$$

为半波整流时的 2 倍。

3. 单相桥式整流电路

电路如图 13.4 所示。

当 V_2 工作在正半周时，VD_1、VD_3 导通，VD_2、VD_4 截止，$v_o=\sqrt{2}\,V_2\sin\omega t$ ($0\leqslant\omega t\leqslant\pi$)。

当 V_2 工作在负半周时，VD_1、VD_3 截止，VD_2、VD_4 导通，$v_o=\sqrt{2}\,V_2\sin\omega t$ ($\pi\leqslant\omega t\leqslant 2\pi$)。

所以

$$V_o = \frac{1}{2\pi}\int_0^{2\pi} v_o\,d\omega t = \frac{1}{\pi}\int_0^{\pi}\sqrt{2}V_2\sin\omega t\,d\omega t = 0.9V_2 \tag{13.7}$$

$$I_D = \frac{1}{2}\frac{V_o}{R_L} = 0.45\frac{V_2}{R_L} \tag{13.8}$$

$$V_{DR}=\sqrt{2}\,V_2 \tag{13.9}$$

I_D 和 V_{DR} 都和半波整流时相同。

4. 倍压整流电路

电路如图 13.5 所示。

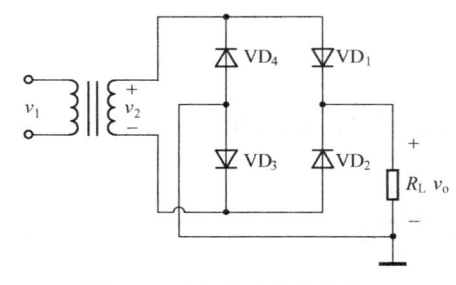

图 13.4　单相桥式整流电路

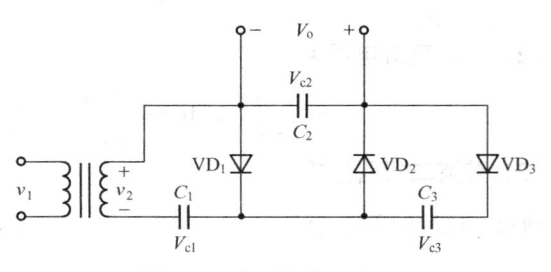

图 13.5　倍压整流电路

利用二极管的单向导电性，可以为电容提供单极性电压，然后通过电容存储的电压累加形成若干倍交流电压峰值的直流输出电压。

$$V_o=2\sqrt{2}\,V_2 \tag{13.10}$$

13.2　电源滤波电路和串联型线性稳压电源

13.2.1　电源滤波电路

整流电路的输出电压包含直流分量和交流分量，其交流分量在零到最大值之间变化，无法进行稳压，因此必须加入滤波电路来平滑输出电压，一般应用低通滤波电路来实现滤波的功能。

利用储能元件存储和释放能量的作用，电感和电容都可以组成滤波电路。目前应用最多的是电容构成的 RC 滤波电路，如图 13.6 所示。

一般电容 C 的选择满足 $R_L C > (3\sim 5)\frac{T}{2}$，其中，$T$ 为电源的周期。

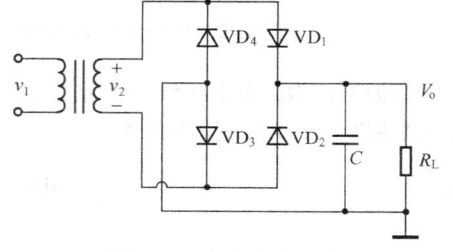

图 13.6　电容滤波电路

由于电容上的充电电流波形为正弦波，放电电流波形为指数波形，精确计算非常复杂，工程上采用估算法计算输出电压。

若变压器副边输出电压有效值为 V_2，则

$$V_o \approx 1.2V_2 \tag{13.11}$$
$$V_r \approx 0.12V_2 \tag{13.12}$$

选择二极管时，注意下列参数

$$V_{DR} = \sqrt{2}V_R \tag{13.13}$$
$$I_{DF} = \frac{1}{2}I_o = \frac{V_o}{2R_L} \approx 0.6\frac{V_2}{R_L} \tag{13.14}$$

一般选择二极管参数应满足

$$I_F = (2\sim3)I_{DFmax} \tag{13.15}$$
$$V_R = (1.5\sim2)V_{DRmax} \tag{13.16}$$

13.2.2 串联型线性稳压电源及应用

1. 电路组成和工作原理

图 13.7 所示晶体管串联稳压电路，由调整管 VT、输出电压取样电阻、比较放大器和基准电压组成。V_I 是整流滤波输出电压，V_o 是稳压电路的输出电压。

调整管 VT 工作在放大区和负载串联，通过自动调节晶体管 V_{CE} 的电压达到稳定 V_o 的目的。整个电路构成一个能稳定输出电压的负反馈电路。取样电路 R_1、R_2 为运放引入一个深度电压负反馈。基准电压由 R 和 VD_Z 组成，电路的输出电压为

$$V_o = \frac{R_1 + R_2}{R_2}V_{REF} \tag{13.17}$$

2. 集成线性稳压器

集成线性稳压器是一种只有 3 个引出端的单片集成电路，内部电路为一种串联型稳压电路。输出电压固定的是三端固定稳压器，输出电压可调的为三端可调稳压器。

输出正电压的三端稳压器有 W7800 系列产品，输出负电压的有 W7900 系列，每个系列共有 7 种电压规格：5V、6V、9V、12V、15V、18V 和 24V。主要有 3 种电流规格：0.1A、0.5A 和 1.5A，产品型号后两位表示输出电压的大小。

典型的直流稳压应用电路如图 13.8 所示，其中 V_I 为整流后的输出电压，C_1 和 C_2 为滤波电容，C_3 为纹波抑制电容。为保证 W78M15 正常工作，V_I-V_O>3V，即 V_I>18V。

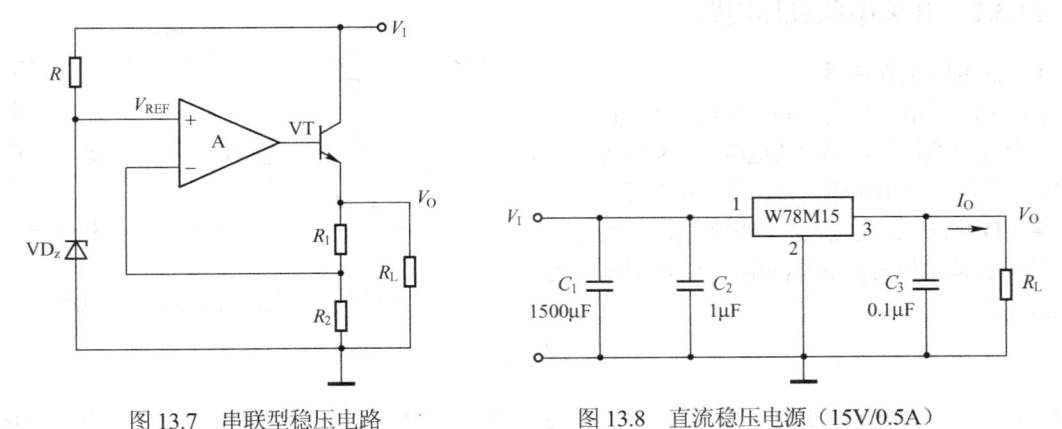

图 13.7 串联型稳压电路

图 13.8 直流稳压电源（15V/0.5A）

稳压器的静态电流 I_Q=10mA，故滤波电路的等效负载电阻

$$R'_L = \frac{V_1}{I_O + I_Q} = \frac{18}{0.5 + 0.01} = 35\Omega \quad (13.18)$$

滤波电容
$$C_1 = (3 \sim 5)\frac{T}{2} \cdot \frac{1}{R'_L} = 857 \sim 1400\mu F \quad (13.19)$$

3. 三端可调稳压器

三端可调稳压器原理框图如图 13.9 所示。V_{REF} 为能隙基准电压，为 1.25V，要求非常稳定。I_{adj} 为 50μA，可忽略，则 $I_1 = I_2$。故

$$V_O \approx V_{REF}\left(1 + \frac{R_2}{R_1}\right) \quad (13.20)$$

实际应用电路如图 13.10 所示。

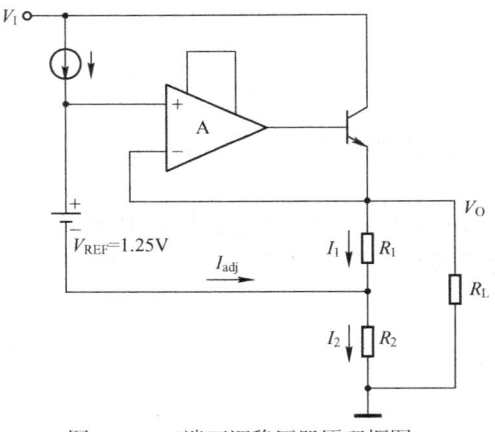

图 13.9 三端可调稳压器原理框图

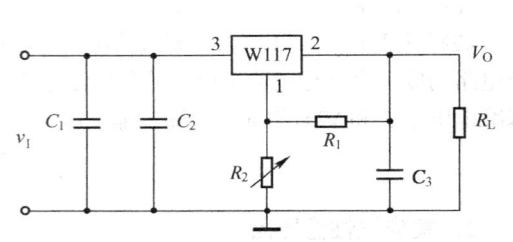

图 13.10 可调直流稳压电源

13.3 开关型稳压器

线性稳压电路中，调整元件的端电压和流过的电流都很大，导致其功率损耗大，能量转换效率低。如果调整元件使其工作在开关状态，将大幅提高转换效率。目前开关稳压电源的转换效率可达 95%左右。

13.3.1 开关串联稳压电路

1. 主电路工作原理

图 13.11 所示为开关串联稳压电源主电路。

V_1 通常是整流滤波输出的电压，调整管 VT 和负载串联，基极脉冲电压驱动调整管工作在开关状态，二极管 VD 保证电感电流连续，称为续流二极管。

输出直流电压与控制脉冲电压 V_B 占空比和输入电压成正比。

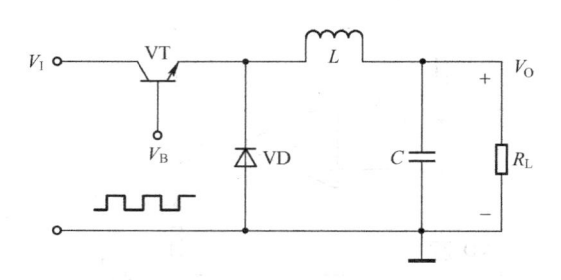

图 13.11 开关串联稳压电源主电路

$$V_O = \frac{T_{On}}{T}V_1 \quad (13.21)$$

式中，T_{On} 为脉冲波的导通时间，L 和 C 构成低通滤波器，滤除交流分量。由于开关频率高达 50kHz 左右，故用较小的 L 和 C 即可滤除交流成分。

2. 控制方式

输出电压的调节方式称为开关稳压电路的控制方式,通常有 3 种控制方式。

(1) 开关周期 T 不变,调节导通时间 T_{On},称为脉冲宽度调制(PWM 方式);

(2) 导通时间 T_{On} 不变,调节开关周期 T,称为脉冲频率调制(PFM 方式);

(3) 既调节 T 又调节 T_{On},称为混合调节。

3. PWM 开关串联稳压电路

PWM 控制电路原理框图如图 13.12 所示。

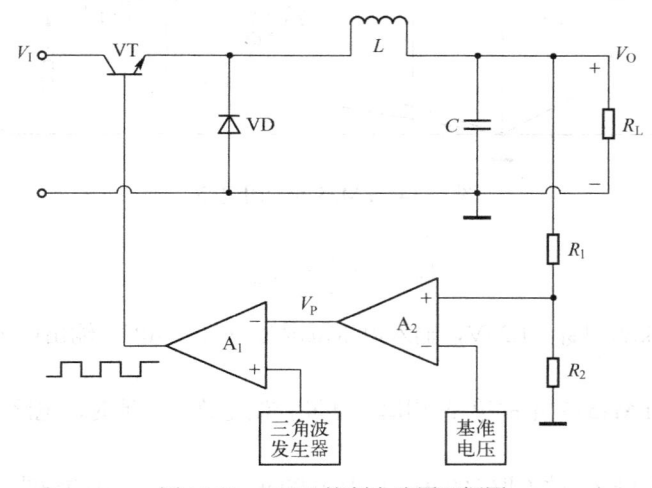

图 13.12 PWM 控制电路原理框图

PWM 控制电路由取样电路、基准电压、比较放大电路(A_1)、三角波发生电路和电压比较器(A_2)组成。V_P 越大,T_{On} 越小,V_O 越小。

13.3.2 开关集成稳压器及应用

PWM 电路易于集成化,已有单片集成电路产品,如 LM2576,原理框图如图 13.13 所示。

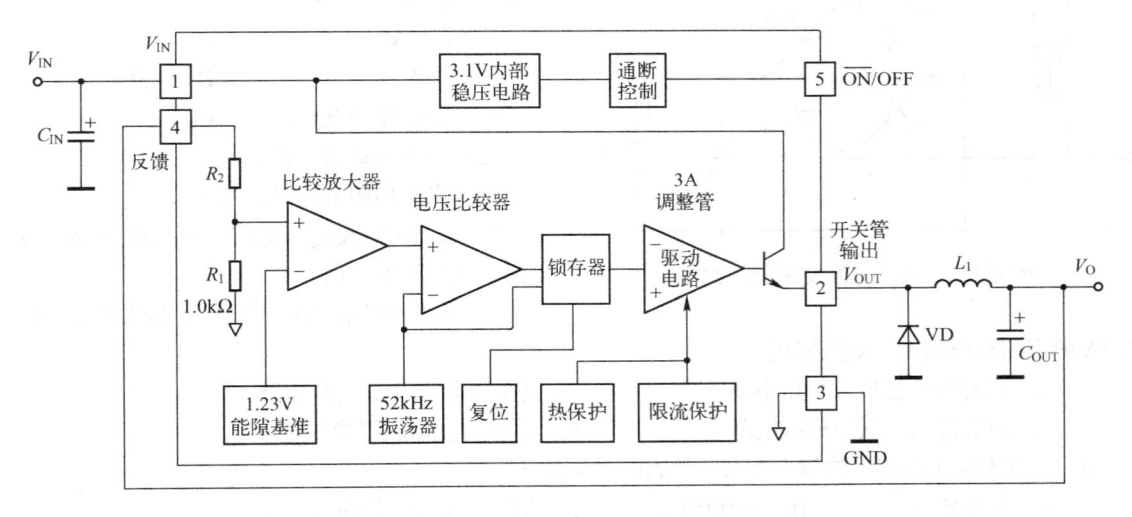

图 13.13 LM2576 原理框图

LM2576 应用电路如图 13.14 所示。

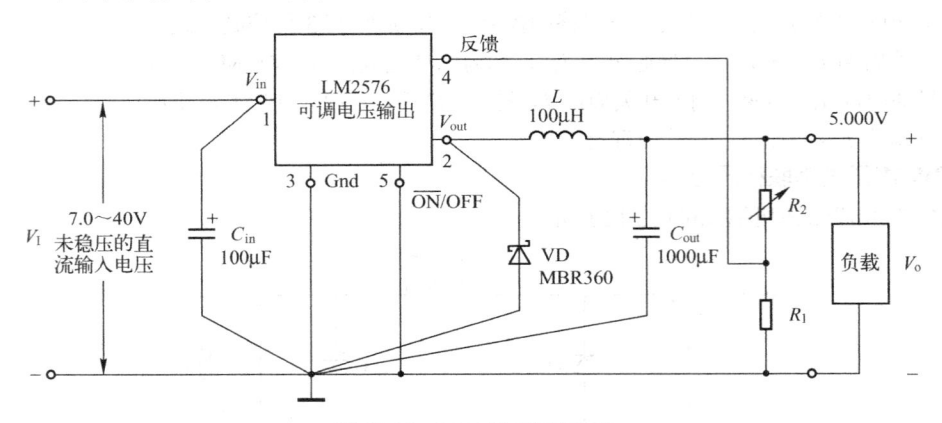

图 13.14 LM2576 应用电路

$$V_o = \left(1 + \frac{R_2}{R_1}\right)V_{REF} \tag{13.22}$$

取样电阻 R_1=1.0～5.0kΩ，V_{REF}=1.23V，输入电压范围为 4.75～40V，输出电压调节范围为 1.23～37V。

开关集成稳压器 LM2576 中的第 5 引脚为通断控制电路，接地时，电路正常工作，接高电平时，处于待机状态。

由于开关频率取 52kHz，故 L 取 100μH、C 取 1000μF 即可达到很好的滤波效果。

第 13 章习题

13.1 选择正确答案填入括号内。

1. 在图题 13.1 所示的桥式整流电容滤波电路中，已知变压器副边电压有效值 V_2 为 10V，$RC \geqslant 3T/2$（T 为电网电压的周期）。测得输出直流电压 V_o 可能的数值如下。

A. 14V B. 12V
C. 9V   D. 4.5V

（1）在正常负载情况下，$V_o \approx$（　　）。
（2）电容虚焊时，$V_o \approx$（　　）。
（3）负载电阻开路时，$V_o \approx$（　　）。
（4）一只整流管和滤波电容同时开路，在正常负载情况下，$V_o \approx$（　　）。

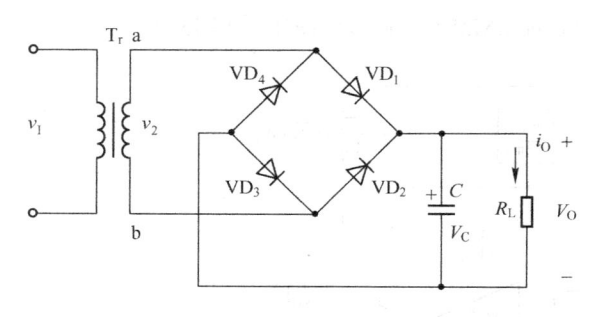

图题 13.1 桥式整流电容滤波电路

2. 若要组成输出电压可调、最大输出电流为 3A 的直流稳压电源，则应采用（　　）。

A. 电容滤波稳压管稳压电路 B. 电感滤波稳压管稳压电路
C. 电容滤波串联型稳压电路 D. 电感滤波串联型稳压电路

3. 串联型稳压电路中的放大环节所放大的对象是（　　）。

A. 基准电压   B. 采样电压   C. 基准电压与采样电压之差

4. 开关型直流电源比线性直流电源效率高的原因是（　　）。

A．调整管工作在开关状态
B．输出端有 LC 滤波电路
C．可以不用电源变压器

5. 在脉宽调制式串联型开关稳压电路中，为使输出电压增大，对调整管基极控制信号的要求是（　）。

A．周期不变，占空比增大
B．频率增大，占空比不变
C．在一个周期内，高电平时间不变，周期增大

13.2　画出三倍压整流电路，并说明其工作原理。

13.3　电路如图题 13.2 所示，变压器副边电压有效值为 $2V_2$。
（1）画出 v_2、v_{D1}、v_o 的波形。
（2）求输出电压平均值 V_o 和输出电流平均值 I_L 的表达式。
（3）求二极管的平均电流 I_D 和所承受的最大反向电压 V_{DRmax} 的表达式。

13.4　电路如图题 13.3 所示，要求：
（1）分别标出 v_{O1} 和 v_{O2} 对地的极性。
（2）v_{O1} 和 v_{O2} 分别是半波整流还是全波整流？
（3）当 $V_{21}=V_{22}=20V$ 时，V_{O1} 和 V_{O2} 各为多少？
（4）当 $V_{21}=18V$，$V_{22}=22V$ 时，画出 v_{O1}、v_{O2} 的波形，并求出 V_{O1} 和 V_{O2} 各为多少。

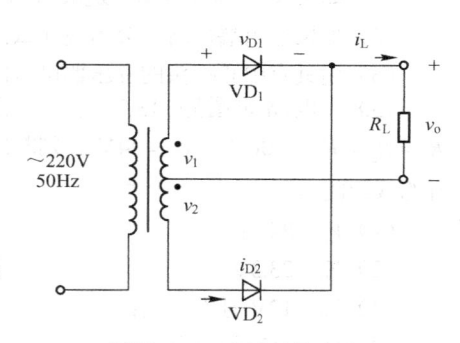

图题 13.2　全波整流电路

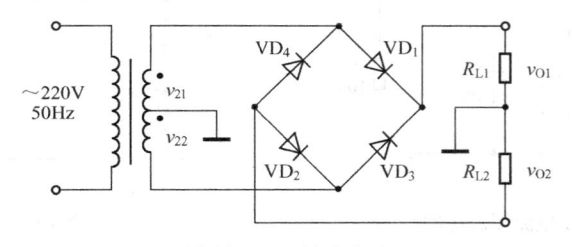

图题 13.3　整流电路

13.5　电路如图题 13.4 所示，已知稳压管的稳定电压为 6V，最小稳定电流 I_{Zmin} 为 5mA，允许耗散功率 P_Z 为 240mW，动态电阻 r_Z 小于 15Ω。试问：
当输入电压 v_i 变化范围为 20～24V、R_L 为 200～600Ω 时，限流电阻 R_1 的选取范围是多少？

13.6　桥式整流滤波电路如图题 13.5 所示，已知 v_1 是 220V、频率为 50Hz 的交流电源，要求输出直流电压 V_o=30V，负载直流电流 I_o=50mA。试求电源变压器副边电压 v_2 的有效值 V_2，并选择整流二极管及滤波电容。

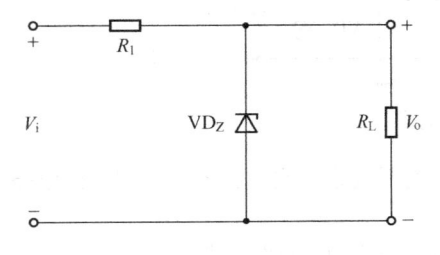

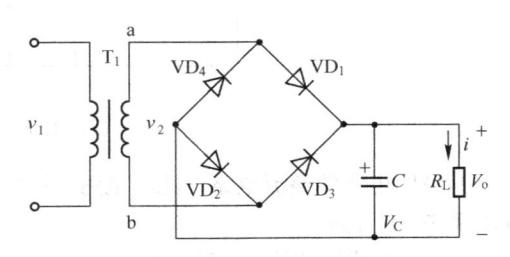

图题 13.4　稳压电路　　　　图题 13.5　桥式整流滤波电路

13.7 单相全波整流滤波电路如图题 13.6 所示。

（1）输出直流电压 V_o 约为多少？标出 V_o 的极性及电解电容 C 的极性。

（2）如果整流二极管 VD_2 虚焊，V_o 是否是正常情况下的一半？如果变压器中心抽头地方虚焊，这时还有输出电压吗？

（3）如果把 VD_2 的极性接反，是否能正常工作？会出现什么问题？

（4）如果 VD_2 因过载损坏造成短路，又会出现什么问题？

（5）如果输出端短路，会出现什么问题？

（6）用具有中心抽头的变压器可否同时得到一个对地为正、一个对地为负的电源？

13.8 电路如图题 13.7 所示，已知稳压管的稳定电压 $V_Z = 6V$，晶体管的 $V_{BE} = 0.7V$，$R_1 = R_2 = R_3 = 300\Omega$，$V_I = 24V$。判断出现下列现象时，分别因为电路产生了什么故障（即哪个元件开路或短路）。

（1）$V_o \approx 24V$；

（2）$V_o \approx 23.3V$；

（3）$V_o \approx 12V$ 且不可调；

（4）$V_o \approx 6V$ 且不可调；

（5）V_o 可调范围变为 6～12V。

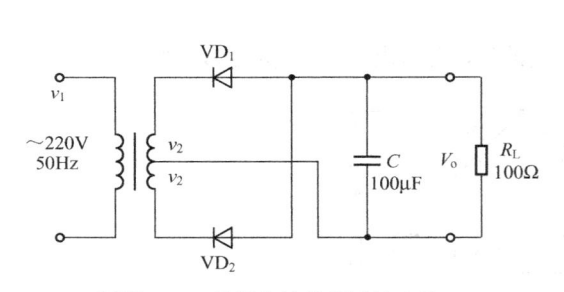

图题 13.6 单相全波整流滤波电路

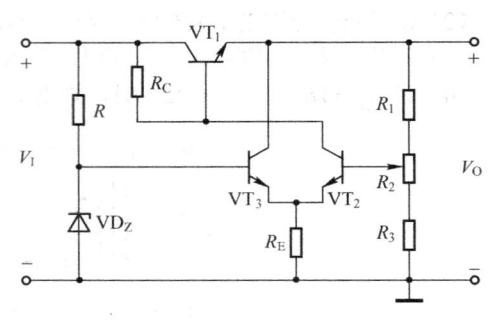

图题 13.7 稳压电路

13.9 直流稳压电路如图题 13.8 所示。

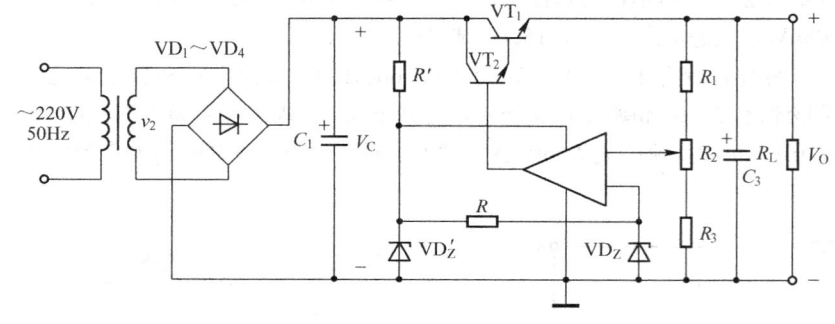

图题 13.8 直流稳压电路

（1）说明电路的整流电路、滤波电路、调整管、基准电压电路、比较放大电路和采样电路等部分各由哪些元件组成。

（2）标出集成运放的同相输入端和反相输入端，写出输出电压 V_O 的表达式。

13.10 在图题 13.9 所示电路中，$R_1=240\Omega$，$R_2=3k\Omega$；W117 输入端和输出端的电压允许范围为

$3\sim40\text{V}$,输出端和调整端之间的电压 V_R 为 1.25V。试求解:

(1) 输出电压的调节范围;

(2) 输入电压允许的范围。

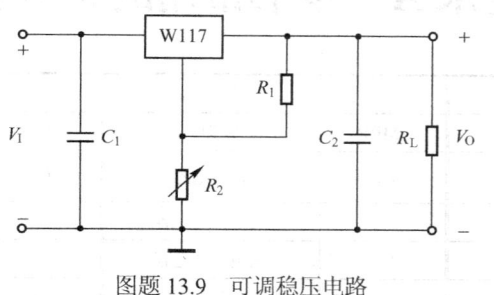

图题 13.9 可调稳压电路

13.11 电路如图题 13.10 所示,假设 $I_Q=0$,$R_2=1\text{k}\Omega$,问:

(1) V_o 值为多少?

(2) 电路是否具有电压源的特性?

13.12 在图题 13.11 所示电路中,已知 W7806 的输出电压为 6V,$R_1=R_2=R_3=200\Omega$,试求输出电压 V_O 的调节范围。

图题 13.10 输出电压扩展电路

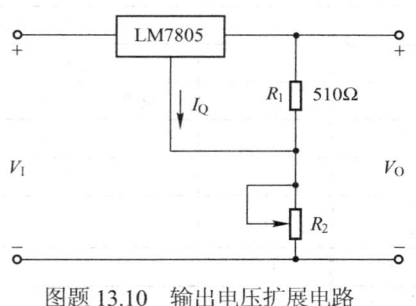

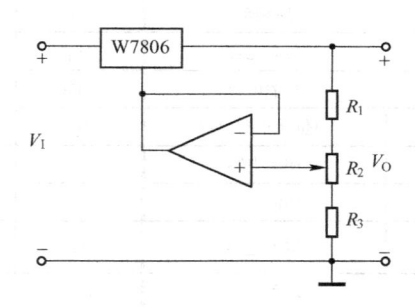

图题 13.11 可调电压电路

13.13 在图题 13.12 所示倍压整流电路中,要求标出每个电容器上的电压和二极管承受的最大反向电压;求输出电压 V_{L1}、V_{L2} 的大小,并标出极性。

13.14 可调恒流电路如图题 13.13 所示。(1) 当 $V_{31}=V_{REF}=1.2\text{V}$,$R$ 在 $0.8\sim120\Omega$ 范围内改变时,恒流电流 I_O 的变化范围如何(假设 $I_{adj}\approx 0$)?(2) 当 R_L 用待充电电池代替,用 50mA 恒流充电,充电电压 $V_E=1.5\text{V}$ 时,求电阻 R_L 和 R 的值。

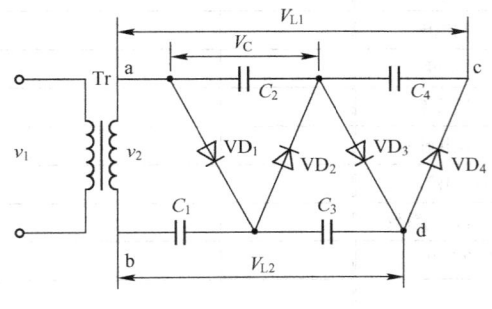

图题 13.12 倍压整流电路

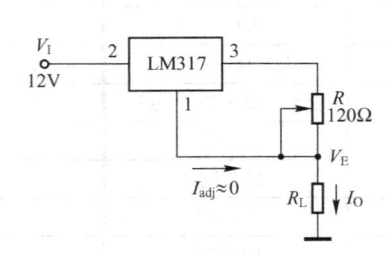

图题 13.13 可调恒流电路

附录A 本书常用的符号表

符号	名称	符号	名称	符号	名称
A_v	电压增益	CMRR	共模抑制比	I_{CBO}	集电结反向饱和电流
A_i	电流增益	C_{de}	扩散电容	I_{CEO}	集电极和发射极间的反向饱和电流
A_p	功率增益	C_{je}	发射结电容	I_S	反向饱和电流
A_{vo}	开路电压增益	C_μ	集电结电容	I_{CM}	集电极最大允许电流
A_{is}	短路电流增益	C_L	负载电容	l	沟道长度
A_M	中频增益	C_o	输出电容	N_D	N型半导体中杂质原子的浓度
A_{vd}	差模电压增益	VD	二极管	n_i	本征浓度
A_{cm}	共模电压增益	f_T	单位增益频率	N_A	P型半导体中杂质原子的浓度
A	开环增益	f_H	上限截止频率	P	功率
A_f	反馈放大器的增益	f_L	下限截止频率	P_{CM}	集电极最大允许功耗
BW	通频带	f_M	全功率带宽	P_{DM}	晶体管的最大管耗
C_B	势垒电容	G_m	短路互导增益	ω_H	上限截止频率
C_D	扩散电容	GBW	增益带宽积	ω_L	下限截止频率
C_{OX}	单位面积栅电容	G_v	总电压增益	τ_F	载流子正向基极传输时间
C_{gs}	栅源电容	T	热力学温度	γ_φ	相位裕量
C_{gd}	栅漏电容	V_T	热电压	γ_g	增益裕量
C_{in}	输入电容	V_t	开启电压 夹断电压		
R_i	输入电阻	V_{OS}	输入失调电压		
R_o	输出电阻	$V_{D(on)}$	导通电压		
R_{icm}	共模输入电阻	$V_{(BR)CEO}$	反向击穿电压		
R_{id}	差模输入电阻	v_{icm}	共模输入电压		
R_{if}	反馈放大器的输入电阻	v_{id}	差模输入电压		
R_{of}	反馈放大器的输出电阻	v_{CEM}	最大管压降		
R_m	开路互阻增益	V_{TH}	上门限电压		
R_{od}	差模输出电阻	V_{TL}	下门限电压		
R_{ocm}	共模输出电阻	V_A	厄尔利电压		
r_π	基极输入电阻	W	沟道宽度		
r_e	发射极输入电阻	μ_n	电子迁移率		
r_Z	齐纳二极管的动态电阻	α	共基极电流传输系数		
SR	摆率	β	共发射极电流增益		
S_t	温度系数	λ	沟道长度调制系数		
S_r	稳压系数	ε_o	空气中的介电常数		
S_u	电压调整率	g_m	跨导		
T_{On}	脉冲波的导通时间	I_{OS}	输入失调电流		
C_{eq}	米勒电容	I_B	输入偏置电流		

附录 B 半导体集成工艺简介

在半导体器件制造工艺中，常用的单晶半导体材料有硅和锗，其中，硅的使用最普遍。在锑化铟、磷化镓、砷化镓等化合物半导体材料中，使用最普遍的是砷化镓。本附录重点介绍硅工艺技术。

硅是自然界中仅次于氧元素的丰富物质，它具有良好的半导体物理特性。硅材料容易被制成大尺寸无缺陷的单晶硅圆片（如 400mm 直径）。一个晶圆片越大，可集成的元件或芯片就越多，生产成本就越低。硅具备制造优良电特性的有源器件所需的物理特性，硅的氧化物对制作电容和 MOSFET 非常有用，它可以起到阻挡扩散物的作用。

晶圆的电特性和机械特性与掺杂的杂质的类型和浓度有关。硅材料有极宽的 N 型和 P 型可控动态掺杂范围（$10^{14} \sim 10^{22} cm^{-3}$），机械强度大，易于处理和制造。在硅基材料上易于制造欧姆接触，使寄生效应降到最低。在硅材料上生长高质量的二氧化硅介质，用于实现集成电路的掩蔽、隔离和钝化等功能。

硅工艺集成技术主要是指通过氧化、光刻、刻蚀、扩散、离子注入、薄膜淀积和蒸发等工艺，将电路系统结构中的晶体管、二极管、电阻和电容等元件制造在相互隔离的硅材料上，并按线路连接要求，使用金属导电材料将这些元件相互连接起来，组成具有一定功能的电路芯片。

1. 氧化工艺

硅经过氧化后生成二氧化硅。常见的硅氧化的方法有热氧化法、热分解淀积法、化学气相淀积法和溅射法。由于热氧化反应过程是在硅片体内进行的，反应时周围杂质较少，因此这样生成的二氧化硅质量较好。热氧化法分为干氧氧化和湿氧氧化。湿氧氧化的反应速度较快，但干氧氧化的电特性更好。二氧化硅可以作为很好的掩模以抵御外界杂质的入侵，因此掩模特性是 VLSI 器件的必备条件之一。

2. 光刻工艺

光刻的作用是把掩模上的图案转换成晶圆上的器件结构，要求刻出一定深度的细沟线条，再进行掺杂和连接，从而形成栅电极、接触窗口和金属连线等。

首先对晶圆涂光刻胶。将晶圆清洗烘干，目的是除去表面的颗粒、有机物、工艺残余和可动离子等污染物，同时除去水蒸气，使基底表面由亲水性变为憎水性，增强表面的黏附性。第二步对其进行涂底，使表面具有疏水性，增强基底表面与光刻胶的黏附性。第三步旋转涂胶。光刻胶通过过滤器滴入晶圆中央，被真空吸盘吸牢的晶圆以 2000～8000 转/min 的速度高速旋转，从而使光刻胶均匀地涂在晶圆表面。第四步曝光。曝光方式分为 3 种，投影式曝光、接近式曝光和接触式曝光。经过几十年的发展，如今主要是扫描步进投影曝光，即在掩模板和光刻胶之间使用透镜聚集光实现曝光，用于小于等于 0.18 μm 的工艺。采用 6 英寸的掩模板按照 4:1 的比例曝光，曝光区大小为 26mm × 33mm。第五步是显影。晶圆用真空吸盘吸牢，高速旋转，将显影液喷射到晶圆上。最后一步是坚膜。将显影液与清洗液全部蒸发掉。

光刻工艺是影响集成电路性能、可靠性的关键技术之一，IC 制造过程中需要经过多次的光刻。

3. 刻蚀工艺

刻蚀工艺分为湿法刻蚀和干法刻蚀两种。湿法刻蚀是指利用溶液和预刻蚀材料之间的化学反应来除去未被掩蔽膜材料掩蔽的部分。湿法刻蚀主要应用在半导体工艺的磨片、抛光、清洗和腐蚀中。干法刻蚀的种类包括光挥发、气相腐蚀等，主要的形式如屏蔽式、下游式、桶式、离子铣、反应离子刻蚀 RIE、离子束缚自由基刻蚀 ICP 等。

4. 扩散工艺

扩散是指原子从高浓度区域通过半导体晶体移动到低浓度区域的过程。扩散与扩散系数 D 有关，而扩散系数与晶格、衬底的杂质浓度等因素有关，但温度对其影响是最大的。通常扩散是在 1000℃～2000℃的高温下进行的。当达到一定的杂质分布时，迅速降温，杂质的扩散可以忽略。

5. 离子注入工艺

离子注入工艺是指将杂质原子离化成离子，使其在强电场作用下加速，获得较高能量后直接轰击到半导体基片中，再经过退火，使杂质激活，在半导体内形成一定的分布。通过离子注入得到的杂质浓度分布要比扩散法得到的精确得多，并且可以在室温的环境下实现。缺点是入射离子会对半导体晶格造成损伤。

附录 C 电路网络定理

在《模拟电子电路基础》课程的学习过程中，需要用到一些经典的电路网络定理，故在此附录中将常用的电路网络定理进行简要回顾。

C.1 基尔霍夫定律

当确定的电路元件连接成一定几何关系的电路之后，只要电路的连接形式不变，各节点、各回路必定满足 KCL 和 KVL 方程。这种取决于电路连接形式的约束称为拓扑约束。

基尔霍夫定律包括电流定律和电压定律。

1. 基尔霍夫电流定律（KCL）

在集总参数电路中，任一时刻对任一节点，流入（或流出）该节点的所有电流的代数和等于零，即

$$\Sigma i(t) = 0 \tag{C.1}$$

列 KCL 方程时，一般取流入的电流符号为正，流出的电流符号为负。

2. 基尔霍夫电压定律（KVL）

在集总参数电路中，任一时刻对任一回路，沿着回路方向所有元件的电压降代数和等于零，即

$$\Sigma v(t) = 0 \tag{C.2}$$

回路方向是任意的，一般取顺时针方向作为回路方向。列 KVL 方程时，先遇到元件电压的"+"极性，电压符号取正，否则符号取负。

例如：列写图 C.1 中节点 2 和回路 3 的 KCL 和 KVL 方程。

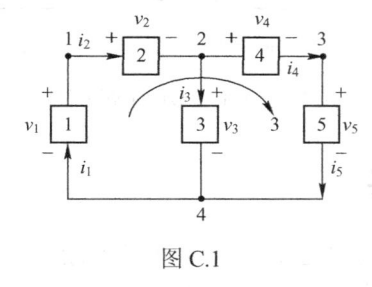

图 C.1

节点 2 的 KCL 方程为 $i_2 - i_3 - i_4 = 0$。

回路 3 的 KVL 方程为 $v_2 + v_4 + v_5 - v_1 = 0$。

C.2 戴维南定理和诺顿定理

戴维南定理指出：任一含源线性单口网络 N，就其对外电路的作用而言，总可以等效为一个理想电压源和一个线性电阻的串联支路。理想电压源的电压等于该网络 N 的开路电压 u_{OC}，线性电阻 R_O 的大小等于该网络中所有独立源置零后所得的无源网络 No 的等效电阻。

诺顿定理指出：任一含源线性单口网络 N，就其对外电路的作用而言，总可以等效为一个理想电流源和一个线性电阻的并联支路。理想电流源的电流等于该网络 N 的端口短路电流 i_{SC}，线性电阻 R_O

的大小等于该网络中所有独立源置零后所得的无源网络 No 的等效电阻。

戴维南定理和诺顿定理是对含源线性单口网络的一种化简，其示意图如图 C.2 所示。

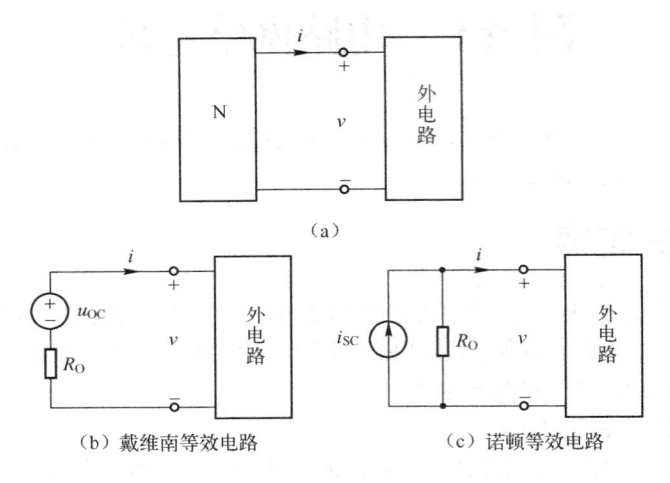

图 C.2 戴维南和诺顿等效电路的示意图

求戴维南和诺顿等效电路的关键是求 u_{OC}、R_O 和 i_{SC} 这 3 个参数，求解方法如图 C.3 所示。由于含源线性单口网络 N 的内部只包含独立源、线性电阻和受控源这 3 类元件，因此在求等效电阻时，采用外加电源法。v_{OC}、R_O 和 i_{SC} 3 个参数之间满足关系

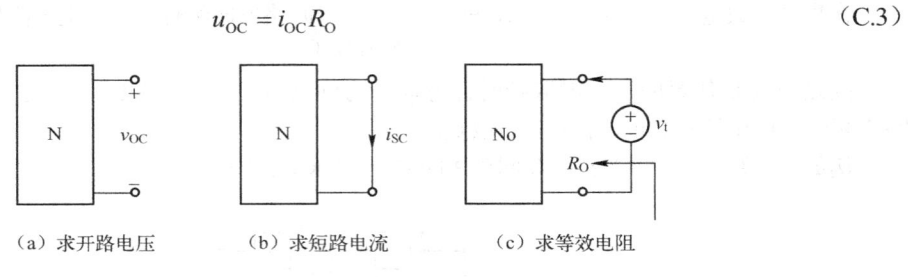

$$u_{OC} = i_{OC} R_O \tag{C.3}$$

图 C.3 3 个参数的求解方法

C.3 单时间常数网络

单时间常数（STC）网络指的是只包含一个或者可以化简到一个动态元件（电感或电容）和一个电阻的网络。由于放大电路的分析最终都可以化简成对一个或多个 STC 网络的分析，因此本节主要讨论 STC 网络在正弦信号、阶跃信号或脉冲信号作用下的频率响应过程。

C.3.1 STC 网络的分类

STC 网络分为两大类，分别是低通网络（LP）和高通网络（HP）。最简单的判别低通或高通网络的方法就是利用频率响应。取极限情况，在 $\omega = 0$ 或 $\omega = \infty$ 处测量电路的输出响应。当 $\omega = 0$，即直流激励时，若电路的输出响应为零，则为高通网络；若输出响应为无限时，则为低通网络。当 $\omega = \infty$ 时，若电路的输出响应为零，则为低通网络；若输出响应为无限时，则为高通网络。

图 C.4 所示为几种典型的低通或高通 STC 网络。

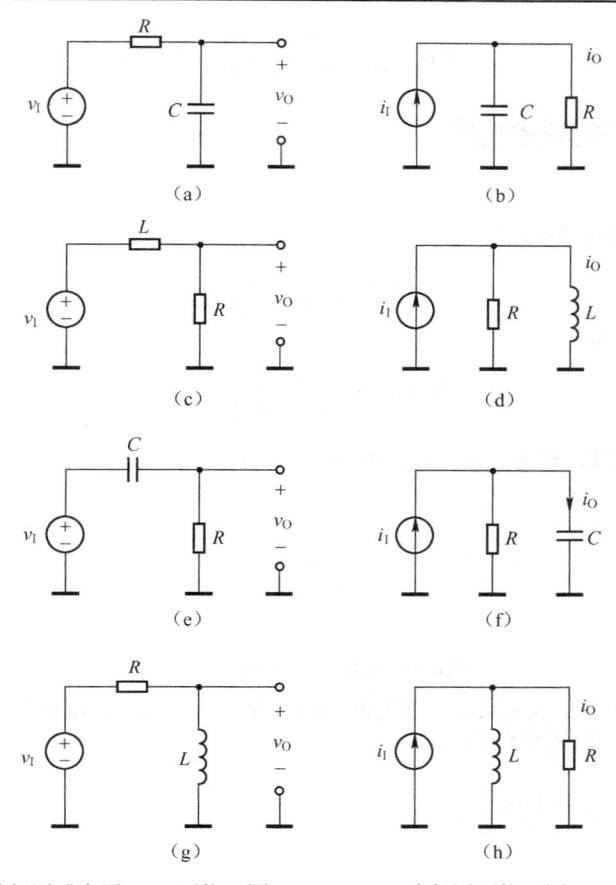

图 C.4　几种典型的低通或高通 STC 网络。图（a）～（d）为低通网络，图（e）～（h）为高通网络

C.3.2　STC 网络中时间常数的求解

STC 网络分为 RC 和 RL 两类。在求解这两类网络的时间常数时，主要分以下几个步骤进行。

（1）将网络中的独立源置零，即电压源短路，电流源开路。

（2）当网络中只有一个动态元件和若干电阻元件时，求与动态元件相连的单口网络的等效电阻 R_{eq}。

（3）当网络中有若干同一储能性质的动态元件和若干电阻元件时，先将若干动态元件进行串并联等效，得到 C_{eq} 或 L_{eq}。再求与这个等效动态元件相连的单口网络的等效电阻 R_{eq}。

（4）最后求解 RC 或 RL 网络的时间常数 τ。RC 网络中，$\tau = R_{eq}C_{eq}$，RL 网络中，$\tau = \dfrac{L_{eq}}{R_{eq}}$。

【例1】　求图 C.5 所示 STC 网络的时间常数 τ。

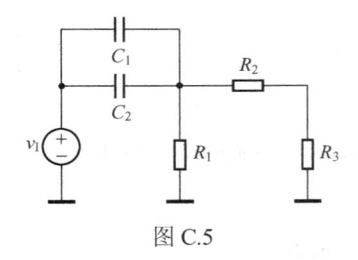

图 C.5

$$\tau = R_{eq}C_{eq} = \frac{(R_2+R_3)R_1}{R_1+R_2+R_3}(C_1+C_2)$$

C.3.3 STC 网络的频率响应

1. 低通网络

STC 低通网络的传递函数可以表示为

$$T(s) = \frac{K}{1+(s/\omega_O)} \tag{C.4}$$

令 $s = j\omega$,式(C.4)变为

$$T(j\omega) = \frac{K}{1+(j\omega/\omega_O)} \tag{C.5}$$

式中,K 是 $\omega = 0$ 时的幅度,称为直流幅度;而 ω_O 定义为 $\omega_O = \frac{1}{\tau}$。

幅频响应为

$$|T(j\omega)| = \frac{K}{\sqrt{1+(\omega/\omega_O)^2}} \tag{C.6}$$

相频响应为

$$\phi(\omega) = -\arctan(\omega/\omega_O) \tag{C.7}$$

由式(C.6)和式(C.7)可得 STC 低通网络归一化的波特图(将幅度对直流增益进行归一化,频率对 ω_O 进行归一化),如图 C.6 所示。

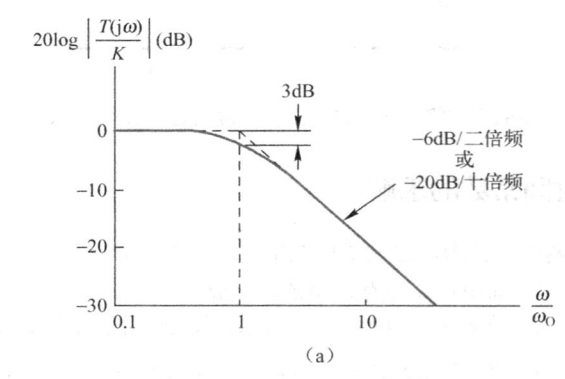

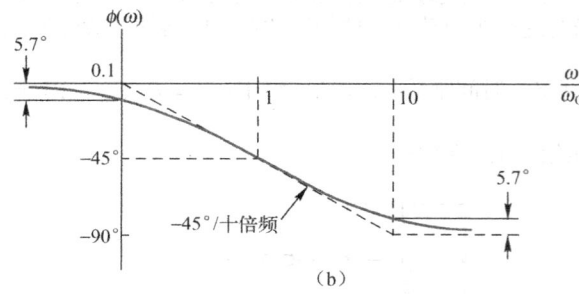

C.6 STC 低通网络的频率特性波特图

2. 高通网络

STC 高通网络的传递函数可以表示为

$$T(s) = \frac{Ks}{s + \omega_O} \tag{C.8}$$

令 $s = j\omega$，式（C.8）变为

$$T(j\omega) = \frac{j\omega K}{j\omega + \omega_O} \tag{C.9}$$

式中，K 是 $\omega \to \infty$ 时的幅度，而 ω_O 定义为 $\omega_O = \frac{1}{\tau}$。

幅频响应为

$$|T(j\omega)| = \frac{K}{\sqrt{1 + (\omega_O/\omega)^2}} \tag{C.10}$$

相频响应为

$$\phi(\omega) = 90° - \arctan(\omega/\omega_O) \tag{C.11}$$

由式（C.10）和式（C.11）可得 STC 高通网络归一化的波特图（将幅度对直流增益进行归一化，频率对 ω_O 进行归一化），如图 C.7 所示。

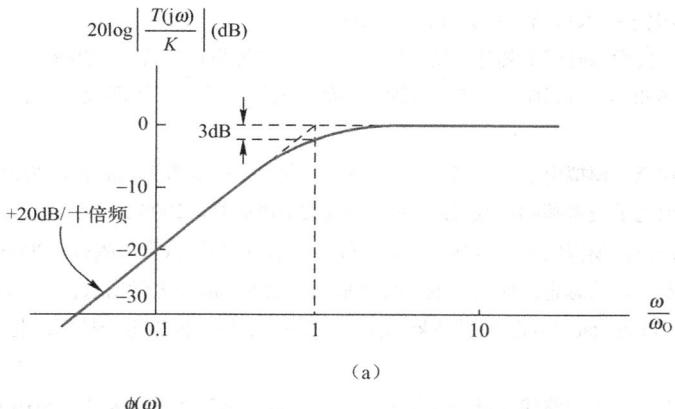

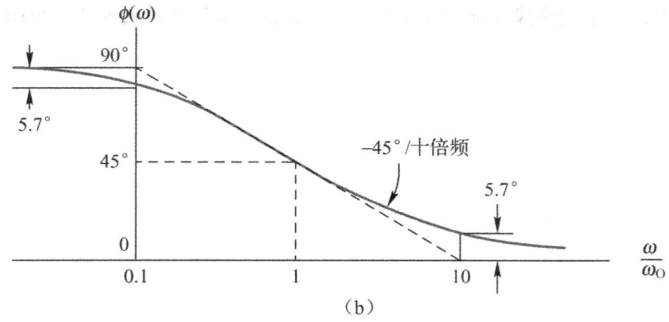

C.7 STC 高通网络的频率特性波特图

参 考 文 献

[1] Adel S. Sedra, Kenneth C. Smith 著，周玲玲等译，微电子电路（第五版）. 北京：电子工业出版社，2010.
[2] 孙肖子. 模拟电子电路及技术基础（第二版）. 陕西：西安电子科技大学，2008.
[3] 高文焕，李冬梅. 电子线路基础（第二版）. 北京：高等教育出版社，2006.
[4] 高吉祥. 模拟电子技术. 北京：电子工业出版社，2004.
[5] 张肃文. 低频电子线路. 北京：高等教育出版社，2003.
[6] 周淑阁. 模拟电子技术基础. 北京：高等教育出版社，2004.
[7] 傅丰林. 低频电子线路. 北京：高等教育出版社，2003.
[8] 华成英. 模拟电子技术基本教程. 北京：清华大学出版社，2006.
[9] 唐治德，模拟电子技术基础. 科学出版社，2009.8.
[10] 康华光，电子技术基础模拟部分（第五版）. 北京：高等教育出版社，2006.1.
[11] [英]Douglas Self 著，薛国雄，译. 音频功率放大器设计手册（第四版）. 北京：人民邮电出版社，2009.10.
[12] 胡宴如，耿秋燕. 模拟电子技术基础（第 2 版），北京：高等教育出版社，2010.4.
[13] 廖惜春. 模拟电子技术基础，武汉：华中科技大学出版社，2008.1.
[14] 华成英，童诗白. 模拟电子技术基础（第 4 版）. 北京：高等教育出版社，2006.5.
[15] 王成华，王友仁，胡志忠，邵杰. 电子线路基础. 北京：清华大学出版社，2008.11.
[16] [美]Robert L. Boylestad, Louis Nashelsky 著，李立华，等译. 模拟电子技术. 北京：电子工业出版社，2008.6.
[17] 冯军，谢嘉奎. 电子线路线性部分（第 5 版）. 北京：高等教育出版社，2010.1.